职业教育机电专业
微课版规划教材

车工工艺与技能训练 第2版 附微课视频

谭雪松 刘长江 李鑫 / 主编

人民邮电出版社
北京

图书在版编目（CIP）数据

车工工艺与技能训练 : 附微课视频 / 谭雪松, 刘长江, 李鑫主编. -- 2版. -- 北京 : 人民邮电出版社, 2018.3
职业教育机电专业微课版规划教材
ISBN 978-7-115-47321-9

Ⅰ. ①车… Ⅱ. ①谭… ②刘… ③李… Ⅲ. ①车削－职业教育－教材 Ⅳ. ①TG510.6

中国版本图书馆CIP数据核字(2017)第289127号

内 容 提 要

本书全面介绍了车工在日常工作中应该了解和掌握的基本知识和基本操作技能，主要内容包括车削加工基础知识、车削轴类零件、车削套类零件、车削成形面与表面修饰加工、车削螺纹和蜗杆、车削典型零件和复杂零件等。

本书图文并茂，通俗易懂，内容上注意了广泛性、实用性和操作性，既可作为职业院校“车工工艺与技能训练”课程的教材，也可作为广大机械加工从业人员的自学参考书。

◆ 主　　编　谭雪松　刘长江　李　鑫
责任编辑　刘盛平
责任印制　马振武
◆ 人民邮电出版社出版发行　　北京市丰台区成寿寺路 11 号
邮编　100164　　电子邮件　315@ptpress.com.cn
网址　http://www.ptpress.com.cn
北京天宇星印刷厂印刷
◆ 开本：787×1092　1/16
印张：14.25　　2018 年 3 月第 2 版
字数：343 千字　　2024 年 8 月北京第 9 次印刷

定价：39.80 元

读者服务热线：(010)81055256　印装质量热线：(010)81055316
反盗版热线：(010)81055315
广告经营许可证：京东市监广登字 20170147 号

第 2 版前言

本书第 1 版自 2009 年 10 月出版以来，获得了许多职业院校的认可，作为“车工工艺与技能训练”课程的教材被广泛使用。近年来，我国的职业教育形势发生了深刻的变化，各地都加强了对重点课程教学内容和教学方法的改革，为此我们对本书进行修订，以适应新的教学需求。本次修订主要体现了以下几个方面的特点。

（1）本书针对重要的知识点开发了大量的动画/视频资源，并以二维码的形式嵌入到书中相应位置，读者可通过手机等移动终端扫描书中二维码观看学习。

（2）本书以项目为基本写作单元，项目的每个任务都包含“基础知识”和“技能训练”两部分内容。在“基础知识”部分讲述技能操作中需要重点掌握的知识，在“技能训练”部分则围绕一个明确的加工题目进行操作训练，以巩固所学知识。

（3）全书在内容安排上力求做到深浅适度、详略得当，所选实例典型实用；在叙述上力求简明扼要、通俗易懂，既方便教师讲授，又便于学生理解掌握。

教师一般可用 68 课时来讲解本书的内容，再配以 52 课时的实训，就可较好地完成教学任务。教师可根据学校的实际需要对教学课时进行调整。

本书由谭雪松、刘长江和李鑫任主编。参加本书编写工作的还有沈精虎、黄业清、宋一兵、冯辉、计晓明、董彩霞、管振起等。编者在本书编写过程中参考了大量的资料，并引用了其中的一些内容，在此向有关作者表示衷心的感谢。

由于编者水平有限，书中难免存在疏漏之处，敬请广大读者批评指正。

编　者

2017 年 8 月

目　录

项目一　车削加工基础知识

金属切削加工方法种类丰富，形式多样，在车、铣、刨、磨、镗等各种切削加工形式中，车削加工的应用最为广泛。车削加工可加工不同形状工件上的回转表面，以及回转体工件的端面、阶台面，并可车槽、车断等。

【学习目标】

- 了解常用材料的种类和加工特点
- 了解车刀的材料、结构和几何参数选用原则
- 熟悉机床的种类、结构和基本操作
- 掌握机床夹具的使用和调整方法

任务一　认识车削加工常用金属材料

一、基础知识

车削加工中所用的金属材料主要以合金为主，合金材料具有比纯金属更好的物理和化学性能，其力学性能和工艺性能也较好，并且价格低廉。最常用的合金是以铁为基础的铁碳合金以及以铜或铝等为基础的有色合金。

认识金属材料

1. 铸铁材料

铸铁是含碳量大于 2.11%并含有较多硅、锰、硫、磷等元素的多元铁基合金。其中，碳以石墨的形式存在。铸铁有灰口铸铁、球墨铸铁、可锻铸铁、蠕墨铸铁等类型。

铸铁的名称、代号和牌号如表 1-1 所示。

表 1-1　铸铁的名称、代号和牌号表示

铸铁名称	代号	牌号表示示例	铸铁名称	代号	牌号表示示例
灰口铸铁	HT	HT100	球墨铸铁	QT	QT400-13
黑心可锻铸铁	KTH	KTH300-06	白心可锻铸铁	KTB	KTB350-04
抗磨球墨铸铁	KmTQ	KmTQMn6	耐热铸铁	RT	RTCr2

铸铁代号的意义如图 1-1 所示。

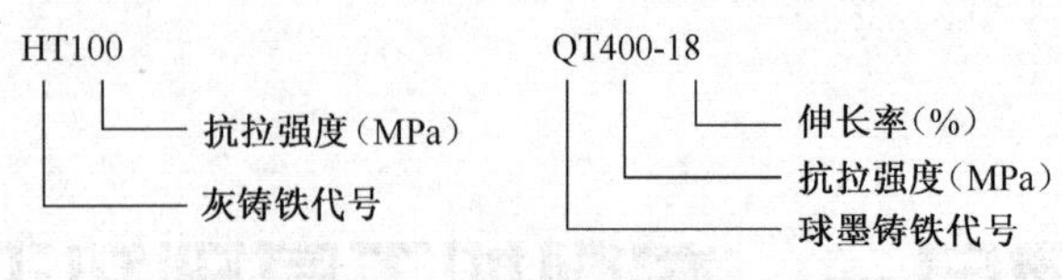

图 1-1　铸铁代号的含义

（1）灰口铸铁。灰口铸铁具有良好的减振性和耐磨性，缺口敏感性好，铸造性能和切削性能优良，但脆性大，焊接性能差。灰口铸铁主要用于制造承受压力和振动的零部件，如机床床身、各种箱体、壳体、泵体、缸体等。图 1-2 所示为各种灰口铸铁件。

图 1-2　灰口铸铁零件

常用灰口铸铁的应用如表 1-2 所示。

表 1-2　　灰口铸铁的应用范围

<table>
<tr><th rowspan="2">牌号</th><th rowspan="2">硬度 HBS</th><th colspan="2">应 用 范 围</th></tr>
<tr><th>工 作 条 件</th><th>用 途 举 例</th></tr>
<tr><td>HT100</td><td>≤170</td><td>负荷极低，磨损小，变形很小</td><td>盖、手轮、支架、座板等形状简单、不重要的零件。这些铸件通常不经试验即可使用，不需加工，或者只需经过简单的机械加工</td></tr>
<tr><td>HT150</td><td>150～200</td><td>承受中等载荷的零件，摩擦面间的单位面积压力不大于 490 kPa</td><td>一般机械制造中的铸件，如支柱、底座、齿轮箱、刀架、轴承座、轴承滑座、工作台，齿面不加工的齿轮和链轮</td></tr>
<tr><td>HT200</td><td>170～220</td><td rowspan="2">承受较大负荷的零件，摩擦面间的单位面积压力大于 490 kPa</td><td rowspan="2">制造中较为重要的铸件，如气缸、齿轮、链轮、棘轮、衬套、金属切削机床床身、飞轮等；汽车、拖拉机的气缸体、气缸盖、活塞、制动毂、联轴器盘等</td></tr>
<tr><td>HT250</td><td>190～240</td></tr>
<tr><td>HT300</td><td>210～260</td><td rowspan="3">承受高弯曲力及高拉力的零件，摩擦面间的单位面积压力不小于 1 960 kPa。</td><td rowspan="3">机械制造重要的铸件，如剪床、压力机、自动车床；其他重型机床的床身、机座、机架和大而厚的衬套、齿轮；大型发动机的气缸体、气缸套、气缸盖等</td></tr>
<tr><td>HT350</td><td>230～280</td></tr>
<tr><td>HT400</td><td>280～350</td></tr>
</table>

（2）球墨铸铁。在铁水（球墨生铁）浇注前加一定量的球化剂（常用的有硅铁、镁等）使铸铁中石墨球化，这样的铸铁称为球墨铸铁。图 1-3 所示为一些球墨铸铁件。

重要提示

球墨铸铁的力学性能优于灰口铸铁，接近于碳钢，其塑性和韧性比灰口铸铁和可锻铸铁都高。它可代替铸钢和锻钢来制造各种载荷较大、受力较复杂和耐磨损的零件，如汽车、拖拉机或柴油机中的曲轴、连杆、凸轮轴、齿轮，机床中的主轴、蜗杆、蜗轮，以及受压阀门、机器底座和汽车后桥壳等。

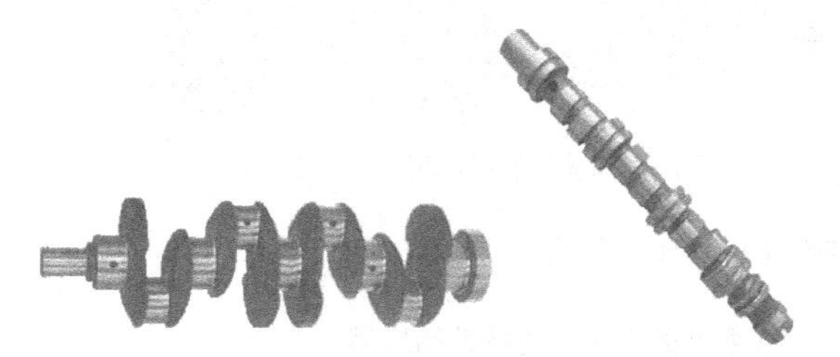

图 1-3　球墨铸铁件

常用球墨铸铁的特性和应用范围如表 1-3 所示。

表 1-3　　常用球墨铸铁的特性和应用范围

牌　号	硬度 HBS	主 要 特 性	应 用 举 例
QT400-18 QT400-15	130～180	具有良好的焊接性和切削性能，常温时冲击韧度高	汽车、拖拉机、手扶拖拉机、牵引机、轮毂、离合器壳、差速器壳、离合器拨叉、支架、压缩机上承受一定温度的高低压气缸、输气管、电动机机壳、齿轮箱、汽轮机壳
QT450-1C	160～210	焊接性、切削性能均较好，塑性略低于 QT400-18	
QT500-7	170～230	具有中等强度与塑性，切削性能尚好	内燃机的机油泵齿轮、汽轮机中温气缸隔板、水轮机的阀门体、铁路机车车辆轴瓦、机器座架、传动轴、链轮、飞轮、电动机架等
QT600-3	190～270	中高强度，低塑性，耐磨性较好	柴油机和汽油机的曲轴，部分轻型柴油机和汽油机的凸轮轴、气缸套、连杆、进气门座、排气门座，部分磨床、铣床、车床的主轴
QT700-2	225～305	有较高的强度、耐磨性，低韧性（或低塑性）	
QT800-2	245～335		
QT900-2	280～360	有较高的强度、耐磨性，较高的弯曲疲劳强度、接触疲劳强度和一定的韧性	农机具：犁铧、耙片、低速农用轴承套圈 汽车：曲线齿锥齿轮、转向节、传动轴、内燃机的凸轮轴和曲轴

（3）可锻铸铁。将白口铸铁加热到 900℃～980℃，在此温度下长时间保温，使碳化物分解为团絮状石墨，冷却后得到的铸铁即为可锻铸铁。图 1-4 所示为可锻铸铁在生产中的应用示例。

重要提示

黑心可锻铸铁的强度、硬度低，塑性、韧性好，常用于载荷不大、承受较高冲击、振动的零件。珠光体基体可锻铸铁因具有高的强度、硬度，常用于载荷较高、耐磨损并有一定韧性要求的重要零件，如石油管道、炼油厂管道和商用及民用建筑的供气和供水系统的管件。

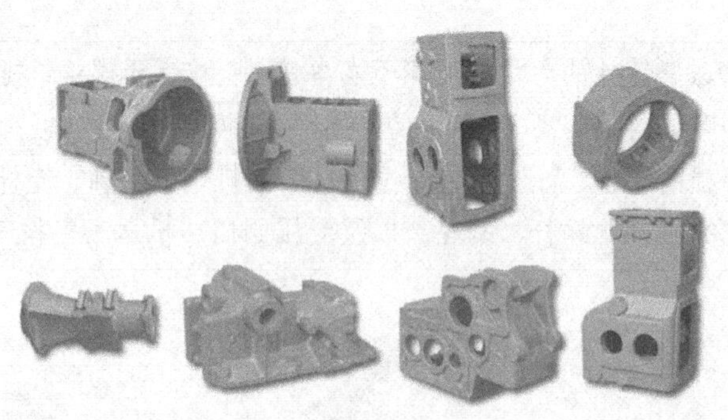

图 1-4　可锻铸铁的应用

常用可锻铸铁件的特性和应用如表 1-4 所示。

表 1-4　　常用可锻铸铁件的特性和应用

类型	牌号	硬度 HBS	特性和应用
黑心可锻铸铁	KTH300-06	≤150	它有一定的韧性和适度的强度，气密性好，适用于承受低动载荷及静载荷、要求气密性好的工作零件，如管道配件（弯头、三通、管件）、中低压阀门等
	KTH330-08	≤150	它有一定的韧性和强度，适用于承受中等动载荷和静载荷的工作零件，如农机上的犁刀、犁柱、车轮壳，机床用的钩形扳手、螺纹扳手等
	KTH350-10 KTH370-12	≤150	它有较高的韧性和强度，适用于承受较高的冲击、振动及扭转载荷下工作的零件，如汽车、拖拉机上的前后轮壳、差速器壳、转向节壳等
白心可锻铸铁	KTB350-04	≤230	白心可锻铸铁薄壁铸件仍有较好的韧性和优良的焊接性，可加工性好，但工艺复杂、生产周期长、强度及耐磨性较差，适用于铸造厚度在 15 mm 以下的薄壁铸件和焊接后不需进行热处理的铸件
	KTB380-12	≤220	
	KTB400-05	≤220	
	KTB450-07	≤220	

（4）蠕墨铸铁。铸铁液浇注前加入蠕化剂，使石墨呈蠕虫状，这样的铸铁称为蠕墨铸铁。蠕墨铸铁的力学性能介于灰口铸铁和球墨铸铁之间，其强度、塑性和抗疲劳性能优于灰口铸铁，铸造性能、减振性和导热性优于球墨铸铁。图 1-5 所示为典型蠕墨铸铁件。

图 1-5　蠕墨铸铁件

重要提示

蠕墨铸铁件常用于制造承受热循环载荷的零件，如钢锭模、玻璃模具、柴油机气缸、气缸盖、排气阀以及结构复杂、强度要求高的铸件，如液压阀的阀体、耐压泵的泵体等。

常用蠕墨铸铁的特性和应用如表1-5所示。

表1-5　　蠕墨铸铁件的特性和应用

牌号	硬度HBS	主要特性	应用举例
RuT420 RuT380	200～280 193～274	强度高、硬度高，具有高的耐磨性和较高的热导率，适用于制造要求强度或耐磨性高的零件	活塞环、气缸套、制动盘、玻璃模具、制动鼓、钢球研磨盘、吸淤泵体等
RuT340	170～249	强度和硬度较高，耐磨性和热导率高，适用于制造要求较高强度、刚度及要求耐磨的零件	带导轨面的重型机床件、大型龙门铣横梁、大型齿轮箱体、飞轮、玻璃模具、起重机卷筒、烧结机滑板等
RuT300	140～217	强度和硬度适中，有一定塑性、韧性，适用于制造要求较高强度及承受热疲劳的零件	排气管、变速器体、气缸盖、纺织机零件、液压件、钢锭模、某些小型烧结机篦条等
RuT260	121～197	强度一般，硬度较低，有较高的塑性、韧性和热导率，适用于制造承受冲击载荷及热疲劳的零件	增压机废气进气壳体、汽车及拖拉机的某些底盘零件等

2. 碳钢材料

钢材在经济建设的各个领域中都是非常重要的金属材料。

（1）钢的分类和牌号。钢材的种类很多，其详细分类如表1-6所示。

表1-6　　钢的分类

分类方法	分类名称	说明
按化学成分分	碳素钢	碳素钢是指钢中除铁、碳外，还含有少量锰、硅、硫、磷等元素的铁碳合金，按其含碳量的不同，可分为： 1. 低碳钢——ω(C)≤0.25% 2. 中碳钢——ω(C)>0.25%～0.60% 3. 高碳钢——ω(C)>0.60%
	合金钢	为了改善钢的性能，在冶炼碳素钢的基础上，加入一些合金元素而炼成的钢，如铬钢、锰钢、铬锰钢等。按其合金元素的总含量，可分为： 1. 低合金钢——合金元素的总含量≤5% 2. 中合金钢——合金元素的总含量>5%～10% 3. 高合金钢——合金元素的总含量>10%
按浇注前脱氧程度分	沸腾钢	沸腾钢属脱氧不完全的钢，浇注时在钢锭模里会产生沸腾现象。其优点是冶炼损耗少，成本低，表面质量及深冲性能好；缺点是成分和质量不均匀，抗腐蚀性和力学强度较差。它一般用于轧制结构钢的型钢和钢板
	镇静钢	镇静钢属脱氧完全钢，浇注时在钢锭模里钢液镇静，没有沸腾现象。其优点是成分和质量均匀，缺点是金属的成本较高。合金钢和优质碳素结构钢一般都为镇静钢
按浇注前脱氧程度分	半镇静钢	半镇静钢是脱氧程度介于镇静钢和沸腾钢之间的钢，因生产较难控制，目前产量较少

续表

分类方法	分类名称	说　明
按钢的品质分	普通钢	钢中含杂质元素较多，一般 ω(S)≤0.05%，ω(P)≤0.045%，如碳素结构钢、低合金结构钢等
	优质钢	钢中含杂质元素较少，ω(S)、ω(P)一般均小于等于 0.04%，如优质碳素结构钢、合金结构钢、碳素工具钢和合金工具钢、弹簧钢、轴承钢等
	高级优质钢	钢中含杂质元素极少，一般 ω(S)≤0.03%，ω(P)≤0.035%，如合金结构钢和工具钢等。高级优质钢在钢号后面，通常加符号“A”或汉字“高”，以便识别
按钢的用途分	结构钢	建筑及工程用结构钢，简称建造用钢是指用于建筑、桥梁、船舶、锅炉或其他工程上制作金属结构件的钢，如碳素结构钢、低合金钢、钢筋钢等 机械制造用结构钢是指用于制造机械设备上结构零件的钢。这类钢基本上都是优质钢或高级优质钢，主要有优质碳素结构钢、合金结构钢、易切结构钢、弹簧钢、滚动轴承钢等
	工具钢	一般用于制造各种工具，如碳素工具钢、合金工具钢、高速工具钢等；若按用途不同，它又可分为刃具钢、模具钢、量具钢
	特殊钢	特殊钢是指具有特殊性能的钢，如不锈耐酸钢、耐热不起皮钢、高电阻合金钢、耐磨钢、磁钢等
	专业用钢	专业用钢是指各个工业部门专业用途的钢，如汽车用钢、农机用钢、航空用钢、化工机械用钢、锅炉用钢、电工用钢、焊条用钢等
按制造加工形式分	铸钢	铸钢是指采用铸造方法生产出来的一种钢铸件。铸钢主要用于制造一些形状复杂、难于进行锻造或切削加工成形而又要求较高的强度和塑性的零件
	锻钢	锻钢是指采用锻造方法生产出来的各种锻材和锻件。锻钢件的质量比铸钢件高，能承受大的冲击力作用，塑性、韧性和其他方面的力学性能也都比铸钢件高，所以凡是一些重要的机器零件都应当采用锻钢件
	热轧钢	热轧钢是指用热轧方法生产出来的各种热轧钢材。大部分钢材都是采用热轧轧成的，热轧常用来生产型钢、钢管、钢板等大型钢材，也用于轧制线材

常用钢的牌号及其表示方法如表 1-7 所示。

表 1-7　　常用钢的牌号及其表示方法

产品名称	牌号举例	表示方法说明
碳素结构钢	Q195F，Q215AF，Q235Bb，Q255A，Q275	Q 235 B b 脱氧方法：F— 沸腾钢；b— 半镇静钢；Z— 镇静钢；TZ— 特殊镇静钢 质量等级：A、B、C、D 屈服点（强度）值（MPa） 钢材屈服强度“屈”字的拼音第一个字母

续表

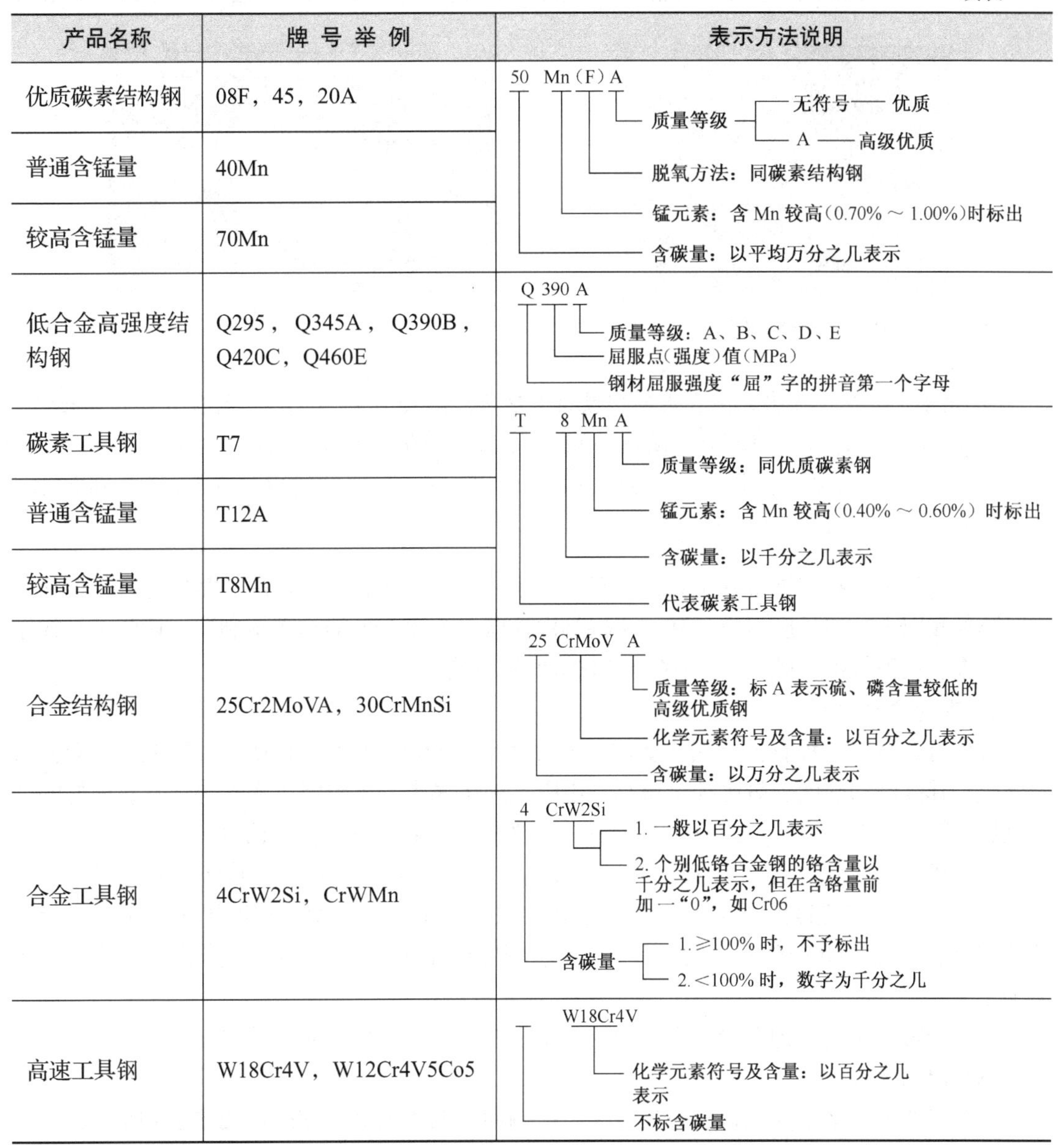

产品名称	牌号举例	表示方法说明
优质碳素结构钢	08F，45，20A	50 Mn（F）A A：质量等级——无符号——优质；A——高级优质 （F）：脱氧方法：同碳素结构钢 Mn：锰元素：含 Mn 较高（0.70% ～ 1.00%）时标出 50：含碳量：以平均万分之几表示
普通含锰量	40Mn	
较高含锰量	70Mn	
低合金高强度结构钢	Q295，Q345A，Q390B，Q420C，Q460E	Q 390 A A：质量等级：A、B、C、D、E 390：屈服点（强度）值（MPa） Q：钢材屈服强度“屈”字的拼音第一个字母
碳素工具钢	T7	T 8 Mn A A：质量等级：同优质碳素钢 Mn：锰元素：含 Mn 较高（0.40% ～ 0.60%）时标出 8：含碳量：以千分之几表示 T：代表碳素工具钢
普通含锰量	T12A	
较高含锰量	T8Mn	
合金结构钢	25Cr2MoVA，30CrMnSi	25 CrMoV A A：质量等级：标 A 表示硫、磷含量较低的高级优质钢 CrMoV：化学元素符号及含量：以百分之几表示 25：含碳量：以万分之几表示
合金工具钢	4CrW2Si，CrWMn	4 CrW2Si CrW2Si：1. 一般以百分之几表示；2. 个别低铬合金钢的铬含量以千分之几表示，但在含铬量前加一“0”，如 Cr06 4：含碳量——1. ≥100% 时，不予标出；2. <100% 时，数字为千分之几
高速工具钢	W18Cr4V，W12Cr4V5Co5	W18Cr4V W18Cr4V：化学元素符号及含量：以百分之几表示 （无数字）：不标含碳量

（2）低碳钢。低碳钢是含碳量低于 0.25%的碳素钢，其强度和硬度较低，塑性和韧性较好，易于进行各种加工，如锻造、焊接和切削。图 1-6 和图 1-7 所示分别为使用低碳钢制作的钢丝和棒料。

低碳钢使用前一般不经热处理，可采用卷边、折弯和冲压等方法进行冷成形。一般优质低碳钢轧成薄板，制作汽车驾驶室、发动机罩等深冲制品；还可轧成棒材，用于制作强度要求不高的机械零件。

（3）中碳钢。中碳钢是含碳量为 0.25%～0.60%的碳素钢，它有镇静钢、半镇静钢、沸腾钢等多种产品。中碳钢强度和硬度比低碳钢高，塑性和韧性比低碳钢低。其热加工及切削性能良好，焊接性能较差。它可不经热处理，直接使用热轧材、冷拉材，也可经热处理后使用。

图 1-6　低碳钢钢丝

图 1-7　低碳钢棒料

淬火、回火后的中碳钢具有良好的综合力学性能，能够达到的最高硬度约为 HRC55（HB538），σ_b 为 600～1 100 MPa。所以在中等强度水平的各种用途中，中碳钢得到最广泛的应用，除作为建筑材料外，还大量用于制造各种机械零件。

（4）高碳钢。高碳钢常称工具钢，其含碳量大于 0.60%，硬度很高但是质脆容易折断，可以淬硬和回火。实际应用中，锤、撬棍等由含碳量为 0.75%的高碳钢制造；切削工具如钻头、丝攻、铰刀等由含碳量为 0.90%～1.00%的钢制造。

3. 有色合金材料

有色合金是以一种有色金属为基体（通常大于 50%），加入一种或几种其他元素而构成的合金。其强度和硬度一般比纯金属高，电阻比纯金属大、电阻温度系数小，具有良好的综合机械性能。工业上最常用的有色合金材料主要有铝合金、铜合金、钛合金等。

（1）铝合金。铝合金密度低，但强度较高，接近或超过优质钢。其塑性好，可加工成各种型材，且具有优良的导电性、导热性和抗蚀性，工业上使用量仅次于钢。铝合金分为铸造铝合金和变形铝合金两大类。其中，铸造铝合金在铸态下使用；变形铝合金能承受压力加工。

铝合金可加工成各种形状、规格的铝合金材料。它主要用于制造航空器材、日常生活用品、建筑用门窗等。

（2）铜合金。常用的铜合金分为黄铜、白铜和青铜 3 大类。其应用如图 1-8 所示。

（a）黄铜制品

（b）白铜制品

（c）青铜制品

图 1-8　铜合金制品

① 黄铜。它是以锌为主要添加元素的铜合金。生产中常添加铝、镍、锰、锡、硅、铅等元素来改善普通黄铜的性能。黄铜铸件常用来制作阀门和管道配件等。

② 白铜。它是以镍为主要添加元素的铜合金。结构白铜的机械性能和耐蚀性好，色泽美观，广泛用于制造精密机械、化工机械和船舶构件。电工白铜一般有良好的热电性能，用于制造精密电工仪器、变阻器以及热电偶等。

③ 青铜。它是铜和锡、铅的合金，具有熔点低、硬度大、可塑性强、耐磨、耐腐蚀、色泽光亮等特点，适用于铸造各种器具、机械零件、轴承和齿轮等。

二、技能训练

（1）在教师的带领下，深入企业生产第一线，了解材料的使用情况。

（2）在教师的辅助下，查阅有关材料手册，熟悉常用金属材料的牌号及其用途。

任务二　车刀及其选用方法

一、基础知识

车削加工是在车床上利用工件相对于刀具旋转，对工件进行切削加工的方法，车削加工的主要刀具是车刀，其外形如图 1-9 所示。车刀切削性能的优劣，首先取决于刀具的材料，其次取决于刀具的几何参数和结构。

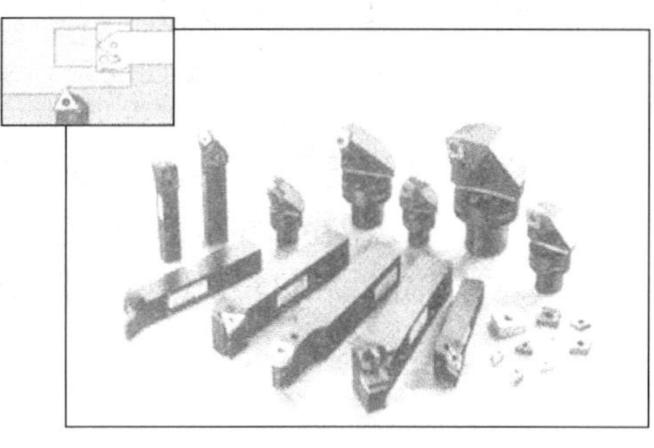

图 1-9　车刀

1. 刀具材料的切削性能

刀具材料主要是指刀具切削部分的材料，它是影响加工表面质量、切削效率、刀具寿命的基本因素。性能优良的刀具材料是保证刀具高效工作的基本条件。

（1）高硬度和高耐磨性。刀具材料的硬度必须高于被加工材料的硬度，现有刀具材料硬度都在 60HRC 以上。刀具材料越硬，其耐磨性越好，材料的耐磨性还取决于其化学成分和金相组织的稳定性。

（2）强度与冲击韧性。刀具强度越高，越不容易崩碎，刀杆也不易折断。刀具的冲击韧性越高，刀具在间断切削或有冲击的工作条件下就越不易崩刃。

重要提示

一般来说，刀具硬度越高，冲击韧性越低，材料越脆。硬度和韧性是一对矛盾体，也是刀具材料所应克服的一个问题。

（3）耐热性。耐热性又称红硬性，其综合反映了刀具材料在高温下保持硬度、耐磨性、强度、抗氧化、抗黏结和抗扩散的能力。

（4）工艺性和经济性。为了便于制造，刀具材料应有良好的工艺性，如锻造、热处理及磨削加工性能。当然在制造和选用时应综合考虑经济性。

2. 常用刀具材料

常用刀具材料有工具钢、高速钢、硬质合金、陶瓷和超硬刀具材料，目前用得最多的为高速钢和硬质合金。

（1）高速钢。高速钢是一种加入了较多钨、铬、钒以及钼等合金元素的高合金工具钢，具有良好的综合性能。其强度和韧性在现有刀具材料中较突出，并且制造工艺简单，容易刃磨成锋利的切削刃；图1-10所示为尚未刃磨成形的条状材料，图1-11所示为使用高速钢制作的典型刀具。

图1-10　高速钢条材

图1-11　典型高速钢刀具

重要提示

目前常用W18Cr4V和W9Cr4V2两种牌号的高速钢来制作精加工车刀以及成形车刀。这种车刀用于加工冲击性较大、形状不规则的零件，但是由于其热硬性较差，故不宜进行高速切削。

（2）硬质合金。硬质合金通常由粉末冶金方法制成，由硬度和熔点很高的金属碳化物（例如WC或TiC等）微粉和黏结剂经高压高温烧结而成。硬质合金的硬度高，耐磨性好，能耐高温，其化学稳定性和热稳定性好。典型硬质合金刀具如图1-12所示。

图1-12　典型硬质合金刀具

重要提示

硬质合金在1 000℃时还能保持良好的切削性能，具有耐磨损、耐腐蚀等特点。其切削速度是高速钢的5～8倍，但是其韧性较差，故质地较脆。

常用硬质合金的分类和使用性能如表1-8所示。

表 1-8　　常用硬质合金的分类和使用性能

类　别	牌　号	使 用 性 能	使 用 范 围
钨钴类合金	YG3	耐磨性好，切削速度高，对冲击和振动敏感	适合于铸铁、有色金属及其合金、非金属材料的连续切削时的精加工
	YA6	加入稀土后，耐磨性好	适合于铸铁和有色金属及其合金的半精加工，也适合于高锰钢、合金钢和淬火钢的半精加工和精加工
	YC6	耐磨性好，对冲击和振动敏感	适合于铸铁、有色金属及其合金、非金属材料的连续切削时的粗加工，间断切削时的半精加工，小断面的精加工
	YG8	韧性比 YG6 好，耐磨性较差，允许的切削速度较低	适合于铸铁、有色金属及其合金、非金属材料的加工
钨钴钛类合金	YT5	强度高，抗冲击和抗振动性能好，耐磨性较差	适合于碳素钢和合金钢间断切削时的粗车和钻孔加工
	YT15	耐磨性强于 YT5，但是抗冲击能力比 YT5 差	适合于碳素钢和合金钢连续切削时的粗车、半精车和精车
	YT30	耐磨性和允许切削速度比 YT15 高，但是抗冲击和抗振性较差，对焊接和刃磨要求较高	适合于碳素钢和合金钢的精车
	YW1	热硬性好，能承受一定的冲击，通用性好	适合于耐磨钢、高锰钢、不锈钢以及高合金钢等难加工材料的加工
	YW2	强度高，可承受较大的冲击，耐磨性比 YW1 略差	适合于耐磨钢、高锰钢、不锈钢以及高合金钢等难加工材料的粗加工和半精加工

除了高速钢和硬质合金这两种常用的车刀材料外，其他刀具材料还有碳素工具钢、合金工具钢、金刚石以及陶瓷材料等。陶瓷材料是目前的一种新兴材料，热硬性和耐磨性好，可在 1 100℃～1 200℃温度下正常切削，但是其脆性较大，抗冲击能力较差，刃磨困难。

表 1-9 列出了各种常用刀具材料基本性能的对比。

表 1-9　　各种常用刀具材料基本性能的对比

项　目	好 ——————→ 差					
冷硬性	金刚石	陶瓷	硬质合金	高速钢	碳素工具钢	合金工具钢
热硬性	金刚石	陶瓷	硬质合金	高速钢	合金工具钢	碳素工具钢
韧性	碳素工具钢	合金工具钢	高速钢	硬质合金	陶瓷	金刚石

3. 车刀的种类

按车削形式和用途不同，车刀可分为外圆车刀、端面车刀、内孔车刀、车断刀、车槽刀、螺纹车刀等，常用车削加工的切削方式及车削操作分别如图 1-13 和图 1-14 所示。

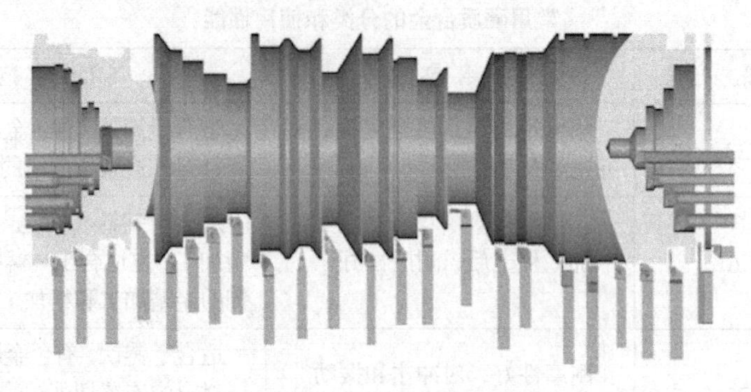

图 1-13　常用车削方式

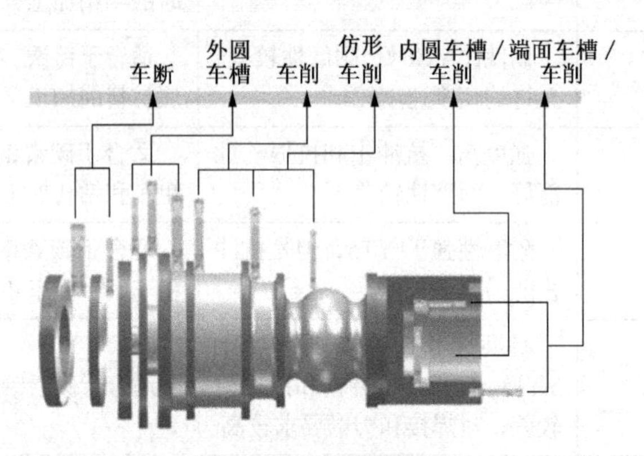

图 1-14　常用车削操作

按结构不同，车刀可分为整体车刀、焊接车刀、机夹车刀、可转位车刀和成形车刀，如图 1-15 所示。其中，可转位车刀的切削性能稳定，不必磨刀，在车刀中所占比例逐渐增加。

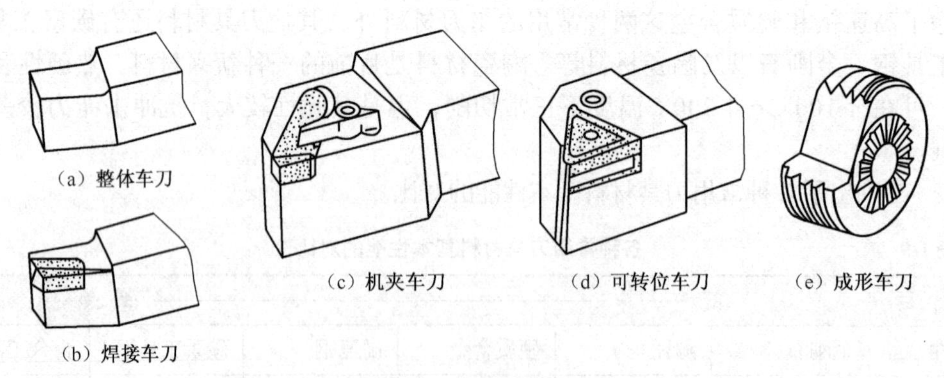

图 1-15　车刀结构类型

（1）整体车刀。整体车刀的切削部分和刀柄是一个整体。整体车刀对贵重刀具材料的消耗很大，故一般只有普通车刀和高速钢车刀采用整体式结构。

（2）焊接车刀。焊接车刀是在碳钢刀杆上按刀具几何角度的要求开出刀槽，用焊料将硬质合金刀片焊接在刀槽内，并按所选择的几何参数刃磨后使用的车刀。

焊接车刀结构简单、紧凑、刚性好、灵活性大，可根据加工条件与要求，较为方便地磨出所需的角度，故应用较广。但经高温焊接后的硬质合金刀片容易产生内应力和裂纹，使切削性能下降，对提高生产率和刀具耐用度不利。

（3）机夹车刀。机夹车刀是采用普通刀片，用机械夹固的方法将刀片夹持在刀杆上使用的车刀。常见的机夹车刀按装夹方式不同可分S类夹紧、P类夹紧和M类夹紧3类，如图1-16所示。

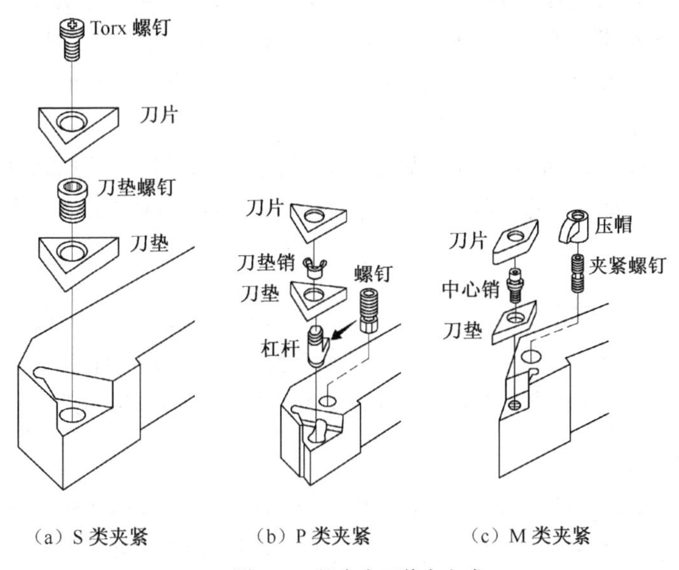

图1-16　机夹车刀装夹方式

机夹车刀有以下几个特点。

① 刀片不经过高温焊接，避免了因焊接而引起的刀片硬度下降、产生裂纹等缺陷，提高了刀具的耐用度。

② 由于刀具耐用度提高，使用时间较长，换刀时间缩短，提高了生产效率。

③ 刀杆可重复使用，既节省了钢材又提高了刀片的利用率，刀片由制造厂家回收再制，提高了经济效益，降低了刀具成本。

④ 刀片重磨后，尺寸会逐渐变小，为了恢复刀片的工作位置，往往在车刀结构上设有刀片的调整机构，以增加刀片的重磨次数。

⑤ 压紧刀片所用的压板端部，可以起断屑器作用。

（4）可转位车刀。可转位车刀是使用可转位刀片的机夹车刀，一条切削刃用钝后可迅速转位换成相邻的新切削刃继续工作，直到刀片上所有切削刃均已用钝，刀片才报废回收。更换新刀片后，车刀又可继续工作。

① 可转位车刀刀片的夹紧要求。

- 要求刀片定位精度高。刀片转位或更换新刀片后，刀尖位置的变化应在工件精度允许的范围内。
- 要求刀片夹紧可靠。应保证刀片、刀垫、刀杆接触面紧密贴合，经得起冲击和振动，但夹紧力也不宜过大，并使夹紧力均匀分布，以免压碎刀片。

- 要求排屑流畅。刀片前面应无障碍，以保证切屑排出流畅，并容易观察。
- 要求使用方便。转换刀刃和更换新刀片应方便、迅速。对小尺寸刀具结构要求紧凑。

在满足以上要求时，尽可能使结构简单，制造和使用方便。

② 可转位车刀的优点。与焊接车刀相比，可转位车刀具有以下优点。

- 刀具寿命高。由于刀片避免了由焊接和刃磨高温引起的缺陷，刀具几何参数完全由刀片和刀杆槽保证，切削性能稳定，从而提高了刀具寿命。
- 生产效率高。由于机床操作工人不再磨刀，可大大减少停机换刀等辅助时间。
- 有利于推广新技术、新工艺。可转位车刀有利于推广使用涂层、陶瓷等新型刀具材料。
- 有利于降低刀具成本。由于刀杆使用寿命长，大大减少了刀杆的消耗和库存量，简化了刀具的管理工作，降低了刀具成本。

（5）成形车刀。成形车刀是加工回转体成形表面的专用刀具，其刃形根据工件廓形设计，可用在各类车床上加工内外回转体的成形表面。它主要用在批量加工中、小尺寸带成形表面的零件。

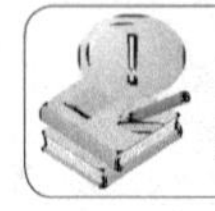
重要提示

用成形车刀加工零件时可一次形成零件表面，操作简便、生产率高，加工后能达到公差等级 IT8～IT10、粗糙度为 $Ra5$～$Ra10$ μm，并能保证较高的互换性。但成形车刀制造较复杂、成本较高，刀刃工作长度较宽，故易引起振动。

4. 车刀的几何角度

车刀切削部分的几何参数是指车刀的角度、刀面和切削刃的形状和数值。合理的几何参数可以在保证加工质量和一定的刀具寿命的前提下，获得理想的加工效率。

（1）车刀切削部分的组成。车刀由刀体和刀柄两部分组成，如图1-17所示。其包括以下各要素。

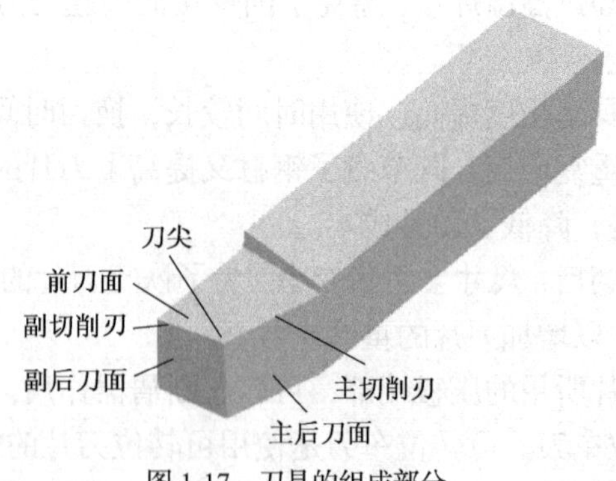

图1-17 刀具的组成部分

① 前刀面：加工过程中，切屑沿其流出的刀面。

② 主后刀面：与工件加工表面相对的刀面。

③ 副后刀面：与工件已加工表面相对的刀面。

④ 主切削刃：前刀面与主后刀面的交线，承担主要的切削工作。

⑤ 副切削刃：前刀面与副后刀面的交线。

⑥ 刀尖：主、副切削刃的交点，为了强化刀尖，一般都在刀尖处磨成折线或圆弧形过渡刃。

（2）定义刀具角度的辅助平面。为了正确定义各个刀具角度并描述其大小，可引入以下3个辅助平面，如图1-18所示。

① 基面：通过主切削刃上一点并与该点切削速度方向垂直的平面。

② 切削平面：通过主切削刃上一点并与该点加工表面相切的平面。

③ 主剖面：通过主切削刃上一点并与主切削刃在基面上的投影垂直的平面。

（3）刀具角度的定义。为了描述车刀切削部分的形状，通常使用以下5个角度，如图1-19所示。

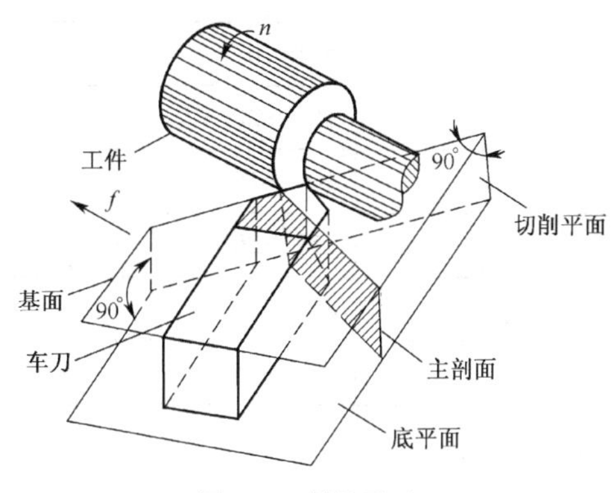

图1-18　辅助平面

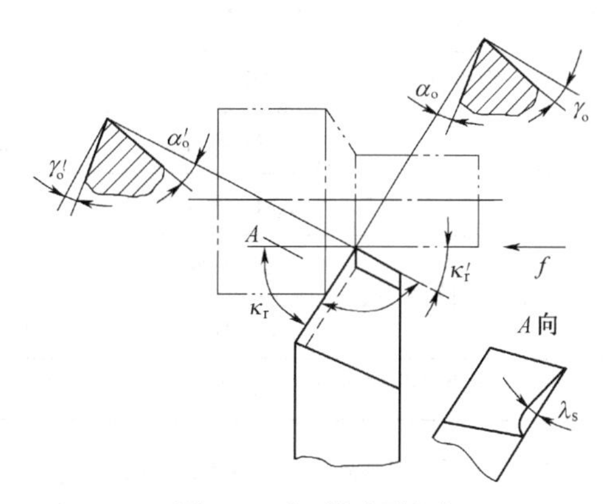

图1-19　车刀的主要角度

① 主偏角 κ_r：在基面中，主切削刃的投影与进给方向之间的夹角。

② 副偏角 κ_r'：在基面中，副切削刃的投影与进给反方向之间的夹角。

③ 前角γ_o：在主剖面中，前刀面与基面之间的夹角。

④ 后角 α_o：在主剖面中，主后刀面与切削平面之间的夹角。

⑤ 刃倾角 λ_s：在切削平面中，主切削刃与基面之间的夹角。刃倾角也有正值、零、负值。

5. 车刀切削部分几何参数的选择

（1）前角的选择。

① 前角的作用。

- 前角越大，刀具越锋利，切削变形越小，切削力降低，切削热减小。但是过大的前角会降低刀具强度。
- 前角越小，刀尖强度越大，切削变形越大，切削力增大，断屑更容易。
- 增大前角可以抑制积屑瘤产生。

② 前角的选择原则。

- 加工硬度高、机械强度大及脆性材料时，应选取较小的前角。
- 加工硬度低、机械强度小及塑性材料时，应选取较大的前角。
- 粗加工时应选用较小的前角，精加工时应选用较大的前角。
- 刀具材料韧性较差时，应选取较小的前角，刀具材料韧性较高时取较大的前角。
- 机床、夹具、工件和刀具系统刚性差时，选取较大的前角。

前角的参考数值如表 1-10 所示。

表 1-10　　前角的参考数值

工件材料		前角γ_o	
		高速钢车刀	硬质合金车刀
铝及铝合金		30°～35°	30°～35°
紫铜及铜合金（软）		25°～30°	25°～30°
铜合金（脆性）	粗加工	10°～15°	10°～15°
铜合金（脆性）	精加工	5°～10°	5°～10°
结构钢	$\sigma_b \leqslant 0.8$GPa	20°～25°	15°～20°
	$\sigma_b > 0.8 \sim 1.0$GPa	15°～21°	10°～15°
灰口铸铁及可锻铸铁	≤220HBS	20°～25°	15°～20°
	>220HBS	10°	8°
铸钢和锻钢件或断续切削灰口铸铁		10°～15°	5°～10°

（2）前刀面形状。车刀前刀面的形状及应用如表 1-11 所示。

表 1-11　　车刀前刀面的形状及应用

名　称	图　形	切削特点	应用范围
平面型 $\gamma_o>0$	γ_o	切割作用强，切屑变形小，切削刃强度较差，不易断屑	各种高速钢；切削刃形状复杂的样板刀；加工铸铁、青铜、脆黄铜用的硬质合金车刀
曲面型 $\gamma_o>0$	γ_o	切割作用强，切屑变形小，切削刃强度较差，易卷屑和断屑	各种高速钢刀具；加工紫铜、铝合金及低碳钢用的硬质合金
平面带倒棱型 $\gamma_o>0$ $\gamma_{o1}<0$	$b_{\gamma1}$ γ_{o1} γ_o	切削刃强度好，切屑变形小，不易断屑	加工铸铁用的硬质合金车刀

续表

名　称	图　形	切削特点	应用范围
阶台和曲面倒棱型 $\gamma_o>0$ $\gamma_{o1}<0$	$b_{\gamma1}$ L_{Bn} γ_o γ_{o1} C_{Bn} r_{Bn}	切割作用强，切削刃强度好，切屑变形小，易断屑	加工各种钢材的硬质合金车刀
平面型 $\gamma_o<0$	$-\gamma_o$	切割作用减弱，切削刃强度好，切屑变形大	加工淬硬钢和高锰钢使用的硬质合金车刀

（3）后角的选择。

① 后角的作用。

- 减小刀具后刀面与工件切削表面以及已加工表面之间的摩擦。
- 提高已加工表面的质量并延长刀具寿命。
- 在前角一定的条件下，后角越大，刃口越锋利，但是相应会减小刀具楔角，影响刀具强度和散热面积。
- 小后角的车刀在特定条件下可以抑制切削时的振动。

② 后角的选择原则。

- 加工硬度高、机械强度大及脆性材料时，应选取较小的后角。
- 加工硬度低、机械强度小及塑性材料时，应选取较大的后角。
- 粗加工时应选用较小的后角，精加工时应选用较大的后角。
- 采用负前角车刀时，后角应取大值。
- 工件与车刀的刚性较差时应取较小的后角。

后角的选择参考数值如表 1-12 所示。

表 1-12　车刀后角的选择参考数值

工件材料及加工条件		后角 α_o
低碳钢	粗车	8°～10°
	精车	10°～12°
中碳钢、合金结构钢	粗车	5°～7°
	精车	6°～8°
不锈钢	粗车	6°～8°
	精车	8°～10°
灰口铸铁	粗车	4°～6°
	精车	6°～8°
铝及铝合金、紫铜	粗车	8°～10°
	精车	10°～12°

（4）主偏角的选择。

① 主偏角的作用。

- 主偏角对切削层的影响。如图 1-20 所示，主偏角较小时，切削宽度较大而切削厚度较小，可以切下薄而宽的切屑，这样主切削刃单位长度上的负荷较轻，且散热条件较好，有利于刀具耐用度的提高。

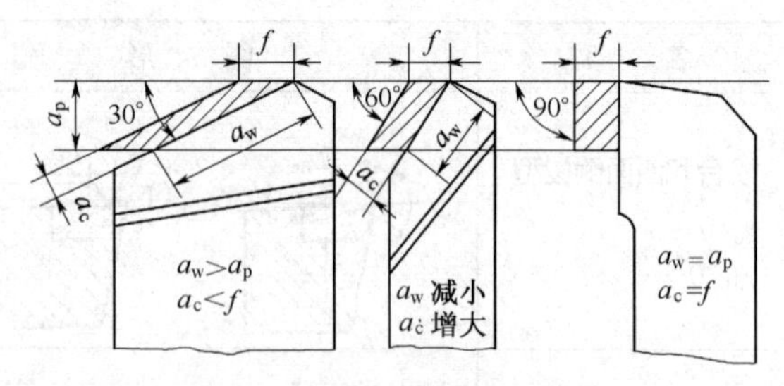

图 1-20 主偏角对切削层的影响

- 主、副偏角对工件表面质量的影响。如图 1-21 所示，当主、副偏角较小时，已加工表面残留面积的高度小，可减小表面粗糙度 *Ra* 的数值，并且刀尖强度和散热条件较好，有利于提高刀具的耐用度。

重要提示 若主偏角小时，则切深抗力将增大，如果工件的刚性不好，就可能产生弯曲变形，并引起振动。

- 主偏角对切削分力的影响：如图 1-22 所示，切削力可以分解为径向分力和轴向分力，增大主偏角时，径向分力减小，轴向分力增大。

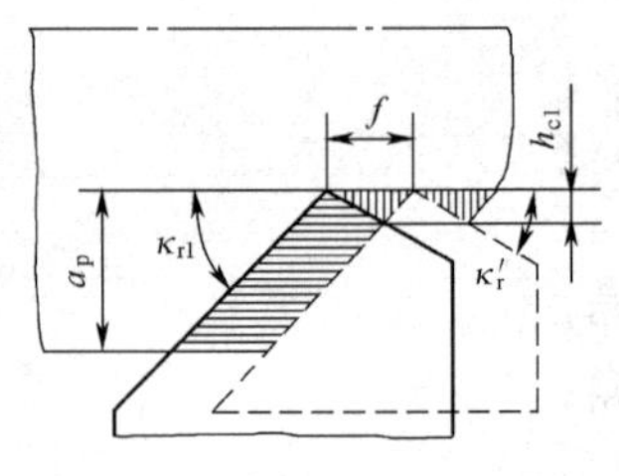

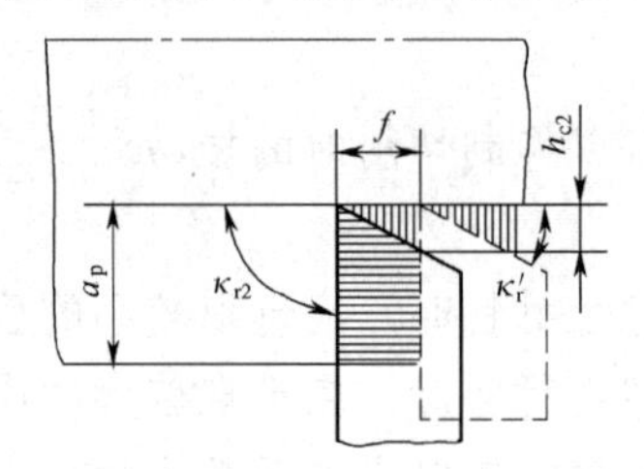

（a）主偏角对残留面积的影响

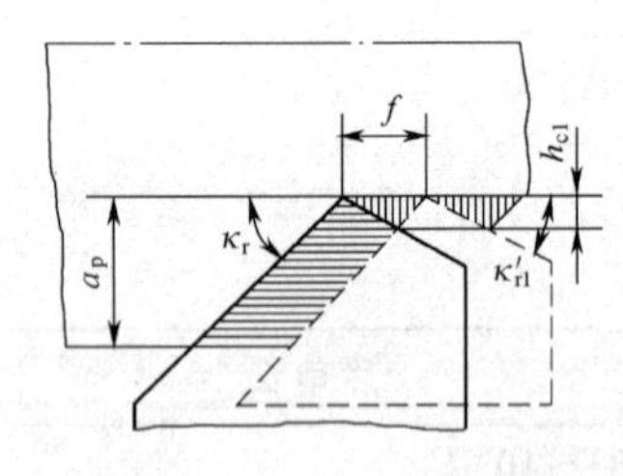

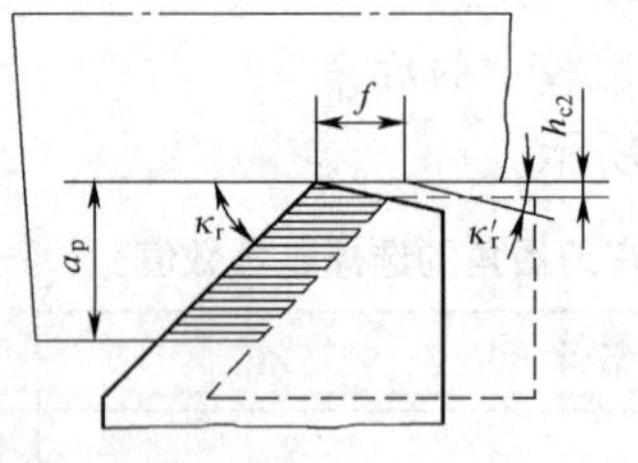

（b）副偏角对残留面积的影响

图 1-21 主、副偏角对残留面积的影响

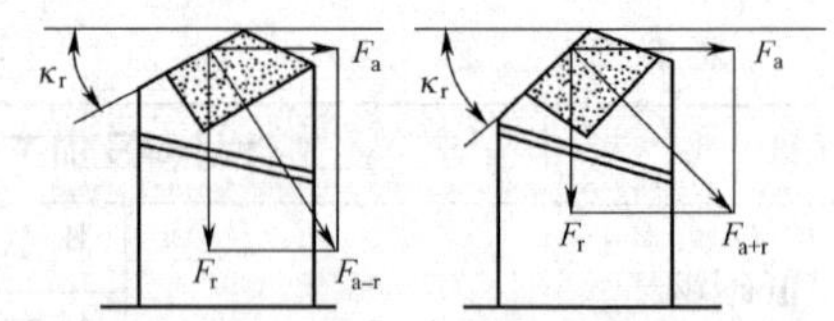

图 1-22 主偏角对切削分力的影响

重要提示 当主偏角为 90°时，径向分力为 0，在加工细长轴类零件时可以防止工件顶弯。

② 主偏角的选择原则。

- 工件材料较硬时应选用较小的主偏角。
- 车削刚性较差的工件时应选用较大的主偏角，以减小径向切削力。
- 机床、夹具、工件和刀具系统刚性好的情况下，尽量选取较小的主偏角。
- 根据工件形状选取主偏角，对于阶台轴，κ_r=90°，加工中间切入的工件时，κ_r=60°。

主偏角的参考数据如表 1-13 所示。

表 1-13　　车刀主偏角的参考数据

加 工 条 件	主偏角κ_r
工艺系统刚性较好的条件下，小切深车削冷硬铸铁和淬硬钢	10°～30°
工艺系统刚性较好的条件下的普通车削	45°
粗车钢件和车孔	60°
工艺系统刚性较差的条件下，车削钢件、铸铁件和车孔	70°～75°
车削细长轴或薄壁工件	80°～93°
车削阶台轴和阶台孔	90°

（5）副偏角的选择。

① 副偏角的作用。

- 减少副后刀面与工件已加工表面之间的摩擦。
- 改善工件表面粗糙度和刀具散热面积，提高刀具耐用度。

② 副偏角的选择原则。

- 机床、夹具、工件和刀具系统刚性好的情况下，可以选取较小的副偏角。
- 精加工刀具选用较小的副偏角。
- 加工细长轴时选用较大的副偏角。
- 加工中间切入的工件时，κ_r'=60°。

副偏角选择的参考数值如表 1-14 所示。

表 1-14　　车刀副偏角的参考数值

加 工 条 件	副偏角κ_r'
大进给强力切削	0°
车槽与车断	1°～2°
粗车	5°～10°
粗镗	15°～20°

（6）刃倾角的选择。当刀尖是主切削刃上最低点时，刃倾角为负值；当刀尖是主切削刃上最高点时，刃倾角为正值，如图 1-23 所示。

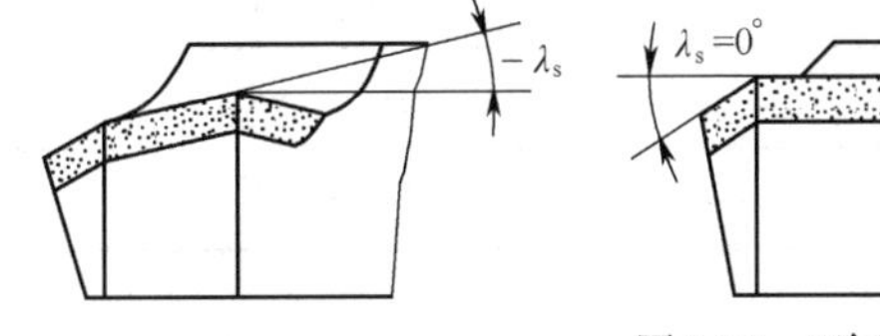

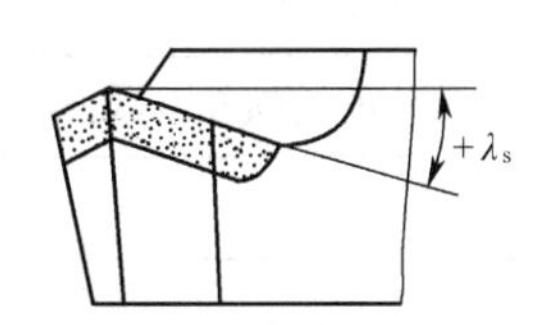

图 1-23　刃倾角的正负

① 刃倾角的作用。

- 刃倾角为正时，切屑流向待加工表面；刃倾角为负时，切屑流向已加工表面；刃倾角为 0 时，切屑沿着垂直于主切削刃方向卷曲流出或呈直线状排出，如图 1-24 所示。

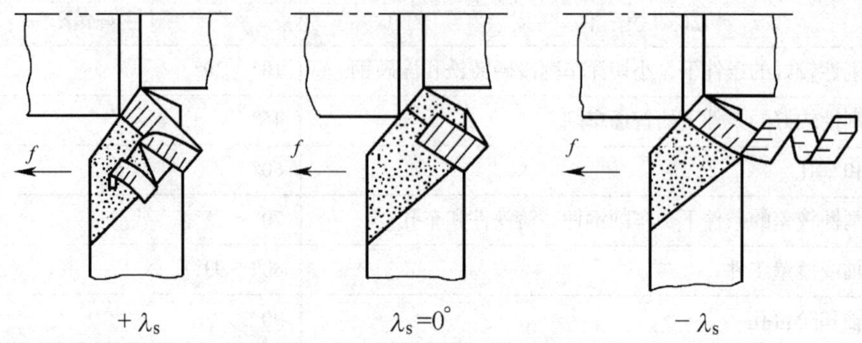

图 1-24　刃倾角对切屑流向的影响

- 当刃倾角为负值时，刀尖位于切削刃最低点，切削时，距离刀尖最远处先接触工件，随后逐步切入，可以避免刀尖冲击，提高刀具耐用度。
- 刃倾角增大了刀具的实际前角，可以减小切屑变形，减小切削力。

② 刃倾角的选择原则。

- 精加工时刃倾角取正值，粗加工时刃倾角取负值。
- 冲击负荷较大的断续切削，应取较大负值的刃倾角。
- 加工高硬材料时，应选负值刃倾角，以提高刀具强度。

刃倾角的参考数据如表 1-15 所示。

表 1-15　车刀刃倾角的参考数据

加工条件及工件材料		刃倾角 λ_s
精车、精镗	钢铁	0° ～5°
	铝及其铝合金	5° ～10°
	紫铜	5° ～10°
粗车（余量均匀）	钢铁、灰口铸铁	0° ～-5°
	铝及其铝合金	0° ～5°
	紫铜	5° ～10°
车削淬硬钢		−5° ～−12°
断续车削钢铁、灰口铸铁		−10° ～−15°
连续切削余量不均的铸铁件、锻件		−10° ～−45°
微量精车		45° ～75°

（7）过渡刃的选择。

① 过渡刃的用途。过渡刃可以提高刀尖强度，改善散热条件。过渡刃有直线和圆弧两种，如图 1-25 所示。

② 过渡刃的设计。

- 采用直线过渡刃时，直线形过渡刀刃多用于刀刃形状对称的车断刀和多刃刀具，过渡刃长度 b_e=0.5～2mm。
- 圆弧过渡刀刃多用于车刀、刨刀等单刃刀具上。采用圆弧过渡刃可以减少切削时的残留面积高度，但圆弧半径 r_e 不能太大，以免引起振动。高速钢车刀圆角半径 r_e=0.5～5 mm，硬质合金车刀圆角半径 r_e=0.5～2 mm。
- 直线形过渡刀刃的偏角一般为主偏角的 1/2，即 $k_{re}=\frac{1}{2}k_r$。

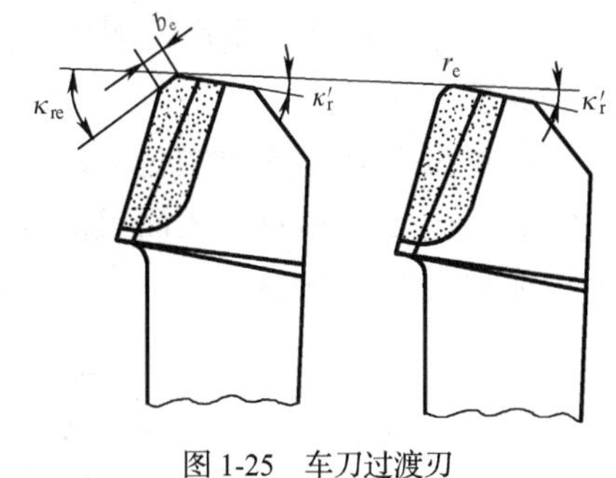

图 1-25　车刀过渡刃

常用硬质合金车刀的刀尖圆弧半径 r_e 参考值如表 1-16 所示。

表 1-16　常用硬质合金车刀的刀尖圆弧半径 r_e 参考值

切削深度/mm	刀尖圆弧半径 r_e/mm	
	钢、铜	铸铁、非金属
3	0.6	0.8
4～9	0.8	1.6
10～19	1.6	2.4
20～30	2.4	3.2

二、技能训练

1. 在教师带领下深入企业了解生产中使用的车刀种类，刀具材料的应用情况。

2. 通过车刀实物观察其上主要角度，结合生产中的主要加工操作领会刀具几何角度对加工效率和质量的影响。

任务三　车床及其操作

一、基础知识

车床是车削加工的基本设备，它主要用于加工轴类、盘类、套类和其他具有回转表面的工件，是机械制造和修配工厂中使用最广的一类机床。铣床和钻床等旋转加工的机械都是从车床引申出来的。

1. 车床的种类

车床在机械加工车间的机床配置中，所占比例较大，占 50%以上。常用的车床具有以下几种类型。

（1）卧式车床。它是一种最常用的车床，适合于单件、小批量的轴类和盘类零件的加工。其加工对象广，主轴转速和进给量的调整范围大，能加工工件的内外表面、端面和内外螺纹。这种车床主要由工人手工操作，生产效率低，适用于单件、小批生产和修配车间。

卧式车床的典型结构如图1-26所示，其加工尺寸公差等级可达IT7～IT8，表面粗糙度可达 $Ra1.6\mu m$。其典型用途如图1-27所示。

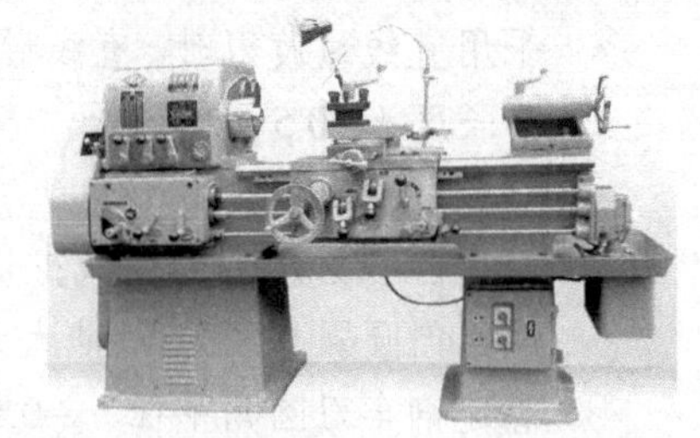

图1-26 卧式车床

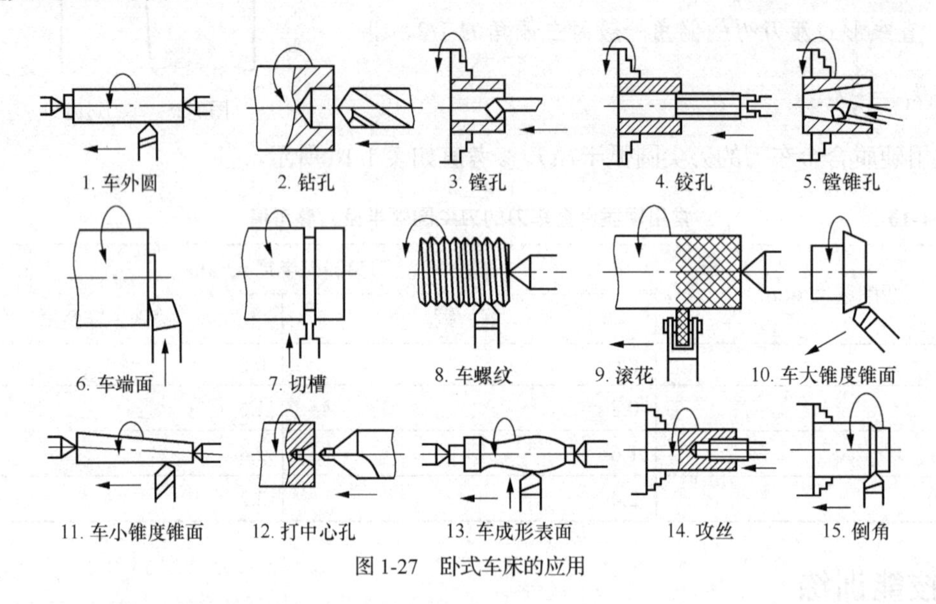

图1-27 卧式车床的应用

（2）立式车床。如图1-28所示，立式车床的主轴垂直于水平面，工件装夹在水平的回转工作台上，刀架在横梁或立柱上移动。它适用于加工较大及较重、难于在普通车床上安装的工件，分为单柱和双柱两大类。

（3）转塔车床。转塔车床上有一个可以绕垂直轴线转位的六角转位刀架，通常刀架只能做纵向进给。转塔车床没有尾座，如图1-29所示。它能在工件的一次装夹中由工人依次使用不同刀具完成多种工序，适用于成批生产。

图1-28 立式车床

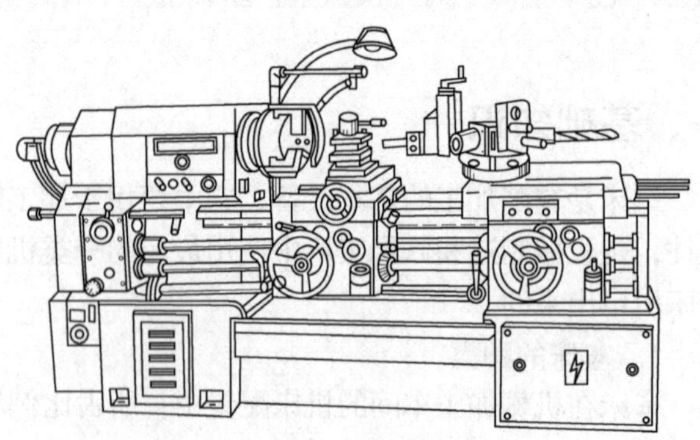

图1-29 转塔车床

（4）多刀半自动车床。它有单轴、多轴、卧式和立式之分。单轴卧式的布局形式如图 1-30 所示，与普通车床相似，但两组刀架分别装在主轴的前后或上下，用于加工盘、环和轴类工件，其生产率比普通车床提高 3～5 倍。

（5）自动车床。如图 1-31 所示，自动车床是通过凸轮控制的自动加工车床。其加工速度快，加工精度较高，能自动上下料，料完自动停机，一人可操作多台机床，特别方便重复加工一批同样的工件。其具有车身轻便，稳定性好，更换可变动装置（如自动送料夹具装置等）方便，操作简单易懂的特点，适用于大批量生产。

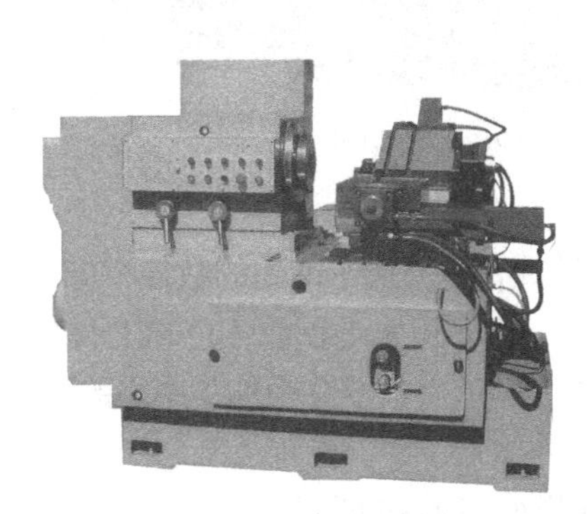

图 1-30　多刀半自动车床

图 1-31　自动车床

（6）其他车床。仿形车床如图 1-32 所示，它能仿照样板或样件的形状尺寸，自动完成工件的加工循环，适用于形状较复杂的工件的小批量和成批量生产，生产率比普通车床高 10～15 倍。仿形车床有多刀架、多轴、卡盘式、立式等类型。

铲齿车床如图 1-33 所示。在车削的同时，刀架周期地做径向往复运动，用于铲车铣刀、滚刀等的成形齿面。铲齿车床通常带有铲磨附件，由单独电动机驱动的小砂轮铲磨齿面。

图 1-32　仿形车床

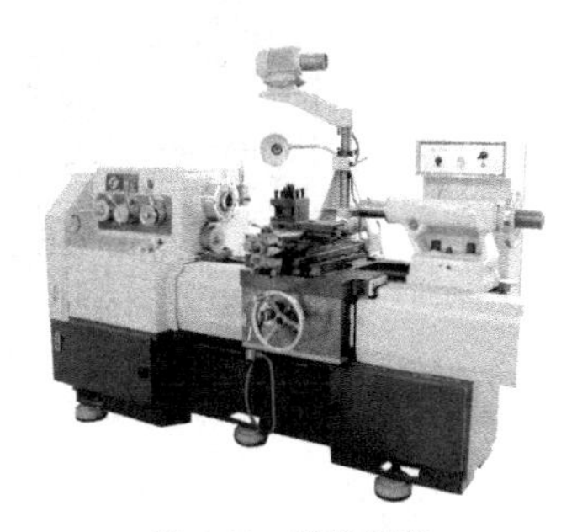

图 1-33　铲齿车床

专门化车床用来加工某类零件的特定表面，如凸轮轴车床、曲轴车床、铲齿车床、轧辊车床等。联合车床主要用于车削加工，但附加一些特殊部件和附件后还可进行镗、铣、钻、插、磨等加工，具有“一机多能”的特点，适用于工程车、船舶或移动修理站上的修配工作。

（7）数控车床。数控车床是一种通过数字信息控制车床按给定的运动轨迹，对工件进行自动加工的机电一体化的加工装备，经过半个世纪的发展，数控机床已是现代制造业的重要标志之一。

数控车床是数字程序控制车床的简称，如图 1-34（a）所示。它集通用性好的万能型车床、加工精度高的精密型车床和加工效率高的专用型车床的特点于一身，是国内使用非常广泛的一种数控机床。

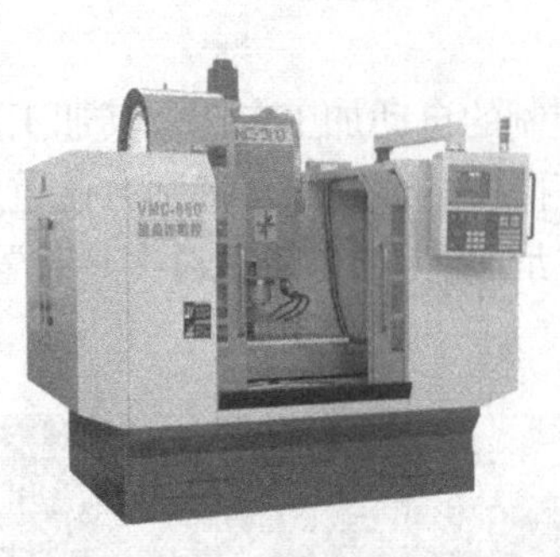

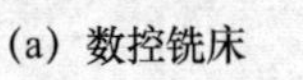

(a) 数控铣床

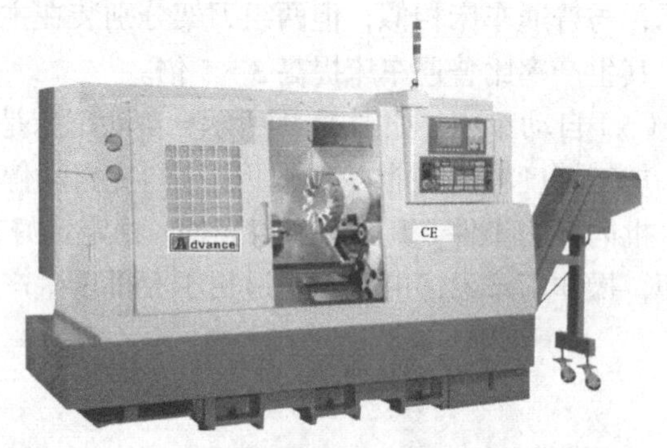

(b) 车削加工中心

图 1-34 数控机床

车削加工中心是在数控车床发展过程中开发出的一种具有复合加工能力的数控车床，其具有自动换刀功能，使车削加工效率更高，速度更快，且可一机多用，是目前各主要工业发达国家竞相发展的一种极为重要的数控机床品种。图 1-34（b）所示为数控车削加工中心的外观。

2. 车床的结构

下面以卧式车床为例来说明车床的基本结构，其外形如图 1-35 所示。

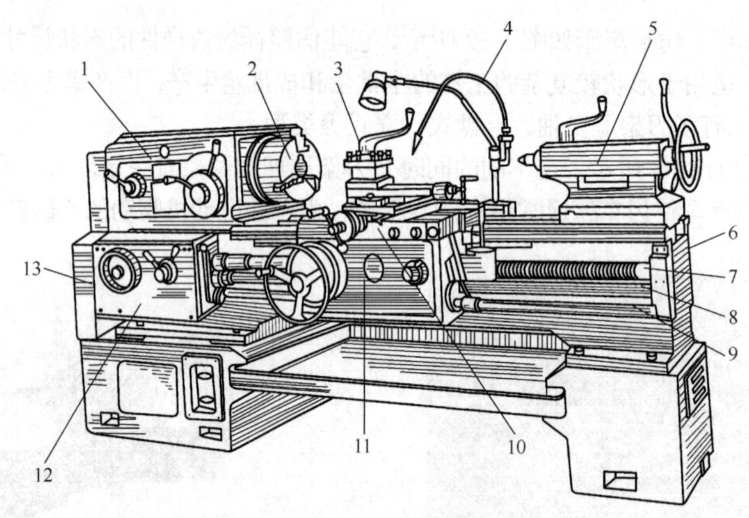

图 1-35 卧式车床的结构

1—主轴箱；2—卡盘；3—刀架；4—冷却液管；5—尾座；6—床身；7—丝杠；8—光杠；9—操纵杠；10—溜板；11—溜板箱；12—进给箱；13—挂轮箱

（1）车头部分。

① 主轴箱。主轴箱用来带动车床主轴及卡盘转动，变换箱外的手柄位置，可以使主轴获得各种不同的转速。

② 卡盘。卡盘用来夹持工件并带动工件一起转动。

（2）挂轮箱。挂轮箱用来把主轴的转动传给进给箱。调换箱内的齿轮并与进给箱配合，可以车削不同螺距的螺纹。

（3）进给部分。

① 进给箱。进给箱利用其内部齿轮机构，可以把主轴上的旋转运动传给丝杠或光杠。变换箱体外手柄的位置，可以使丝杠或光杠得到各种不同的转速。

② 丝杠。丝杠用来车削螺纹。丝杠能通过溜板箱使车刀按照要求的传动比做精确的直线运动。

③ 光杠。光杠用来将进给箱中的运动传给溜板箱。使车刀按照要求的速度做直线进给运动。

（4）溜板部分。

① 溜板箱。溜板箱把丝杠或光杠的转动传给溜板箱，变换箱外手柄的位置，经过溜板使车刀做纵向或者横向进给。

② 溜板。溜板包括床鞍和中滑板，其结构如图 1-36 所示。

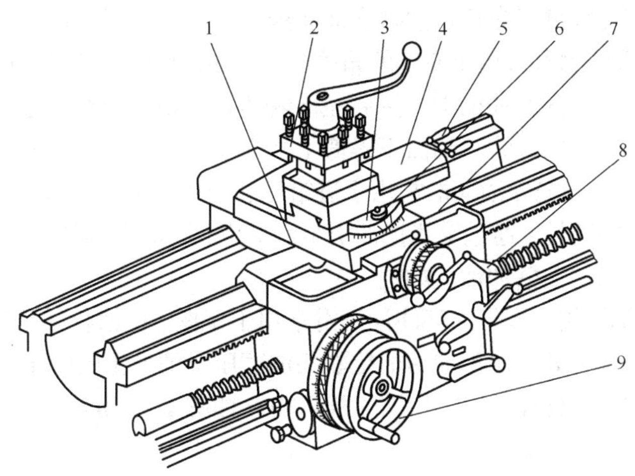

图 1-36　卧式车床的溜板部分

1—中滑板；2—刀架；3—转盘；4—小滑板；5—小滑板手柄；6—固定螺钉；7—床鞍；8—中滑板手柄；9—摇动手轮

- 小滑板手柄 5 与其内部的丝杠相连，摇动小滑板手柄 5 时，小滑板 4 可以纵向进刀或退刀。
- 中滑板手柄 8 装在中滑板内部的丝杠上，摇动中滑板手柄 8，中滑板 1 可以横向进刀或退刀。
- 床鞍 7 与床面导轨配合，摇动手轮 9 可以使整个溜板部分左右移动做纵向进给。
- 小滑板 4 下部具有转盘 3，其圆周上具有两只固定螺钉 6，可以使用小滑板在转过一定角度后锁紧。

重要提示

床鞍在纵向车削工件时使用，中滑板在横向车削工件以及控制切削深度时使用，小滑板在纵向切削较短的工件或圆锥面时使用。

③ 刀架。溜板上部有刀架，用来装夹车刀。

（5）尾座部分。尾座由尾座体、底座和套筒组成。顶尖装在尾座套筒的锥孔内，该套筒用来支顶较长的工件，还可以装夹各种切削刀具，如钻头、中心钻和铰刀等。

重要提示

尾座连同尾座体可以沿床身导轨移动，可以根据工件的加工需要调整床头与尾座之间的距离。

（6）床身。床身用来支持和安装机床的各个部件，如主轴箱、进给箱、溜板箱、溜板和尾座等。

（7）附件。

① 中心架。在车削较长的工件时，使用中心架辅助支撑，以提高工件的刚度。

② 冷却液管。切削过程中，冷却液管用来浇注切削液。

3. 车床的维护和保养

（1）车床的润滑。为了减少车床的磨损，提高车床的加工精度，保证车床的正常运转，延长其使用寿命，应对车床的所有运动及摩擦部位经常进行润滑，并注意车床的定期维护保养。

① 浇油润滑。浇油润滑常用于外露的滑动表面，如床身导轨面以及中、小滑板导轨面以及丝杠等。将这些部件擦拭干净后用油壶浇油润滑。

② 溅油润滑。溅油润滑常用于密闭的箱体中。例如，利用车床主轴箱中的传动齿轮将箱底的润滑油溅射到箱体上部的油槽中，然后经槽内油孔流到各润滑点进行润滑。

注入新油时应使用滤网过滤，油面不得低于游标中心线。一般每 3 个月换一次油。

③ 油绳导油润滑。油绳导油润滑常用于进给箱和溜板箱的轴承和齿轮的润滑。利用毛线等既易吸油又易渗油的特性，通过毛线把油引至润滑点，间断地滴油润滑。在加注润滑油时，要注意给进给箱上部的储油槽加油，如图 1-37 所示。

④ 弹子油杯注油润滑。弹子油杯注油润滑常用于尾座、中滑板摇手柄及三杠（丝杠、光杠和操纵杠）支架的轴承处。定期地用油枪端头油嘴压下油杯上的弹子，将油注入。油嘴撤去，弹子又恢复原位，封住注油口，以防尘屑入内，如图 1-38 所示。

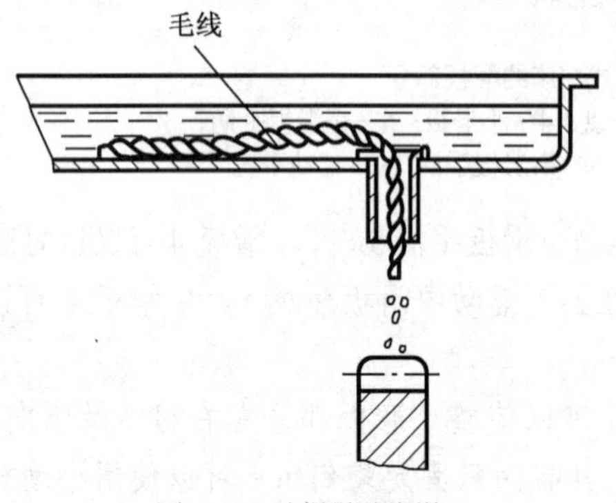

图 1-37 油绳导油润滑

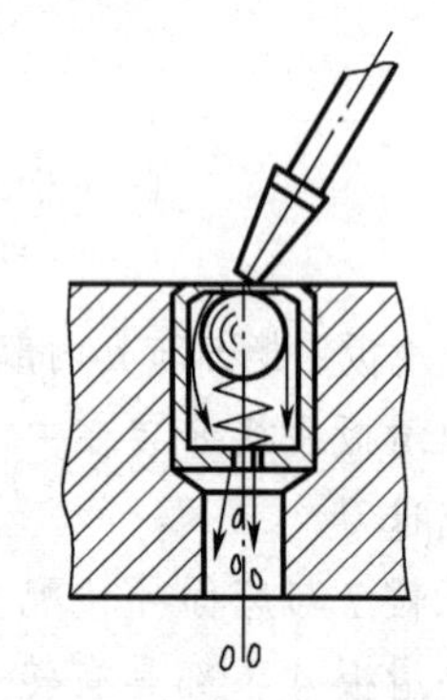

图 1-38 弹子油杯注油润滑

⑤ 黄油杯润滑。黄油杯润滑常用于交换齿轮箱挂轮架的中间轴或不便经常润滑处。事先在黄油杯中加满钙基润滑脂，需要润滑时，拧紧油杯盖，则杯中的油脂就被挤压到润滑点中去，如图 1-39 所示。

⑥ 油泵输油润滑。油泵输油润滑常用于转速高、需要大量润滑油连续强制润滑的场合。例如，主轴箱内许多润滑点就是采用这种方式，如图 1-40 所示。

（2）车床的日常保养。

① 每天工作结束后，先切断车床电源，然后对车床各表面、各罩壳、铁屑盘、导轨面、丝杠、光杠、各操纵手柄和操纵杠进行擦试，做到无油污、无铁屑，车床外表清洁。

② 清扫完毕后，应做到“三后”，即尾座、中滑板、溜板箱要移动至机床尾部，并按润

滑要求进行润滑保养。

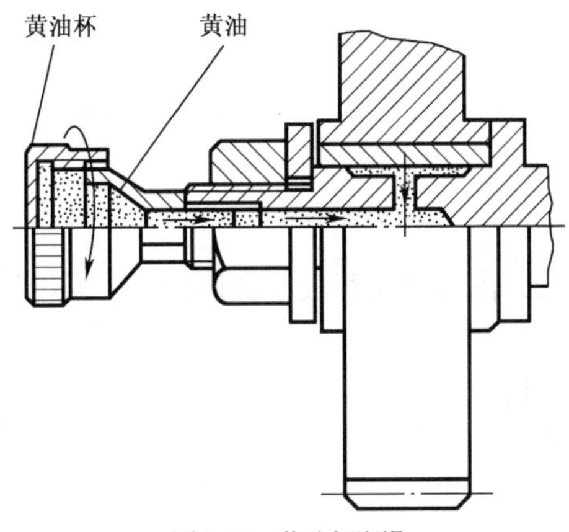

图 1-39　黄油杯润滑

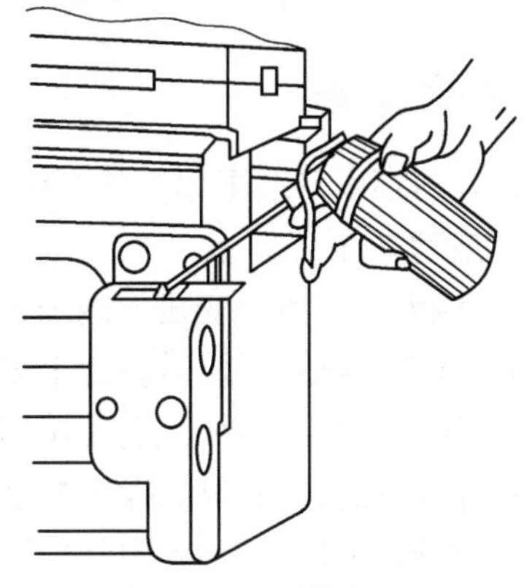
图 1-40　油泵输油润滑

③ 每周要求保养床身导轨面和中、小滑板导轨面，并做好转动部位的清洁、润滑，要求油眼畅通，油标清晰，要清洗油绳和护床油毛毡，保持车床外表清洁和工作场地整洁。

（3）车床的一级保养。车床的保养工作直接影响到零件加工质量的好坏和生产效率的高低。通常当车床运行 500 h 后，需进行一次一级保养。其保养工作以操作工人为主，维修工人配合进行。保养时，必须先切断电源，然后按断电、拆卸、清洗、润滑、安装、调整、试运行顺序和要求进行。

① 主轴箱的保养。

- 清洗滤油器。
- 检查主轴锁紧螺母有无松动，紧定螺钉是否拧紧。
- 调整制动器及离合器摩擦片间隙。

② 挂轮箱部分的保养。

- 清洗齿轮、轴套，并在油杯中注入新油脂。
- 调整齿轮啮合间隙。
- 检查轴套有无晃动现象。

③ 滑板和刀架的保养。拆洗刀架和中、小滑板，洗净擦干后重新组装，并调整中、小滑板与镶条（塞铁）的间隙。

④ 尾座的保养。拆洗尾座套筒，擦净后涂油，以保持内外清洁。

⑤ 润滑系统的保养。

- 清洗冷却泵、滤油器和盛液盘。
- 保证油路畅通，油孔、油绳、油毡清洁无铁屑。
- 确保油质良好，油杯齐全，油标清晰。

⑥ 电器的保养。

- 清扫电动机、电气箱上的尘屑。
- 电气装置固定整齐。

⑦ 外表的保养。

- 清洗车床外表面及各罩盖，保持其内、外清洁，无锈蚀，无油污。

- 清洗三杠。
- 检查并补齐各螺钉、手柄球、手柄。

二、技能训练

【训练内容】普通车床的基本操作

1. 启动车床

（1）检查车床各个变速手柄是否处于空挡位置，离合器是否处于正确位置，操纵杠是否处于停止状态，确认无误后，合上电源总开关。

（2）按下床鞍上的绿色启动按钮，启动驱动电机。

（3）提起溜板箱右侧的操纵杠手柄，正转主轴。

（4）将操纵杠手柄回到中间位置，主轴停止。

（5）将操纵杠手柄压下，主轴反转。

按下床鞍上的红色停止按钮，电动机停止工作。

重要提示

主轴正转与反转的转换要在主轴停止转动后进行，避免因为连续转换操作使瞬间电流过大而发生电气故障。同时也避免变换过程中对机械部件的冲击。

相关的操作按钮和手柄如图 1-41 所示。

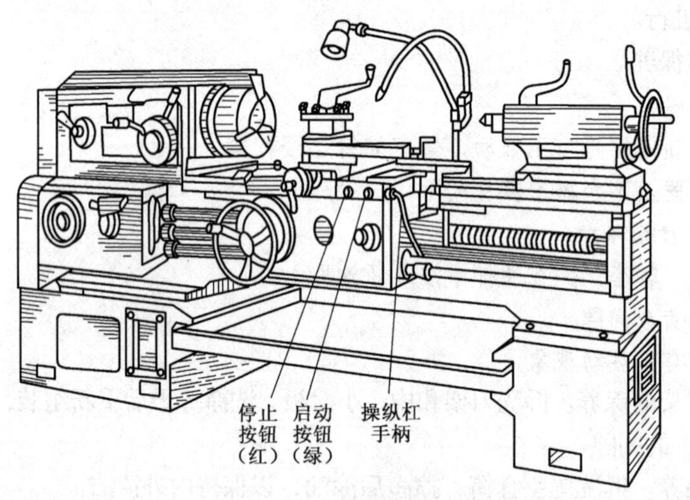

图 1-41 车床操作按钮和手柄

2. 主轴变速操作

（1）改变主轴箱正面右侧 2 个叠套手柄的位置可以变换主轴转速。参考主轴转速调配表上的指示，将主轴转速依次调整为 16 r/min、450 r/min 和 1 400 r/min，每次调节手柄后启动车床观察变速效果。

重要提示

进行主轴变速操作时，必须停车后才能转动变速手柄，以免引发机械事故。

（2）转动主轴箱正面左侧手柄以调整车削右旋螺纹或是车削左旋加大螺距螺纹。

主轴箱的主要变换和操作手柄如图 1-42 所示。

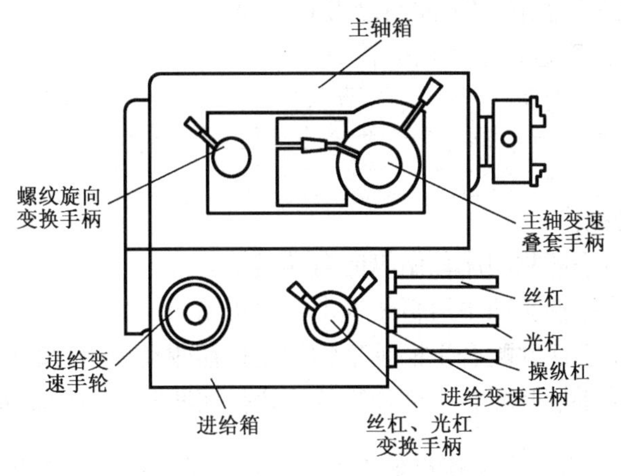

图 1-42 主轴箱主要变换和操作手柄

3. 进给变速操作

（1）参考进给速度调配表并调整进给箱左侧手轮位置，确定纵向进给量为 0.46 mm/r。

（2）调整丝杠、光杠变换手柄，改为光杠进给。

（3）参考进给速度调配表并调整进给箱手轮位置，车削螺距为 1 mm 的螺纹。

4. 溜板箱的手动操作

（1）顺时针转动溜板箱正面左侧的大手轮，驱动床鞍及溜板箱向右运动。

（2）逆时针转动溜板箱正面左侧的大手轮，驱动床鞍及溜板箱向左运动。

手轮轴上的刻度盘圆周被等分为 300 小格，手轮每转过一格，床鞍和溜板箱纵向进给 1 mm。

（3）顺时针转动中滑板移动手柄，中滑板横向进刀，向远离操作者方向运动。

（4）逆时针转动中滑板移动手柄，中滑板横向退刀，向靠近操作者方向运动。

中滑板丝杠上的刻度盘圆周被等分为 100 小格，手轮每转过一格，中滑板横向进给 0.05 mm。

（5）顺时针转动小滑板手柄，可以驱动小滑板向左做短距离纵向移动。

（6）逆时针转动小滑板手柄，可以驱动小滑板向右做短距离纵向移动。

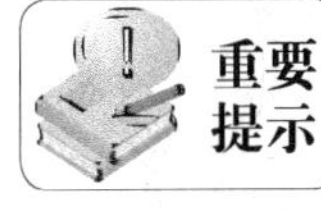

小滑板丝杠上的刻度盘圆周被等分为 100 小格，手轮每转过一格，中滑板横向进给 0.05 mm。小滑板的分度盘在刀架需要斜向进给车削短圆锥体时，可以在 90°范围内偏转所需角度，调整时，先松开锁紧螺母，待转过所需角度后再锁紧即可。

（7）左右手分别摇动上述操作手轮，做到操作熟练自如，同时床鞍、中滑板和小滑板的移动平稳、均匀。

（8）用左手摇动大手轮，右手同时摇动中滑板手柄，纵、横向快速趋近和退离工件。

（9）操作大手轮刻度盘使床鞍纵向移动 250 mm。

（10）操作中滑板刻度盘使刀架横向进刀 0.5 mm。

（11）利用小滑板分度盘将小滑板扳转 30°。

重要提示 在转动手轮时，注意消除丝杠的间隙。

5. 溜板箱的机动操作

（1）操作自动进给手柄驱动床鞍做纵向自动进给。

（2）操作自动进给手柄驱动中滑板做横向自动进给。

（3）操作自动进给手柄并配合手柄顶部的快进按钮驱动床鞍做纵向快速自动进给。

（4）操作自动进给手柄并配合手柄顶部的快进按钮驱动中滑板做横向快速自动进给。

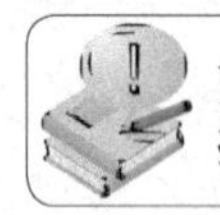

重要提示 当床鞍快速移动到距离主轴箱或尾座一定安全距离后，应立即松开快进按钮，停止快速进给，以免床鞍撞击主轴箱。中滑板的操作与之类似。

（5）操纵进给箱上的丝杠、光杠变换手柄，驱动丝杠回转，待溜板箱向右移动一定距离后，合上开合螺母，驱动丝杠做纵向进给。

溜板上的操作手柄如图 1-43 所示。

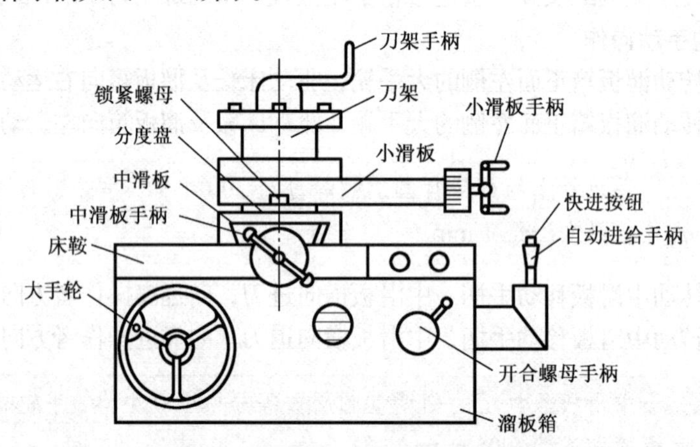

图 1-43　溜板上的主要变换和操作手柄

6. 尾座操作

（1）沿床身导轨纵向移动尾座至合适位置，逆时针搬动尾座固定手柄，将其固定。

（2）逆时针方向移动套筒固定手柄，摇动手轮，使套筒做进、退移动。顺时针转动套筒固定手柄，将其固定在选定的位置。

（3）擦净套筒内孔和顶尖锥柄，安装后顶尖。

（4）松开套筒固定手柄，摇动手轮使套筒后退以退出后顶尖。

尾座的结构和操作部件如图 1-44 所示。

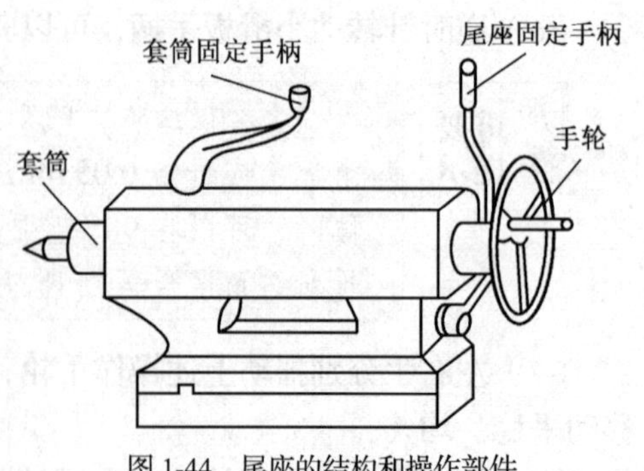

图 1-44　尾座的结构和操作部件

任务四　常用车床夹具及其应用

一、基础知识

1. 常用车床夹具的种类

许多典型通用夹具已经标准化和系列化，如卡盘、顶尖、夹头、拨盘和花盘等。这些夹具也成为了普通车床的基本装备。

（1）三爪自定心卡盘。三爪自定心卡盘的3个卡爪是由一级锥齿轮和一级平面螺纹传动形成联动而自动定心的。卡盘通过过渡盘连接在车床主轴定心轴颈上，适用于夹持圆柱体、六棱柱体以及三棱柱体等工件，如图1-45所示。

三爪自定心卡盘的卡爪可以正、反向安装，以适应夹持不同尺寸的工件。三爪自定心卡盘的直径系列有80mm、100 mm、125 mm、160 mm、200 mm、250 mm、315 mm、400 mm和500 mm 9种规格。

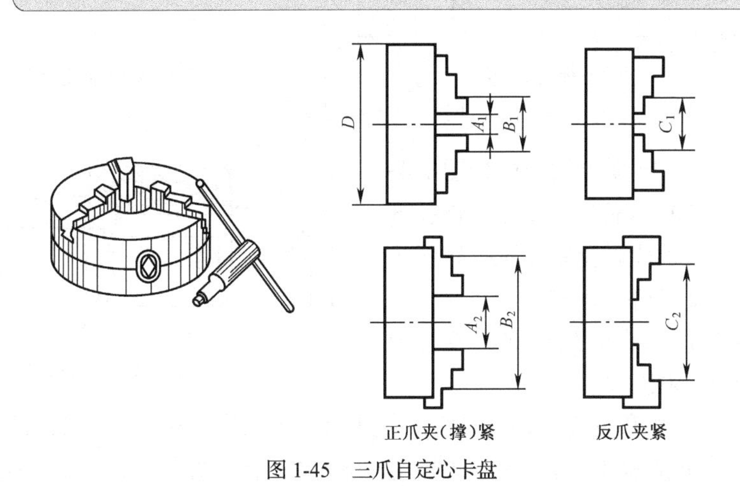

图1-45　三爪自定心卡盘

（2）四爪单动卡盘。四爪单动卡盘的4个卡爪分别由4件方牙螺纹传动单独驱动，卡盘用过渡盘连接在车床主轴定心轴颈上，适用于夹持圆柱体、四棱柱体以及一些形状复杂的工件。卡盘夹持工件后，需要校正才能进行车削加工，如图1-46所示。

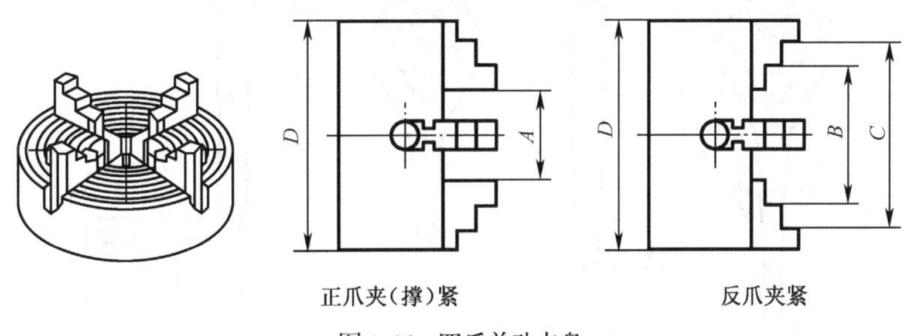

图1-46　四爪单动卡盘

重要提示

四爪单动卡盘的卡爪也可以正、反向安装，以适应夹持不同尺寸的工件。卡盘的直径系列有 160 mm、200 mm、250 mm、315 mm、400 mm、500 mm、600 mm、800 mm 和 1 000 mm 9 种规格。

（3）固定顶尖。固定顶尖的锥柄与车床尾座锥孔相连。顶尖顶持工件中心孔有两种形式：一种是主轴端卡盘夹持工件外圆表面与尾座端顶持工件中心孔；另一种是两端分别使用固定顶尖顶持 2 个中心孔，此时需要在主轴一端附加拨盘和鸡心夹头或夹板。使用顶尖装夹工件时，顶尖轴线应与主轴轴线以及尾座锥孔轴线重合。

重要提示

车床上常用的顶尖包括普通固定顶尖和镶硬质合金顶尖两种类型，如图 1-47 所示。固定顶尖系列按照锥柄的莫式锥度号分为 0～6 号，共 7 种规格。镶硬质合金顶尖适合于较高转速时的车削加工。

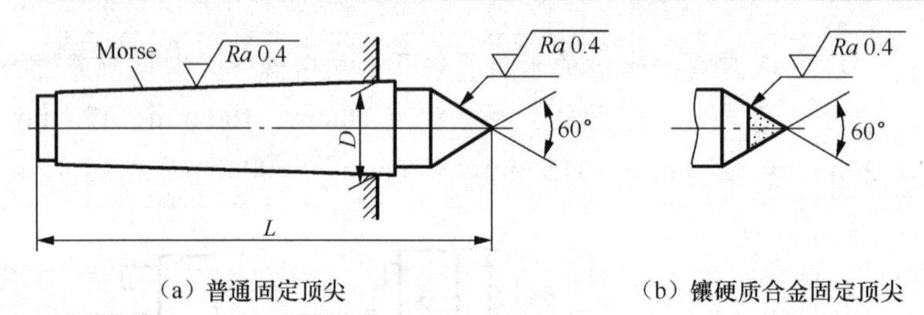

（a）普通固定顶尖　　（b）镶硬质合金固定顶尖

图 1-47　固定顶尖

（4）回转顶尖。回转顶尖的结构如图 1-48 所示，安装时，顶尖的锥柄与车床尾座锥孔连接，顶尖轴线与主轴轴线以及尾座锥孔轴线重合，工作时，顶尖随工件一起转动。

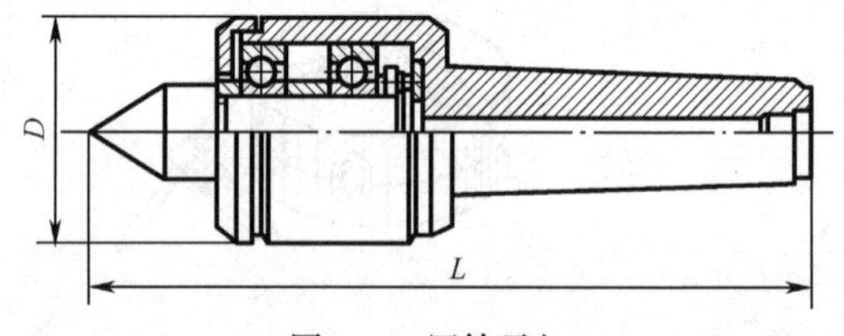

图 1-48　回转顶尖

回转顶尖系列按照锥柄的莫式锥度号分为 1～6 号，共 6 种规格。

（5）鸡心夹头、夹板和拨盘。使用长顶尖顶持长工件两端中心孔加工外圆表面时，必须使用鸡心夹头（见图 1-49）或夹板（见图 1-50）夹持主轴端工件外圆，并与拨盘（见图 1-51）配合使用。

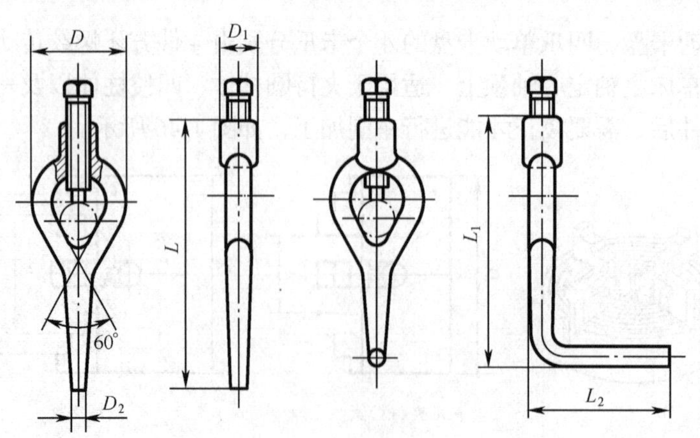

图 1-49　鸡心夹头

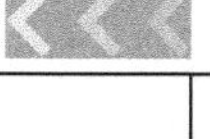

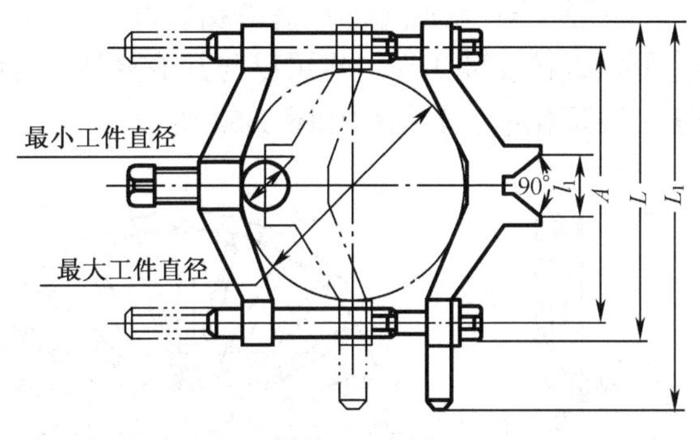

图 1-50　夹板

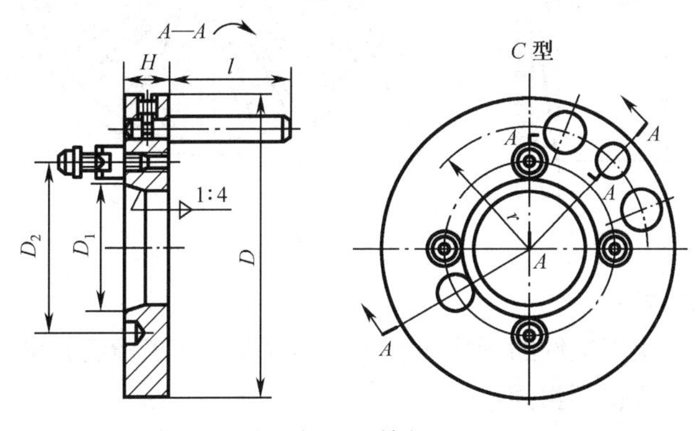

图 1-51　拨盘

鸡心夹头适合于夹持直径为 3～130 mm 的零件；夹板适合于夹持直径为 20～150 mm 的零件。拨盘上的拨杆带动鸡心夹头或夹板使工件旋转。

（6）弹簧心轴。弹簧心轴的主件弹性套两端外圆与锥孔具有较高的制造精度和弹性，利用与其配合作用的具有同样锥度外圆锥体即弹簧心轴做横向移动，压迫弹性套膨胀，然后自动定心并压紧工件的定位基准孔，适合于精车盘、套工件的外圆表面及平面。

弹簧心轴中常用弹性套的形式如图 1-52 所示。

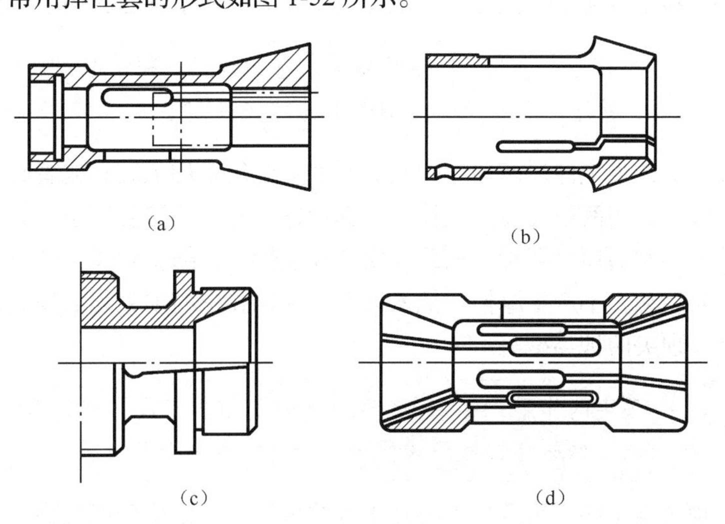

图 1-52　弹簧心轴中常用弹性套的形式

（7）花盘。在花盘上可以直接安装工件，也可以与其他夹具元件组合成各种专用夹具，用途广泛。花盘与主轴定心轴颈相连，其结构如图 1-53 所示。

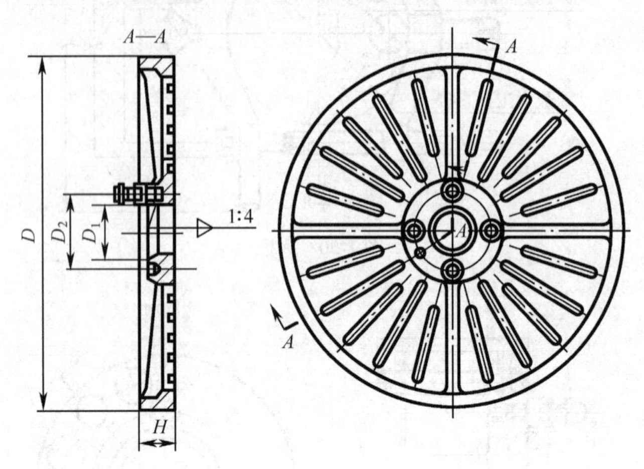

图 1-53　花盘

2. 工件的装夹与校正

实际车削加工时，由于工件的形状和大小差异较大，加工精度要求也不相同，因此车削加工时，工件的装夹方法也不相同。

（1）在三爪自定心卡盘上装夹工件。由于三爪自定心卡盘能自动定心，因此工件装夹后，一般不需要校正。但在装夹较长的工件时，工件离卡盘夹持较远处的回转中心不一定与车床主轴轴线重合，这时必须对工件位置进行校正。

当三爪卡盘使用时间较长而失去原有精度后，如果对加工精度要求较高，也需要校正。校正时，应确保工件的回转中心与车床主轴的回转中心重合。

（2）在四爪单动卡盘上装夹工件。由于四爪单动卡盘的 4 个卡爪完全独立运动，因此在装夹工件时，必须将工件加工部位的回转中心校正到与车床主轴回转中心重合。

与三爪卡盘相比，四爪单动卡盘的校正比较费时，但是由于其夹紧力较大，故适用于装夹大型零件和形状不规则零件。

（3）在两顶尖间装夹工件。两顶尖间装夹工件主要用于加工较长或者必须经过多道工序才能完成的轴类零件。用两顶尖装夹工件时，其操作方便，不需要校正，并且定位精度高。

顶尖分为前顶尖和后顶尖两种，前顶尖安装在主轴上，随主轴和工件一起转动，与工件中心孔之间无相对运动，不产生摩擦。插入尾座套筒锥孔中的顶尖为后顶尖，具体又可以分为固定顶尖和回转顶尖两种类型。

顶尖的作用是定中心、承受工件的质量以及切削时的切削力，但在装夹前必须预先在工件两端面上加工出标准中心孔。

（4）一夹一顶装夹工件。用两顶尖装夹工件的方法虽然定位精度较高，但是刚性较差，尤其对于粗大笨重的零件，装夹时的稳定性不够，切削用量的选择受到限制，这时可以选择工件一端用卡盘夹持，另一端用顶尖支撑的一夹一顶方式。这种装夹方法安全、可靠，能承受较大的轴向切削力。但是对于相互位置精度要求较高的工件，掉头车削时，校正较困难。

二、技能训练

1. 认识三爪自定心卡盘的结构、工作原理和拆卸

（1）观察三爪自定心卡盘的结构，熟悉图 1-54 所示的各个组成要素。

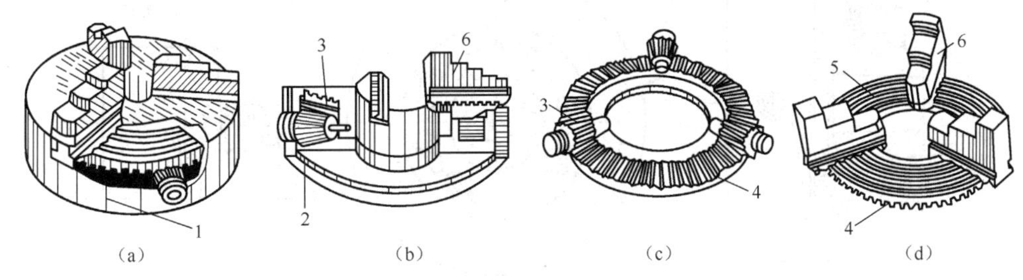

图 1-54　三爪自定心卡盘的结构

1—卡盘壳体；2—防尘盖板；3—带方孔的小锥齿轮；4—大锥齿轮；5—平面螺纹；6—卡爪

（2）用卡盘扳手插入小锥齿轮端部方孔中，转动扳手，观察卡盘的夹紧过程。

（3）逆时针转动卡盘扳手，3 个卡爪同步沿径向离心移动，直到退出卡盘壳体，完成卡盘的拆卸操作。

2. 区分卡爪的编号

（1）三爪卡盘每副卡爪标有 1、2 和 3 的编号，安装时注意安装顺序。

（2）将 3 个卡爪并在一起，比较卡爪上端面螺纹牙数的多少，最多的为 1 号，最少的为 3 号，如图 1-55 所示。

3. 三爪卡盘的装配和反装

（1）将卡盘扳手的方榫插入卡盘壳体外圆面上的方孔中，按顺时针方向旋转，驱动大锥齿轮回转，当其背面平面螺纹的螺扣转到将要接近 1 号槽时，将 1 号卡爪插入壳体的 1 号槽内。

（2）继续顺时针转动卡盘扳手，在卡盘壳体的 2 号槽、3 号槽内依次装入 2 号和 3 号卡爪。

（3）随着卡盘扳手的继续转动，3 个卡爪同步沿径向向中心运动，直至汇聚于卡盘中心，如图 1-56 所示。

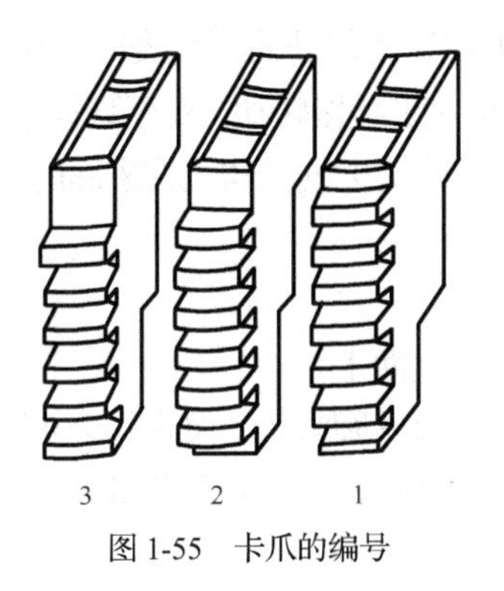

图 1-55　卡爪的编号

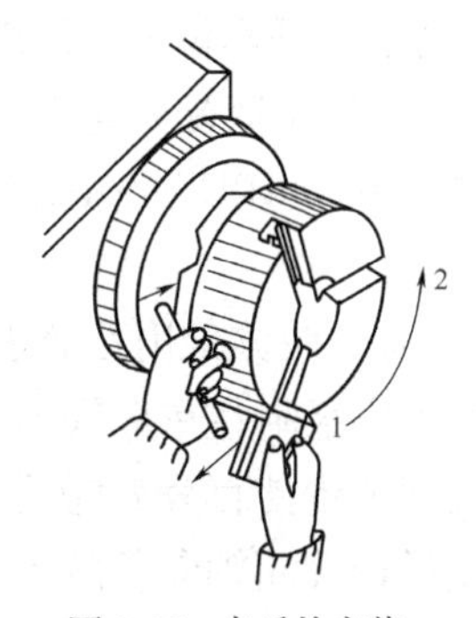

图 1-56　卡爪的安装

（4）按照上述步骤反装卡爪，然后进行拆卸操作。

4. 卡盘的安装

（1）观察车床连接盘与主轴、卡盘的连接方式，如图 1-57 所示。连接盘 4 由主轴 1 上的短圆锥面定位，连接盘 4 上的螺栓 5 从主轴轴肩和锁紧盘 2 上的内孔穿过，螺栓中部的圆柱面与主轴轴肩上的孔精密配合。拧紧螺母即可使连接盘可靠地安装在主轴上。

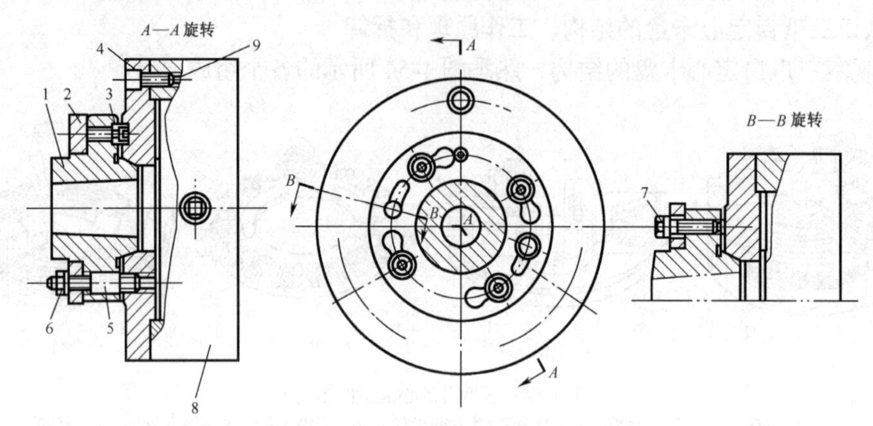

图 1-57 连接盘与主轴、卡盘的连接

1—主轴；2—锁紧盘；3—端面键；4—连接盘；5—螺栓；6—螺母；7，9—螺钉；8—卡盘

（2）连接盘前面的阶台面用作安装卡盘 8 的定位基面，通过 3 个螺钉 9 将卡盘与连接盘连接在一起，端面键 3 用于放置连接盘，相对主轴转动，为保险装置。螺钉 7 是拆卸连接盘时用的顶丝。

（3）擦净卡盘和连接盘各表面，特别是要擦净定位配合表面，并涂油。

（4）在靠近主轴的床身导轨上垫一块有一定厚度的木板，以保护导轨不受撞击。

（5）用一个比主轴通孔直径略小的硬木棒穿在卡盘中，将卡盘抬至连接盘端，使木棒的一端插入主轴的通孔内，另一端伸出在卡盘外。

（6）小心将卡盘背面的阶台孔装配在连接盘的定位基面上，用 3 个螺钉将连接盘与卡盘可靠地连接在一起。

（7）抽去硬木棒，撤去垫板。

5. 在三爪自定心卡盘上装夹并校正工件

（1）在三爪自定心卡盘上轻轻夹住工件。

（2）粗加工时，使用目测法或划针校正毛坯表面，步骤如下。

① 将划线盘放在适当位置，使用划针尖端接触工件悬伸端处的圆柱表面，如图 1-58 所示。

② 将主轴变速箱手柄置于空挡，用手轻轻拨动卡盘使之缓慢转动，观察划针与工件表面接触情况，如果发现误差，可以轻轻敲击工件悬伸端，直到全圆周上划针与工件表面的间隙均匀一致。

③ 夹紧工件。

（3）粗加工时，应该采用百分表校正，步骤如下。

① 将磁性表座吸附在车床固定不动的表面，如导轨面上。

② 调整表架位置使百分表触头垂直指向工件悬伸端外圆柱面，如图 1-59 所示。

③ 对于直径较大而轴向长度不大的盘形工件，可将百分表触头垂直指向工件端面的外缘处，如图 1-60 所示，并将触头压下 0.5～1 mm。

④ 将主轴变速箱手柄置于空挡，用手轻轻拨动卡盘使之缓慢转动，观察划针与工件表面接触情况，如果发现误差，可以轻轻敲击工件悬伸端，每转中百分表读数的最大差值在0.10 mm以内时，结束校正。

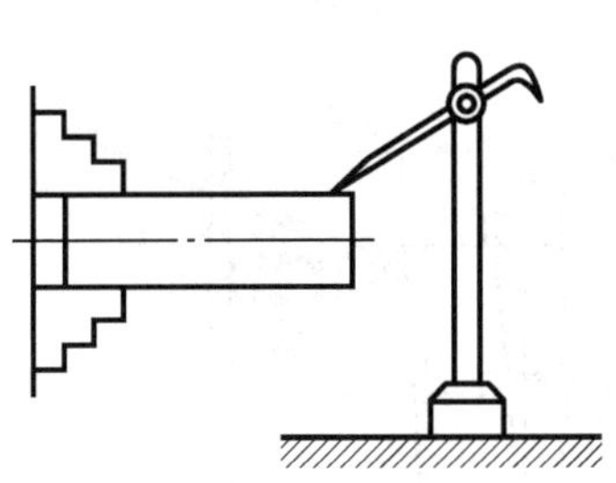
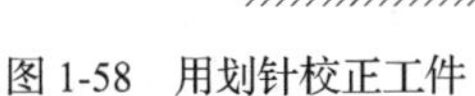

图1-58　用划针校正工件

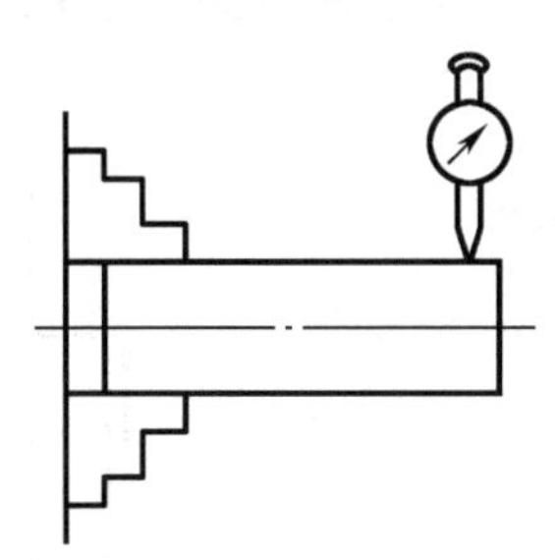
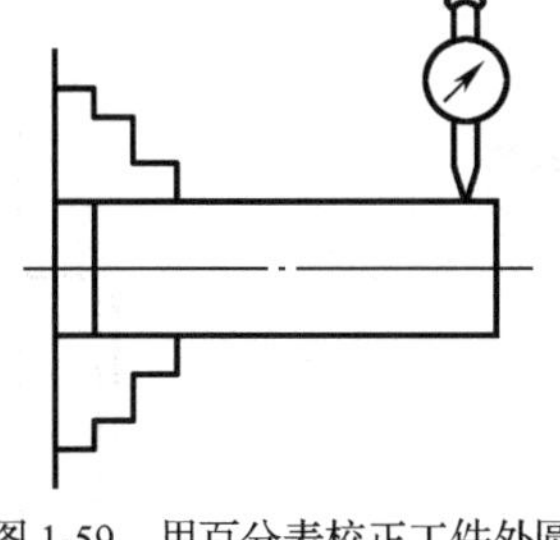

图1-59　用百分表校正工件外圆

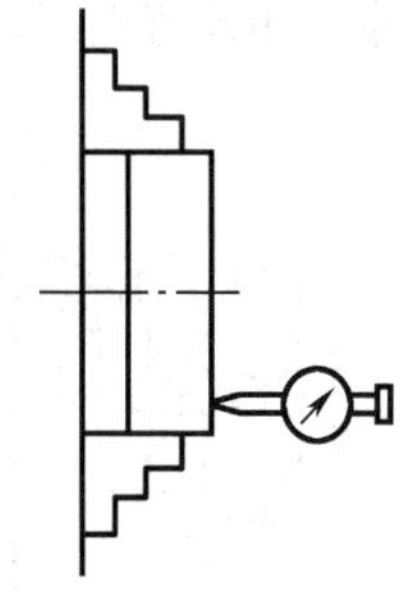

图1-60　用百分表校正工件端面

⑤ 夹紧工件。

6. 在四爪单动卡盘上装夹工件

（1）按照以下步骤装夹工件。

① 将主轴箱变速手柄置于空挡位。

② 根据工件装夹部位的尺寸调整卡爪，使相对的两卡爪之间的距离稍大于工件装夹部位尺寸。可以参考卡盘平面上的多圈同心圆线来确定卡爪的位置是否与主轴回转中心等距。

③ 在工件装夹位置下方的床身导轨面上垫放防护木板。

④ 夹持工件，通常夹持部分长度在15 mm左右。

（2）按照以下步骤校正轴类工件。通常在圆柱面上选择A、B两点作为参考点，如图1-61所示。

① 先校正点A，校正时，用划针尖靠近工件外圆表面的点A，用手转动卡盘观察工件表面与划针尖间的间隙大小，然后根据间隙大小调整两卡爪的相对位置，调整量为间隙差值的一半，如图1-62所示。

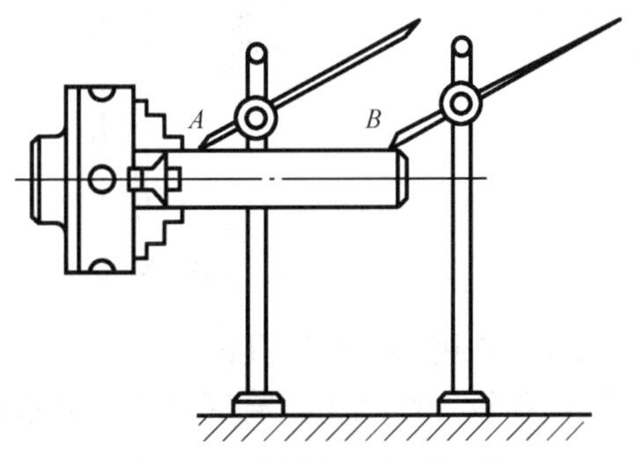

图1-61　用划针校正轴类工件

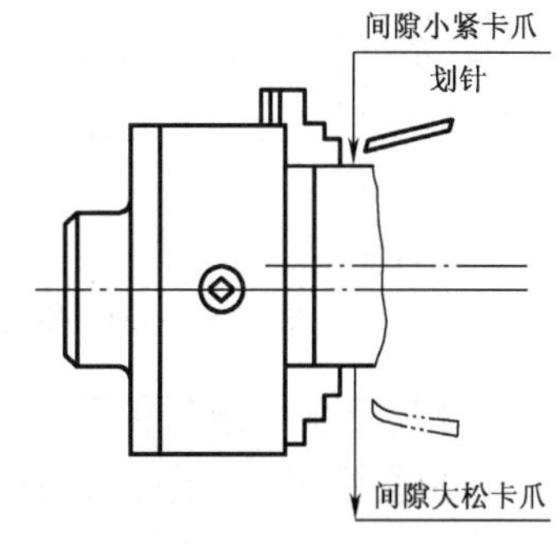

图1-62　卡爪位置的调整

重要提示

校正时，不能同时松开两只卡爪，以免工件掉落。

② 接着校正点B，校正该点时，不调整卡爪位置，而是轻敲工件右端，使间隙一致。

③ 均匀夹紧工件。

（3）按照以下步骤校正盘类零件。校正时，不仅要校正外圆柱面（即点A），还需要校正工件的端面（即点 *B*），如图 1-63 所示。

① 先校正点 *A*，具体操作与校正轴类零件相似。

② 再校正点 *B*，将划针尖靠近工件断面边缘处，用手转动卡盘，观察划针尖与端面之间的间隙。如果有误差，调整时，可以用铜锤轻轻敲击校正，如图 1-64 所示。

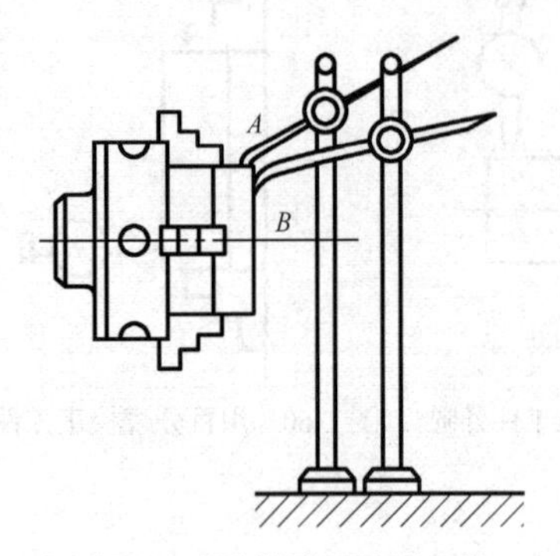

图 1-63 用划针校正盘类工件

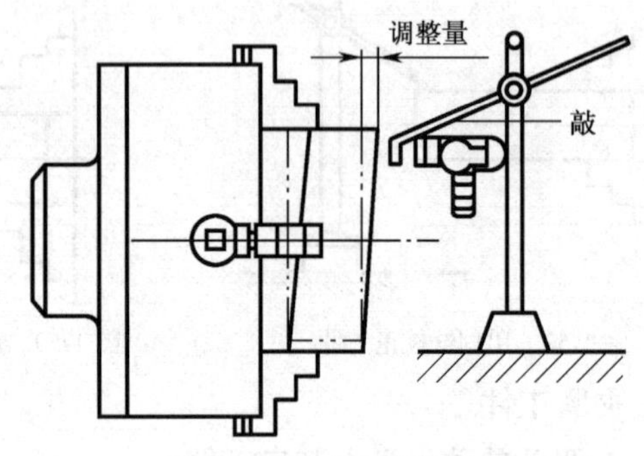

图 1-64 端面位置的校正

③ 均匀夹紧工件。

7. 使用两顶尖装夹工件

其装夹原理如图 1-65 所示

（1）擦净主轴锥孔、前顶尖柄部，将前顶尖插入主轴锥孔内，如图 1-66 所示。

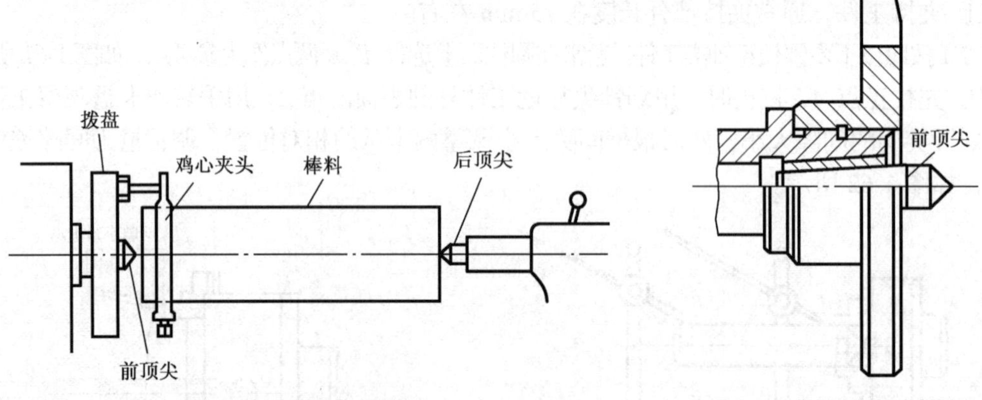

图 1-65 两顶尖装夹原理

图 1-66 前顶尖插入主轴锥孔

（2）擦净尾座套筒锥孔和后顶尖柄部，将后顶尖插入尾座套筒锥孔内。

（3）拉动尾座慢慢靠近主轴方向，随后摇动尾座手轮，使尾座套筒带着后顶尖趋近并轻轻接触前顶尖，如图 1-67 所示。

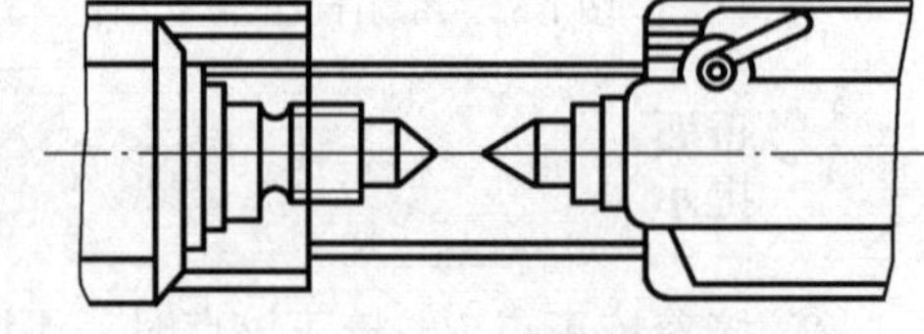

图 1-67 校正前后顶尖位置

（4）从正上方和正前方两个方向观察前、后顶尖是否对齐，若未对齐，则调整尾座的调节螺栓使之对齐。

（5）用鸡心夹头或平行对分夹头（见图 1-68）夹紧工件一端的适当位置。

（6）左手托起工件，将夹有夹头一端的中心孔放置在前顶尖上，并使夹头的拨杆插入到拨盘的凹槽中，通过拨盘来带动工件回转。

（7）右手摇动事先已经根据工件长度调整好位置并紧固的尾座手轮，使后顶尖顶入工件另一端的中心孔，其松紧程度以工件在两顶尖间可以灵活转动而没有轴向蹿动为宜。

（8）注意尾座套筒从尾座架伸出的长度应尽量短，如果后顶尖使用固定顶尖，应使用润滑脂。最后将尾座套筒的固定手柄压紧，如图 1-69 所示。

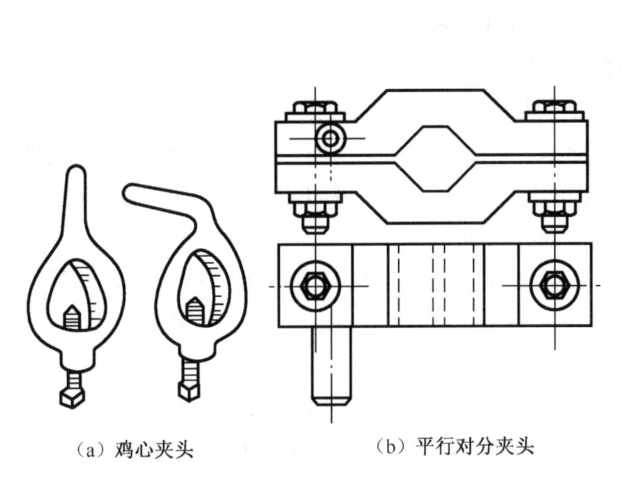

图 1-68　夹头的使用

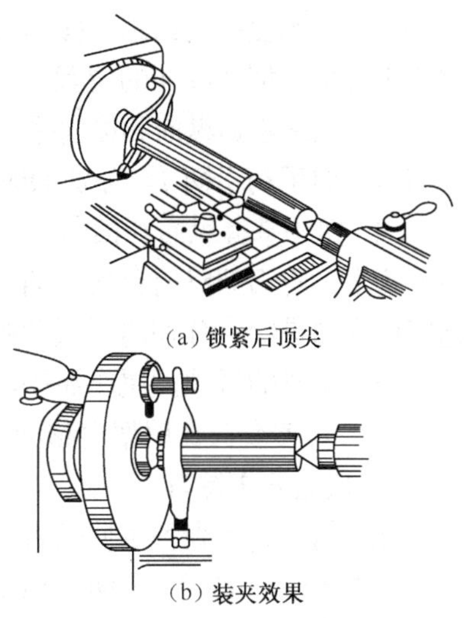

图 1-69　在两顶尖间装夹工件

实　训

对图 1-70 所示的 C6132 普通卧式车床相应的手柄进行变换，熟悉卧式车床的基本操作。

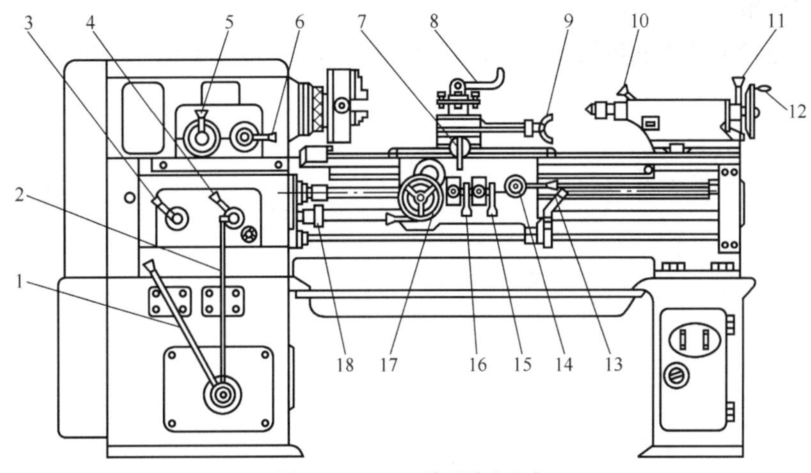

图 1-70　C6132 普通卧式车床

1，2，6—主运动变速手柄；3，4—进给运动变速手柄；5—刀架左右移动的换向手柄；7—刀架横向手动手柄；8—方刀架锁紧手柄；9—小刀架移动手柄；10—尾座套筒锁紧手柄；11—尾座锁紧手柄；12—尾座套筒移动手轮；13—主轴正反转及停止手柄；14—“开合螺母”开合手柄；15—刀架横向自动手柄；16—刀架纵向自动手柄；17—刀架纵向手动手轮；18—光杠、丝杠更换使用的离合器

【训练步骤】

1. 停车练习

主轴正反转及停止手柄 13 在停止位置。

（1）正确变换主轴转速。变动变速箱和主轴箱外面的变速手柄 1、2 或 6，可得到各种相对应的主轴转速。当手柄拨动不顺利时，可用手稍转动卡盘即可。

（2）正确变换进给量。按所选的进给量查看进给箱上的标牌，再按标牌上进给变换手柄位置来变换手柄 3 和 4 的位置，即得到所选定的进给量。

（3）熟练掌握纵向和横向手动进给手柄的转动方向。左手握刀架纵向手动手轮 17，右手握刀架横向手动手柄 7。分别顺时针和逆时针旋转手轮，操纵刀架和溜板箱的移动方向。

（4）熟练掌握纵向和横向机动进给的操作。光杠、丝杠更换使用的离合器 18 位于光杠接通位置上，将刀架纵向自动手柄 16 提起即可纵向进给，如果将刀架横向自动手柄 15 向上提起即可横向进给。分别向下扳动则可停止纵向、横向进给。

（5）尾座的操作。尾座靠手动移动，其需要靠紧固螺栓螺母来固定。转动尾座套筒移动手轮 12，可使套筒在尾架内移动，转动尾座锁紧手柄 11，可将套筒固定在尾座内。

2. 低速开车练习

练习前应先检查各手柄是否处于正确的位置，确认无误后进行开车练习。

（1）主轴启动——电动机启动——操纵主轴转动——停止主轴转动——关闭电动机。

（2）机动进给——电动机启动——操纵主轴转动——手动纵横进给——机动纵横进给——手动退回——机动横向进给——手动退回——停止主轴转动——关闭电动机。

【注意事项】

（1）车床未完全停止时，严禁变换主轴转速，否则将会发生严重的主轴箱内齿轮打齿现象，甚至发生车床事故。开车前要检查各手柄是否处于正确位置。

（2）纵向和横向手柄进退方向不能摇错，尤其是快速进退刀时要千万注意，否则会发生工件报废和安全事故。

（3）横向进给手动手柄每转一格时，刀具横向吃刀为 0.02 mm，其圆柱体直径方向切削量为 0.04 mm。

项目二　车削轴类零件

长度尺寸大于直径3倍以上的回转体零件称为轴类零件。轴类零件通常带有倒角、退刀槽、越程槽、键槽、螺纹、轴肩圆弧等结构，这些结构主要使用车削加工来完成。本项目将介绍简单轴类零件的车削加工要领和技巧。

【学习目标】

- 掌握车外圆、平面和阶台的操作要点和技巧。
- 掌握钻中心孔的一般原理和技巧。
- 掌握车槽和车断的操作要领和技巧。
- 掌握使用两顶尖装夹车削简单轴类零件的方法。
- 掌握使用一夹一顶车削简单轴类零件的方法。

任务一　外圆车刀的选用和刃磨

一、基础知识

1. 车刀材料及其应用

目前常用刀具材料有碳素工具钢、合金工具钢、高速工具钢、硬质合金以及陶瓷材料等。碳素工具钢和高速工具钢的化学成分及用途如表2-1所示。生产上应用最多的是高速工具钢、硬质合金以及陶瓷材料，这些刀具材料的性能和应用如表2-2所示。

表2-1　碳素工具钢和高速工具钢的化学成分及用途

类　别	牌　号	化学成分	用　途
碳素工具钢	T10A	碳为0.95%～1.04%，锰为0.15%～0.30%，硅0.15%～0.30%，硫主要用于0.02%，磷小于等于0.03%	适用于切削抗拉强度在833 MPa以下的钢件、布氏硬度在229以下的铸铁件，以及青铜、有色金属件
	T12A	碳为1.15%～1.24%，其余化学成分同T10A	其切削速度不能高，耐热性差，主要用于制造一般刀具，如丝锥、铰刀、板牙、锯条、锉刀等
高速工具钢	W18Cr4V	碳为0.70%～0.80%，铬为3.80%～4.40%，钨为17.5%～19.0%，钒为1.00%～1.40%，锰≤0.40，硅≤0.40%，钼≤0.30%，硫≤0.03%，磷≤0.03%	仅用于成形刀，切削抗拉强度大于833 MPa的钢件和布氏硬度大于220的铸铁件，如丝锥、板牙、拉刀及各种刀具

续表

类　别	牌　号	化学成分	用　途
高速工具钢	W9Cr4V2	碳为 0.85%～0.95%，钨为 8.50%～10.0%，钒为 2.00%～2.60%，其余化学成分同 W18Cr4V	常用于一般刀具，加工不同牌号的钢、生铁、青铜、有色金属。其中等切削速度，耐热性比碳钢高等

表 2-2　　常用车刀材料的性能及应用

种　类	硬　度	维持切削性能的最高温度/℃	工 艺 性 能	应 用 范 围
高速钢	62～65HRC	540～560	可冷热加工成形、可磨削成形、需要热处理、工艺性能好	广泛用于制造各种刀具：钻头、车刀、铣刀和丝锥等
硬质合金	89～94HRC	800～1 000	通过镶片形式安装在刀体上可磨削，但是不可冷热加工，不需要热处理	主要用于车刀、铣刀和钻头等
陶瓷材料	91～94HRC	>1 200	同“硬质合金”	主要用于车刀，适用于高速、高温连续切削

车刀的种类和用途

2. 车刀的种类和用途

根据加工要求的不同，常用的车刀有以下几种主要类型。

（1）外圆与端面车刀。它用于加工工件上的外圆、阶台、端面以及倒角等，具体又可分为偏刀以及弯刀等类型，如图 2-1 和图 2-2 所示。

（2）车断刀。它用于车断工件或在工件上车槽，如图 2-3 所示。

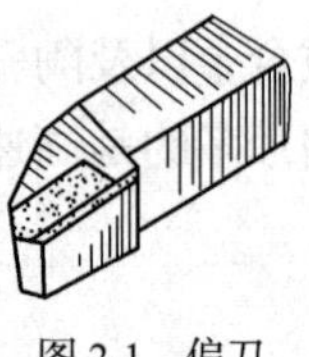
图 2-1　偏刀

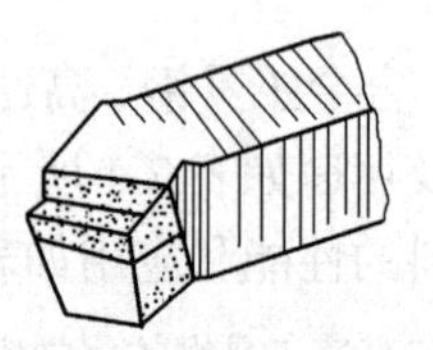
图 2-2　弯刀

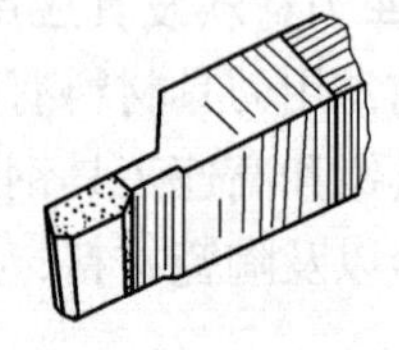
图 2-3　车断刀

（3）内孔车刀。它用于车削工件上的孔，如图 2-4 所示。

（4）圆头刀。它用于车削工件上的圆弧面或成形面，如图 2-5 所示。

（5）螺纹车刀。它用于在工件上车削螺纹，如图 2-6 所示。

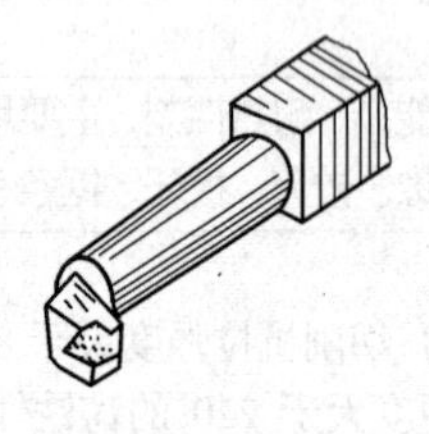
图 2-4　内孔车刀

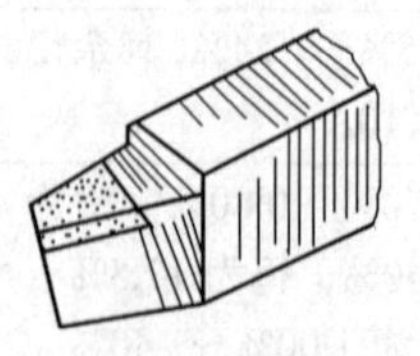
图 2-5　圆头刀

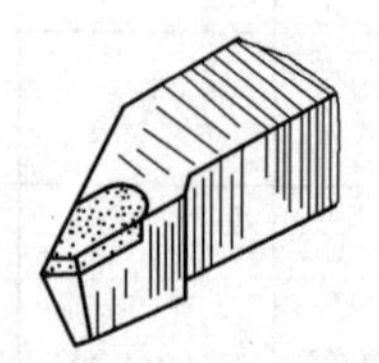
图 2-6　螺纹车刀

各种车刀的具体用途如图 2-7 所示。

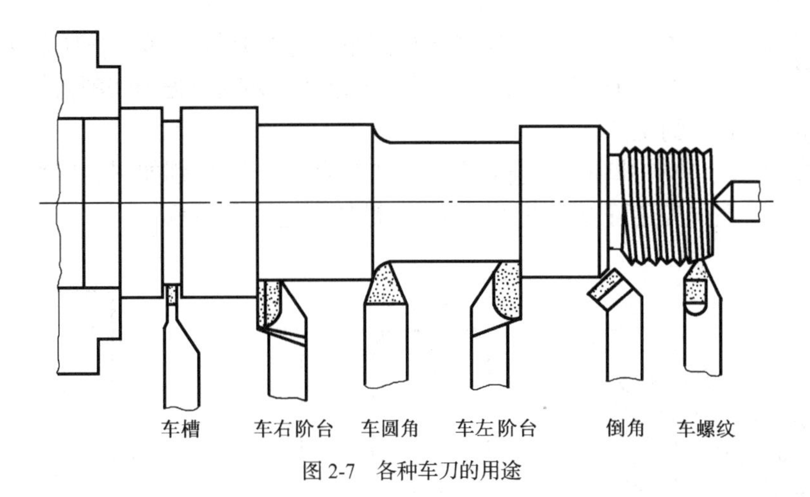

图 2-7　各种车刀的用途

3. 外圆和端面车刀的种类和用途

外圆和端面车刀用于车削工件外圆、阶台和端面，其主要有以下 3 种类型。

（1）90° 外圆车刀。90° 外圆车刀俗称偏刀，其主偏角κ_r=90°，如图 2-8 所示。这种车刀主偏角大，切削工件时，作用于工件的径向切削力小，工件不易顶弯，适合于车削细长轴。

90° 外圆车刀

按照加工时进刀方向不同可分为右偏刀和左偏刀两种类型。

① 右偏刀的主切削刃在刀体左侧，如图 2-9 所示，一般用来车削外圆、端面和右向阶台。

② 左偏刀的主切削刃在刀体右侧，如图 2-10 所示，一般用来车削外圆、端面和左向阶台。另外，它还可以加工直径较大而长度较短的工件端面。

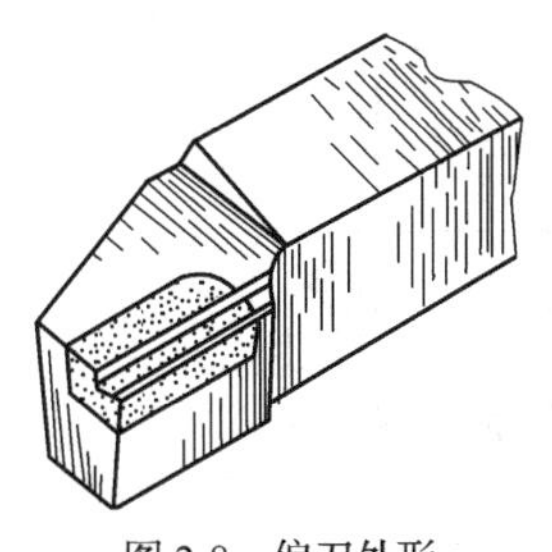

图 2-8　偏刀外形

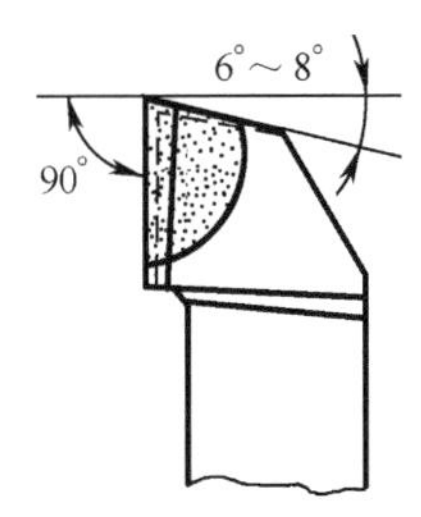

图 2-9　右偏刀

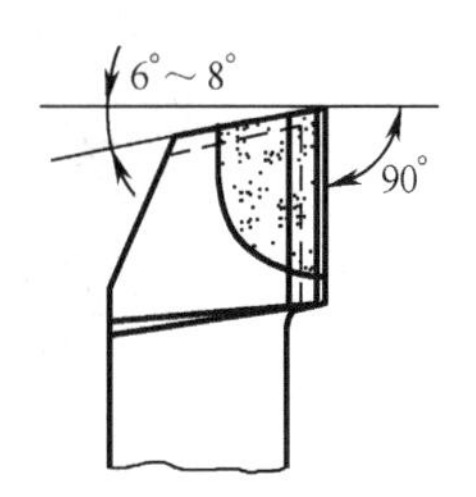

图 2-10　左偏刀

左右偏刀的具体应用如图 2-11～图 2-13 所示。

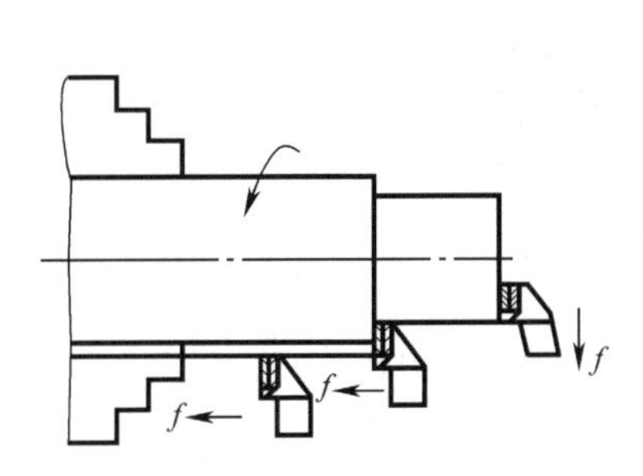

图 2-11　右偏刀车外圆、端面和阶台

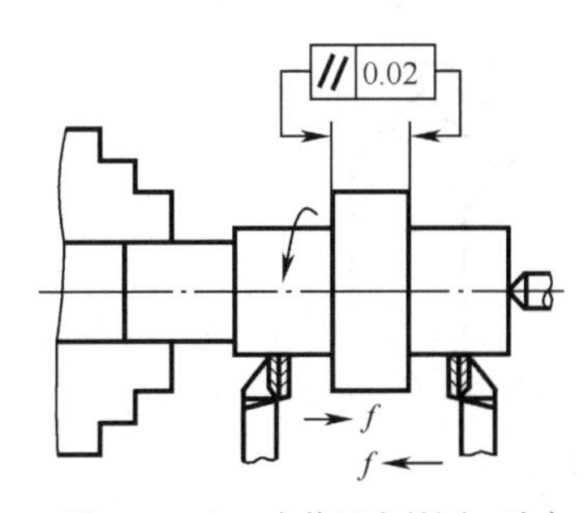

图 2-12　左、右偏刀车外圆、阶台

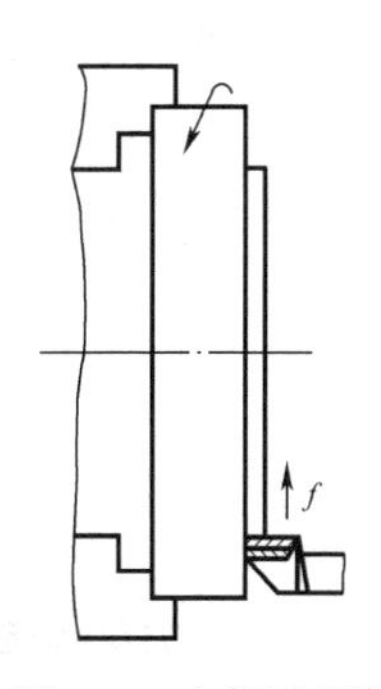

图 2-13　左偏刀车端面

75°　外圆车刀

（2）75°外圆车刀。75°外圆车刀的刀尖角 ε_r>90°，刀头强度高，耐用，如图 2-14 所示。这种车刀适合于粗加工外圆或强力切削铸件、锻件等余量较大的工件。

75°外圆车刀也有右偏刀和左偏刀之分，分别如图 2-15 和图 2-16 所示。左偏刀还可以用来切削铸件、锻件等上的大平面。

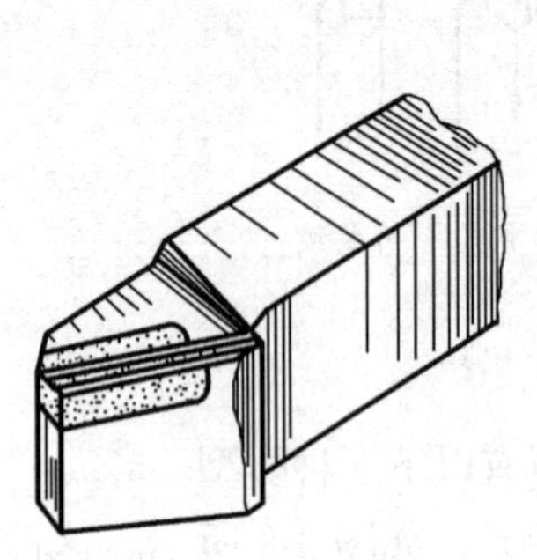
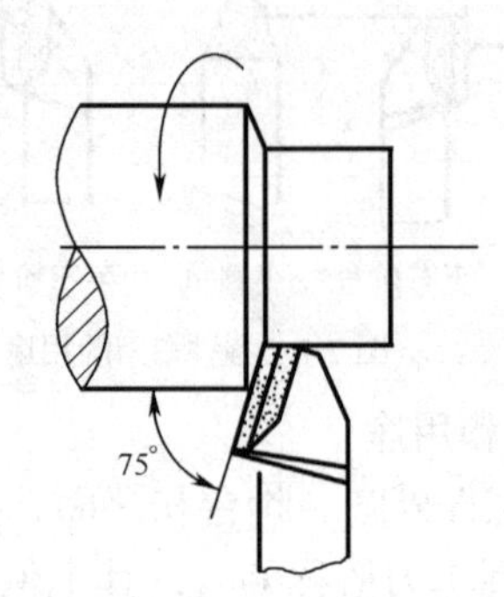

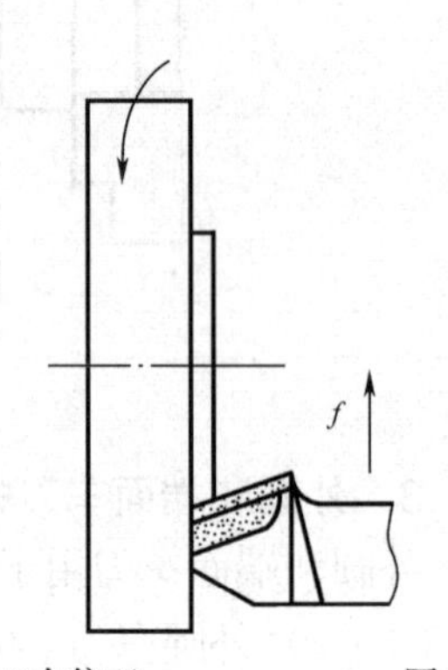

图 2-14　75°外圆车刀外形　　图 2-15　75°右偏刀　　图 2-16　75°左偏刀

45°　外圆车刀

（3）45°外圆车刀。45°外圆车刀又称弯头刀，如图 2-17 所示。由于该车刀的刀尖角ε_r=90°，所以其刀体强度和散热条件都比 90°外圆车刀好。45°外圆车刀既用于车削工件的端面或进行 45°倒角，也可以用来车削长度较短的外圆，具体应用如图 2-18 所示。

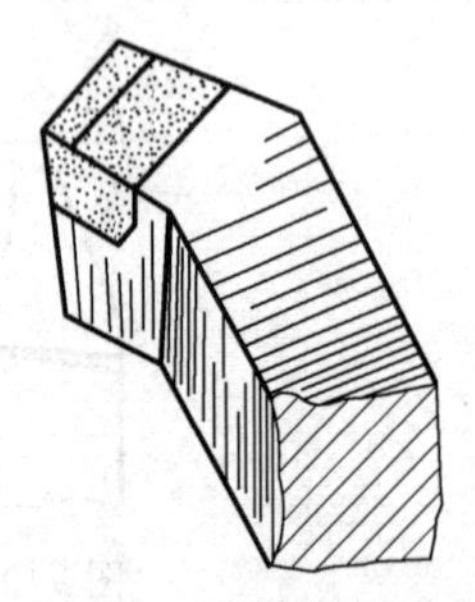
图 2-17　45°外圆车刀外形

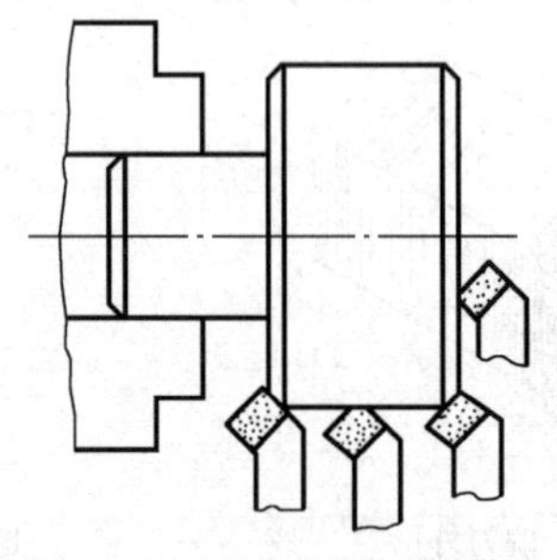
图 2-18　45°外圆车刀的应用

45°外圆车刀也可分为右弯刀和左弯刀两种类型，分别如图 2-19 和图 2-20 所示。

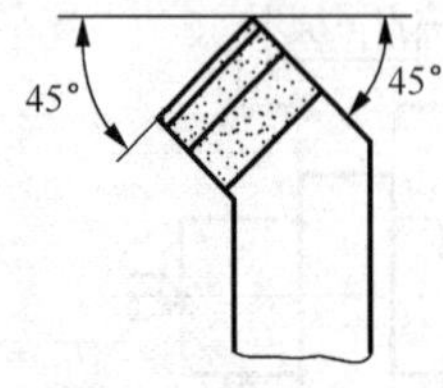

图 2-19　45°右弯刀

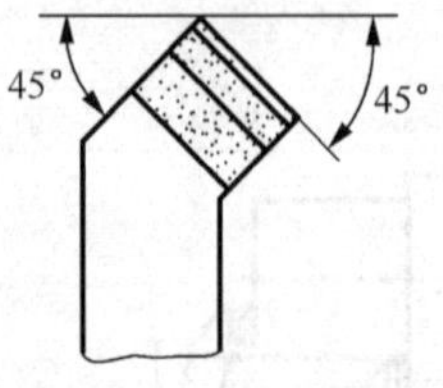

图 2-20　45°左弯刀

4. 车刀的主要切削角度

车刀的主要切削角度总结如表 2-3 所示。

表 2-3　　刀具的切削角度

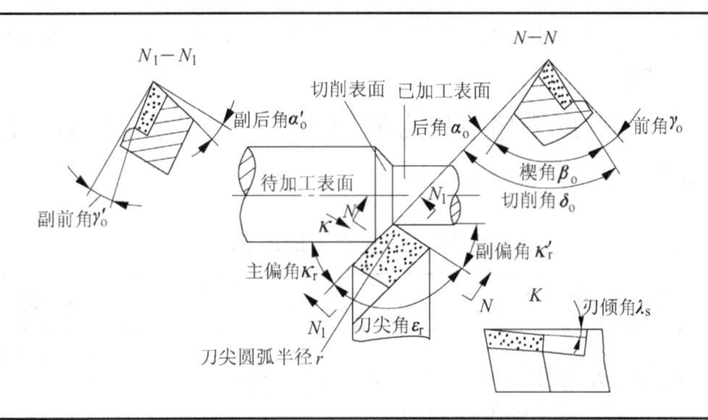

名　称	代号	位置和作用
前角	γ_o	前面经过主切削刃与基面的夹角，在主剖面内测出。它影响切屑变形和切屑与前面的摩擦及刀具强度
副前角	γ_o'	前面经过副切削刃与基面的夹角，在副截面内测出
后角	α_o	主后面与切削平面的夹角，在主截面内测出。它用来减少主后面与工件的摩擦
副后角	α_o'	副后面与通过副切削刃并垂直于基面的平面之间的夹角，在副截面内测出。它用来减少副后面与已加工表面的摩擦
主偏角	κ_r	主切削刃与被加工表面（走刀方向）之间的夹角，当吃刀量和走刀量一定时，改变主偏角可以使切屑变薄或变厚，影响散热情况和切削力的变化
副偏角	κ_r'	副切削刃与被加工表面（走刀方向）之间的夹角，用以避免副切削刃与已加工表面摩擦。它影响已加工表面粗糙度
刃倾角	λ_s	主切削刃与基面之间的夹角，可以控制切屑流出方向，增加刀刃强度并能使切削力均匀
楔角	β_o	前面与主后面之间的夹角，在主截面内测出，影响刀头截面的大小
切削角	δ_o	前面与切削平面间的夹角，在主截面内测出
刀尖角	ε_r	主切削刃与副切削刃在基面上投影的夹角，影响刀头强度和导热能力

5. 车刀的安装

（1）装刀前的准备。

① 将刀架位置转正后，用手柄锁紧。

② 将刀架装刀面和车刀柄安装面擦净。

（2）车刀的装夹步骤和装夹要求。

① 将车刀放在刀架装刀面上，车刀伸出刀架部分长度约等于刀柄高度的 1.5 倍。

② 将车刀刀尖对准工件中心，一般采用目测法或直尺测量法。

（3）注意事项。

① 车刀刀尖高于工件中心时，实际作用前角减小，实际作用后角增大；车刀刀尖低于工件中心时，实际作用前角增大，实际作用后角减小。

② 车削外圆或内孔时，允许刀尖高于工件中心 1/100d（d 为工件直径），对加工有利。

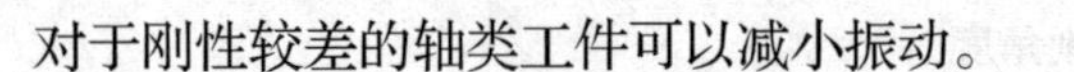

对于刚性较差的轴类工件可以减小振动。

③ 车削端面、车断、车螺纹、车锥面以及车成形面时，要求刀尖必须对准工件中心。

6. 车刀角度选择原则

在切削加工时，刀具角度的数值直接影响到加工效率和加工质量，根据实际生产经验，车刀主要角度的选择原则和范例如表 2-4 所示。

表 2-4 车刀主要角度选择原则

车刀角度	选择原则	参考数据		
		工件材料	刀具材料	
			高速钢	硬质合金
前角γ_o	（1）工件较软（如塑性材料）时，前角γ_o取大值；工件较硬（如脆性材料）时，前角γ_o取小值 （2）粗加工时，前角γ_o取小值，以保证切削刃的强度；精加工时，前角γ_o取大值，以减小表面粗糙度 （3）车刀材料的强度、韧性较差时，前角γ_o取小值；反之取大值	灰口铸铁 HT150	0°～5°	5°～10°
		高碳钢、合金钢	15°～25°	5°～10°
		中碳钢、中碳合金钢	25°～30°	10°～15°
		低碳钢	30°～40°	25°～30°
		铝及镁的轻合金	35°～45°	30°～35°
后角α_o	（1）工件较软时，后角α_o取小值；工件较硬时，后角α_o取大值 （2）粗加工时，后角α_o取小值；精加工时，后角α_o取大值 （3）副后角α_o'一般与后角α_o等大	加工阶段	刀具材料	
			高速钢	硬质合金
		粗加工	6°～8°	5°～7°
		精加工	8°～12°	8°～10°
主偏角κ_r	加工较长的阶台轴类零件时，主偏角κ_r一般应等于或大于 90°；而加工一般零件时，通常κ_r为 45°～60°	常用的主偏角数值有：45°、60°、75°和 90°		
副偏角κ_r'	当希望减小工件的表面粗糙度以及提高刀头强度时，应选取较小的副偏角κ_r'	副偏角κ_r'一般为 5°～8°，当车槽或车断时，副偏角κ_r'为 45°～60°		

二、技能训练

车刀的刃磨

【训练内容】

车刀的刃磨。

【预备知识】

1. 砂轮的选择

（1）如果刃磨高速钢车刀，则应该选择氧化铝砂轮，这种砂轮呈白色。

（2）如果刃磨硬质合金车刀，则应该选择氧化硅砂轮，这种砂轮呈绿色。

（3）粗磨时，用粗砂轮；精磨时，用细砂轮。

2. 磨刀前的准备

（1）磨刀前需要检查砂轮机，防护罩要完整，对于有托架的砂轮，托架与砂轮间的间隙保持在 3 mm 左右。

（2）砂轮转动时应该没有明显的跳动，若有跳动则可用金刚石砂轮刀修整砂轮磨削表面。

（3）刃磨前仔细检查砂轮，如果发现砂轮上有裂纹或尺寸已经太小，应及时更换。

（4）更换新的砂轮后，要试转正常后才能使用。

3. 磨刀时的注意事项

（1）磨刀时，尽量避免在砂轮侧面上刃磨。

（2）磨刀时，操作者应站在砂轮的侧面，避免砂轮碎裂时飞出伤人。

（3）磨刀时，手肘夹紧腰背，这样可以减小磨刀时的抖动。

（4）磨刀时，将车刀置于砂轮中心位置，车刀接触砂轮后沿水平方向左右移动。

4. 车刀的磨削顺序

（1）磨出车刀的主后刀面，同时磨出主后角和主偏角，如图 2-21 所示。

（2）磨出车刀的副后刀面，同时磨出副后角和副偏角，如图 2-22 所示。

（3）磨前刀面和断屑槽，同时磨出前角，如图 2-23 所示。

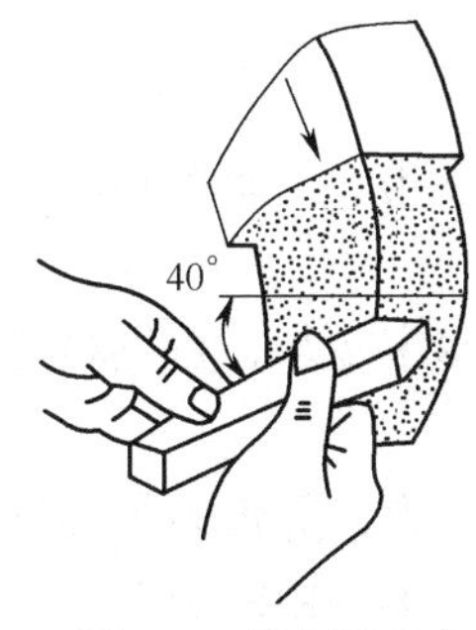

图 2-21　磨主后刀面

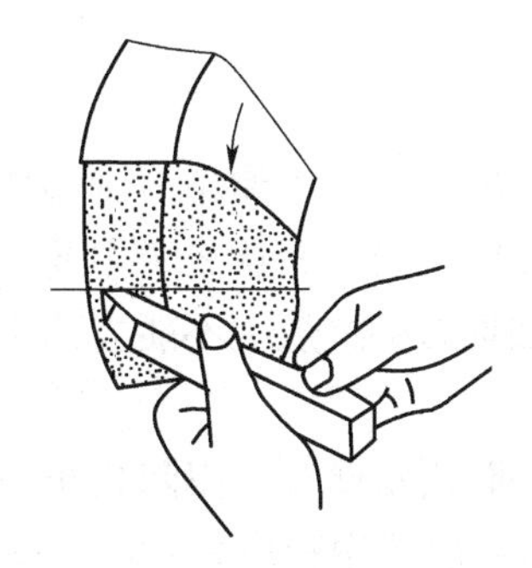

图 2-22　磨副后刀面

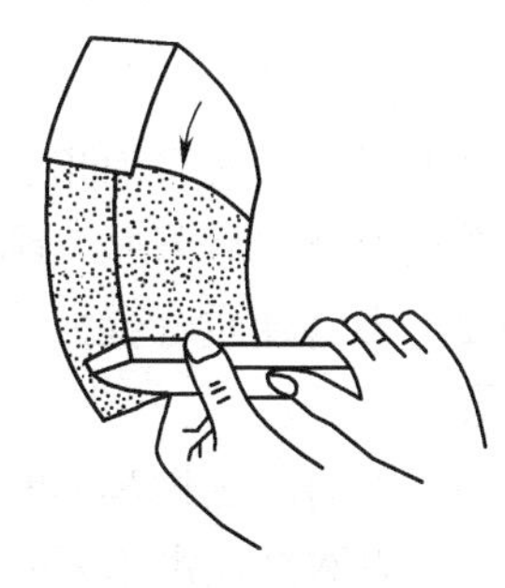

图 2-23　磨前刀面

（4）精磨主后刀面。

（5）精磨副后刀面。

（6）修磨刀尖圆弧，在主刀面和副刀面之间磨出刀尖圆弧，如图 2-24 所示。

（7）使用油石精磨各表面。

5. 车刀角度的检测

（1）目测法：目测观察刀具角度是否符合要求，切削刃是否锋利，刀具表面是否具有裂痕等缺陷。

（2）样板测量法：对于角度要求较高的刀具，可以使用专用的样板进行检查。

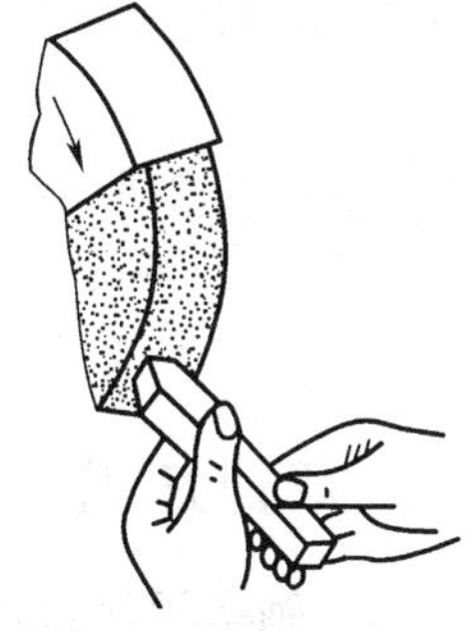

图 2-24　修磨刀尖圆弧

【训练要求】

练习刃磨 45° 外圆车刀以及 90° 偏刀，各个角度在图 2-25 和图 2-26 中标出。

【操作步骤】

（1）粗磨主后刀面和副后刀面，同时磨出后角、主偏角和副偏角。

（2）粗、精磨前刀面，并磨出前角。

（3）精磨主、副刀面。

（4）修磨刀尖角。

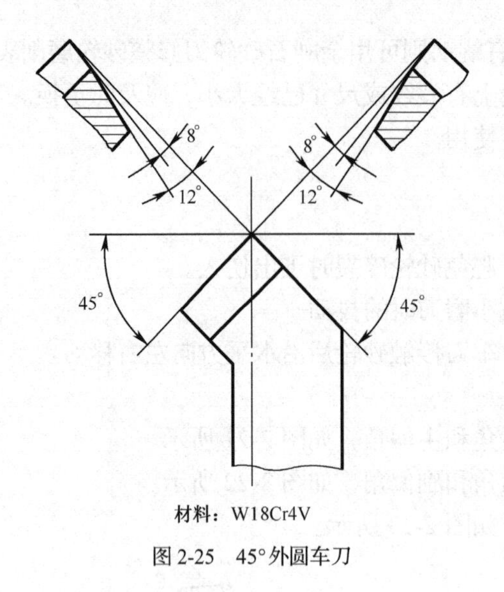

材料：W18Cr4V

图 2-25 45°外圆车刀

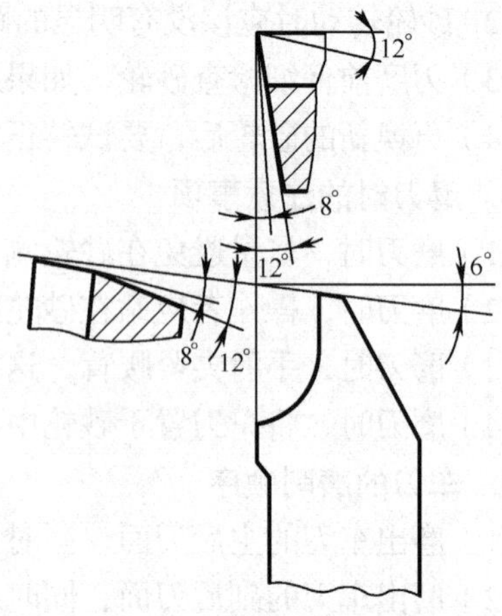

材料：YT15 硬质合金焊接车刀

图 2-26 90°偏刀

【训练小结】

（1）车刀上具有前角、后角、副后角、主偏角、副偏角以及刃倾角 6 个基本角度，刃磨时，重点刃磨主后刀面、副后刀面以及前刀面这 3 个主要平面。

（2）刃磨硬质合金刀具时，如果刀头过热则不能立即将其放入水中冷却，否则将导致刀具碎裂。

（3）刃磨高速钢车刀时，应随时用水冷却，以防止车刀过热而退火，降低刀具硬度。

（4）刃磨高速钢车刀时，粗磨可以选用粒度为 46#～60#，硬度为 H～K 的白色氧化铝砂轮；精磨可选用粒度为 80#～120#，硬度为 H～K 的白色氧化铝砂轮。

（5）刃磨硬质合金焊接车刀，粗磨可以选用粒度为 24#～36#，硬度为 K、L 的氧化铝砂轮；精磨可选用粒度为 36#～60#，硬度为 G、H 的碳化硅砂轮。

任务二 车削外圆、端面和阶台

一、基础知识

1. 轴类零件的分类和结构

认识轴的承载类型

轴类零件在生产中应用广泛，如图 2-27 所示的传动轴以及图 2-28 所示的机床主轴。轴类零件上需要加工的表面主要有外圆面、平面、圆弧以及各种沟槽等。

（1）轴类零件的类型。轴类零件主要分为光轴、偏心轴、阶台轴和空心轴等，依次如图 2-29～图 2-32 所示。不同的轴类零件其技术要求不同，加工路线也不同。

（2）阶台轴的结构。大部分轴类零件由不同直径的轴段组成，各段轴径呈阶台式变化，称为阶台轴，在生产中应用最为广泛，其典型零件图如图 2-33 所示。

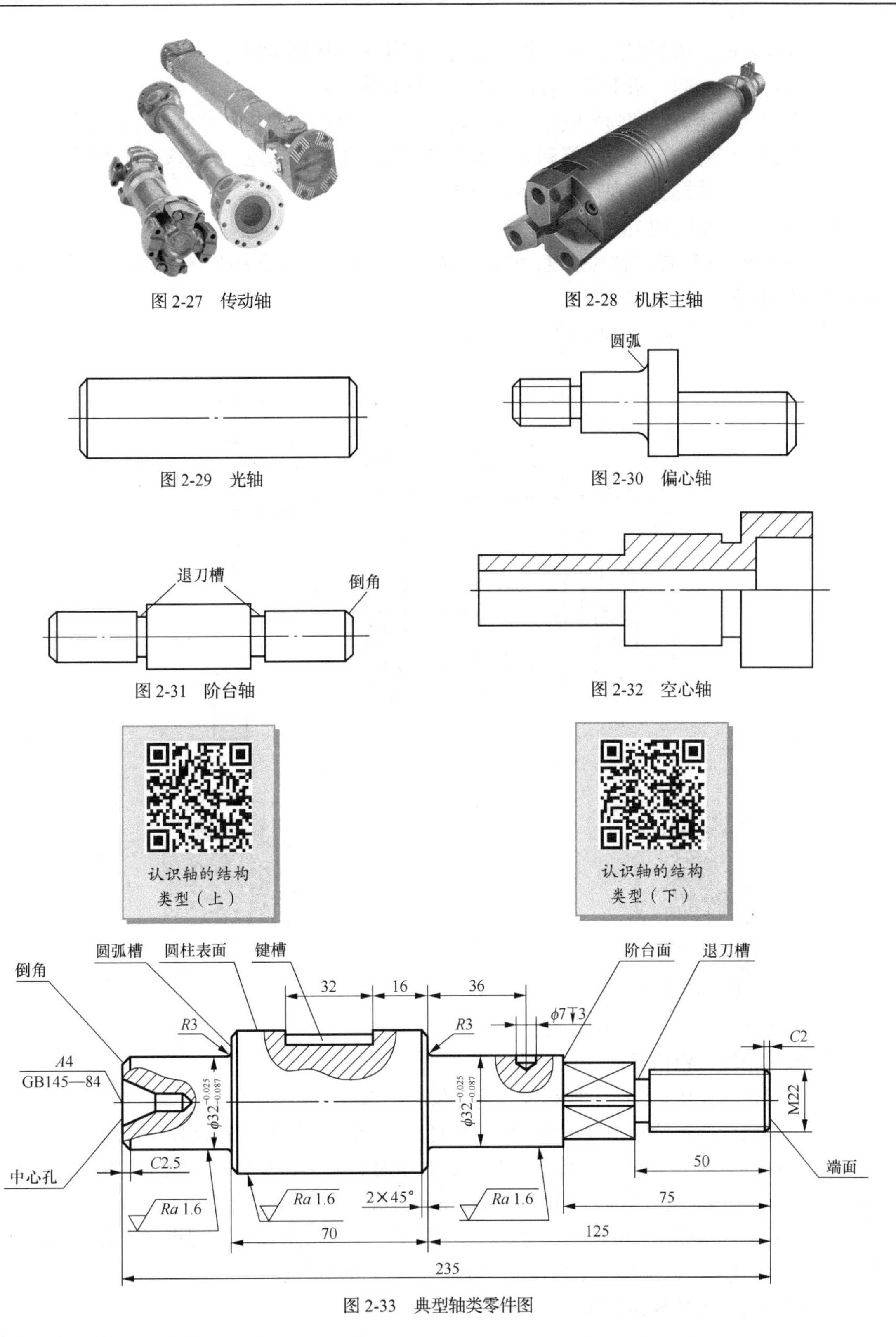

图 2-27　传动轴

图 2-28　机床主轴

图 2-29　光轴

图 2-30　偏心轴

图 2-31　阶台轴

图 2-32　空心轴

图 2-33　典型轴类零件图

轴类零件上的各组成部分的用途如下。

① 圆柱表面：用于支撑传动工件（齿轮、带轮）和传递扭矩。

② 阶台面和端面：用于确定安装在轴上工件轴向位置。

③ 退刀槽：能方便磨削外圆或车螺纹时退刀，并可使工件装配时轴向位置准确。

④ 倒角：可防止工件边缘锋利划伤操作者，还便于轴上齿轮、轴套等零件的装入。

⑤ 键槽：安装键，实现动力和运动的传递。

⑥ 中心孔：车削加工时的定位基准。

⑦ 圆弧槽：可以提高轴的强度，使轴在受交变应力作用时不致因应力集中而断裂以及轴在淬火过程中不容易产生裂纹。

轴类零件的工作示意图如图 2-34 所示。

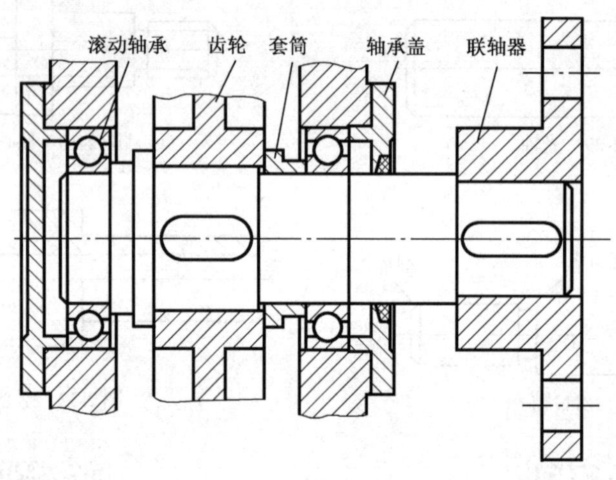

图 2-34 轴类零件的工作示意图

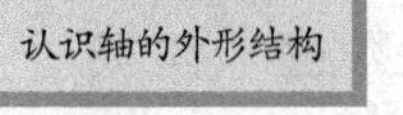

（3）轴类零件的技术要求。

轴类工件的基本技术要求如下。

① 尺寸精度：包括直径、长度尺寸等。

② 形状精度：包括圆度、圆柱度、直线度、平面度等。

③ 位置精度：包括同轴度、平行度、垂直度、径向圆跳动、端面圆跳动等。

④ 表面粗糙度：在普通车床上车削金属材料时，表面粗糙度（半精车）可达 $Ra10$～$Ra3.2$ μm，表面粗糙度（精车）可达 $Ra0.8$～$Ra1.6$ μm。

⑤ 表面热处理要求：根据工件材料和实际需求，轴类工件常进行退火或正火、调质、淬火、渗氮等热处理，以获得一定的强度、硬度、韧性和耐磨性。

2. 车削时切削用量的选择

切削用量的选择原则是在保证加工质量和刀具耐用度的前提下，使切削时间最短，劳动生产率最高，生产成本最低。

（1）总体要求。

① 选择切削用量时，在保证加工质量和刀具耐用度的前提下，尽量缩短切削时间，提高劳动生产率，降低产品成本。

② 在工件材料、刀具材料及其他切削条件已经确定的情况下，切削用量主要根据刀具耐用度、加工表面粗糙度以及加工精度来选择。

③ 选择切削用量时，还应考虑机床的功率和转矩，机床、刀具、工件和夹具系统的刚度等条件。

④ 切削用量越大，刀具耐用度越低。切削速度 v_c、进给量 f 和切削深度 a_p 对刀具耐用度的影响不同，切削速度 v_c 影响最大，进给量 f 次之，切削深度 a_p 影响最小。

⑤ 为了达到高的生产效率，应按照 $a_p \rightarrow f \rightarrow v_c$ 的顺序来选择切削用量。

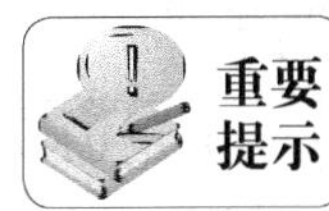

首先选取尽可能大的切削深度 a_p，其次选用尽可能大的进给量 f，最后在保证刀具合理耐用度的条件下选用尽可能大的切削速度 v_c。

（2）切削深度的选择。切削深度主要根据加工余量来确定，选择原则如下。

① 粗加工时，在留有精加工和半精加工余量后，尽可能一次走刀切除全部粗加工余量。

② 若粗加工余量过大，不能一次切除，应将第一次走刀的切削深度取大些，可占全部余量的 2/3～3/4，以使精加工工序获得较小的表面粗糙度以及较高的加工精度。

③ 切削零件表层有硬皮的铸、锻件或者不锈钢等冷硬严重材料时，应使切削深度超过硬皮和冷硬层，以免加剧刀具磨损或损坏刀具。

④ 在冲击载荷较大（如断续切削）或工艺系统刚性较差时，应适当减小切削深度。

⑤ 精加工（Ra0.8～Ra1.6）时，a_p 可取为 0.05～0.8 mm。

⑥ 半精加工（Ra3.2～Ra6.3）时，a_p 可取为 1.0～3.0 mm。

（3）进给量 f 的选择。

① 粗加工时，进给量主要受刀杆、刀具、机床以及工件的强度、刚度所能承受的切削力的限制，一般根据刚度来选择。

② 精加工时，进给量主要受表面粗糙度要求的限制，如果工件要求的表面粗糙度小，则应选较小的 f，但是 f 过小，切削厚度过薄，表面粗糙度反而大，刀具磨损加剧。

③ 当刀具副偏角较大，刀尖圆弧半径较大时，f 可选取较大值。

④ 粗车时，f 一般取为 0.2～0.3 mm/r；

⑤ 精车时，随所需要的表面粗糙度而定。例如，表面粗糙度为 Ra3.2 时，f 选用 0.1～0.2 mm/r；Ra1.6 时，f 选用 0.06～0.12 mm/r 等。

在实际应用中可以查阅有关手册来确定进给量。

表 2-5 列出了使用硬质合金或高速钢车刀粗车外圆和端面时的进给量参考数值。

表 2-5　　硬质合金或高速钢车刀粗车外圆和端面时的进给量

工 件 材 料	车刀刀杆尺寸 B/mm×H/mm	工件直径/mm	切削深度 a_p/mm				
			≤3	>3～5	>5～8	>8～12	≥12
			进给量 f/（mm・r^{-1}）				
碳素结构钢、合金结构钢	16×25	20	0.3～0.4	—	—	—	—
		40	0.4～0.5	0.3～0.4	—	—	—
		60	0.5～0.7	0.4～0.6	0.3～0.5	—	—
		100	0.6～0.9	0.5～0.7	0.5～0.6	0.4～0.5	—
		400	0.8～1.2	0.7～1.0	0.6～0.8	0.5～0.6	—
	25×40	60	0.6～0.9	0.5～0.8	0.4～0.7	—	—
		100	0.8～1.2	0.7～1.1	0.6～0.9	0.5～0.8	—
		1000	1.2～1.5	1.1～1.5	0.9～1.2	0.8～1.0	0.7～0.8
	……						
铸铁、铜合金	16×25	40	0.4～0.5	—	—	—	—
		60	0.6～0.8	0.5～0.8	0.4～0.6	—	—
		100	0.8～1.2	0.7～1.0	0.6～0.8	0.5～0.7	—
		400	1.0～1.4	1.0～1.2	0.8～1.0	0.6～0.8	—
	……						

（4）切削速度选择。

① 粗车时，背吃刀量和进给量均较大，应该选取较低的切削速度；精车时，为了获得粗糙度较低的表面，应选用较高的切削速度。

② 材料的加工性能较差时，应选用较低的切削速度。例如，切削灰口铸铁时的切削速度应该比切削中碳钢时要低；加工铝合金时的切削速度要高于加工中碳钢。

③ 刀具的切削性能良好时，可以采用较高的切削速度。例如，涂层刀具、陶瓷刀具、立方氮化硼刀具以及金刚石刀具的切削速度要高于硬质合金刀具的切削速度。

④ 精加工时，刀具的切削速度应避开生成积屑瘤的速度范围。加工工艺系统刚性较差时，应降低切削速度。

⑤ 机床主轴转速通常根据切削速度计算获得。用高速钢车刀车削时，v_c=0.3 ~ 1 m/s，用硬质合金刀车削时，v_c=1 ~ 3 m/s。

⑥ 根据选定的切削速度计算出车床主轴的转速，再对照车床主轴转速铭牌，选取车床上近似计算值而偏小的一挡，扳动手柄即可。特别要注意的是，必须在停车状态下扳动手柄。

例如，用硬质合金车刀加工直径 $d = 200$ mm 的铸铁零件，选取的切削速度 $v_c = 0.9$ m/s（合 54 m/min），计算主轴的转速为

$$n=1000\times 60\times v_c/（3.14d）=1\,000\times 60\times 0.9/（3.14\times 200）=86（r/min）$$

从主轴转速铭牌中选取偏小一挡的近似值为 94r/min。

在实际应用中可以查阅有关手册来确定切削速度。

表 2-6 列出了使用 YG15 硬质合金车刀车削碳钢时的切削速度。

表 2-6　　使用 YG15 硬质合金车刀车削碳钢时的切削速度

材料强度 σ_b/MPa				进给量 f/（mm·r^{-1}）												
440～490	500～550	560～620	630～700													
切削深度 a_p/mm																
1.4	—	—	—	0.25	0.38	0.54	0.97	1.27	1.65	2.15	—	—	—	—	—	
3	1.4	—	—	0.14	0.25	0.38	0.54	0.75	1.27	1.65	2.15	—	—	—	—	—
7	3	1.4	—	—	0.14	0.25	0.38	0.54	0.75	1.27	1.65	2.15	—	—	—	—
15	7	3	1.4	—	—	0.14	0.25	0.38	0.54	0.75	1.27	1.65	2.15	—	—	—
—	15	7	3	—	—	—	0.14	0.25	0.38	0.54	0.75	1.27	1.65	2.15	—	—
—	—	15	7	—	—	—	—	0.14	0.25	0.38	0.54	0.75	1.27	1.65	2.15	—
—	—	—	15	—	—	—	—	—	0.14	0.25	0.38	0.54	0.75	1.27	1.65	2.15
加工性质				切削速度 v_c/(m·min^{-1})												
外圆纵车				250	222	198	176	156	138	123	109	97.0	86.4	76.8	68.4	60.6

3. 刻度盘的原理和应用

（1）刻度盘的原理。车削工件时可以利用中滑板上的刻度盘准确迅速地控制背吃刀量。中滑板刻度盘安装在中滑板丝杠上，当摇动中滑板手柄带动刻度盘转一周时，中滑板丝杠也转过一周，固定在中滑板上与丝杠配合的螺母沿丝杠轴线方向移动了一个螺距，同时，安装在中滑板上的刀架也移动了一个螺距。

刻度盘的原理

如果中滑板丝杠螺距为 4 mm，当手柄转一周时，刀架就横向移动 4 mm。若刻度盘圆周上等分 200 格，则当刻度盘转过一格时，刀架就移动了 0.02 mm。

（2）使用中滑板刻度盘控制背吃刀量时的注意事项。

① 由于丝杆和螺母之间存在间隙，因此会产生空行程（即刻度盘转动，而刀架并未移动）。使用时必须慢慢地把刻度盘转到所需要的位置，如图 2-35 所示。

若不慎多转过几格，此时不能简单地退回几格，如图 2-36 所示，而必须向相反方向退回全部空行程，再转到所需位置，如图 2-37 所示。

② 由于工件是旋转的，使用中滑板刻度盘时，车刀横向进给后的切除量刚好是背吃刀量的两倍，因此要注意，当工件外圆余量测得后，中滑板刻度盘控制的背吃刀量是外圆余量的 1/2，而小拖板的刻度值，则直接表示工件长度方向的切除量。

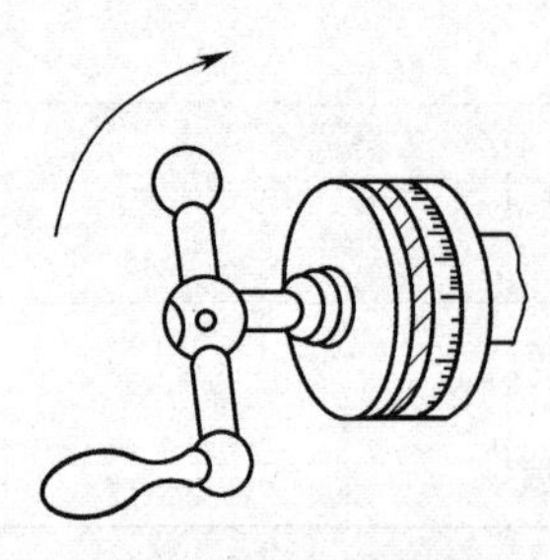
图 2-35 要求转过 30°，实际转过 40°

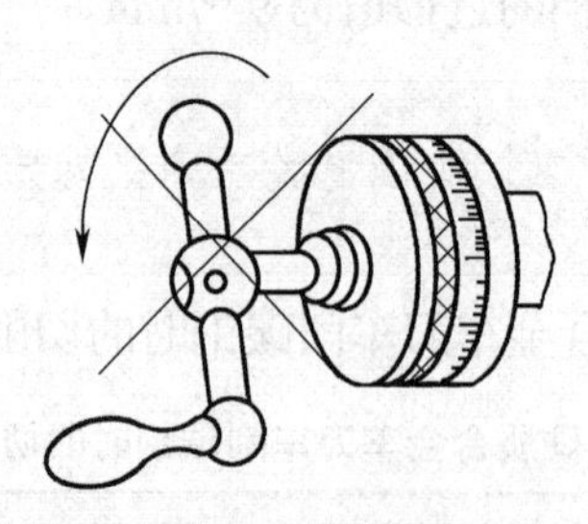
图 2-36 错误：直接退回至 30°

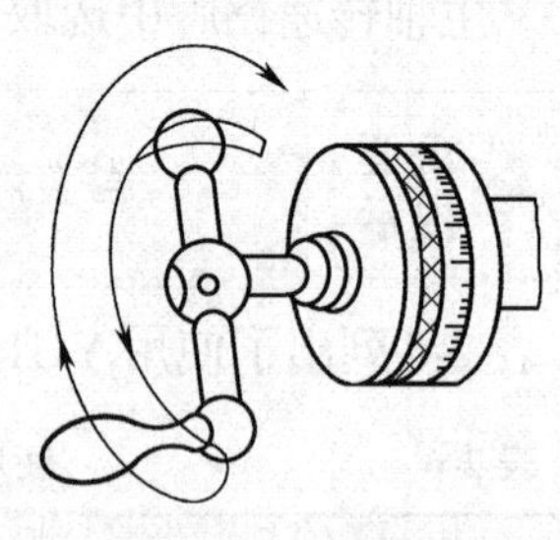
图 2-37 正确：反转约一周后再退回至 30°

4. 端面车削要领

（1）车刀的选用及安装。

端面的车削要领

① 安装刀具时，刀尖要对准工件中心。

② 通常选用 90° 偏刀或 45° 弯头刀车端面，精车时选用 90° 偏刀。

③ 使用 45° 弯刀车端面时，可以选用较大的背吃刀量，如图 2-38 所示。

④ 使用 90° 偏刀由工件外缘向中心进给加工端面时，由副切削刃负担切削任务，同时，切削抗力会使车刀扎入工件形成凹坑，如图 2-39 所示，因此只适合于车削较小的端面。由中心向外缘进给时，则由主切削刃负担切削任务，并且可以避免扎刀现象，如图 2-40 所示，常用于车削带孔的端面。

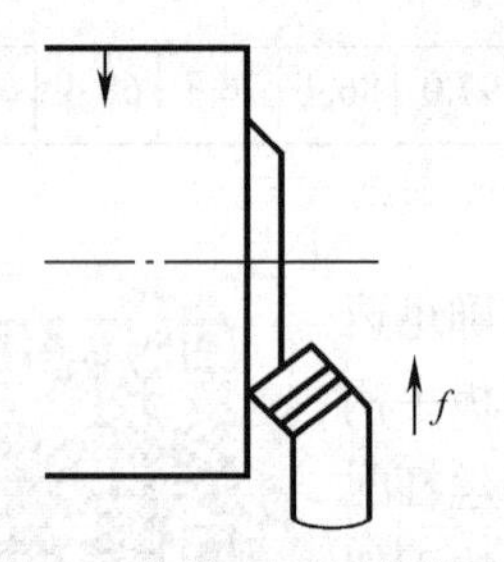

图 2-38 使用 45° 弯刀车端面

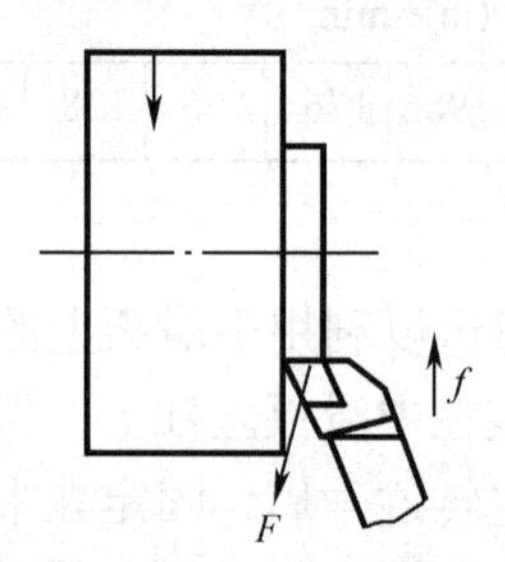

图 2-39 由边缘向中心进刀

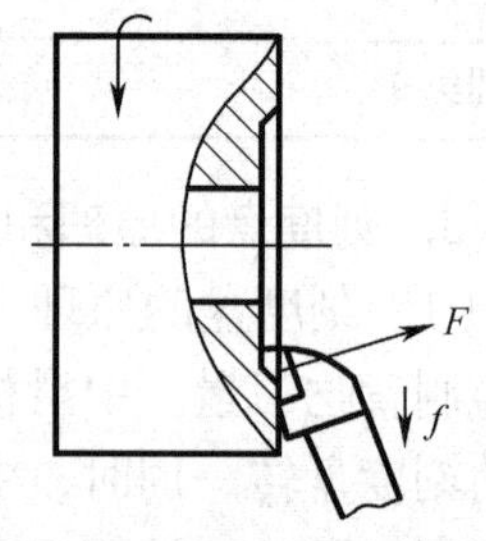

图 2-40 由中心向外缘进刀

⑤ 使用左偏刀车端面时，刀头强度好，常用于车削铸件、锻件上的大端面，如图 2-41 所示。

⑥ 车端面时，刀具的主刀刃要与端面有一定的夹角。工件伸出卡盘外部分应尽可能短些，车削时用中滑板横向走刀，走刀次数根据加工余量而定。

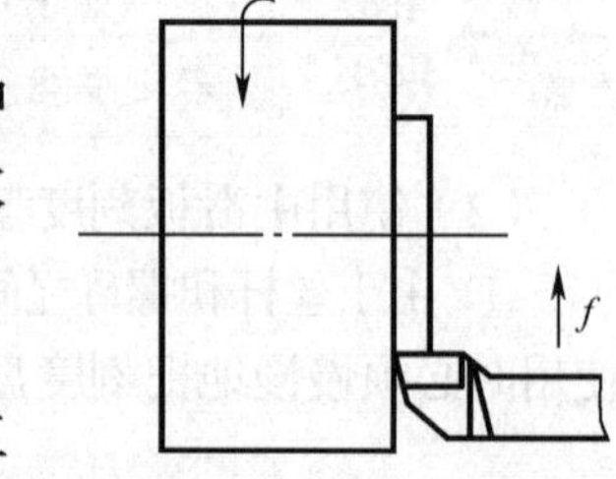

图 2-41 使用左偏刀车端面

（2）操作要领。

① 启动车床前，手动转动卡盘一周，检查有无碰撞现象，工件是否夹紧。

② 首先启动车床使工件旋转，然后移动床鞍和中滑板使车刀靠近工件端面，接着双手摇动中滑板手柄车削端面，进给速度应尽量均匀。

③ 使用小滑板控制背吃刀量，使车刀沿着与工件轴线垂直的方向横向进给。

④ 车端面时，应先倒角，以防止表面硬化层损坏刀尖。

（3）精度检查。

① 使用钢直尺或刀口形直尺检查端面的平面度。

② 使用表面粗糙度样板比对法或目测法检查端面的粗糙度。

（4）注意事项。

① 车端面时，车刀的刀尖应对准工件中心，以免车出的端面中心留有凸台。

② 使用偏刀车端面时，如果背吃刀量较大，容易扎刀。背吃刀量 a_p 的选择原则为：粗车时，a_p 为 0.2～1 mm，精车时，a_p 为 0.05～0.2 mm。

③ 端面的直径从外到中心是变化的，切削速度也在改变，在计算切削速度时必须按端面的最大直径计算。

④ 车直径较大的端面，若出现凹心或凸肚时，应检查车刀和方刀架，以及大拖板是否锁紧。

5. 外圆的车削要领

外圆的车削要领

（1）车刀的选用及安装。

① 75° 外圆车刀常用于强力粗车外圆面，如图 2-42 所示。

② 45° 弯刀可用于车外圆、端面和倒角，如图 2-43 所示。

③ 90° 偏刀用于车细长轴的外圆或具有垂直阶台的外圆，如图 2-44 所示。

④ 刀具应装夹牢固，刀尖与工件轴线等高。

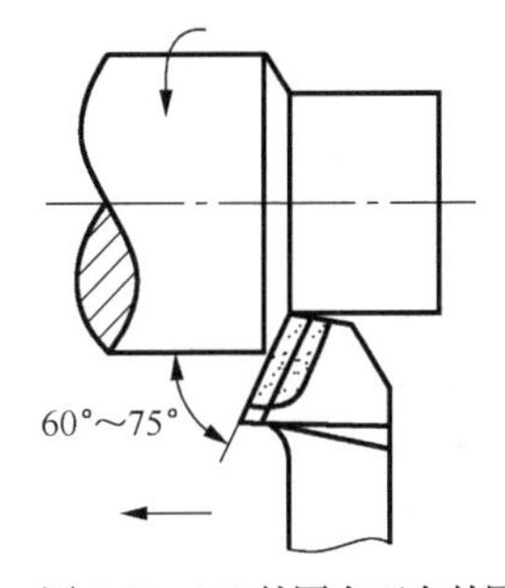

图 2-42　75° 外圆车刀车外圆

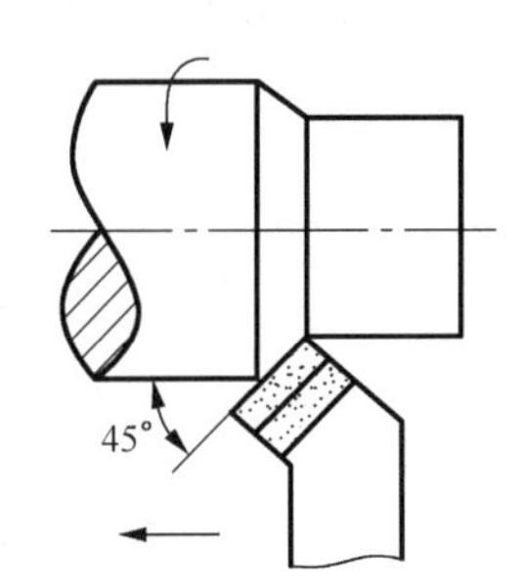

图 2-43　45° 外圆车刀车外圆

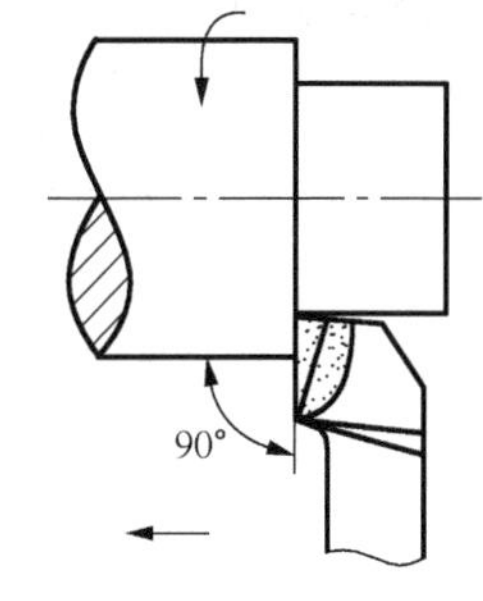

图 2-44　90° 外圆车刀车外圆

（2）操作要领。

① 检查毛坯尺寸是否具有足够的加工余量，然后划线确定车削长度。

② 启动车床，移动床鞍到工件右端。

③ 试切。根据背吃刀量要求，用中滑板控制车刀做横向进给，随后床鞍做纵向进给车削外圆，进给 2 mm 左右时，保持车刀横向进给不动，快速退出刀具，随后停车测量。

重要提示

若尺寸符合要求，即可正式切削。否则调整横向进给量后，继续试切，直至符合要求为止。

④ 粗车的目的是尽快地切去多余的金属层，使工件接近于最后的形状和尺寸。粗车后应留下 0.5～1 mm 的加工余量。

⑤ 精车是切去余下少量的金属层以获得零件所要求的精度和表面粗糙度，因此背吃刀量

较小，为 0.1～0.2 mm，切削速度则可用较高或较低速。

⑥ 初学者可用较低速，同时为了提高工件表面粗糙度，用于精车的车刀的前、后刀面应采用油石加机油磨光，有时刀尖磨成一个小圆弧。

⑦ 一端车削完毕后，掉头车另一侧的外圆。

（3）外圆的检测。

① 使用外径千分尺检测工件的外径。

② 使用表面粗糙度样板比对法或目测法检查端面的粗糙度。

6. 阶台的车削要领

车削阶台时，不仅要车削组成阶台的外圆，还要车削环形的端面，实际上是外圆车削和平面车削的组合。因此，除了应兼顾外圆直径和阶台长度两个方向的尺寸要求外，还必须保证阶台平面与工件轴线的垂直度要求。

（1）刀具和加工余量的选择。

① 车阶台时，通常选用 75° 外圆车刀强力粗车外圆，切除大部分余量，留下 0.5～1 mm 余量，然后使用 90° 偏刀精车外圆和阶台。

② 使用 90° 偏刀粗车外圆时，为了增大切削深度和减少刀尖的压力，车刀装夹时实际主偏角应略小于 90°（κ_r 一般取为 85° ～90° ），如图 2-45 所示。

③ 使用 90° 偏刀精车外圆时，为了确保阶台平面与工件轴线垂直，车刀装夹时实际主偏角应略大于 90°（κ_r 一般取为 90° ～93° ），如图 2-46 所示。

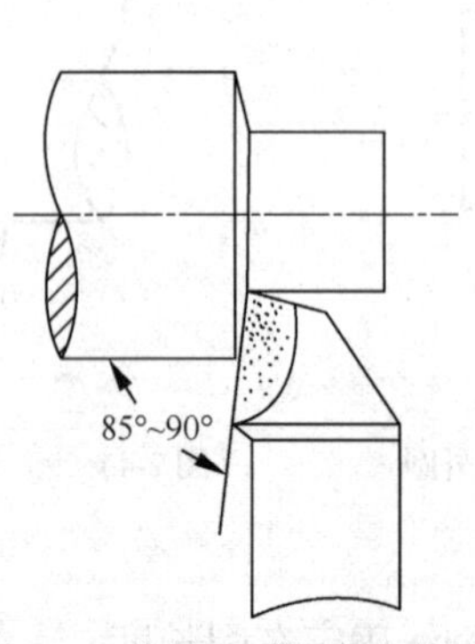

图 2-45　使用 90° 偏刀粗车外圆

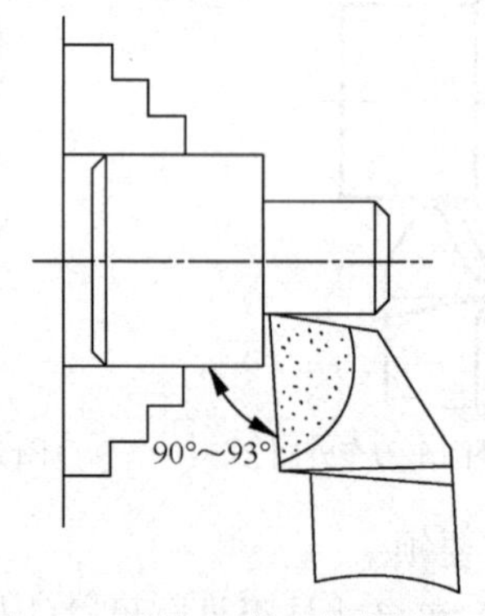

图 2-46　使用 90° 偏刀精车外圆

④ 粗车时，只需要为第 1 个阶台留出长度方向精车余量，其实际车削长度比规定长度略短，将第 1 个阶台精车到要求的尺寸后，第 2 个阶台的精车余量自动产生，以此类推，直至将各个阶台精车到要求的尺寸。

⑤ 精车时，在机动进给精车外圆至接近阶台处时，改用手动进给。当车至阶台面时，将纵向进给变为横向进给，移动中滑板由里向外慢慢精车阶台平面，以确保对轴线的垂直度要求。

⑥ 车高度在 5 mm 以下的阶台时，可用主偏角为 90° 的偏刀在车外圆时同时车出，如图 2-47（a）所示；车高度在 5 mm 以上的阶台时，应分层进行切削，如图 2-47（b）所示。

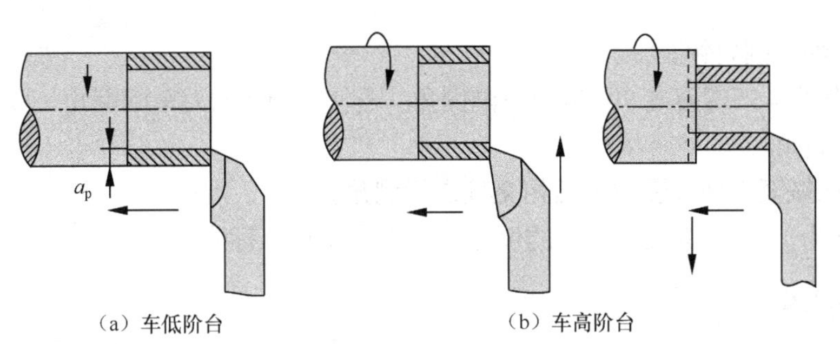

图 2-47　车阶台的方法

（2）控制阶台长度的方法。

控制阶台长度的方法

① 刻线法。车削前，使用钢尺或者样板量出阶台长度，然后用刀尖车出比阶台长度略短的刻痕作为加工界限，阶台的准确长度可用游标卡尺或深度游标卡尺测量。加工时，车削至线痕为止，如图 2-48 所示。

② 挡块定位控制。在批量加工阶台轴时，可以在车床导轨适当位置上设置挡块，使其与各段阶台长度对应。如图 2-49 所示，挡块 1 固定在床身导轨上，并与工件上阶台 a_3 的阶台平面轴向位置一致，挡块 2、3 的长度分别对应于 a_2 和 a_1 的长度。车至挡块位置时，即可获得需要的尺寸。

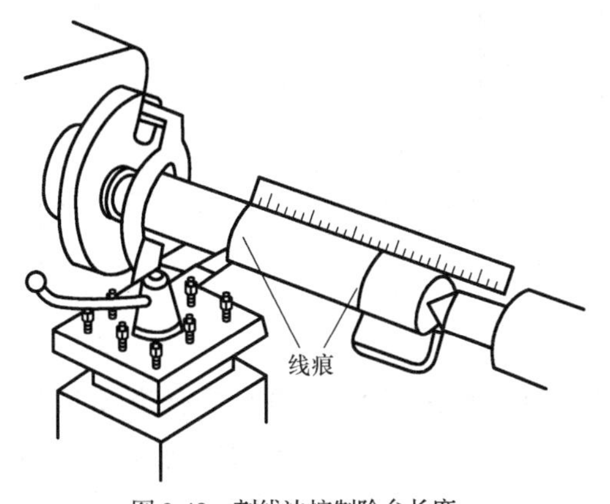

图 2-48　刻线法控制阶台长度

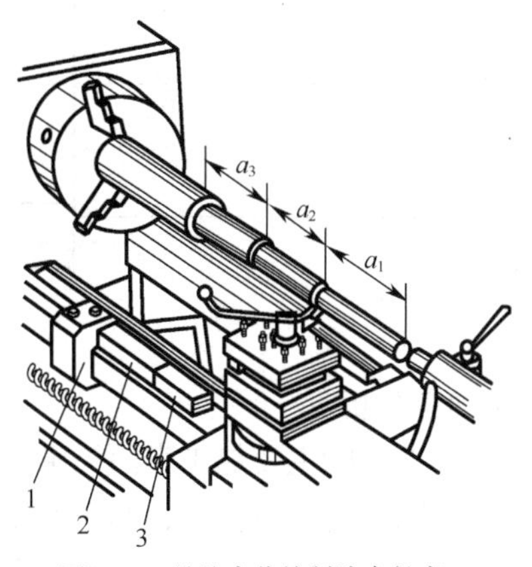

图 2-49　挡块定位控制阶台长度
1，2，3—挡块

③ 刻度盘控制法。阶台长度尺寸要求较低时可直接用大拖板刻度盘控制；阶台长度尺寸要求较高且长度较短时，可用小滑板刻度盘控制其长度。

重要提示

将床鞍由尾座向主轴箱方向移动，将车刀摇至工件右端，使车刀接触工件端面，调整床鞍刻度盘到“0”刻度，然后根据车削阶台长度计算出车削时刻度盘应该转过的格数。例如，CA6140 车床溜板箱的纵向进给手轮刻度盘上 1 格相当于 1 mm。

（3）车阶台的质量分析。

① 阶台长度不正确，不垂直，不清晰。其原因是操作粗心，测量失误，自动走刀控制不当，刀尖不锋利，车刀刃磨或安装不正确。

② 表面粗糙度差。其原因是车刀不锋利，手动走刀不均匀或太快，自动走刀切削用量选择不当。

（4）倒角的车削要领。

① 通常使用 45° 弯刀或 90° 偏刀车削倒角。若使用 90° 偏刀车削倒角，应使切削刃与外圆间形成 45° 夹角。

② 移动床鞍至工件外圆与平面相交处进行倒角。

对于长度为 1 mm，角度为 45° 的倒角，通常在图样上标注为 $C1$。

二、技能训练

【训练内容】

外圆、端面和阶台车削综合训练。

【加工要求】

毛坯直径 $\phi45$ mm，需要车出 $\phi30_{-0.039}^{\ 0}$ mm×(20±0.2) mm，表面粗糙度为 $Ra3.2$ μm；$\phi40_{-0.039}^{\ 0}$ mm×35mm，表面粗糙度为 $Ra3.2$ μm；右端面表面粗糙度为 $Ra3.2$ μm。其余表面粗糙度 $Ra6.3$μm。该工件的零件图如图 2-50 所示。

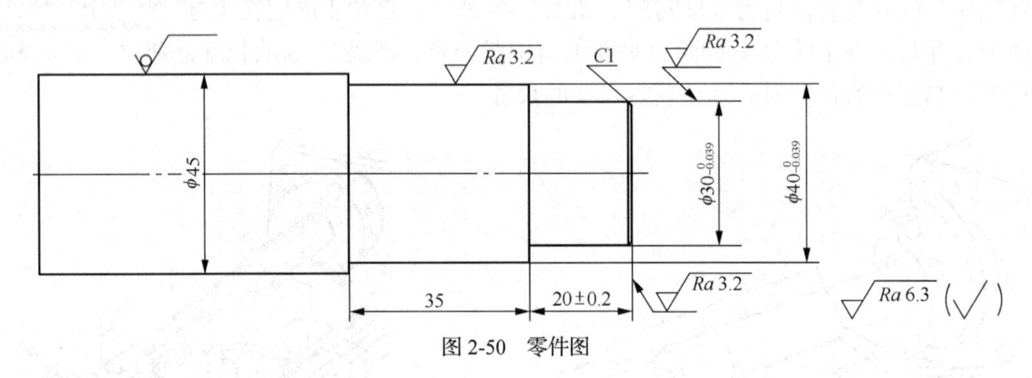

图 2-50　零件图

【加工分析】

该零件上的主要加工表面为端面、外圆面和阶台。其中，两段外圆直径有较高的尺寸精度要求，因此均采用粗车和精车两个阶段来实现。粗加工时，采用较低的切削速度和较大的进给量，并为后续精加工留下足够的余量。精加工时，采用较高的切削速度和较小的进给量。

【加工工艺】

1. 准备工作

（1）安装刀具。选择硬质合金刀具，将刀尖对准工件中心安装。

（2）安装工件。用三爪自定心卡盘装夹工件外圆并进行校正，毛坯伸出长度为 60 mm。

（3）确定主轴转速。若切削速度 v_c=70 m/min，则主轴转速

$$n=1\,000\times v_c/(\pi\times d)=1\,000\times70/(3.14\times45)=495\ (\text{r/min})$$

查阅相关手册，确定机床主轴转速为 495 r/min。

（4）确定进给量。f 取 0.10～0.18 mm/r，实际工作时，可查手册确定。

2. 车端面

（1）启动车床。将车刀刀尖靠近工件端面，均匀转动中滑板沿径向均匀切入。

（2）车至工件中心时，停止进刀，此时的表面粗糙度达到 $Ra3.2$ μm。

3. 粗车 $\phi 40_{-0.039}^{0}$ mm × 35 mm 外圆

（1）确定主轴转速。切削速度 v_c 取 50 m/min，则主轴转速

$$n=1\,000\times v_c/(\pi\times d)=1\,000\times 50/(3.14\times 45)=353\ (\text{r/min})$$

最后确定主轴转速为 360 r/min。

（2）选取进给量。f 取 0.10～0.18 mm/r，实际工作时，可查手册确定。

（3）粗车ϕ45 外圆。用粗车刀第 1 刀车至ϕ42 mm，长度至刻线处。第 2 刀车至ϕ40.5 mm，留精车余量 0.5 mm。

4. 精车 $\phi 40_{-0.039}^{0}$ mm × 35 mm 外圆

（1）确定主轴转速。切削速度 v_c 取 70 m/min，则主轴转速

$$n=1\,000\times v_c/(\pi\times d)=1\,000\times 70/(3.14\times 40)=557\ (\text{r/min})$$

最后确定主轴转速为 530 r/min。

（2）选取进给量。f 取 0.06～0.10 mm/r，实际工作时，可查手册确定。

（3）精车ϕ40 外圆。配合使用切削液，用精车刀车ϕ40 外圆到尺寸，用千分尺或游标卡尺精确测量。目测或用粗糙度样板检测表面粗糙度 Ra3.2 μm。

5. 粗车 $\phi 32_{-0.039}^{0}$ mm × (20 ± 0.2) mm 外圆

（1）确定主轴转速。切削速度 v_c 取 50 m/min，则主轴转速

$$n=1\,000\times v_c/(\pi\times d)=1\,000\times 50/(3.14\times 32)=497\ (\text{r/min})$$

最后确定主轴转速为 530r/min。

（2）选取进给量。f 取 0.10～0.18 mm/r，实际工作时，可查手册确定。

（3）在ϕ40 mm 外圆上从右至左在长度 20 mm 处用车刀刻线。

（4）粗车ϕ32 外圆。用粗车刀第 1 刀车至ϕ35 mm，长度至刻线处。第 2 刀车至ϕ32.5 mm，留精车余量 0.5 mm。

6. 精车 $\phi 32_{-0.039}^{0}$ mm × (20 ± 0.2) mm 外圆

（1）主轴转速取 530 r/min。

（2）进给量 f 取 0.06～0.10 mm/r。

（3）配合使用切削液用精车刀车 $\phi 32_{-0.039}^{0}$ mm × (20 ± 0.2) mm 外圆至尺寸，用千分尺或游标卡尺精确测量。目测或用粗糙度样板检测表面粗糙度 Ra3.2 μm。

7. 倒角 C1

（1）用外圆车刀倒角，使切削液与外圆车刀轴线成 45°。

（2）移动床鞍至工件外圆与平面相交处倒角 C1。

8. 检测工件

检测工件质量合格后卸下工件。

【训练小结】

（1）阶台平面和外圆相交处要清角，以免产生凹坑或小阶台。

（2）如果阶台平面出现凹凸，则可能是车刀没有从里到外横线切削或者车刀装夹时主偏角小于 90°，或者刀架、车刀以及滑板在加工过程中发生了位移。

（3）多阶台工件的长度测量应该从同一基准面量起，以防止误差累积。

（4）为了保证工件质量，掉头装夹时要垫铜皮，并校正。

任务三　钻中心孔

一、基础知识

1. 中心孔的分类

中心孔是保证轴类零件加工精度的基准孔，依据国标《中心孔》（GB/T 145—2001）规定，中心孔可分A型中心孔、B型中心孔、C型中心孔以及R型中心孔。

认识中心孔——A型与B型中心孔

（1）A型中心孔。A型中心孔又称不带护锥中心孔，它只包含60°锥孔，如图2-51所示。它是采用图2-52所示的A型中心钻加工生成的。这种中心孔仅在粗加工或不要求保留中心孔的工件上采用，其直径尺寸 d 和 D 主要根据轴类工件的直径和质量来确定。

A型中心孔的主要缺点是孔口容易碰坏，致使中心孔与顶尖锥面接触不良，从而引起工件的跳动，影响工件的精度。

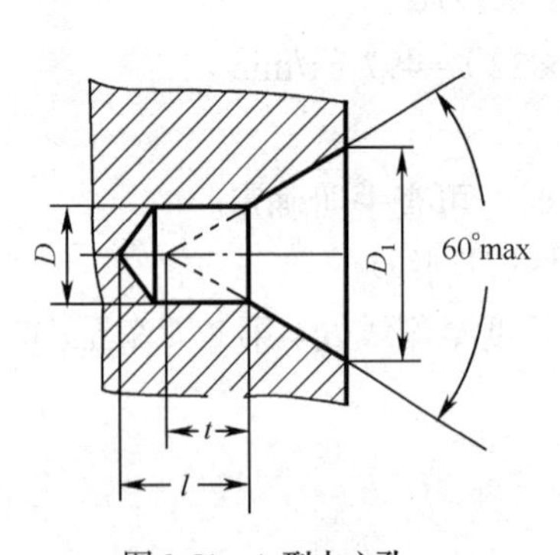

图2-51　A型中心孔

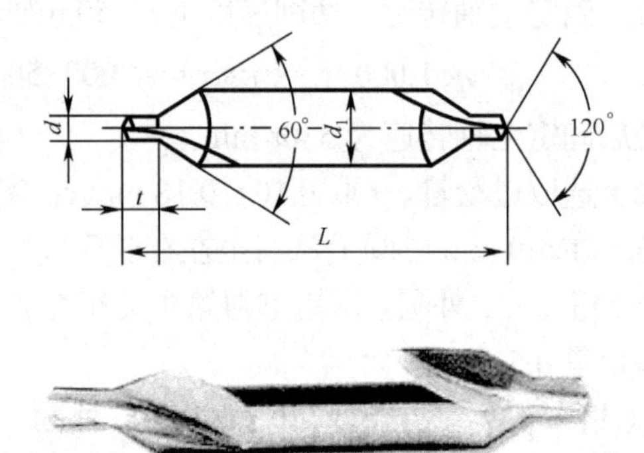

图2-52　A型中心钻

（2）B型中心孔。B型中心孔又称带护锥中心孔，其60°锥孔的外端还有120°的保护锥面，以保护60°锥孔外缘不被损伤与破坏，如图2-53所示。B型中心孔主要用于零件加工后，中心孔还要继续使用的情况，如铰刀等刀具上的中心孔。B型中心孔一般采用图2-54所示的B型中心钻加工而成。

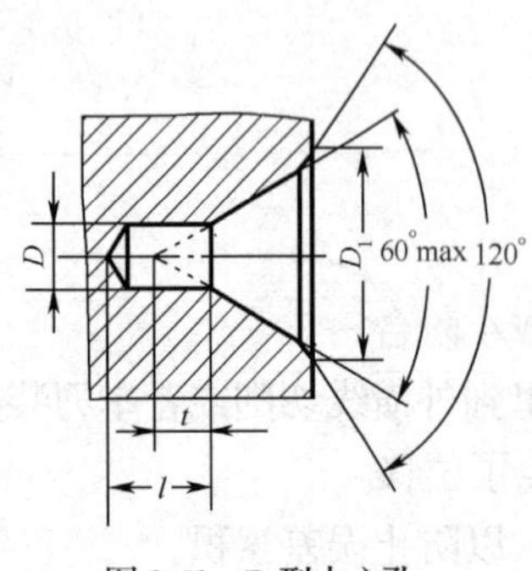

图2-53　B型中心孔

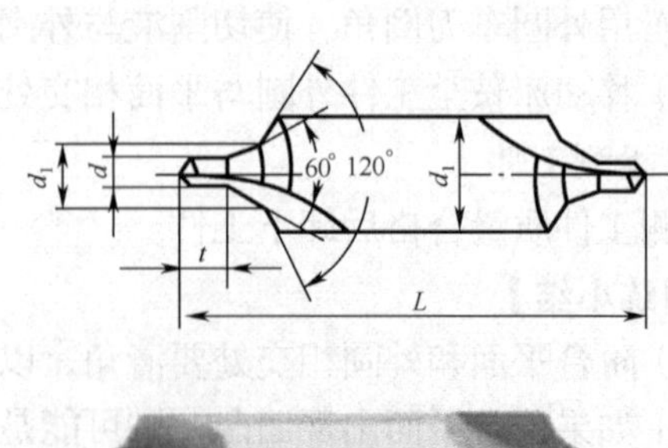

图2-54　B型中心钻

（3）C 型中心孔。C 型中心孔的主要特点是在其上有一小段螺纹孔，如图 2-55 所示。例如，铣床上用的锥柄立铣刀、锥柄键槽铣刀及其连接套等上面的中心孔等都是 C 型中心孔。

认识中心孔——C 型与 R 型中心孔

（4）R 型中心孔。R 型中心孔又称圆弧形中心孔，如图 2-56 所示。由于其与 60° 顶尖的接触，从理论上来说是线接触，故顶尖与中心孔相对旋转运动时产生的摩擦力小，旋转轻快，中心孔加工精度较高。对定位精度要求较多的轴类工件以及圆拉刀等精密刀具上，宜选用 R 型中心孔。

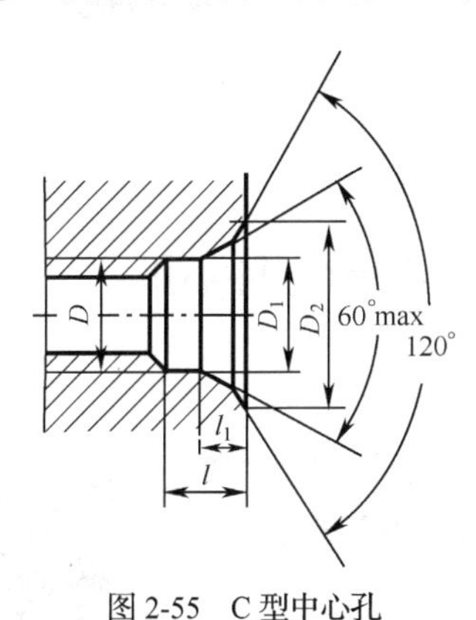

图 2-55　C 型中心孔

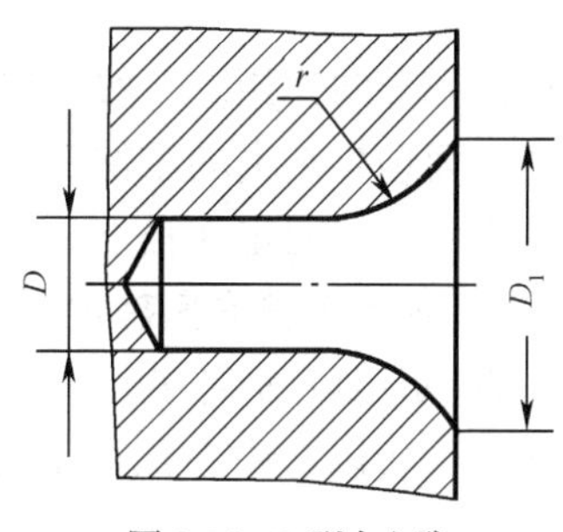

图 2-56　R 型中心孔

R 型中心孔使用 R 型中心钻（又称圆弧形中心钻）加工而成，其主要特点是强度高，并且避免了 A 型和 B 型中心钻在小端圆柱段和 60° 圆锥交接部分产生应力集中的状况，减少了钻头断头现象，使 R 型中心钻的切削寿命比 A、B 型中心钻提高一倍以上。

（5）其他标准分类。除国家标准外，中心孔还有标准 JB/ZQ　4236—2006、JB/ZQ　4237—2006，这些标准将中心孔分为 60° 中心孔、75° 中心孔（见图 2-57）和 90° 中心孔（见图 2-58）。

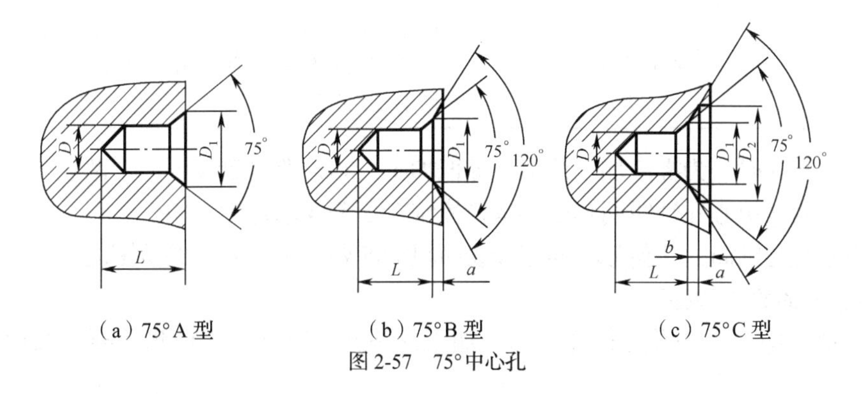

（a）75°A 型　（b）75°B 型　（c）75°C 型

图 2-57　75°中心孔

2. 中心孔的用途

中心孔既是轴类零件的工艺基准，又是轴类零件的测量基准，所以中心孔对轴类零件的作用是非常重要的。

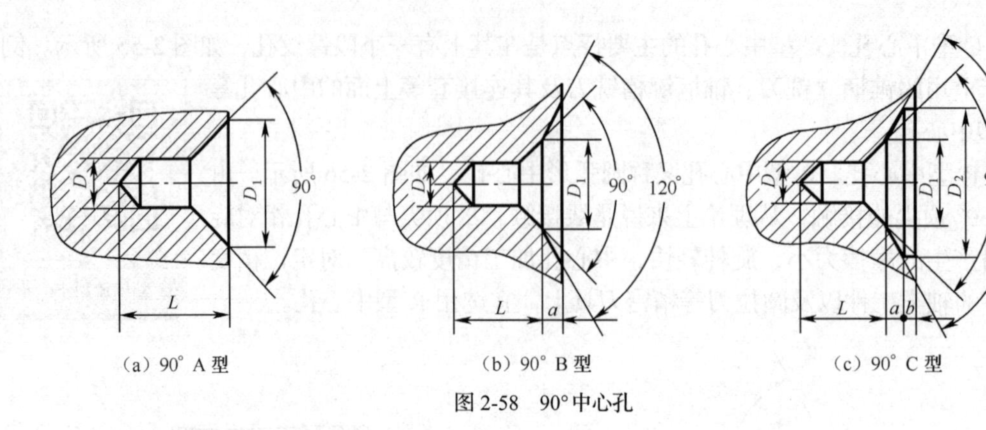

（a）90° A 型　　（b）90° B 型　　（c）90° C 型

图 2-58　90°中心孔

（1）定位和导向作用。一般采用 A 型中心孔。

（2）在需要顶尖装夹的零件上作顶尖孔用。一般采用 A 型和 B 型中心孔。

（3）将零件连接固定在轴上。一般采用 C 型中心孔。

3. 中心孔加工工艺方案确定

中心孔的基准面分别是 60°、75°、90° 的圆锥面，同时也是轴类零件加工的工作面，所以，中心孔工作面质量的好坏，直接影响轴类零件的外圆质量。

中心孔的加工工艺

加工中心孔时，主要从提高圆锥面质量和加工效率两个方面来考虑加工工艺，所以根据轴类零件的不同精度等级要求，中心孔的加工工艺编制一般如表 2-7 所示。

表 2-7　　中心孔的加工工艺

零件标准公差等级要求	标准公差值	加 工 工 艺
IT10～IT12	0.04～0.12 mm	车外圆—车端面—钻中心孔
IT8～IT 9	0.014～0.036 mm	车外圆—车端面—钻中心孔—车端面—钻中心孔—热处理—研中心孔圆锥面
IT6～IT7	0.006～0.012 mm	粗车—热处理—（调质）—车外圆—车端面—钻中心孔—车端面—钻中心孔—粗研中心孔圆锥面—热处理—研中心孔圆锥面

在加工中心孔时，为提高加工效率，降低加工成本，要尽量保证以下两点。

（1）零件两端中心孔轴线同轴度误差要控制在公差要求范围之内。

（2）中心孔圆锥面的几何形状误差和表面粗糙度要控制在允许的范围之内。

4. 中心孔的要求和检验

在机械加工中，中心孔往往作为后续加工的基准，对其加工质量的要求及检验有如下几点。

（1）中心孔的外观：包括加工面的粗糙度、毛刺等，一些重要的零件往往在中心孔口再加工一个 90°～120° 保护倒角口。

（2）中心孔的大小、角度：可使用塞规测试中心孔大小，用钢球法检验中心孔角度。

（3）中心孔的深度：有些轴类零件的磨削加工是以中心孔为定位基准，所以对中心孔的深度有严格的要求。

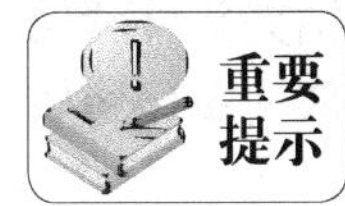

一般通过两种方法进行检查。一是用投影直接测量中心孔口大小，二是用小的钢珠放入中心孔内，然后用立式千分表测量球体露出的高度，批量检验中心孔深度可用深度规测量。

（4）中心孔的同轴度：用双顶尖顶住两端中心孔，然后用百分表检验中心孔的同轴度。对同轴度精度要求高的一般在三坐标上检验。

二、技能训练

【训练内容】

中心孔的加工。

【加工要求】

如图 2-59 所示，利用高速钢中心钻在 45 钢棒料上加工 d=3.15 mm 的中心孔，图样如图 2-60 所示。

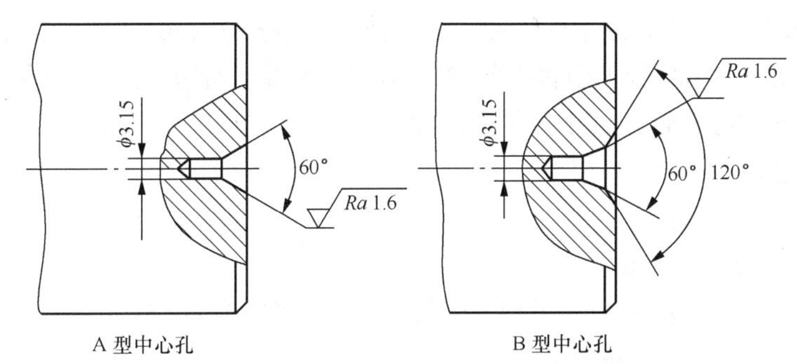

图 2-59　中心孔示意图

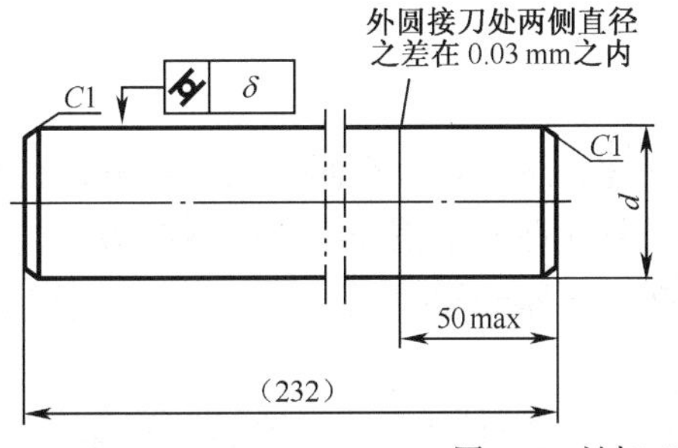

$\sqrt{Ra\ 3.2}$ （$\sqrt{}$）

次数	d	δ
1	$\phi 36_{-0.10}^{\ 0}$	0.06
2	$\phi 34_{-0.06}^{\ 0}$	0.05

图 2-60　被加工棒料

【加工分析】

中心孔是后续加工的定位基准，其精度直接影响到零件的加工质量。在加工中心孔时，除了合理确定中心孔的类型外，还要注意正确的操作规范。

【加工工艺】

（1）装夹中心钻。

① 用钻夹头钥匙逆时针旋转钻夹头外套，打开钻夹头三爪，如图 2-61 所示。

② 将中心钻插入钻夹头爪内，用钻夹头钥匙顺时针旋转钻夹头外套夹紧中心钻，如图2-62所示。

（2）将钻夹头装入尾座锥孔中。擦净钻夹头柄部和尾座锥孔，用左手握住钻夹头外套位置，沿尾座套筒轴线方向将钻夹头锥柄用力插入尾座套筒锥孔中。若钻夹头柄部与车床尾座锥孔大小不吻合，可增加图2-63所示的过渡锥套后再插入。

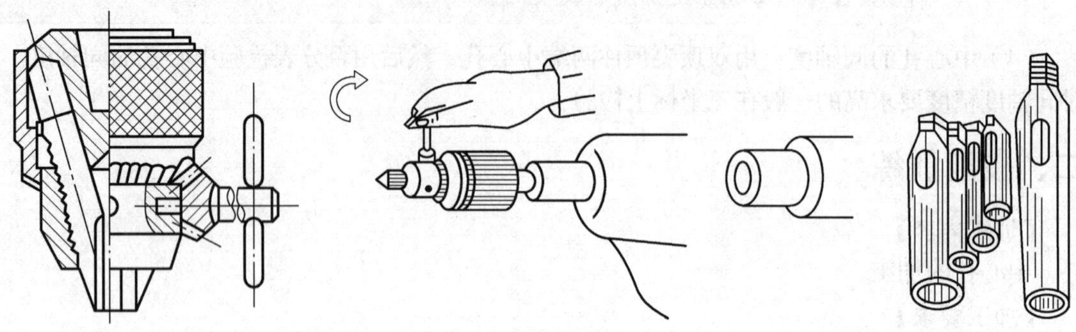

图2-61 钻夹头钥匙　　图2-62 装夹中心钻　　图2-63 过渡锥套

（3）装夹工件、校正尾座中心。

① 用三爪自定心卡盘夹住工件外圆，工件伸出卡爪长30 mm左右，找正并夹紧。

② 启动车床，使主轴带动工件回转，移动尾座，使中心钻接近工件端面，观察中心钻头部是否与工件回转中心一致，校正并紧固尾座。

（4）钻中心孔。

① 车端面，倒角 $C1$。

② 钻中心孔，d=3.15 mm。

③ 以车出端平面为基准，用划针在工件上刻痕，取总长为232 mm。

④ 掉头夹持工件，校正并夹紧。

⑤ 车端面至总长 L=232 mm，倒角 $C1$。

⑥ 钻中心孔，d=3.15 mm。

【训练小结】

（1）由于中心孔直径小，应取较高的转速，进给量应小而均匀。当中心钻进入工件后应及时加切削液进行冷却和润滑。钻毕，中心钻应在孔中稍作停留后再退出。

（2）端面必须车平，不允许出现小凸头，尾座必须找正。

任务四　车槽和车断

一、基础知识

1. 车槽刀和车断刀的几何角度

车槽刀和车断刀的几何形状基本相似，刃磨方法也基本相同，只是刀头部分的宽度和长度略有区别。

车槽刀和车断刀的主要几何角度如图 2-64 所示。

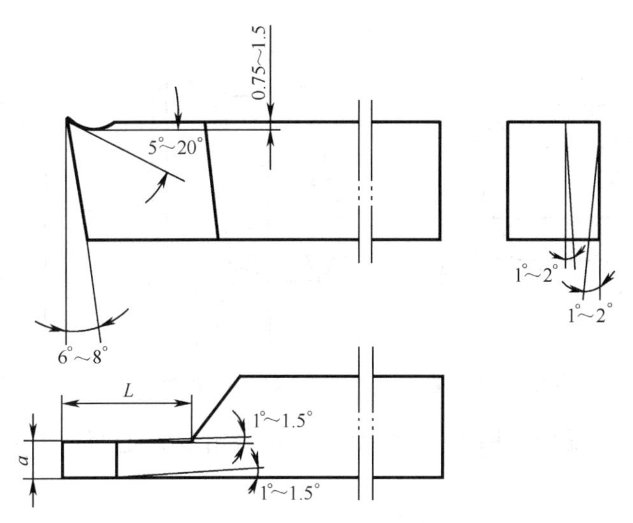

图 2-64　车槽刀和车断刀的主要几何角度

（1）前角γ_o为 5°～20°。

（2）主后角α_o为 6°～8°。

（3）主偏角κ_r为 90°。

（4）两个副后角α_o'为 1°～2°。

（5）两个副偏角κ_r'为 1°～1.5°。

2. 刀具的几何尺寸

（1）车断刀的刀头宽度按照下式计算。

$$a \approx (0.5 \sim 0.6)\sqrt{d}$$

式中：a——车断刀主切削刃宽度；

d——被车断工件直径。

（2）车槽刀的主切削刃宽度根据需要确定，如车断狭窄的外槽时，刀头宽度应等于槽宽。

（3）刀头的长度。它通常按照下式计算。

$$L=h+（2\sim3）$$

式中：h——切入深度。

切断实心零件时，切入深度应等于工件半径，如图 2-65 所示。

3. 车槽方法

（1）车轴肩槽。可以用刀头宽度等于槽宽的车槽刀采用直进法一次进给车出，如图 2-66 所示。

（2）车非轴肩槽。车非轴肩槽时，需要确定槽的位置。可以采用以下两种方法。

① 测量定位法：首先用钢直尺测量车槽刀的位置，然后纵向移动车刀，使刀头与测量位置对齐。

② 用刻度盘定位：利用床鞍或小滑板上的刻度盘控制车槽的正确位置。

图2-67所示为车内槽示意图；图2-68所示为车端面槽示意图。

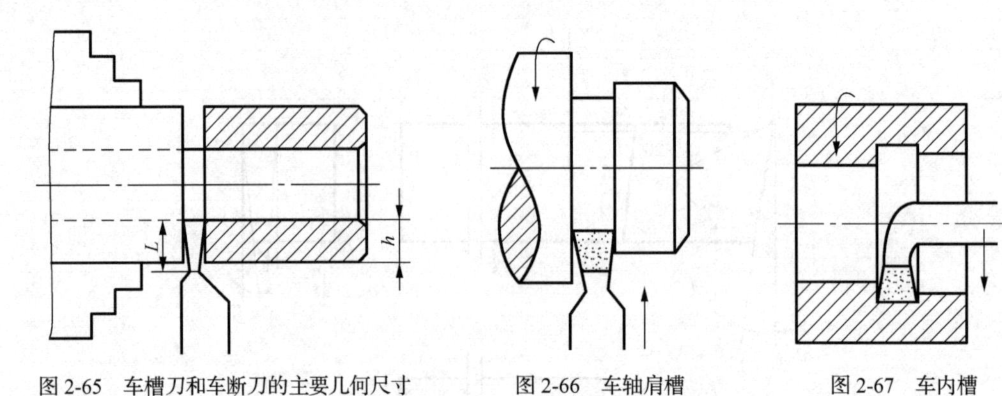

图2-65 车槽刀和车断刀的主要几何尺寸　　图2-66 车轴肩槽　　图2-67 车内槽

（3）车宽槽。首先确定沟槽的正确位置，然后采用多次直进法切削，分粗、精两次将沟槽车至所需尺寸。

① 粗车时，在槽的两侧面和槽底各留出0.5 mm的精车余量，如图2-69所示。

② 精车时，应先车沟槽的位置尺寸，然后再车槽宽尺寸，直至符合要求为止，如图2-70所示。

③ 车最后一刀的同时应在槽底进给一次，将槽底车平整，如图图2-71所示。

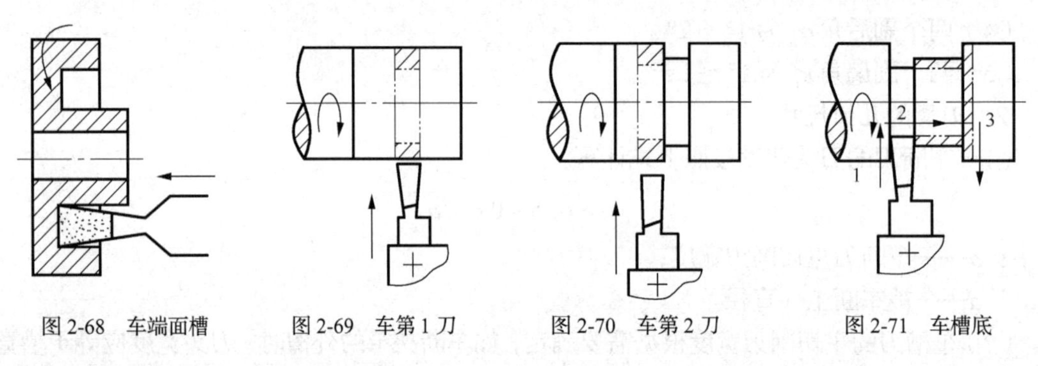

图2-68 车端面槽　　图2-69 车第1刀　　图2-70 车第2刀　　图2-71 车槽底

4. 车断方法

（1）直进法。直进法是指在垂直于工件轴线方向进给来车断工件，其车断效率高，但是对车床、车断刀的刃磨和装夹都有较高要求，否则容易折断刀具，如图2-72所示。

常用的切断方法

（2）左右借刀法。在刀具、工件以及车床等刚性不足的情况下，可以采用左右借刀法来车断工件。加工时，车断刀在轴线方向上做反复往返移动，并做径向进给，直到工件被车断，如图2-73所示。

（3）反切法。反切法是指工件反转，车刀反向装夹，这种方法适合于车断直径较大的工件，如图2-74所示。

重要提示

加工时，作用在工件上的切削力与主轴重力方向一致，主轴不易跳动，车断过程平稳，切屑向下排出，排屑顺利。

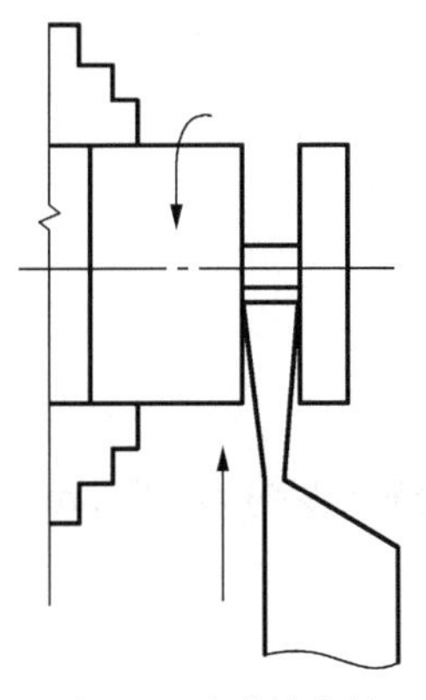
图 2-72 直进法车断

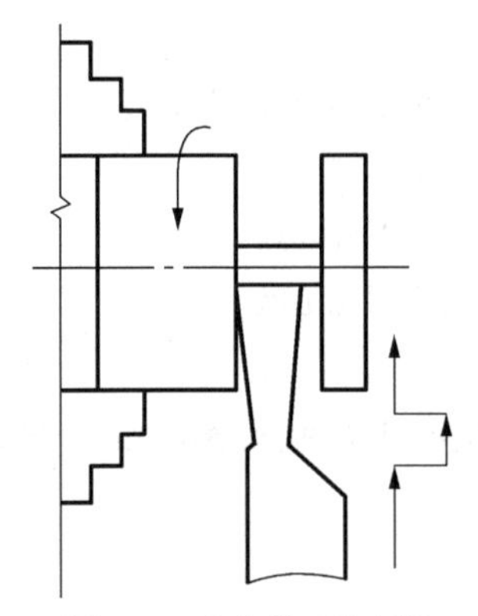
图 2-73 左右借刀法车断

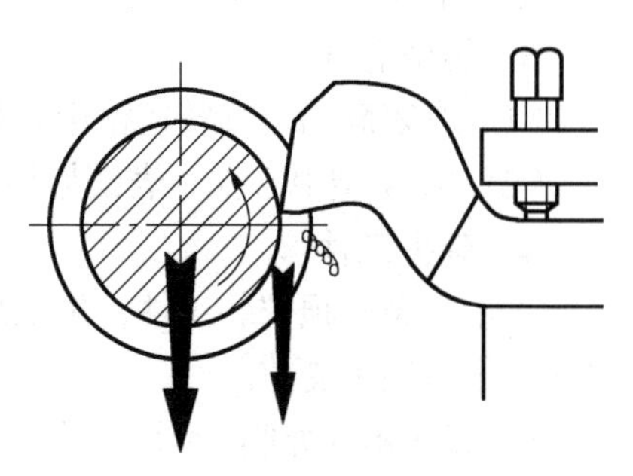
图 2-74 反切法车断

二、技能训练

【训练内容】

加工退刀槽。

【加工要求】

工件零件图如图 2-75 所示，阅读零件图，了解工件的形状及技术要求，然后完成该零件的加工。

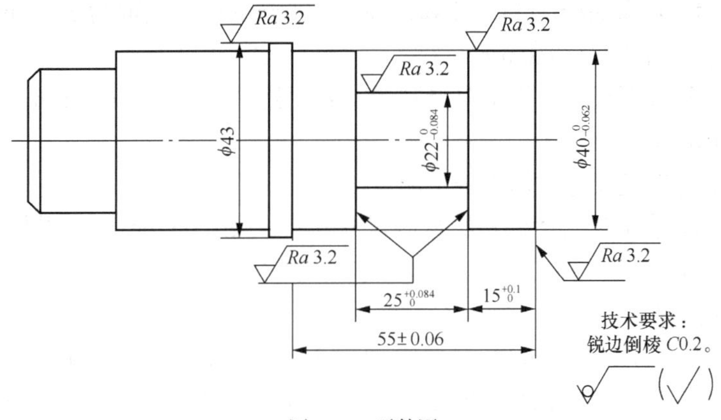

图 2-75 零件图

【加工分析】

该零件由端面、阶台以及宽沟槽组成，其中外圆直径、沟槽宽度是需要重点保证的尺寸，因此在加工时，首先合理选用装夹方法。这里采用一夹一顶装夹，然后按照一定顺序依次完成端面、外圆以及沟槽的加工。对于重要加工面均采用粗加工和精加工两次完成。

【加工工艺】

1．加工准备

（1）将磨好的外圆粗车刀、外圆精车刀以及车槽刀安装在刀架上，将刀尖对准工件中心。

（2）确定主轴转速。切削速度 v_c 取 50 m/min，则主轴转速

$$n=1\,000\times v_c/(\pi\times d)=1\,000\times 50/(3.14\times 43)=370\ (\mathrm{r/min})$$

最后确定主轴转速为 360 r/min。

（3）确定进给量。f 取 0.2～0.4 mm/r，实际工作时，可查手册确定。

2. 车端面

车平端面，不能留有凸头，表面粗糙度达到 $Ra3.2$ μm。

3. 钻中心孔

（1）取较高的主轴转速钻中心孔，n=530 r/min。

（2）钻 A 型中心孔，表面粗糙度达到 $Ra1.6$ μm。

4. 装夹工件

采用一夹一顶安装工件。用三爪自定心卡盘装夹ϕ40 mm 外圆，夹持长度约为 10 mm，另一端用后顶尖支撑。

5. 粗车ϕ43 外圆

（1）主轴转速 n 取为 360 r/min。

（2）进给量 f 取为 0.2～0.4 mm/r。

（3）粗车ϕ43 外圆至尺寸ϕ43.5，并调整尾座轴线与工件轴线的同轴度。

6. 粗车ϕ40 外圆

（1）在ϕ43 外圆上作刻线，长度 53.5 mm。

（2）粗车ϕ40 外圆至尺寸ϕ40.5，长度至刻线处。

7. 精车ϕ43 外圆

（1）主轴转速。v_c 取 80 m/min，计算得到 n=600 r/min，n 实取为 530 r/min。

（2）进给量 f 取为 0.08～0.2 mm/r。

（3）粗车ϕ43 外圆至尺寸，用千分尺测量。表面粗糙度达到 $Ra3.2$ μm。

8. 精车ϕ40 外圆

（1）精车ϕ40 外圆至尺寸，用千分尺测量。

（2）长度车至阶台时改为手动进给控制尺寸。在 55 ± 0.06 mm 时用游标卡尺测量，表面粗糙度达到 $Ra3.2$ μm。

9. 粗车外圆沟槽

（1）主轴转速。v_c 取 40 m/min，计算得到 n=318 r/min，n 实取为 360 r/min。

（2）在ϕ40 外圆上刻线，左侧长度为 39.5 mm，右侧长度为 15.5 mm。槽壁两侧均留精车余量。

（3）采用多次直进法粗车外圆沟槽，车刀刚接触工件表面时，手动进给要迅速，以减少振动。沟槽底精车至ϕ22.5 mm，两侧车至刻线。

10. 粗车外圆沟槽两侧

（1）主轴转速。v_c 取 50 m/min，计算得到 n=398 r/min，n 实取为 360 r/min。

（2）精车沟槽右侧，控制端面与沟槽右侧面的距离为$15^{+0.10}_{0}$ mm，可用小滑板刻度盘进行控制并用游标卡尺测量尺寸。

（3）精车沟槽左侧，控制沟槽宽度 $25^{+0.084}_{0}$ mm 至尺寸，表面粗糙度 $Ra3.2$ μm，用游标卡尺或样板测量尺寸。

11. 精车外圆沟槽底面

（1）主轴转速 n 取为 530 r/min。

（2）进给量 f 取为 0.1～0.2 mm/r。

（3）车槽刀主切削刃与外圆表面平行，即旋转刀架时应以外圆表面对刀，以确保车出的槽底圆柱面不产生锥度。

（4）精车槽底 $22_{-0.084}^{\ 0}$ mm 至尺寸，用千分尺测量。表面粗糙度 $Ra3.2$ μm。

12. 锐边倒棱

锐边倒棱为 $C0.2$

13. 检验工件质量

工件质量检验合格后方可卸下。

【训练小结】

（1）车槽刀的主切削刃必须与工件轴线平行，否则车出的槽底一端大一端小。

（2）为了增加刀具的刚性，其伸出端不宜过长，以免振动。

（3）使用高速钢车刀车断工件时，应浇注切削液以延长刀具寿命。

（4）车断实心零件时，车断刀的主切削刃必须严格对准工件旋转中心，刀头中心线与主轴轴线垂直，以防止车断时刀折断。

任务五　简单轴类零件的车削综合训练

一、基础知识

1. 用两顶尖装夹车削轴类工件

顶尖分为前顶尖和后顶尖两种，在车削加工过程中，顶尖用于确定零件的中心，并承受工件的重量及切削力。

认识顶尖

（1）前顶尖。前顶尖随着工件一起旋转，与中心孔无相对运动，因而不产生摩擦。前顶尖主要有以下两种类型。

① 装入主轴锥孔内的前顶尖，如图 2-76 所示，这种顶尖装夹牢靠，适合于批量生产零件。

② 装夹在卡盘上的前顶尖，如图 2-77 所示，这种顶尖制造方便，定心准确，但是容易磨损和发生位移，只适合于小批量生产。

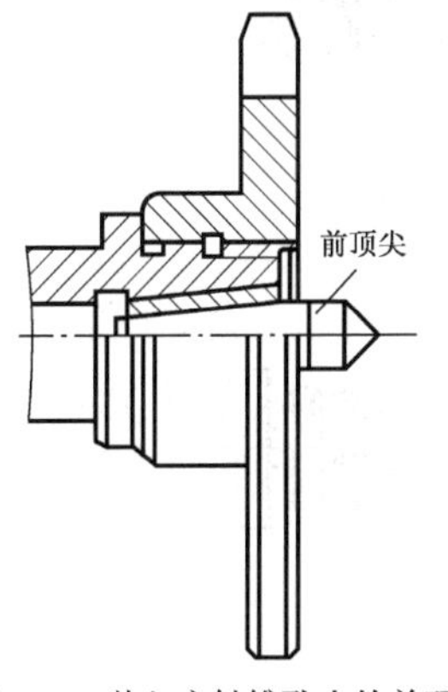

图 2-76　装入主轴锥孔内的前顶尖

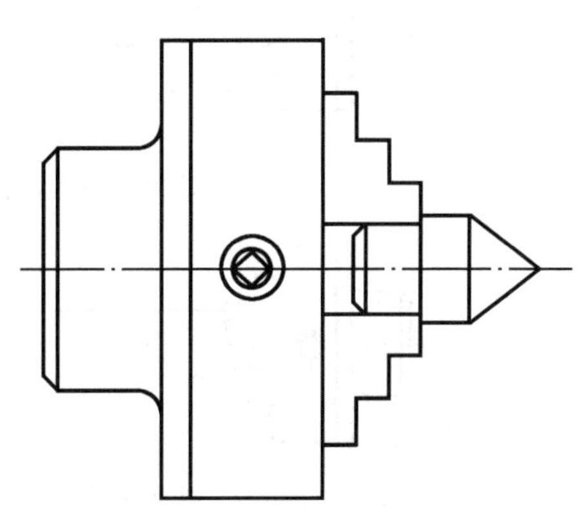

图 2-77　装夹在卡盘上的前顶尖

（2）后顶尖。后顶尖插入尾座套筒锥孔中，主要有固定顶尖和回转顶尖两种类型。

① 固定顶尖。固定顶尖定心准确，刚性好，切削时不易产生振动。但是加工时，中心孔与工件之间的滑动摩擦易产生高热，烧坏中心孔和顶尖，通常适合于低速车削，如图2-78所示。

硬质合金顶尖如图2-79所示，在高速转动下不易磨损，但是摩擦产生的高热仍然会使工件发热。

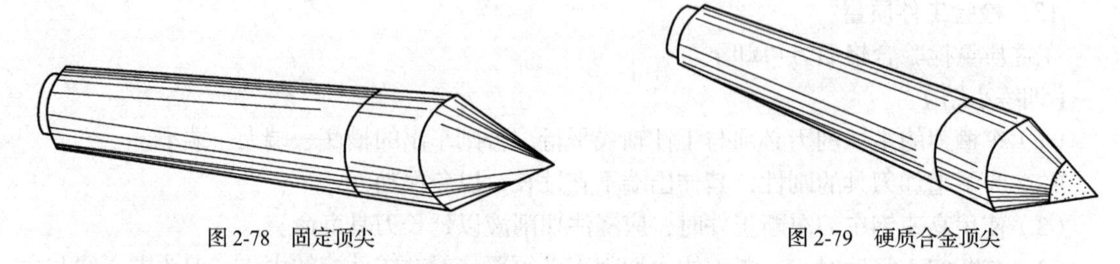

图2-78 固定顶尖　　图2-79 硬质合金顶尖

② 回转顶尖。回转顶尖在加工时跟随工件一起转动，因此摩擦小，可以用于较高转速的加工环境下。但是与固定顶尖相比，其定心精度和刚度都较差，如图2-80所示。

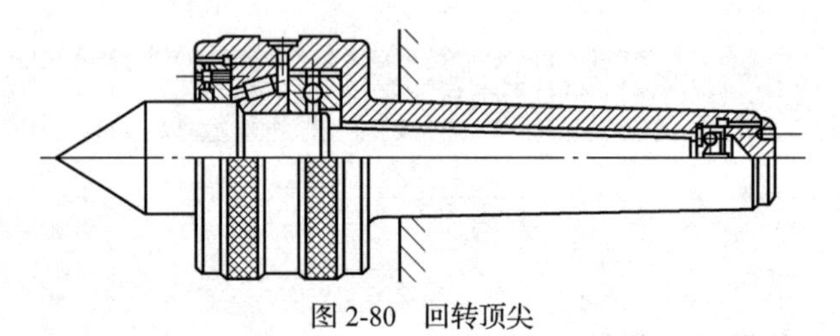

图2-80 回转顶尖

2. 用一夹一顶装夹轴类零件

一夹一顶是指工件的一端用卡盘夹紧，另一端用后顶尖顶住的装夹方法。这种装夹方法一端用外圆定位，另一端用中心孔定位。

为了防止工件轴向蹿动，通常在卡盘内装一个轴向限位支承，如图2-81所示，在工件被装夹部位车出15～20 mm的阶台作为限位支承，如图2-82所示。

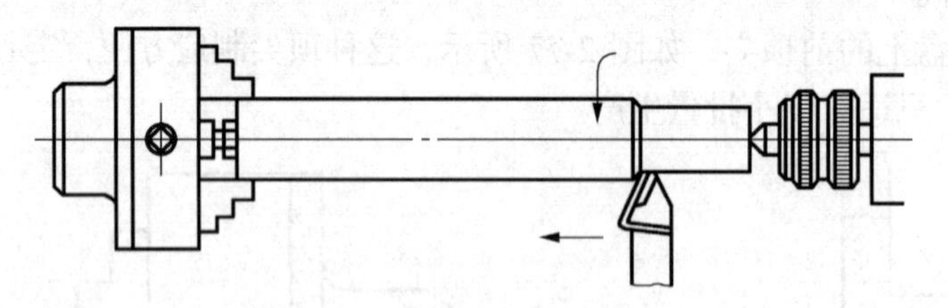

图2-81 卡盘内装轴向限位支承

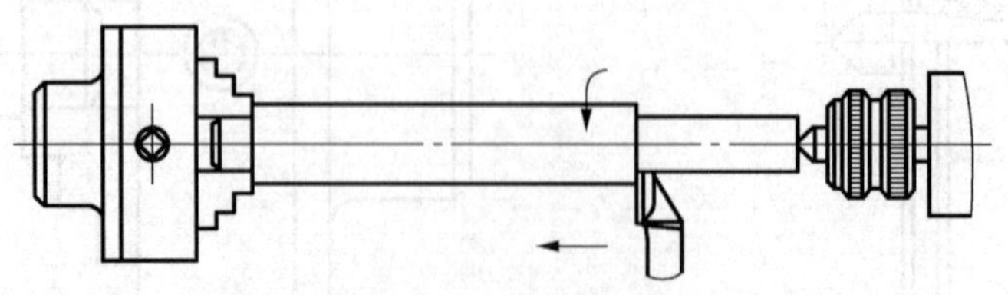

图2-82 使用阶台作为限位支承

二、技能训练

技能训练一　车削阶台轴

【加工要求】

按图 2-83 所示的图纸要求加工轴类零件。

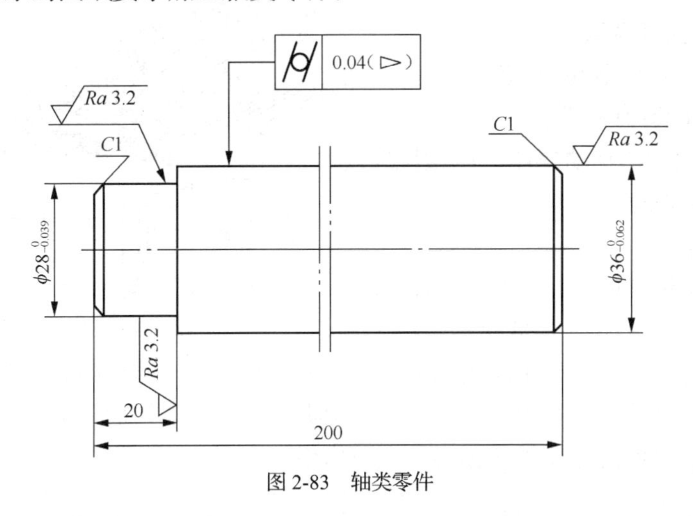

图 2-83　轴类零件

【加工分析】

该零件结构较为简单，左侧为阶台，右侧为较长的一段外圆面，轴端有倒角，对工件直径和圆柱度有明确要求。

该零件拟采用两顶尖进行装夹，因此加工时，首先车削端面，加工中心孔。将工件装入前后顶尖后，还要调整尾座，使两顶尖同轴，以减小加工误差。

【加工工艺】

1. 准备工作

（1）选择硬质合金车刀，并按要求刃磨好。

（2）将精、粗车刀安装在刀架上，并对准工件中心。

（3）用三爪自定心卡盘装夹工件外圆并校正，伸出长度为 50 mm。

（4）将 A 型 2.5 mm 中心钻头装入钻夹头内紧固，然后将锥柄擦净，用力推入尾座锥套内。

2. 车端面

车平端面，不许留凸头，表面粗糙度达 *Ra*3.2 μm。

3. 钻中心孔

（1）调整尾座轴线与工件轴线同轴，并移动尾座与工件的距离，然后锁紧。

（2）主轴转速 n 取为 530 r/min。转动尾座手轮，向前移动尾座套筒，当中心钻钻入工件端面时，速度要减慢，保持均匀，并及时加切削液。

（3）钻出 A 型 ϕ2.5 mm 中心孔，表面粗糙度为 *Ra*3.2 μm。

4. 掉头车端面及钻中心孔

方法同上。

5. 装夹车削前顶尖

（1）在三爪自定心卡盘上装夹前顶尖。

（2）按逆时针方向转动小滑板 30°，手动小滑板进给车削前顶尖。主轴转速 n 取为 360 r/min。表面粗糙度为 Ra1.6 μm。

6. 装夹后顶尖并调整

（1）先擦净顶尖锥柄和尾座锥孔，然后用力把顶尖推入尾座套筒内装紧。

（2）向前顶尖方向移动尾座，调整尾座使两顶尖同轴，固定尾座。

7. 装夹工件

（1）用对分夹头或鸡心夹头加紧工件一端，拨杆伸出工件端面外，如图 2-84 所示。

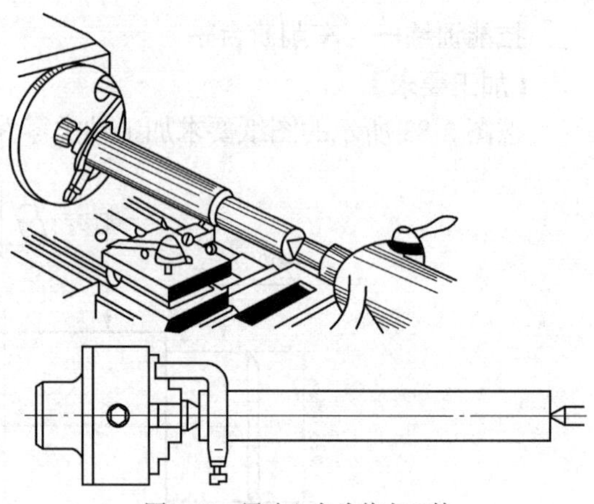

图 2-84 用鸡心夹头装夹工件

（2）根据工件长度，调整尾座距离并紧固，顶尖套从尾座伸出部分长度，尽量要短。

（3）将有对分夹头的一端中心孔放置在前顶尖上，另一端用后顶尖支顶（注意防止对分夹头的拨杆与卡盘平面碰撞而破坏顶尖的定心作用）。

重要提示

两顶尖支顶工件的松紧程度以没有轴向蹿动为宜。如果太松，车削时易发生振动；太紧，工件会变形，还可能烧坏顶尖或中心孔。

（4）后顶尖若用固定顶尖支顶，应加润滑油，然后将尾座套筒紧固。

8. 粗车 ϕ36 mm 外圆并检测圆柱度

（1）主轴转速 n 取为 360 r/min。将主轴转速手柄扳至 360 r/min。

（2）进给量 f 取为 0.10～0.18 mm/r。

（3）粗车外圆时，测量两端工件直径来调整尾座的横向偏移量。若工件右端直径大，左端直径小，尾座向操作方向移动。

重要提示

调整尾座的横向偏移量时，把百分表固定在刀架上，松开尾座，使百分表头与尾座套筒接触，测量垂直套筒表面，调整百分表零位，然后偏移尾座，当百分表指针转动读数为工件两端直径差的 1/2 时，将尾座固定即可。若工件右端直径小，左端直径大，则尾座移动方向相反。

9. 精车 ϕ36 mm 外圆

（1）主轴转速 n 取为 530 r/min。

（2）进给量 f 取为 0.06～0.10 mm/r。

（3）精车 $\phi 36_{-0.062}^{\ 0}$ mm×182 mm 至尺寸，表面粗糙度为 Ra3.2 μm，并加注切削液。

（4）用千分尺和游标卡尺测量。

10. 端面倒角

为 ϕ36 mm 端面倒角 C1。

11. 掉头装夹工件

（1）松开顶尖，卸下工件、对分夹头，并装于另一端。

（2）重新把工件装于两顶尖之间，后顶尖加入润滑油，并调整好顶尖与中心孔的松紧。

12. 粗车ϕ28 mm 外圆

（1）主轴转速 n 取为 360 r/min。

（2）进给量 f 取为 0.10～0.18 mm/r。

（3）粗车ϕ36 mm 外圆至尺寸ϕ28.5 mm×20 mm，表面粗糙度为 Ra3.2 μm，并加注切削液。

13. 精车ϕ28 mm 外圆

（1）由主轴转速公式：n=1 000v_c/（πd），取 n=530 r/min。

（2）进给量 f 取为 0.06～0.10 mm/r。

（3）精车 $\phi28_{-0.052}^{\ 0}$ mm × 20 mm 至尺寸，表面粗糙度为 Ra3.2 μm，并加注切削液。

（4）用千分尺和游标卡尺测量。

14. 端面倒角

将ϕ28 mm 端面倒角 C1。

检测工件质量合格后卸下工件。

【训练小结】

（1）切削前，床鞍应左右移动全行程，观察床鞍有无碰撞现象。

（2）注意防止对分夹头的拨杆与卡盘碰撞而破坏顶尖的定心精度。

（3）防止固定顶尖支顶太紧，否则工件易发热、变形，还会烧坏顶尖和中心孔。

（4）顶尖支顶太松，工件产生轴向蹿动和径向跳动，切削时易振动，会造成工作圆度、同轴度误差等缺陷。

（5）注意观察前顶尖是否发生移位，防止工件不同轴而造成废品。

（6）工件在顶尖上装夹时，应保持中心孔的清洁和防止碰伤。

（7）切削时，必须校正尾座同轴度，否则车削出的工件会产生锥度。

（8）在切削过程中，要随时注意工件在两顶尖间的松紧程度，并及时加以调整。

（9）为了增加切削时的刚性，尾座套筒伸出的长度应尽量短。

（10）鸡心夹头或对分夹头必须牢靠地夹住工件，防止切削时移动、打滑、损坏车刀。

技能训练二　车削阶台轴

【加工要求】

按图 2-85 所示的图纸要求加工轴类零件。

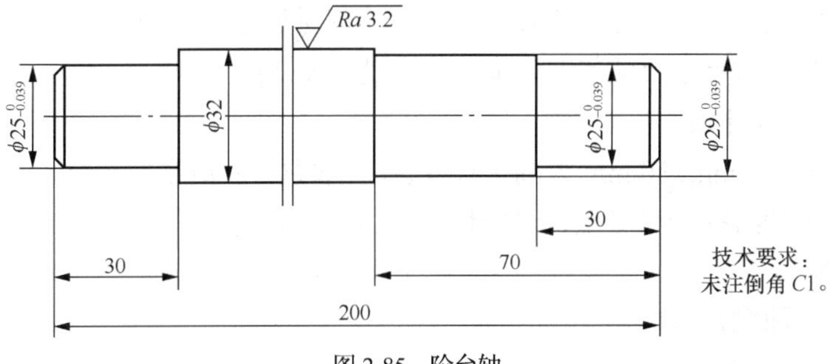

图 2-85　阶台轴

工件材料：坯料ϕ35 mm，45 钢，调质。

【加工分析】

与两顶尖装夹工件相比，一夹一顶装夹更稳定，可以承受较大的轴向切削力，加工过程安全可靠。本例中的轴类零件包含一组阶台面，走刀次数多，适合采用一夹一顶装夹。但是一夹一顶装夹，掉头车削时，必须重新找正，否则不能保证表面间的相互位置精度。

【加工工艺】

1. 准备工作

（1）将硬质合金车刀装夹在刀架上，并对准工件中心。

（2）主轴转速 n 取为 360 r/min，进给量 f 取为 0.2～0.4 mm/r。

2. 工件装夹

（1）尾座向左移动，调整顶尖与卡盘的距离。

（2）用三爪自定心卡盘夹持工件ϕ25 mm 一端，长度约 10 mm。同时转动尾座手柄，使后顶尖顶上工件的中心孔，然后夹紧工件。床鞍左右移动，观察有无碰撞现象，然后紧固尾座。

（3）若后顶尖为固定顶尖，应先在中心孔处加凡士林（黄油）润滑。调整后的顶尖以刚好接触中心孔为宜，然后将尾座套筒的紧固螺钉压紧。

3. 粗车ϕ32 mm 外圆并校正外圆锥度

（1）粗车ϕ32 mm 外圆，用千分尺检查左右两端直径大小是否一致，若有锥度，应调整尾座横向移动量。调整方法与两顶尖装夹车削轴类工件时相同。

（2）粗车ϕ32 mm 外圆至ϕ32.5 mm×175 mm。

4. 粗车ϕ29 mm 外圆

（1）在ϕ32 mm 上刻线，长度为 70 mm。

（2）粗车ϕ29 mm 外圆至ϕ29.5 mm×70 mm。

5. 粗车ϕ25 mm 外圆

（1）在ϕ29mm 上刻线，长度为 30 mm。

（2）粗车ϕ25mm 外圆至ϕ25.5 mm×30 mm。

6. 精车ϕ32 mm 外圆

（1）主轴转速 n 取为 530 r/min；进给量 f 取为 0.10～0.18 mm/r。

（2）精车ϕ32 mm×105 mm 外圆至尺寸，并加注切削液。用千分尺和游标卡尺测量尺寸，表面粗糙度达 Ra3.2 μm。

7. 精车ϕ29 mm 外圆

（1）精车 $\phi29_{-0.052}^{\ 0}$ mm×40 mm 外圆至尺寸，车削时加注切削液。

（2）用千分尺和游标卡尺测量，表面粗糙度达 Ra3.2 μm。

8. 精车ϕ25 mm 外圆

（1）精车 $\phi25_{-0.052}^{\ 0}$ mm×30 mm 外圆至尺寸，车削时加注切削液。

（2）用千分尺和游标卡尺测量，表面粗糙度达 Ra3.2 μm。

9. 端面倒角

将阶台轴右端面倒角 C1。

10. 掉头装夹工件

（1）松开卡盘，退出后顶尖，卸下工件。掉头装夹另一端，长度为 10 mm 左右。

（2）重新顶上后顶尖，并加润滑油。

11. 粗车ϕ25 mm 外圆

（1）确定主轴转速 n=530 r/min；进给量 f 为 0.10～0.18 mm/r。

（2）在ϕ32 mm 上刻线，长度为 30 mm，粗车ϕ25 mm 外圆至ϕ25.5 mm×30 mm。

12. 精车ϕ25 mm 外圆

（1）确定主轴转速，取 n=750 r/min；进给量 f 为 0.10～0.18 mm/r。

（2）精车 $\phi 25_{-0.052}^{\ 0}$ mm×30 mm 外圆至尺寸，并加注切削液。

（3）用千分尺和游标卡尺测量，表面粗糙度达 Ra3.2 μm。

13. 端面倒角

将阶台轴左端面倒角 C1。

检查工件质量，合格后切下工件。

【训练小结】

（1）一夹一顶装夹车削工件，要求使用轴向定位支承。若没有轴向定位支承，在轴向切削力的作用下，后顶尖的支顶易产生松动，应及时调整，以防发生事故。

（2）避免顶尖支顶过松或过紧。顶尖支顶过松会使工件产生振动、外圆变形；顶尖支顶过紧则易产生摩擦，烧坏固定顶尖和工件中心孔。

（3）粗车阶台工件时，阶台长度余量一般只需留右端第 1 个阶台。

（4）阶台处应保持垂直、清角，并防止产生凹坑、小阶台。

技能训练三　车削阶台轴

【加工要求】

按图 2-86 所示的图纸要求加工轴类零件。

工件材料：坯料ϕ35 mm，45 钢，调质。

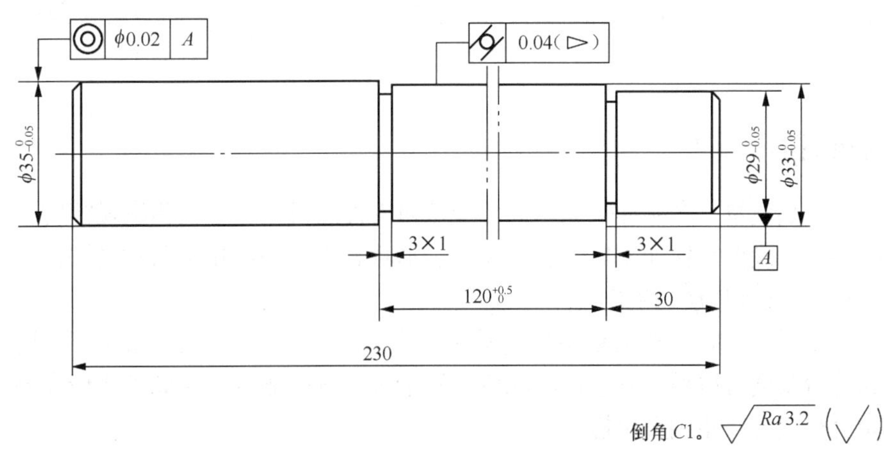

图 2-86　阶台轴

【加工分析】

该零件结构尺寸变化不大，为一般用途的轴，其上有 3 个阶台面，2 个退刀槽，前后两阶台的同轴度公差为ϕ0.02 mm，中段阶台轴颈圆柱度公差为 0.04 mm，并且只允许左大右小，因此零件的精度要求较高。

加工时，应该分粗、精加工 2 个阶段。粗加工时采用一夹一顶的装夹方法，精加工时采用两顶尖支承装夹方法，退刀槽的加工安排在精车之后进行。

【加工工艺】

（1）装夹工件。毛坯伸出三爪自定心卡盘长度约 40 mm，校正后夹紧。

（2）车端面。钻 B 型中心孔 2.5/8.0；粗车外圆ϕ35 mm×25 mm。

（3）掉头夹持工件ϕ35 mm 外圆处，校正后夹紧。车端面保持总长 230 mm，钻 B 型中心孔 2.5/8.0。

（4）用后顶尖顶住工件，粗车整段外圆（夹紧处ϕ35 mm 除外）至ϕ36 mm。

（5）掉头一夹（夹持ϕ36 mm 外圆）一顶装夹工件，粗车右端两处外圆。

① 车$\phi 29_{-0.05}^{\ 0}$ mm 处外圆至ϕ29.8 mm，长 29.5 mm。

② 车$\phi 33_{-0.05}^{\ 0}$ mm 处外圆至ϕ35 mm，长 119.5 mm。检查并校正锥度后，再将其车至ϕ33.8 mm。

（6）研修两中心孔。

（7）工件掉头，用两顶尖支承装夹。精车左端面外圆至$\phi 35_{-0.05}^{\ 0}$ mm，表面粗糙度为 Ra3.2 μm，倒角 C1。

（8）工件掉头，用两顶尖支承装夹。精车右端两处外圆。

① 车外圆至$\phi 29_{-0.05}^{\ 0}$ mm，长 30 mm，表面粗糙度为 Ra3.2 μm。倒角 C1。

② 复检锥度后，车外圆$\phi 33_{-0.05}^{\ 0}$ mm，长$120_{\ 0}^{+0.5}$ mm，表面粗糙度为 Ra3.2 μm。

（9）车两处退刀槽 3 mm×1 mm 至要求。

（10）检查工件两端外圆同轴度、中段阶台外圆圆柱度以及各处尺寸符合图样要求后，卸下工件。

任务六 轴类零件的检测

一、基础知识

为了保证产品质量，产品加工完毕后，应该对零件的尺寸、形状和位置精度以及表面粗糙度进行检测，以确保零件加工后的实际尺寸、形状和位置关系和表面质量符合设计要求。

1. 轴类零件尺寸精度的检测

当进行小批量生产时，轴类零件的外圆直径尺寸通常用游标卡尺以及千分尺进行检测；轴的长度和阶台长度可以用游标卡尺、深度游标卡尺等进行测量；粗加工或精度要求不高的轴长度、阶台长度可以用钢直尺检测。

在大批量生产时，为了减少精密量具的磨损，提高检测效率和检测结果的可靠性，轴类零件的尺寸精度一般都用图 2-87 所示的光滑极限量规来检测。其中，塞规用于检测孔径，卡规用于检测轴径。

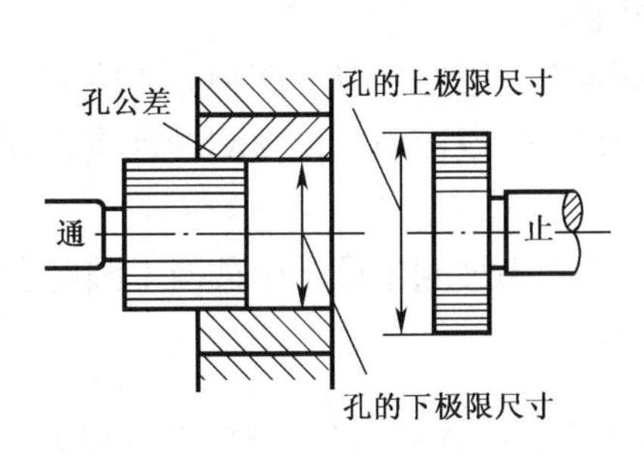

（a）塞规

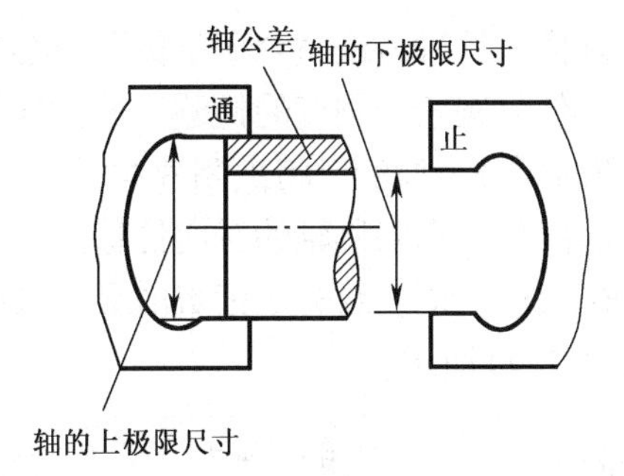

（b）卡规

图 2-87　光滑极限量规

塞规和卡规都是成对使用。其中，一个为“通规”，用于控制孔的下极限尺寸和轴的上极限尺寸；另一个为“止规”，用于控制孔的上极限尺寸和轴的下极限尺寸。检测时，如果通规能通过被测孔或轴，而止规不能通过，则表示被测孔或轴的尺寸合格。

2. 轴类零件几何形状精度的检测

轴类零件几何形状精度的检测包括轴线直线度的检测、外圆表面圆度的检测、零件圆柱度的检测等。

（1）轴线直线度的检测。轴线直线度可以使用以下两种方法来检测。

① 使用百分表检测。在平行于平板的两顶尖间安装保留中心孔的轴类零件，在零件上下两侧素线处分别将百分表的测头与零件外圆面接触，确保测量杆的轴线与工件轴线垂直并保证一定压缩量后，将指针调制零位。

沿被测轴上侧素线和下侧素线分别进行测量，分别记录两个百分表在各自测点的读数 M_a 和 M_b，（M_a−M_b）/2 即为直线度误差的实测值。测量原理如图 2-88 所示。

按照上述方法，多次转动被测轴直至回转一周，将多处直线度实测值中的最大值作为被测零件实际的直线度误差。

② 使用综合量规检测。综合量规的孔径尺寸等于被测轴最大实体尺寸，因此综合量规必须通过被测轴，如图 2-89 所示。

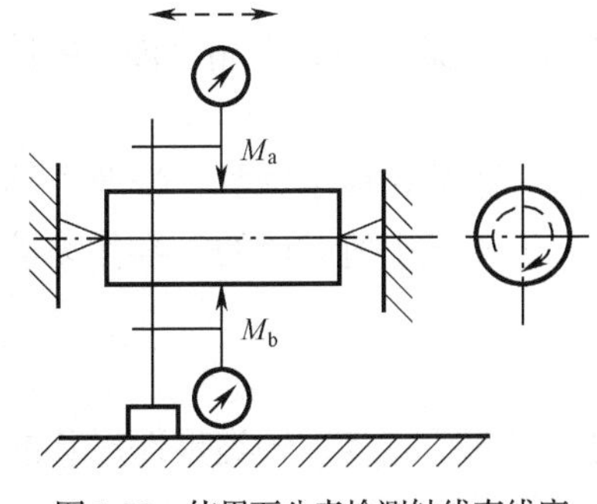

图 2-88　使用百分表检测轴线直线度

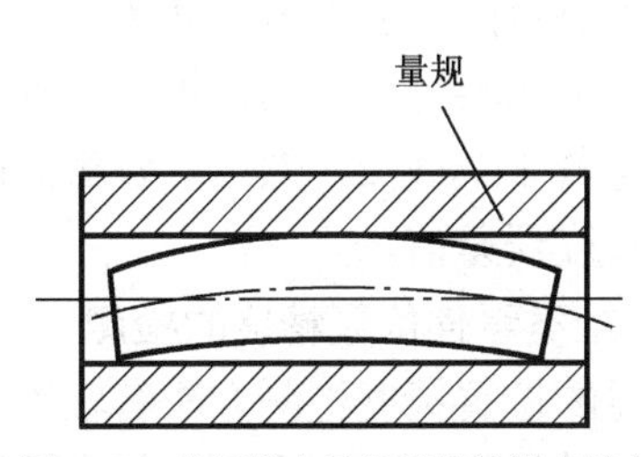

图 2-89　使用综合量规检测轴线直线度

使用综合量规测量时，只能判断被测轴轴线的直线度是否符合设计要求，不能检测直线误差的实际值。这种方法适合于不保留中心孔的短轴。

（2）零件外圆表面圆度的检测。零件外圆表面圆度可以使用以下两种方法检测。

① 使用百分表检测。将被测零件置于平板上的 V 形块槽中，使被测轴轴线垂直于工件轴线，同时限位支承限制轴的轴向位移。

被测轴回转一周，百分表读数的最大差值的一半即为被测工件单个截面上圆度误差的实测值，如图 2-90 所示。

使用这种方法沿着轴线方向测若干个截面，最后取多个截面圆度实测值中的最大值作为被测轴外圆圆柱面实际的圆度误差。

② 使用尖头千分尺检测。还可以采用图 2-91 所示的尖头千分尺进行测量。被测轴转过一周，千分尺在被测轴同一截面上多个测点读数最大值为被测工件单个截面上圆度误差的实测值。沿着轴线方向按照该方法多次检测若干个截面，取这些测量值中的最大值作为被测轴外圆实际圆度误差。

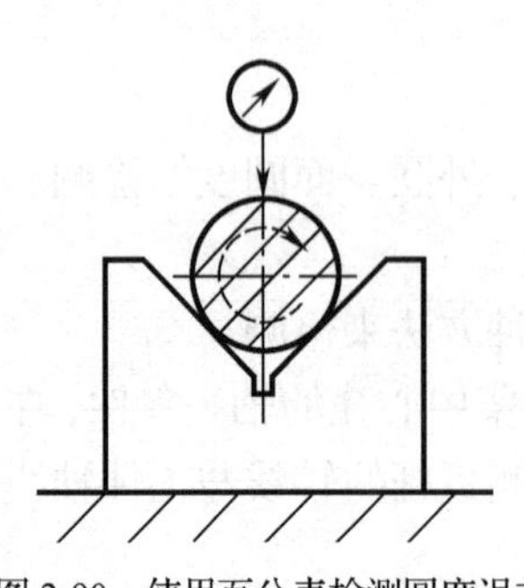
图 2-90　使用百分表检测圆度误差

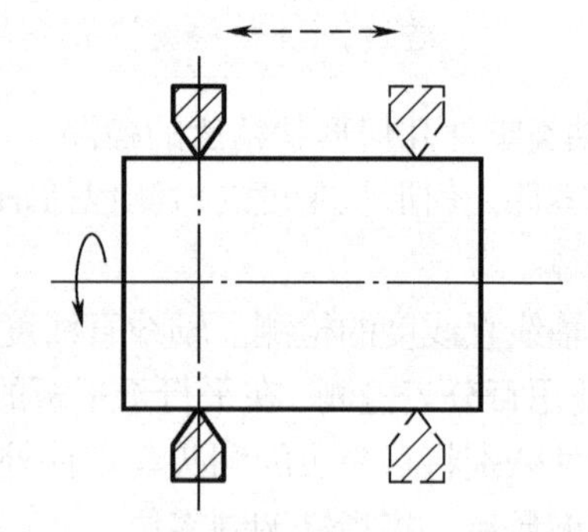
图 2-91　使用尖头千分尺检测圆度误差

（3）圆柱度的检测。可以使用以下两种方法检测圆柱度误差。

① 使用百分表检测。将被测工件放在平板上的 V 形块槽中，注意 V 形块长度应该大于轴长度。

在被测工件转过一周的过程中，测量一个截面上的最大和最小读数。沿轴线方向连续测量多个截面，然后取各截面内所测得的所有读数中最大值和最小值差值的一半作为被测轴实际的圆柱度误差值，如图 2-92 所示。

② 使用带百分表的测量架检测。将被测轴放在平板上，紧靠方箱直角平面，用带百分表的测量架测量圆柱度误差，如图 2-93 所示。

在被测轴转过一周的过程中，测量一个截面上的最大读数和最小读数，接着沿轴线方向连续测量若干个截面，然后取各截面内所有读数中最大值和最小值差值的一半作为被测轴实际的圆柱度误差值。

3. 轴类零件位置精度的检测

常见的位置精度检测方法有轴类零件平面对基准轴线的垂直度、轴类零件对基准轴线的同轴度及轴类零件被测表面对基准轴线的圆跳动。

（1）轴类零件平面对基准轴线的垂直度检测。检查垂直度误差可以使用以下 3 种方法。

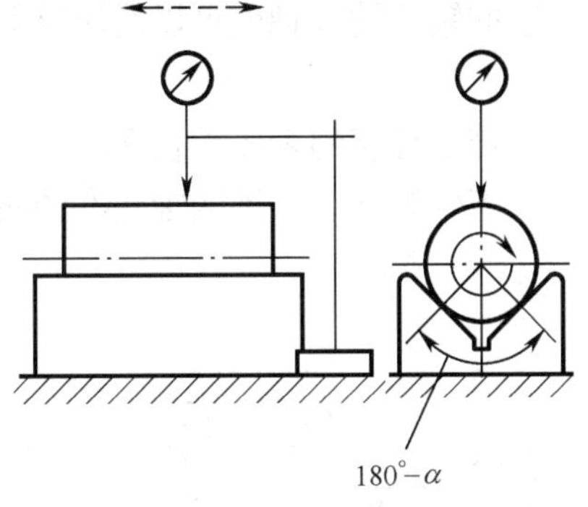

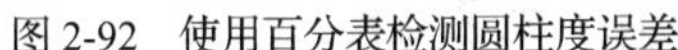

图 2-92　使用百分表检测圆柱度误差

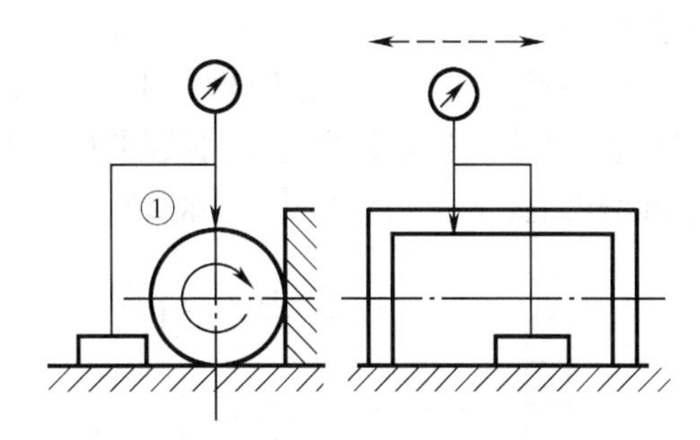

图 2-93　使用测量架检测圆柱度误差

① 检测端面与基准轴线的垂直度。将被检测工件置于 V 形块上，用小钢球限制其一端的轴向移动，将百分表测量杆和测头垂直指向被测轴端面。在被测轴多次回转一周过程中，百分表测得端面上多次读数差中最大值即为被测轴端面相对于基准轴线 *A* 的实际垂直度误差。

通常，测头指向被测轴端面最大直径处时，百分表上将读出最大读数差值。其测量原理如图 2-94 所示。

② 检测阶台平面与基准轴线的垂直度。将被测轴安装在两个顶尖间，百分表测量杆和测头垂直指向被测轴阶台平面。在被测轴多次回转一周过程中，百分表测得阶台平面上多次读数差中最大值即为被测轴阶台平面相对两中心孔公共基准轴线的实际垂直度误差。

通常，测头指向被测轴阶台平面最大直径处时，百分表上将读出最大读数差值。其测量原理如图 2-95 所示。

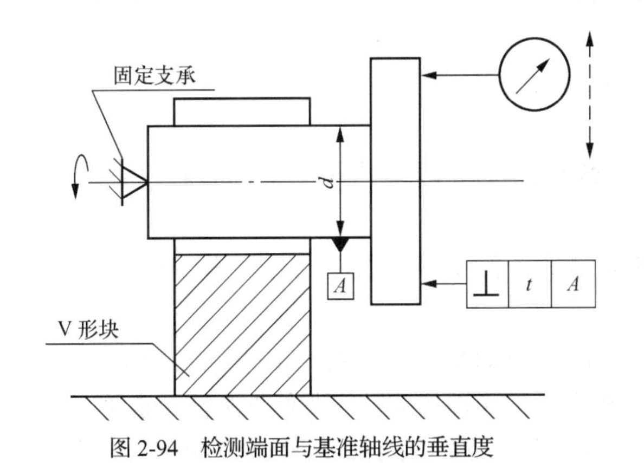

图 2-94　检测端面与基准轴线的垂直度

图 2-95　检测阶台平面与基准轴线的垂直度

③ 检测外圆轴线与基准平面的垂直度。将被测轴和圆柱直角尺同时置于平板上，安装在圆柱直角尺的百分表垂直于被测轴外圆柱面。

将多处外圆柱面垂直方向的上、下测点读数值中的最大值作为该外圆轴线对于基准平面 *A* 的实际垂直度误差值。其测量原理如图 2-96 所示。

重要提示

通常情况下，可以仅在外圆柱面相互垂直的两个方向上测量，即可取得实际垂直度误差值的近似值。

（2）轴类零件对基准轴线的同轴度。检测轴类零件对基准轴线的同轴度可以使用以下两种方法。

① 测量轴线相对于基准轴线同轴度误差。将 V 形块和带百分表的表座放在平板上，两百分表的测量杆和测头垂直指向被测轴外圆对称位置的上、下两侧素线。被测轴基准轴线所处外圆柱面置于 V 形块槽中，如图 2-97 所示。

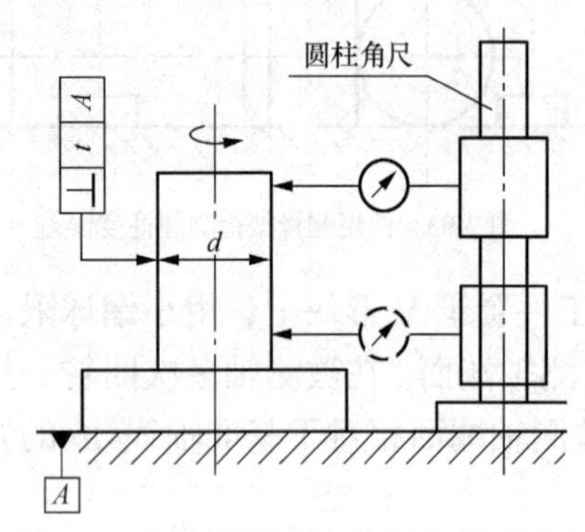

图 2-96　检测外圆轴线与基准平面的垂直度

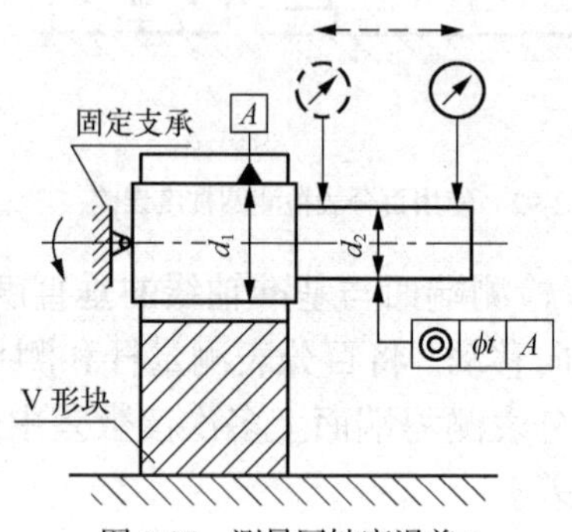

图 2-97　测量同轴度误差 1

每次沿轴向移动表座，测得该测点两百分表读数之差。在转动被测轴一周的过程中，取多个测点测得多个读数差。取其中读数差绝对值中的最大值作为被测轴轴线相对于基准轴线的实际同轴度误差值。

② 测量轴线相对于两端外圆公共基准轴线的同轴度误差。将刀口形等高 V 形块和带百分表的表座放在平板上，两百分表的测量杆和测头垂直指向被测轴外圆对称位置的上、下两侧素线。被测轴两公共基准轴线所处圆柱面长度的 1/2 处置于刀口 V 形块上，将两百分表同时调整到“0”位。

每次沿轴向移动表座，测得该测点两百分表读数之差。在转动被测轴一周的过程中，取多个测点测得多个读数差。

取其中读数差绝对值中的最大值作为被测轴轴线相对于两端外圆公共基准轴线实际的同轴度误差值，如图 2-98 所示。

（3）测量零件表面相对于基准轴线的圆跳动误差。测量零件表面相对于基准轴线的圆跳动误差可以使用以下两种方法。

① 测量轴表面对于两端外圆柱面公共轴线的径向圆跳动误差。被测工件如图 2-99 所示，将刀口形等高 V 形块和带百分表的表座放在平板上，被测轴基准轴线所处外圆柱面置于 V 形块槽中，如果两端基准轴线所处外圆柱面的直径不相等，则应在直径较小的一端 V 形块底平面下垫相应尺寸的量块。

在转动被测轴一周的过程中，百分表上测得单个测量平面上的读数差值。轴向多次移动百分表表座，可以测得多个测量平面上的读数差值。取多个读数差值中的最大值作为被测轴表面对于两端外圆柱面公共轴线实际的径向圆跳动误差。其测量原理如图 2-100 所示。

② 测量轴端面对于基准轴线的端面圆跳动误差。将 V 形块和带百分表的表座放在平板上，被测轴基准轴线所处外圆柱面置于 V 形块槽中，百分表测量杆和测头垂直指向被测平面。

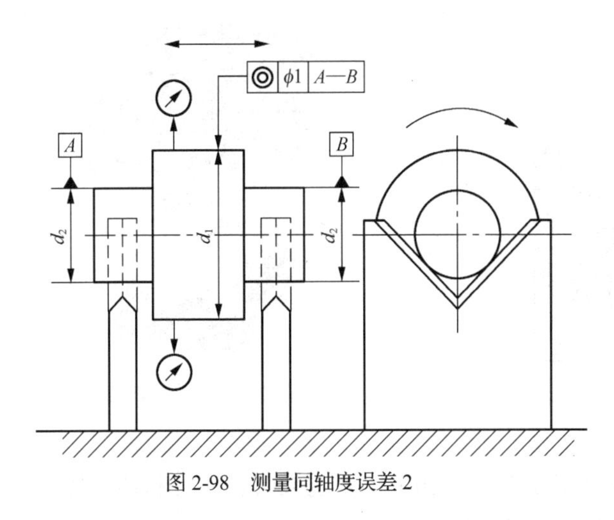

图 2-98　测量同轴度误差 2

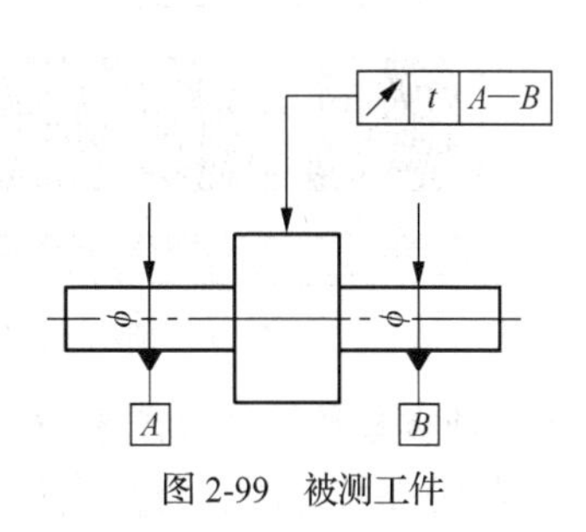

图 2-99　被测工件

在被测轴回转一周过程中，百分表上测得单次读数差值，继续在被测平面的不同直径处测得多个读数差值,然后取其中最大值作为被测轴端面对于基准轴线实际的端面圆跳动误差。其测量原理如图 2-101 所示。

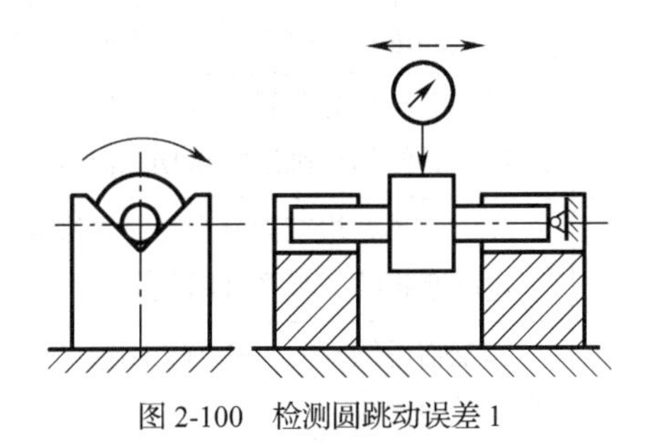
图 2-100　检测圆跳动误差 1

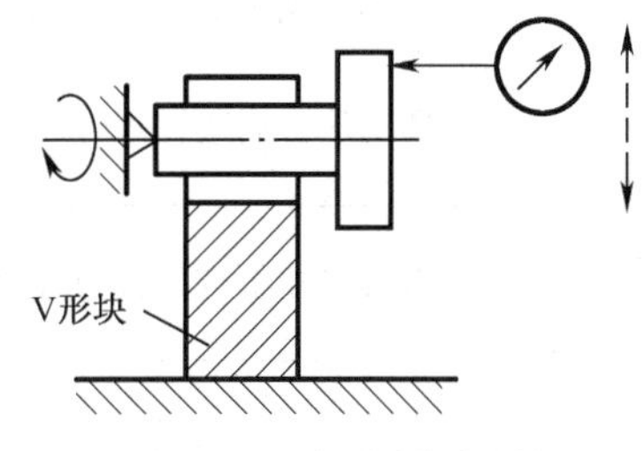

图 2-101　检测圆跳动误差 2

4. 轴类零件表面粗糙度的检测

检测轴类零件粗糙度的方法主要有比较测量法、光切测量法、干涉测量法以及接触检测法等。

（1）比较测量法。比较测量法是指将被测零件表面与已知表面粗糙值的表面粗糙度样块进行比较，通过用手触摸或目测的方法来判断工件的表面粗糙度。粗糙度样块如图 2-102 所示，比较时，被测表面与样块的加工纹理应保持一致，还可以借助放大镜来判断比较的准确性。

（2）光切测量法。光切测量法利用光切原理来检测零件的表面粗糙度，通常使用的检测仪器为光切显微镜。

（3）干涉测量法。干涉测量法利用光学干涉原理来检测零件的表面粗糙度，通常使用的检测仪器为干涉显微镜，如图 2-103 所示。

（4）接触检测法。接触检测法又称为触针法或轮廓法。它是利用触针在被测工件表面做匀速直线或曲线运动并轻轻划过，然后随机测取其表面微观轮廓值，经运算处理后，最后获得被测表面的粗糙度数值以及轮廓图。其测量范围为 $Ra0.01 \sim Ra0.25$ μm，使用的检测仪器为电动轮廓仪。

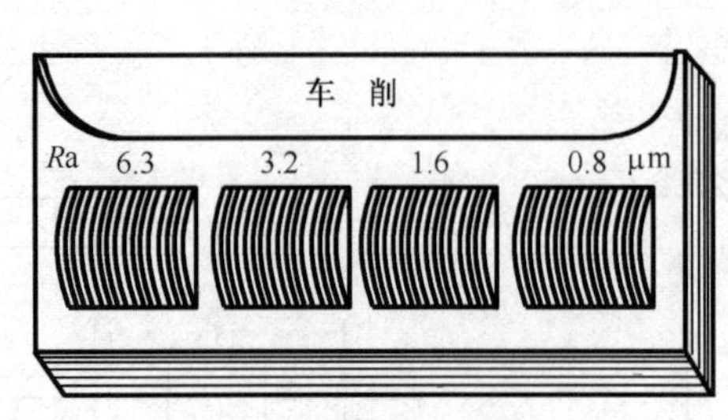

图 2-102 粗糙度比较样块

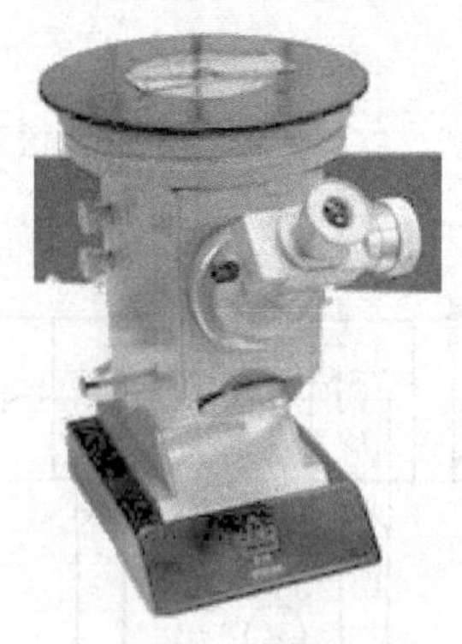

图 2-103 干涉显微镜

5. 轴类零件的加工质量分析

车削轴类零件时，难免会产生各种加工误差，当加工误差过大时，工件将成为废品。现将各种误差产生的原因及其预防措施列出在表 2-8 中。

表 2-8　　轴类零件加工时废品原因及质量控制方法

废品种类	产生原因	预防措施
尺寸精度不够	量具不准确或测量方法不正确	对量具进行检测并使用正确测量方法
	切削热影响工件尺寸	不能在高温时测量工件 加工时使用切削液降低切削温度
	刀具尺寸不准确或过度磨损	成形刀具要检查刀具尺寸是否准确 过度磨损的刀具要及时换刀
	机动进给未及时关闭，造成进给超量	加工临近结束时，提前关闭机动进给，改用手动操作
产生锥度误差	用一夹一顶或两顶尖装夹工件时，后顶尖轴线与主轴轴线不同轴	车削前必须正确调整顶尖位置
	小滑板刻线与中滑板刻线未对准“0”位	加工前，事先检查小滑板刻线是否与中滑板刻线的“0”位对齐，否则进行调整
	车床床身导轨与主轴轴线不平行	加工前，调整车床导轨与主轴的平行度
	装夹时，工件悬伸长度过长，在切削力作用下工件前端让刀	采用一夹一顶方式，增加工件的装夹刚度，并减少工件的伸长量
	车刀在加工过程中逐渐磨损	适当降低切削速度，并选用合适的刀具材料
圆度误差大	车床主轴间隙太大	加工前检查主轴间隙，并适当调整主轴轴承，磨损太多后，应及时更换
	毛坯余量不均，导致加工过程中背吃刀量发生变化	严格执行粗加工和精加工分开的原则
	两顶尖装夹工件时，中心孔接触不良，或后顶尖顶得太紧，或者前后顶尖产生径向圆跳动	工件用两个顶尖装夹时必须松紧适当，若回转顶尖产生径向圆跳动，应及时更换
表面粗糙度超差	车床刚性不足，如滑板镶条太松，传动零件不平衡，或主轴太松引起振动	消除由于车床刚性不足引起的振动

续表

废 品 种 类	产 生 原 因	预 防 措 施
表面粗糙度超差	车刀刚性不足或伸出端太长引起振动	正确装刀，并采取措施增加车刀刚性
	工件刚性不足引起振动	增加工件的装夹刚性
	车刀几何参数不合理	选择合理的刀具角度。重点是增大前角，选择合理的后角和主偏角
	切削用量选用不当	进给量不宜太大，精车余量和切削速度都应合理选择

二、技能训练

技能训练一　按图 2-104 所示的图纸要求加工工件，并检测工件的尺寸精度。

1. 装夹方法

用一夹一顶装夹或两顶装夹。

2. 刀具、量具选择

（1）刀具：45° 车刀、90° 车刀以及中心钻等。

（2）量具：游标卡尺、千分尺等。

3. 车削工艺

（1）用三爪自定心卡盘夹持坯料，车端面，钻

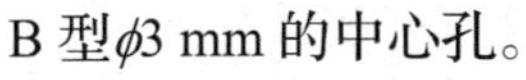
B 型 ϕ3 mm 的中心孔。

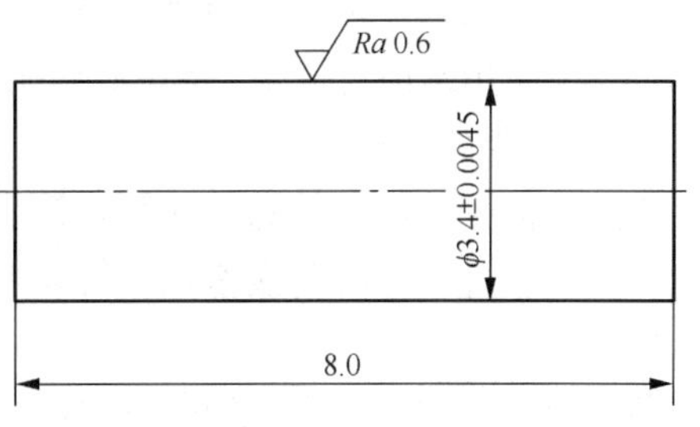

图 2-104　光轴

（2）粗车外圆至卡盘处，外圆留 1 mm 的精车余量。

（3）掉头找正夹牢，车端面，截总长至尺寸。

（4）钻 ϕ3 mm 中心孔，粗车剩余坯料外圆。

（5）用两顶尖装夹，精车 ϕ34 mm±0.045 mm 外圆。

4. 检测尺寸精度

（1）使用钢直尺检测工件的长度。

（2）使用游标卡尺或千分尺检测轴的直径。

技能训练二　按图 2-105 所示的图纸要求加工工件。

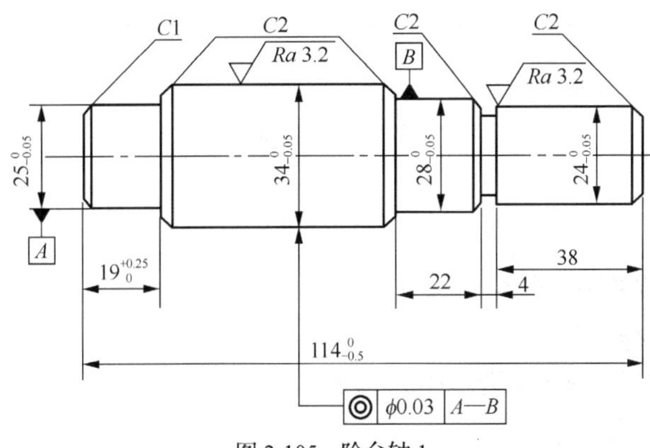

图 2-105　阶台轴 1

1. 装夹方法

用一夹一顶装夹或两顶尖装夹。

2. 刀具、量具选择

（1）刀具：45° 车刀、90° 车刀、车断刀、中心钻等。

（2）量具：游标卡尺、千分尺等。

3. 车削工艺

（1）用三爪自定心卡盘夹持坯料外圆（露出部分长度不少于 100 mm），用 45° 车刀手动横向进给车端面。

（2）用 90° 车刀手动纵向进给粗车ϕ28 mm、ϕ24 mm 两级外圆，留 2 mm 精车余量，并保证阶台长度，钻中心孔。

（3）用车断刀手动进给车槽至尺寸。

（4）掉头夹住ϕ28 mm 外圆，用手动车端面截总长至尺寸，钻中心孔。

（5）用后顶尖顶住，用手动进给粗车ϕ34 mm，ϕ25 mm 两级外圆，留下 2 mm 余量。

（6）采用两顶尖装夹，精车ϕ25 mm、ϕ34 mm、ϕ28 mm、ϕ24 mm 至尺寸，倒角符合要求。

4. 工件的检测

（1）检测工件各外圆尺寸是否符合要求。

（2）检查工件圆度误差是否符合要求。

实　训

实训一　车削光轴

按图 2-106 所示的图纸要求加工工件。

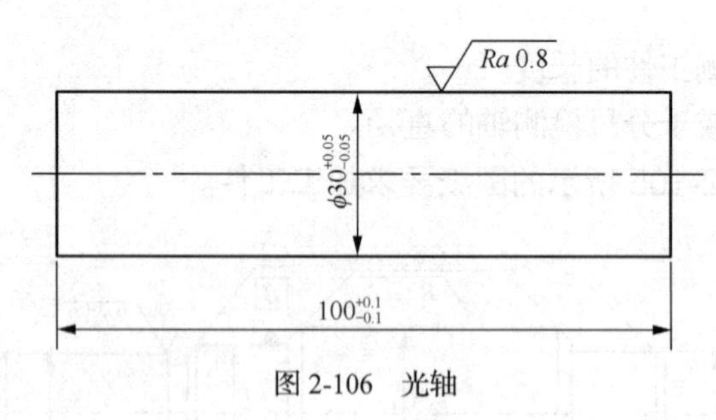

图 2-106　光轴

【要点提示】

1. 装夹方法

用一夹一顶装夹或两顶尖装夹。

2. 刀具、量具选择

（1）刀具：45° 车刀、90° 车刀、中心钻等。

（2）量具：游标卡尺、千分尺等。

3. 车削工艺

（1）用三爪自定心卡盘夹持坯料，车端面，钻 B 型ϕ3 mm 的中心孔。

（2）粗车外圆至卡盘处，外圆留 1 mm 的精车余量。

（3）掉头找正夹牢，车端面，截总长至尺寸，钻ϕ3 mm 的中心孔，粗车剩余坯料外圆。

（4）用两顶尖装夹，精车ϕ30 mm±0.05 mm 外圆。

实训二　车削阶台轴

按图 2-107 所示的图纸要求加工工件。

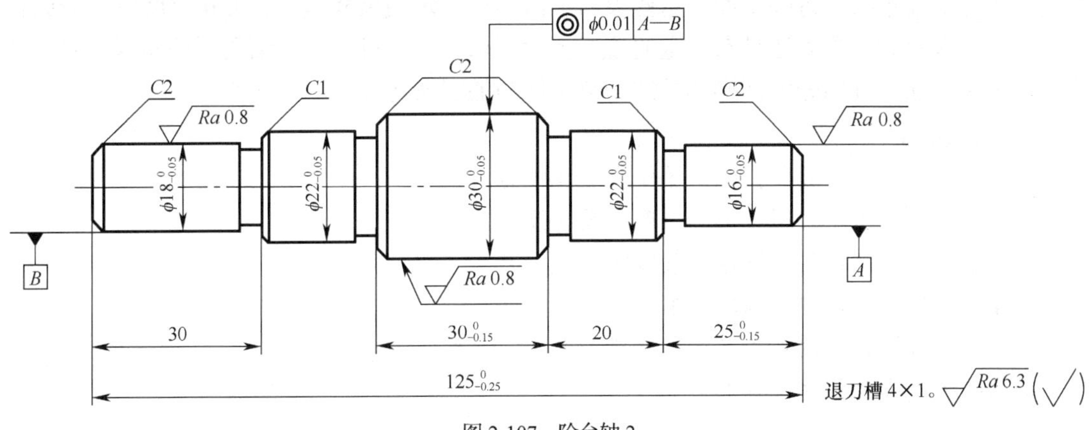

图 2-107　阶台轴 2

【要点提示】

1. 装夹方法

用一夹一顶装夹或两顶尖装夹。

2. 刀具、量具选择

（1）刀具：45° 车刀、90° 车刀、车断刀、中心钻等。

（2）量具：游标卡尺、千分尺等。

3. 车削工艺

（1）用三爪自定心卡盘夹持坯料外圆，用 45° 车刀手动横向进给车端面，钻中心孔。粗车ϕ30 mm 外圆至卡盘处。

（2）用后顶尖顶住，粗车ϕ22 mm、ϕ16 mm 两级外圆，留 2 mm 的精车余量，保证阶台长度。

（3）掉头夹持ϕ30 mm 外圆，车端面至尺寸，钻中心孔。

（4）用后顶尖顶住，粗车ϕ22 mm、ϕ18 mm 两级外圆，留 2 mm 的精车余量，保证阶台长度。

（5）用两顶尖装夹，用车断刀车退刀槽。

（6）精车各级外圆至尺寸，倒角正确。

项目三　车削套类零件

套类零件在生产中应用广泛，它的主要表面有内孔、外圆、端面以及各种内外沟槽，有的套类零件上还带有内外圆锥面。这些表面不但具有一定的尺寸精度、形状精度以及表面粗糙度要求，而且相互之间还具有一定的位置精度要求。本项目主要介绍内圆柱面以及内外圆锥面的加工方法，并结合实训操作总结套类零件的加工技巧。

【学习目标】

- 掌握在车床上钻孔和扩孔的操作要点和技巧。
- 掌握在车床上车内圆柱面的一般原理和技巧。
- 掌握在车床上铰孔的操作要领和技巧。
- 掌握在车床上车内沟槽的基本方法。
- 掌握内外圆锥面的加工方法和技巧。
- 掌握套类零件的加工方法。

任务一　在车床上钻孔和扩孔

一、基础知识

麻花钻的组成

1. 在车床上钻孔

钻孔是使用钻头在实体材料上加工孔的方法，属于孔的粗加工，其尺寸精度为IT10～IT12，表面粗糙度为*Ra* 12.5～*Ra* 25 μm。

（1）麻花钻的组成。麻花钻由刀柄、刀体和颈部3部分组成，如图3-1所示。

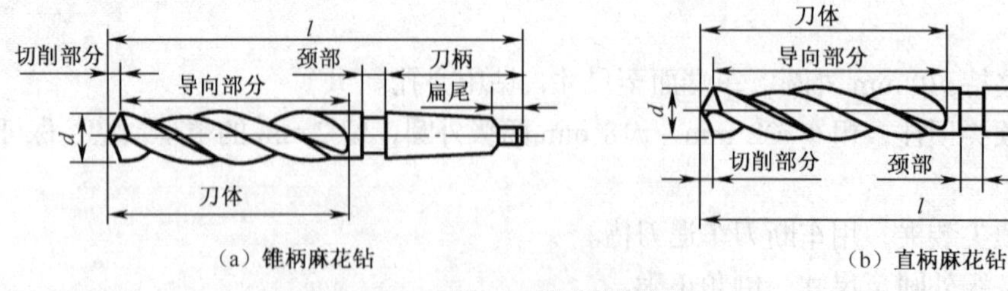

图3-1　麻花钻的结构

① 刀柄。刀柄是钻头的夹持部分，安装时起定心作用，并在切削时传递扭矩。

麻花钻的柄部有直柄和锥柄两种。直柄的定心作用差，传递动力小，通常用于加工小直径的孔，直径一般为 0.3～16 mm；锥柄一般用于加工大直径的孔，并且装卸方便。

重要提示

锥柄的扁尾既可传递较大扭矩，又可避免钻头在主轴锥孔或钻套中转动，并便于用来拆卸钻头。

② 刀体。刀体由带有切削刃的锥形切削部分和带有螺旋棱带的柱形导向部分组成。前者主要承担切削功能，后者在钻孔时起引导作用。

导向部分的两条螺旋槽形成钻头的前刀面，也是排屑、容屑和切削液流入的空间。导向部分的棱边即为钻头的副切削刃，其后刀面呈狭窄的圆柱面。

重要提示

标准麻花钻导向部分直径向柄部方向逐渐减小。

③ 颈部。颈部是刀体和刀柄之间的连接部分。只有直径较大的钻头才有颈部，其上主要用来标注商标、钻头直径等参数。

（2）麻花钻切削部分的结构。麻花钻的切削部分担负主要的切削工作，由两个刀瓣组成，每个刀瓣相当于一把车刀。两条主切削刃相互错开，如图 3-2 所示。

麻花钻有两条对称的主切削刃、两个前刀面、两个后刀面、两个副后刀面和两条副切削刃，两主切削刃中间由横刃相连，这是其他刀具上所没有的，如图 3-3 所示。

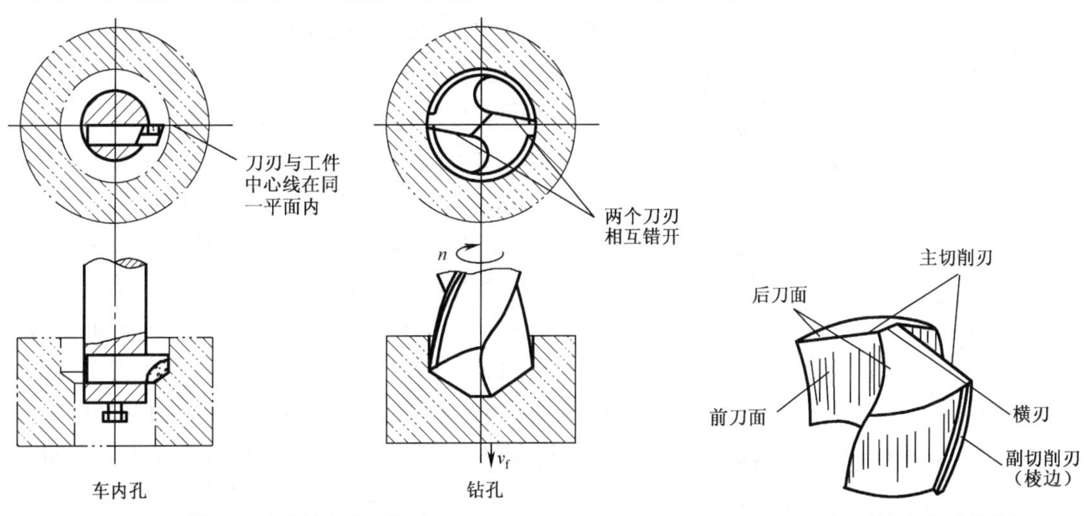

图 3-2　麻花钻与车刀的对比　　图 3-3　麻花钻切削部分的结构

重要提示

习惯上把麻花钻螺旋槽之间的实心结构叫作钻心，其厚度从钻头尖端向柄部方向逐渐递增。钻心可以加强钻头的刚度和强度。

（3）麻花钻的主要刀具角度。与车刀相比，麻花钻的结构更为复杂，其主要角度有以下几个。

① 螺旋角 β。螺旋槽的螺旋角 β 是指螺旋槽最外缘的螺旋线展开成直线后与钻头轴线之间的夹角，如图 3-4 所示。越靠近钻头中心，螺旋角越小。

麻花钻切削部分的结构

重要提示

螺旋角 β 增大，可获得较大前角，切削轻快，易于排屑，但会削弱切削刃的强度和钻头的刚性。

② 顶角 2φ。顶角是两个主切削刃在与之平行的平面内投影的夹角，如图 3-4 所示。顶角变大，则钻头尖端的强度提高、前角增大，但是钻孔时轴向抗力也会增大。

③ 横刃斜角 Ψ。横刃斜角是指横刃与主切削刃在端面上投影线之间的夹角，其大小可用于判断刀具是否刃磨正确。其大小与后刀面的刃磨状态有关。

钻心处的后角较大时，横刃斜角就较小，横刃较长，钻头的定心效果变差，钻孔时轴向抗力增大。实际应用时，通常取横刃斜角为 50°～55°，如图 3-4 所示。

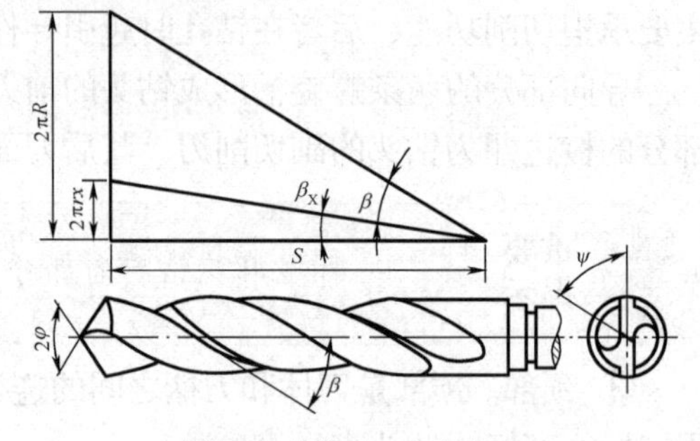

图 3-4　螺旋角 β 和顶角 2φ

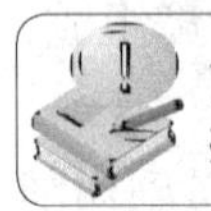

重要提示

标准麻花钻的顶角 2φ=118°±2°，此时两条主切削刃呈直线；若磨出的顶角 2φ>118°，则主切削刃呈凹形；若 2φ<118°，则主切削刃呈凸形。

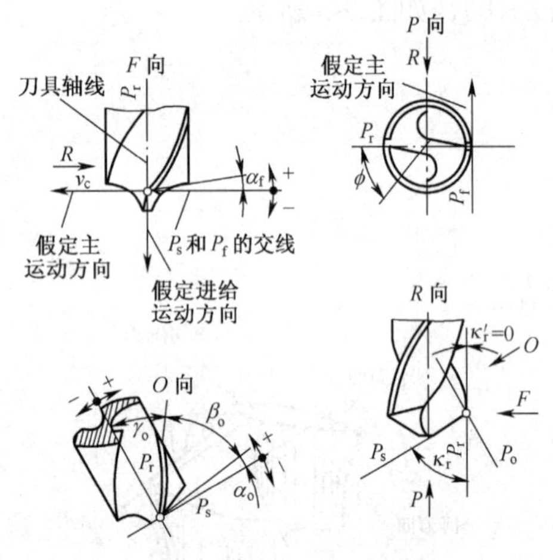

图 3-5　前角、后角和侧后角

④ 前角 γ_o。前角是在正交平面 P_0 内测量的前刀面与基面 P_r 的夹角。前角越大，切削越省力，但是刀刃强度会降低。

麻花钻主切削刃上各点处的前角大小并不相同，边缘处的前角最大，约为 30°，靠近中心处时，前角减小，靠近横刃处的前角为−30°，如图 3-5 所示。

⑤ 后角 α_o 和侧后角 α_f。后角是在正交平面内测量的后刀面与切削平面 P_s 的夹角。侧后角是在假定工作平面 P_f 内测量的后刀面与切削平面 P_s 的夹角。后角和侧后角越大，后刀面与工件上已加工面之间的摩擦越小，但是同时也会降低切削刃的强度。

麻花钻主切削刃上各点处的后角大小也不相同，边缘处的前角最小，为 8°～14°，靠近中心处时，后角增大，靠近钻心处为 20°～25°，如图 3-5 所示。

麻花钻的选用原则

（4）麻花钻的选用原则。选用麻花钻主要考虑钻头直径和钻头长度两个参数。

① 钻头直径的选择。对于精度要求不高的孔，可以使用麻花钻直接钻出，选择麻花钻直径的主要依据是被加工孔的直径。

重要提示

对于精度要求较高的孔，钻孔后还要进行扩孔、铰孔等后续加工，在选择麻花钻直径时，应为后续加工留下必要的加工余量。

② 钻头长度的选择。选择钻头长度时，应使钻头的导向部分略长于孔的深度。此外，不

宜选太长或太短的麻花钻，由于麻花钻太长时，其刚度下降，太短时排屑困难，且不能加工通孔。

（5）麻花钻的安装。直柄麻花钻通常用钻夹头装夹，然后将钻夹头的锥柄插入尾座的锥孔中，如图 3-6 所示。锥柄麻花钻可以直接或使用莫氏过渡锥套（变径套）插入尾座锥孔中，如图 3-7 所示。

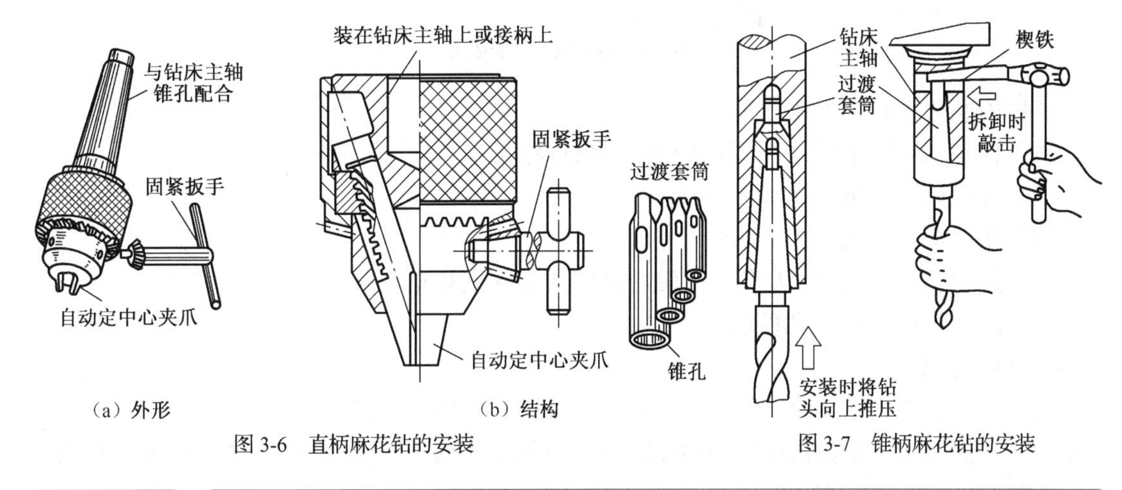

（a）外形　（b）结构

图 3-6　直柄麻花钻的安装

图 3-7　锥柄麻花钻的安装

重要提示　如果用一个过渡套仍无法与主轴锥孔配合，还可以用两个或多个套筒作过渡连接。套筒上端接近扁尾处的长方形横孔，是卸钻头时打入楔铁用的。

2. 在车床上扩孔

直接用大直径钻孔时，由于横刃较长，轴向切削力大，所以在钻直径较大的孔时，一般先用小直径的钻头钻出小孔，然后再将孔径扩大到要求的数值。

在车床上扩孔的方法

在车床上扩孔的方法主要有以下两种。

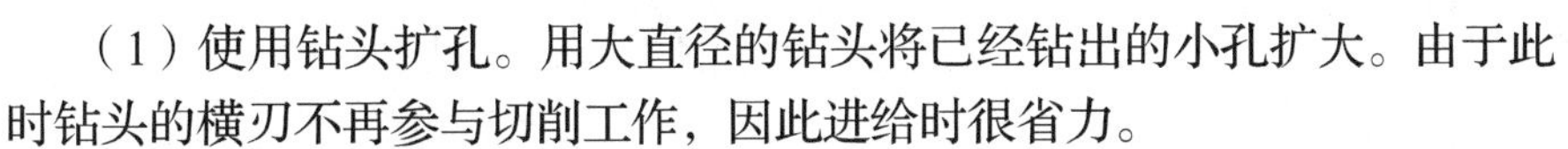

（1）使用钻头扩孔。用大直径的钻头将已经钻出的小孔扩大。由于此时钻头的横刃不再参与切削工作，因此进给时很省力。

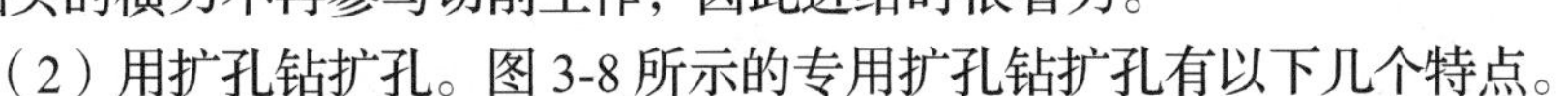

（2）用扩孔钻扩孔。图 3-8 所示的专用扩孔钻扩孔有以下几个特点。

① 与直径相同的钻头相比，扩孔钻上没有横刃，切削进给时阻力小。

② 扩孔钻的容屑槽小、钻心较大、刚性好。

③ 扩孔钻的刀齿数量较多（一般为 3～4 个），因而导向性好，生产率高，还能提高精度并降低表面粗糙度。

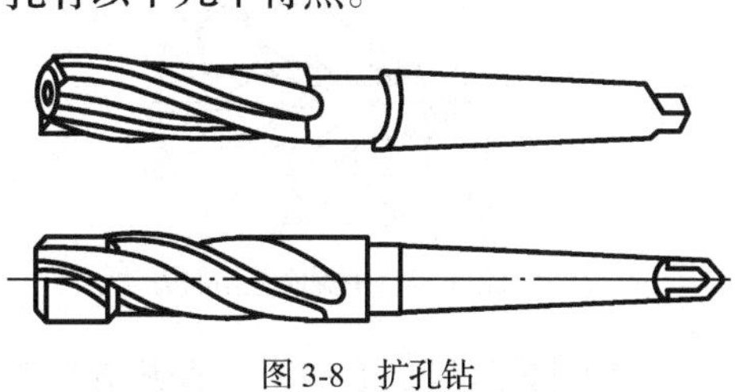

图 3-8　扩孔钻

二、技能训练

技能训练一　麻花钻的刃磨

【刃磨要求】

刃磨图 3-9 所示的麻花钻时，只磨后刀面，同时磨出后角、顶角和横刃斜角。

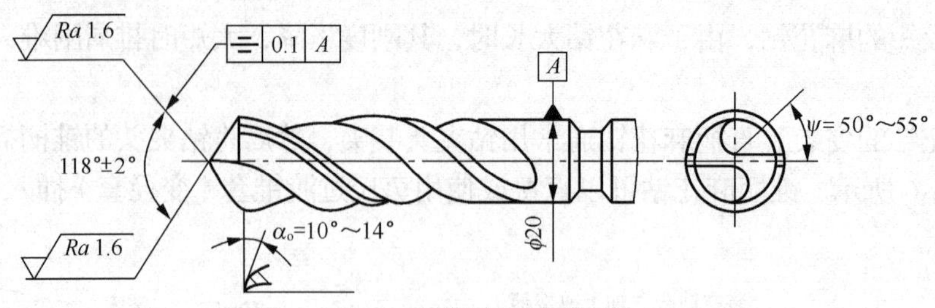

图 3-9 麻花钻的刃磨要求

具体刃磨要求有以下几方面。

（1）顶角 2φ 为 118° ± 2°，并且与轴心线对称。

（2）孔缘处的后角 α_o 为 10° ～14° 。

（3）横刃斜角 Ψ 为 50° ～55° 。

（4）两主切削刃长度以及和钻头轴心线组成的两夹角相等。

（5）两个主后刀面要刃磨光滑。

【刃磨步骤】

（1）用右手握住钻头前端作为支点，左手紧握钻头柄部，将钻头主切削刃放平，并置于砂轮中心平面以上，使钻头轴线与砂轮圆周素线间夹角约为顶角的一半，即κ_r=59° 。同时钻尾向下倾斜，如图 3-10 所示。

（2）以钻头前支点为圆心，左手握住刀柄缓慢上下摆动并略作转动，磨出主切削刃和后刀面，如图 3-11 所示。

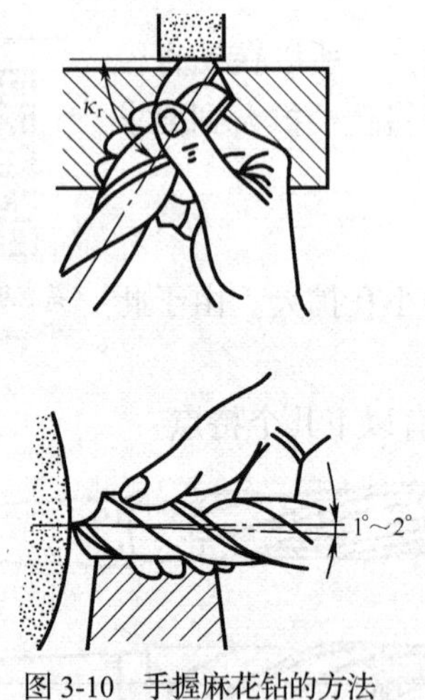

图 3-10 手握麻花钻的方法

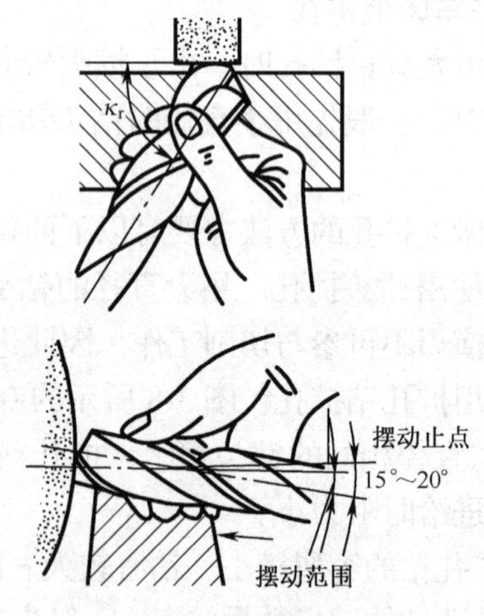

图 3-11 刃磨主切削刃和后刀面

（3）将钻头转过 180°，使用相同的方法磨出另一条主切削刃和后刀面。

（4）交替刃磨两条切削刃，一边刃磨一边检查，直到达到要求为止。

（5）按照需要修磨横刃，将横刃磨短，将钻心处的前角磨大。通常情况下，5 mm 以上的钻头需要将横刃磨短至原长的 1/5～1/3。一般来说，工件越软，将横刃修磨得越短。

（6）当钻头直径较大时，可以根据需要在钻头上开分屑槽。分屑槽可以用砂轮周边磨出，左右两侧的分屑槽应该相互错开，如图 3-12 所示。

【注意事项】

（1）刃磨前仔细检查砂轮，如果发现砂轮严重磨损，要及时修整后再刃磨。

（2）刃磨时钻头的主切削刃要始终保持水平。同时，钻尾不要高出水平面，以免磨出负后角。

（3）刃磨过程中，为了防止钻头退火，不要把钻头过分紧贴在砂轮上，同时，还应该经常把钻头浸入水中冷却。

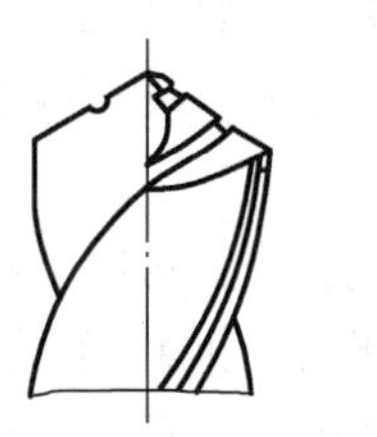

图 3-12　开分屑槽

【钻头的检查】

在刃磨过程中，通常使用目测法检查钻头的角度。将钻头竖直放在与眼等高的位置，观察两个主切削刃是否等高，如果发现偏差，则再次修磨，如图 3-13 所示。

可以用万能角度尺检查两个主切削刃的对称性。检查时，把角度尺放在钻头的一个主切削刃上，测出角度和主切削刃长度，然后将钻头转过 80°，再测量另一个主切削刃，如果两次测量数值一致，则说明钻头刃磨正确，如图 3-14 所示。

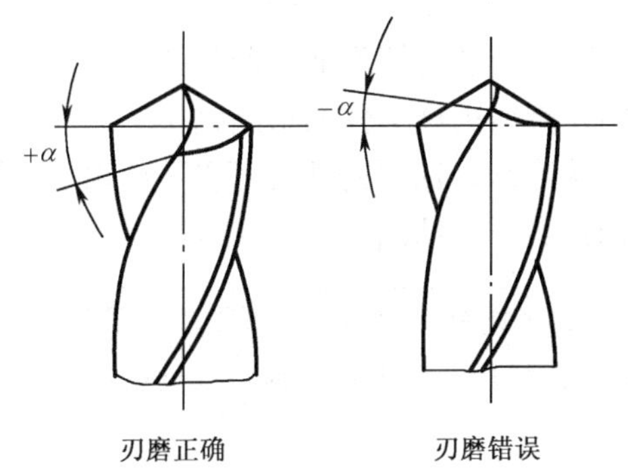

图 3-13　目测麻花钻的角度

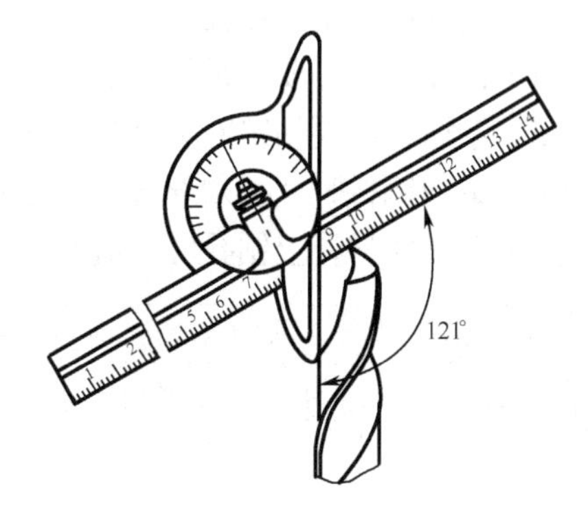

图 3-14　万能角度尺检查麻花钻角度

技能训练二　钻孔和扩孔练习

【基本要求】

（1）在车床上按照图 3-15 所示工件要求完成钻孔加工。

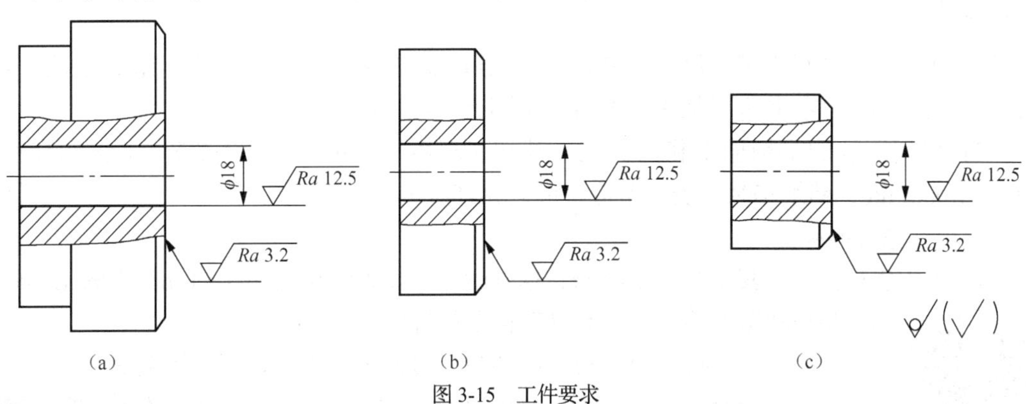

图 3-15　工件要求

（2）用 d=20 mm（或者 19.7 mm）的扩孔钻扩孔加工。

（3）工件材料：HT150。

【操作步骤】

（1）确定主轴转速 n 为 360 r/min。

（2）开始时，使用较小的进给量，以免钻头摆动，当钻头切入工件后，使用正常进给量进给。

（3）随着钻头进给的深入，由于排屑和散热困难，要多次将钻头从孔中退出，使其充分冷却并排屑后，再继续钻孔。

（4）孔即将钻穿时，由于横刃先穿出，轴向阻力突然减小，这时必须降低进给速度，否则钻头容易被工件卡死。

【钻孔要领】

在车床上钻孔时，主要应该注意以下原则。

（1）钻孔前，先将工件端面车平，中心处不能留凸台，否则钻头不易定心，甚至会折断钻头。

（2）钻头装入尾座套筒后，必须检查钻头轴线是否与工件轴线重合。否则，要找正尾座。

（3）使用细长钻头钻孔时，为了防止引偏，应先用中心钻钻出定心孔。

（4）钻深孔时，要经常退出钻头清理切屑，以防止因切屑堵塞而折断钻头。

（5）钻通孔快要钻透时，要减小进给量，以防止因横刃被卡住而折断钻头。

（6）钻削钢材时，必须充分浇注切削液，使钻头冷却，钻削铸铁时可以不使用切削液。

（7）在实体材料上钻孔时，孔径不大时可以用钻头一次钻出。

如果钻孔径超过 300 mm 的大孔，可以分两次钻出，第 1 次使用直径为孔径 0.5～0.7 倍的小直径钻头钻出底孔，然后再用大直径钻头钻至要求的尺寸。

任务二　车孔

一、基础知识

使用车孔的方法可以把预制孔（铸造孔、锻造孔以及钻扩加工后的孔）加工到更高的精度，并使表面更光洁。其可以加工孔的直径范围大，应用广泛。

车孔可用于孔的半精加工和精加工，其加工精度一般可达 IT7～IT8，表面粗糙度为 Ra1.6～Ra3.2 μm，精细车时，表面粗造度可达 Ra 0.8 μm。

1. 内孔车刀的种类

内孔车刀也称镗刀，其结构和形状与普通外圆车刀相似。但是由于内孔车刀的工作条件和外圆车刀不同，因此具有自己的特点。

内孔车刀的种类

（1）通孔车刀。与普通外圆车刀相比，通孔车刀的特点如下。

① 为减小径向切削力，防止振动，主偏角κ_r通常较大，一般取 60°～75°。

② 副偏角κ_r'一般取 15°～30°。

③ 为减小后刀面与孔壁之间的摩擦又避免后角过大，一般磨成两个后

角，其中 α_{o1} 取 6° ～12°，α_{o2} 取 30° 左右，如图 3-16 所示。

（2）盲孔车刀。盲孔车刀用于车削盲孔和阶台面，其切削部分的几何形状基本与偏刀相似。其有以下几个特点。

① 主偏角 κ_r 通常大于 90°，一般取 92° ～95°。

② 后角与通孔车刀相似，磨成 2 个后角。

③ 刀尖到刀柄外侧的距离 a 应该小于孔的半径 R，否则无法车平孔的底面，如图 3-17 所示。

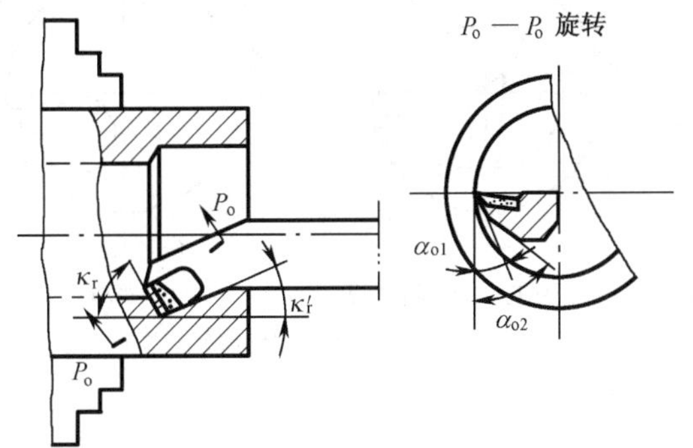

图 3-16　通孔车刀

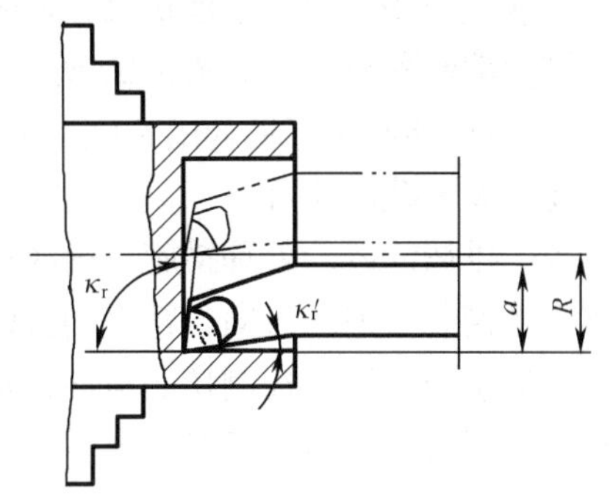

图 3-17　盲孔车刀

2. 内孔车刀的结构形式

内孔车刀可以分为整体式车刀和机夹式车刀两种类型。

（1）整体式车刀。整体式车刀的刀头和刀杆做成一个整体，通常刀杆较短，适合于车削浅孔，如图 3-18 所示。

（2）机夹式车刀。车削深孔时，为了节省刀具材料，通常将车刀做成尺寸较小的刀头，然后装夹在用碳钢或合金钢制成的刚性良好的刀杆前端的方孔中，如图 3-19 所示。

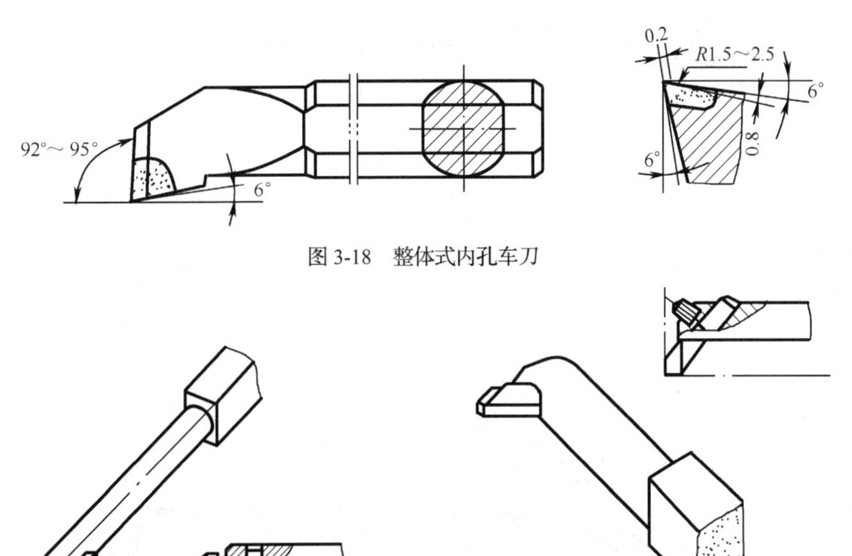

图 3-18　整体式内孔车刀

（a）通孔车刀　（b）盲孔车刀

图 3-19　机夹式内孔车刀

3. 内孔车削的加工特点

与外圆车削相比，内孔车削具有以下特点。

（1）车刀刚性差。内孔车刀悬伸长，刚性差，在加工过程中容易产生振动，故应采取以下措施来提高刚度。

① 在选择刀具几何角度时，要尽量减少径向切削分力。

② 使车刀刀尖位于刀柄中心线附近，这样刀柄的横截面积更大，刚度更高，而普通内孔车刀的横截面积较小，如图 3-20 所示。

③ 尽可能减少刀柄伸出长度。刀柄伸出长度只要略大于孔深即可。

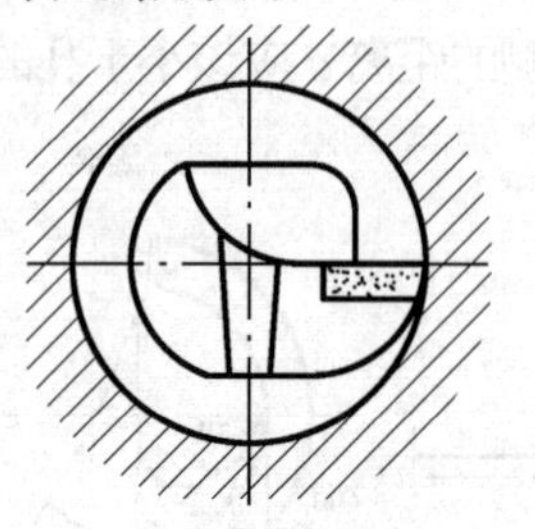
（a）刀尖位于刀柄中心

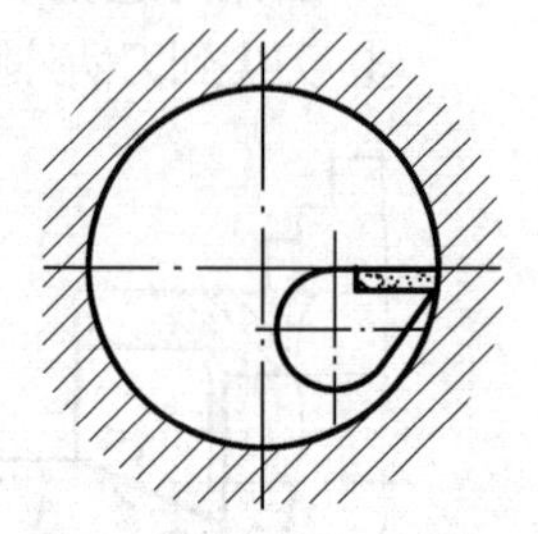
（b）普通车刀

图 3-20　车刀刀柄面积对比

（2）排屑问题的处理措施。解决排屑问题的核心是控制切屑的流向。精车内孔时，为了保护已加工面，通常控制切屑流向待加工面，此时采用正的刃倾角，实现前排屑，如图 3-21 所示。

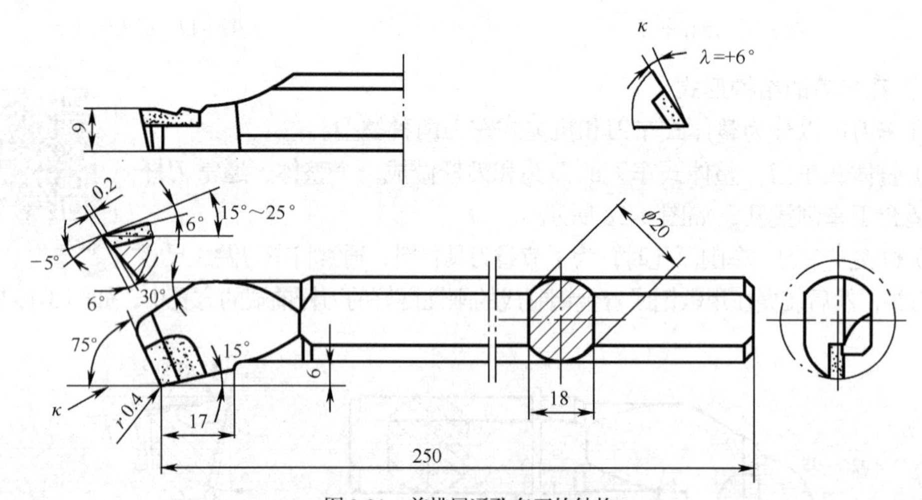

图 3-21　前排屑通孔车刀的结构

重要提示

车盲孔时，应采用负的刃倾角，使切屑从空口流出，如图 3-22 所示。

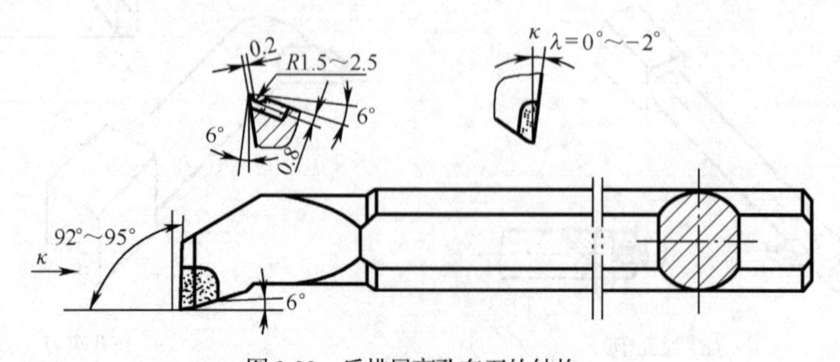

图 3-22　后排屑盲孔车刀的结构

二、技能训练

技能训练　车通孔

【车削要领】

（1）车孔时，刀尖应该与工件中心等高或稍高，否则将会因为切削抗力将刀柄压低造成扎刀现象，并导致孔径扩大。

（2）尽量控制刀柄伸出刀架的长度，一般比被加工孔长 5～10 mm 为宜。

（3）车孔刀刀柄与工件轴线应基本平行，否则在切深后刀柄可能会碰到孔口。

（4）车孔时，切削用量要小于相同直径的外圆车削，车小孔或深孔时，切削用量应更小。

（5）根据孔要求的精度和表面质量等要求，车孔时可以分别采用粗车、半精车、精车等方法。

一般要求的孔，可以分粗车和精车两个阶段完成；当车孔作为铰孔前的预加工工序时，可采用粗车加半精车。

【训练要求】

零件加工要求如图 3-23 所示，被加工孔的尺寸要求为$\phi30^{+0.052}_{0}$，未注倒角 $C1$。材料：HT150。

【准备工作】

（1）分析工件的形状和技术要求。工件的表面粗糙度为 $Ra3.2$ μm，未注倒角 $C1$。

（2）在刀架上安装内孔车刀，并将刀尖对准工件旋转中心。

（3）将$\phi24$ mm 麻花钻装入钻套和尾座套筒内，并调整好尾座轴线与工件轴线之间的同轴度。

（4）用三爪自定心卡盘装夹工件外圆，校正工件后夹紧。

（5）主轴转速 n 取为 360 r/min；进给量 f 取为 0.1～0.2 mm/r。

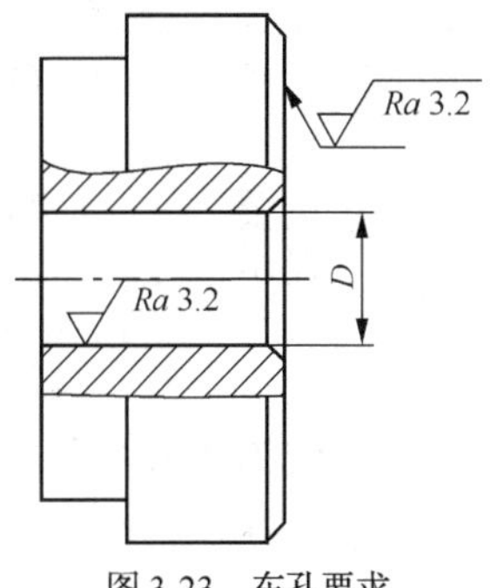

图 3-23　车孔要求

【加工步骤】

1. 车端面

车平端面即可，避免在端面上留有凸台。

2. 钻孔

使用$\phi24$ mm 麻花钻钻孔。

3. 粗车内孔

① 启动车床前，将车刀伸入孔内，使刀头略超出孔的另一端，然后观察刀柄或刀架是否会碰到工件。如果碰到，则需要重新安装车刀。

② 摇回车刀，当刀尖接触到孔表面时，将中滑板刻度对准“0”位。

③ 按照 0.5 mm/r 的进给量横向进刀，试切 2 mm 深度后退刀，用游标卡尺测量孔径。

④ 将孔径车至$\phi29.5$ mm。留下 0.5 mm 作为精车余量。

4. 精车内孔

① 主轴转速 n 取为 530 r/min。

② 进给量 f 取为 0.08～0.15 mm/r。

③ 精车内孔$\phi30_{0}^{+0.052}$。表面粗糙度为Ra3.2 μm。

5. 倒角

孔口倒角C1。

6. 检查工件

检查工件，质量合格后将其卸下。

【注意事项】

（1）车孔时，中滑板进退刀方向与车外圆时相反。

（2）精车内孔时，应保持切削刃锋利，否则容易导致让刀现象，车出锥孔。

任务三　铰孔

一、基础知识

铰孔是使用铰刀从工件孔壁上切除微量金属层，以提高其尺寸精度并减小表面粗糙度的孔加工方法，是重要的孔精加工方法。

铰孔的尺寸精度可达IT7～IT9，表面粗糙度可达Ra0.2～Ra1.6 μm。

铰孔不能校正预制孔的位置误差。铰孔前一般要经过半精车孔或扩孔，这一方面可以消除孔的垂直度误差，另一方面可以使铰孔时余量均匀，可以获得光洁的表面。

1. 铰刀的分类和结构

铰刀按照动力来源不同可分为手用铰刀和机用铰刀两大类。手用铰刀切削部分较长，定心作用好，工作时轴向抗力小，较省力，适合于手工操作。机用铰刀切削部分较短，工作时其柄部与车床尾座安装在一起，铰削过程连续平稳。

铰刀由工作部分、颈部和刀柄组成，如图3-24所示。

（1）工作部分。工作部分由引导锥、切削部分和校准部分组成。引导锥位于最前端，其上具有45°倒角，便于将铰刀引入孔内，并且还能够保护切削刃。切削部分承担主要切削工作。校准部分由圆柱部分和倒锥部分组成，前者起导向、校准和修光作用，后者能够减小摩擦并避免铰孔时扩大孔径。

（2）颈部。颈部是工作部分和柄部之间的连接部分，在刀具制造和刃磨时起空刀作用。

（3）柄部。柄部是铰刀的夹持部分，机用铰刀具有圆柱柄和锥柄两种，手用铰刀为带有四方头的直柄。

2. 铰刀的安装

铰刀在车床上有两种安装方法。

（1）直接通过钻夹头或过渡套筒安装在尾座中。这种安装方法与安装麻花钻类似：对于直柄铰刀，通过钻夹头安装；对于锥柄铰刀，通过过渡套筒安装。使用这种方法安装时，要求铰刀轴线与工件轴线严格重合，安装精度较低。

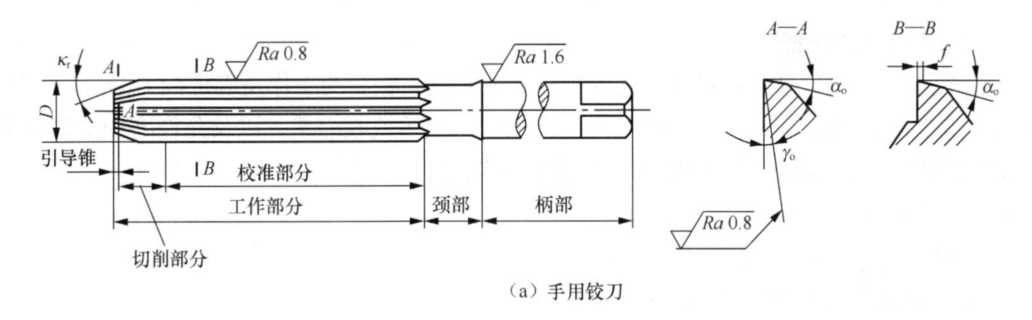

（a）手用铰刀

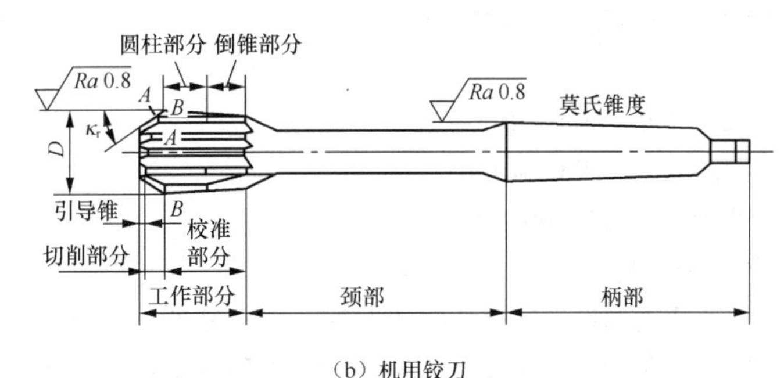

（b）机用铰刀

图 3-24　圆柱铰刀的结构

（2）将铰刀通过浮动套筒安装在尾座中。将铰刀通过浮动套筒装入车床尾座中，由于浮动套筒的衬套和套筒之间的配合较松，并存在一定间隙。当工件轴线与铰刀轴线之间不重合时，允许铰刀浮动，这样铰刀就能够自动适应工件轴线，并消除二者之间的不重合偏差，如图 3-25 所示。

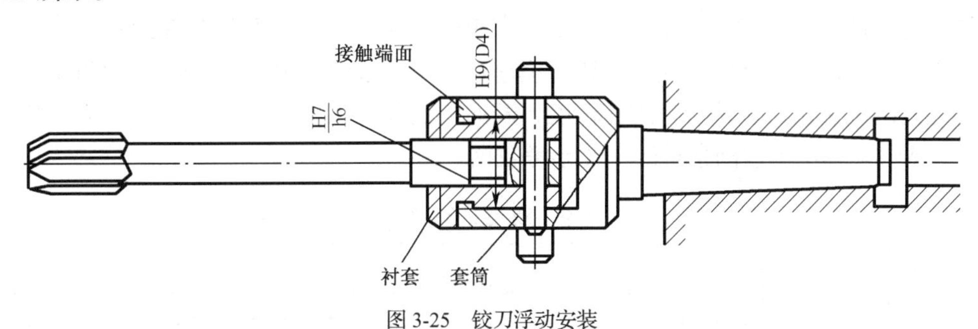

图 3-25　铰刀浮动安装

3. 铰孔前孔的预加工

为了校正孔及端面的垂直度误差，修正已有孔的偏斜，使铰孔余量均匀，并保证铰孔前预制孔有一定的表面质量，铰孔前需要对铸、锻加工的毛孔进行车孔、扩孔等预加工。

常用的加工方案有以下两种

（1）对于精度等级 IT9 的孔。

- 直径在 10 mm 及以下时：钻中心孔—钻孔—铰孔。
- 直径在 10 mm 以上时：钻中心孔—钻孔—扩孔或车孔—铰孔。

（2）对于精度等级 IT7～IT8 的孔。

- 直径在 10 mm 及以下时：钻中心孔—钻孔—粗铰（或车孔）—精铰。
- 直径在 10 mm 以上时：钻中心孔—钻孔—扩孔或车孔—粗铰—精铰。

4. 铰刀尺寸的选择

选择铰刀尺寸时，其公称尺寸与孔的公称尺寸相同，主要的工作是确定铰刀的公差。铰刀公差主要依据孔的精度等级、加工时可能出现的扩大量（或收缩量）以及允许磨损量来确定。

根据经验，铰刀公差通常按照下面的方案来确定。

- 上根限偏差=2/3 × 被加工孔公差。
- 下根限偏差=1/3 × 被加工孔公差。

例如，被铰孔尺寸及公差为 $\phi 30H7(^{+0.025}_{0})$。

在选择铰刀时，其公称尺寸为 ϕ30 mm。

铰刀公差：

上根限偏差=2/3×0.025=0.016(mm)。

下根限偏差=1/3×0.025=0.008(mm)。

所以铰刀尺寸为 $\phi 30^{+0.016}_{+0.008}$ mm。

5. 铰孔时的切削用量

实践表明：切削速度越低，被铰孔的表面粗糙度就越低，而进给量则可以选择较大数值。

（1）铰钢件时，一般推荐铰孔时的切削速度 $v \leqslant 5$ m/min，铰铸铁和有色金属时可高些，可取 $v \geqslant 5$ m/min。

（2）铰钢件时，可取 f=0.2～1.0 mm/r，铰铸铁和有色金属时，进给量还可以再大一些，可取 f=0.4～1.5 mm/r。

（3）吃刀深度 a_p 通常取铰孔余量的一半。

6. 铰削余量的确定

铰孔时，应该合理确定加工余量，余量太小时，前一道工序留下的加工痕迹不能被完全去除，表面粗糙度高。余量太大时，切屑填塞在铰刀齿槽中，影响切削液进入切削区。

确定铰削余量时，应综合考虑孔精度、表面粗糙度、孔径大小、工件材料以及铰刀类型等因素，表 3-1 列出了铰削余量的主要参考数据。

表 3-1 铰削余量的确定

孔直径/mm	≤6	>6～10	>10～18	>18～30	>30～50	>50～80	>8～120
粗铰/mm	0.10	0.10～0.15	0.10～0.15	0.15～0.20	0.20～0.30	0.35～0.45	0.50～0.60
精铰/mm	0.04	0.04	0.05	0.07	0.07	0.10	0.15

7. 铰孔时的冷却和润滑

在铰孔时，孔的扩大量以及表面粗糙度与切削液的性质有关。如果不加切削液或加非水溶性切削液，则铰出来的孔径略有扩大。使用水溶性切削液（乳化液）时，铰出来的孔径比铰刀的实际尺寸略小。

在铰孔时，常常根据不同的被加工材料选取不同的切削液。

（1）钢件和韧性材料：乳化液、极压乳化液。

（2）铸铁件、脆性材料：煤油、煤油与矿物油的混合油。

（3）青铜或铝合金：2 号锭子油或煤油。

二、技能训练

技能训练　铰孔

【训练要求】

按照图 3-26 所示对孔进行钻、扩、铰加工。

【操作步骤】

（1）夹持工件左端外圆，车平右端面。

（2）用中心钻钻孔、定位。

（3）用ϕ9.5 mm 麻花钻钻通孔。

（4）用ϕ9.8 mm 麻花钻扩孔。

（5）用 $\phi10^{+0.024}_{+0.012}$ mm 机用铰刀铰孔至图示尺寸。

（6）倒角 C0.5。

（7）检查工件合格后卸下工件。

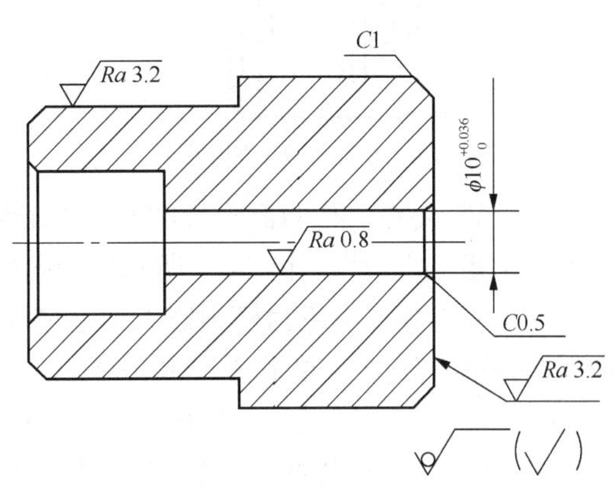

图 3-26　工件图

【注意事项】

（1）铰孔操作时，要持续向孔中加入切削液。

（2）选用铰刀时，应检查刀刃是否锋利、有无损坏，检查柄部是否光滑。

（3）铰孔时，要认真校正铰刀的轴线，不能有偏斜。

（4）铰孔前，可以先试铰，如果发现问题，及时调整，以防止出现批量废品。

（5）铰刀由孔内退出时，车床主轴应该保持原有转向不变，不能停车或反转，以免损坏铰刀刃口和已加工表面。

（6）铰孔结束后，如果条件许可，最好从孔的另一端取出铰刀，避免划伤已加工表面，影响表面粗糙度。

（7）卸下铰刀后，注意其保养，防止碰伤或拉毛。

任务四　车内沟槽

一、基础知识

1. 内沟槽的截面形状和作用

内沟槽的常见截面形状有矩形、圆弧形、梯形等几种，其主要类型有以下几种。

（1）退刀槽。当不是在内孔全长上都车螺纹时，需要在螺纹终止位置车出直槽，以便螺纹终了时退出螺纹车刀，这就是退刀槽，如图 3-27 所示的右侧槽。

内沟槽的主要类型

（2）空刀槽。

① 车削或磨削内阶台孔时，内圆柱面和内端面连接处不易形成直角，通常需要在靠近内端面处车出矩形空刀槽来保证内孔和内端面垂直，如图 3-27 所示的左侧槽。

② 使用较长的内孔作为配合孔使用时，为了减少孔的精加工面积，常在内孔中部车出较宽的空刀槽，如图 3-28 所示。

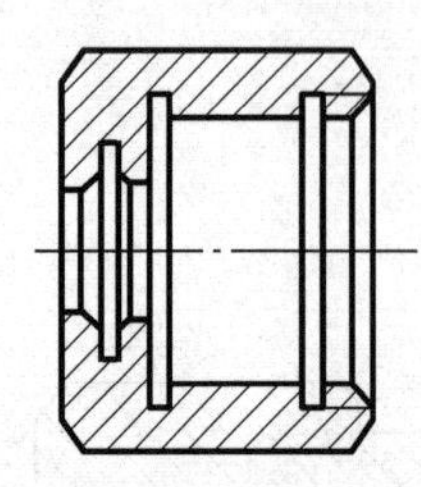
图 3-27 退刀槽和空刀槽 1

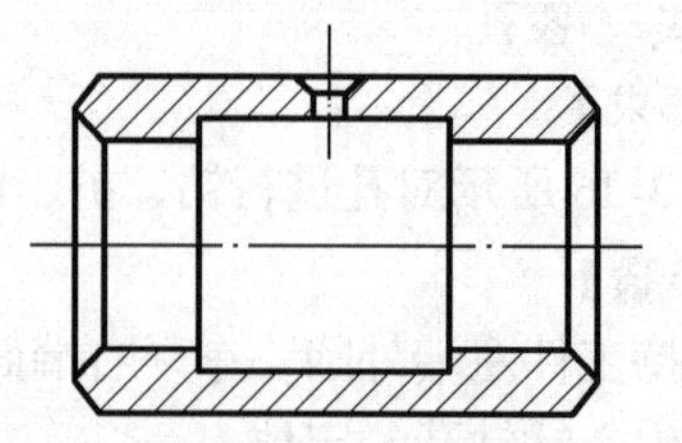
图 3-28 空刀槽 2

③ 当需要在内孔的部分长度上加工出纵向沟槽时，为了断屑，必须在纵向沟槽终了的位置上车出矩形空刀槽。图 3-29 所示为插内齿轮的内齿而车出的空刀槽。

（3）密封槽。在密封槽中嵌入油毛毡可以防止轴承内部的润滑油脂泄露，其截面形状为梯形或圆形，如图 3-29 和图 3-30 所示。

（4）油、气通道槽。在各种油、气阀门中，多使用矩形内沟槽作为油、气通道，这种内沟槽具有较高的位置精度，以确保准确控制油、气的流通和切断，如图 3-31 所示。

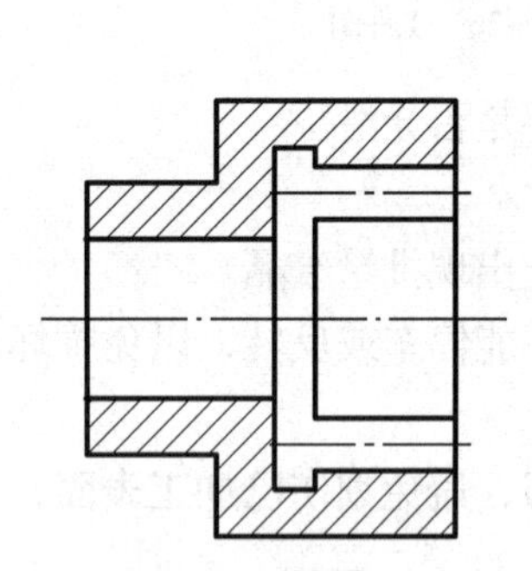
图 3-29 空刀槽 3

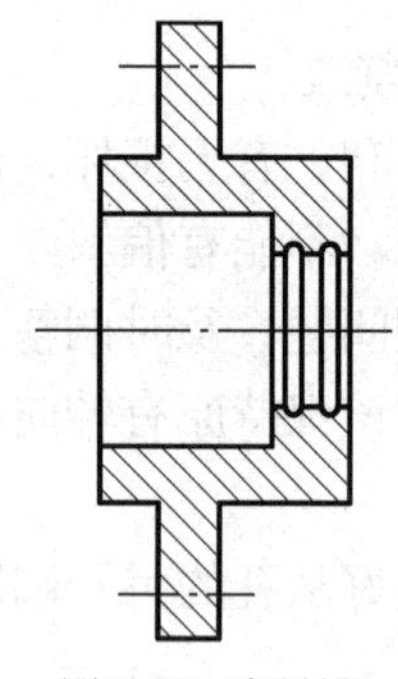
图 3-30 密封槽

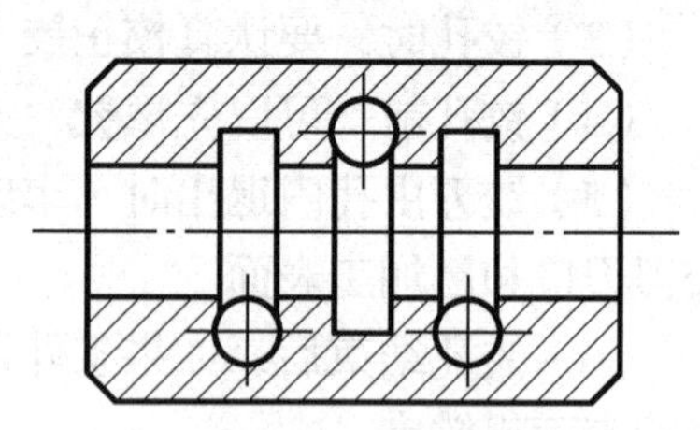
图 3-31 油、气通道槽

2. 内沟槽车刀

内沟槽车刀和外沟槽车刀（车槽刀）的几何角度相似，只是内沟槽车刀的刀头形状将因为被加工沟槽的截面形状不同而更加多样化。

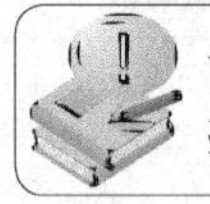
重要提示

加工小孔时的内沟槽车刀通常做成整体式，如图 3-32 所示，而加工大直径内孔时的车槽刀通常做成机夹式，即首先做成车槽刀头，然后装夹在刀杆上使用，如图 3-33 所示。

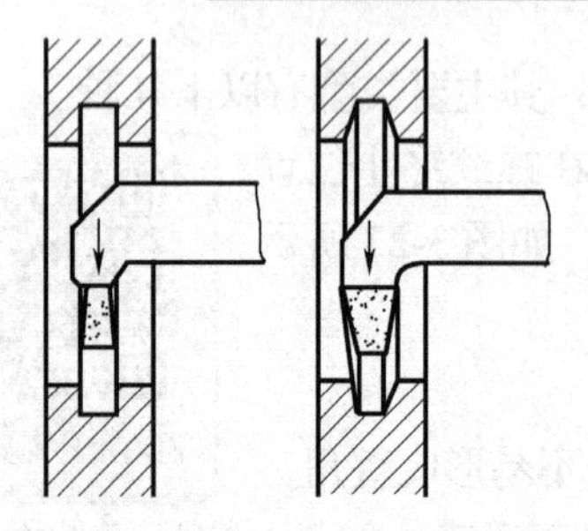
图 3-32 整体式内沟槽车刀

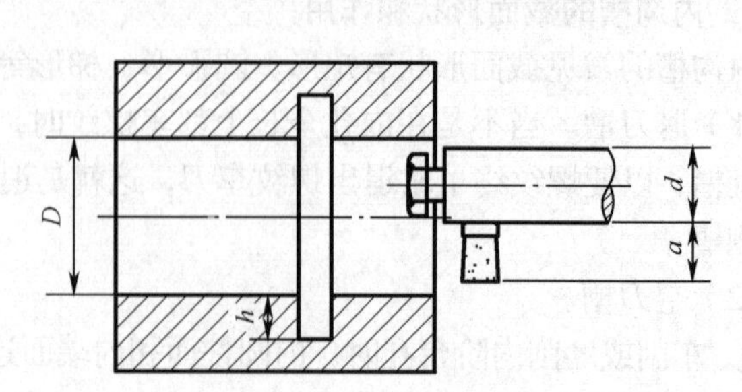

图 3-33 机夹式内沟槽车刀

采用刀杆安装内沟槽车刀时，应满足以下条件。

$$a>h;\ a+d<D$$

式中：D——内孔直径，mm；

d——刀杆直径，mm；

h——槽深，mm；

a——刀头伸出长度，mm。

由于内沟槽通常与孔轴线垂直，因此在安装车刀时要求内沟槽车刀的刀体与刀柄轴线垂直，同时还应使主切削刃与内孔中心等高或略高，两侧副偏角必须对称。

3. 内沟槽的车削方法

实际加工中，根据被加工内沟槽结构特点的不同，采用的车槽方法也不同。

内沟槽的车削方法

（1）直进法。车削宽度较小以及要求不高的内沟槽时，可以使用主切削刃宽度等于槽宽的内沟槽车刀，采用直进法一次加工完成，如图 3-34 所示。

（2）多次直进法。车削宽度较大以及要求较高的内沟槽时，可以采用直进法分几次车出。粗车时，槽壁和槽底均留有一定余量，然后根据加工要求的槽宽和槽深精车沟槽，如图 3-35 所示。

（3）纵向进给法。对于深度较浅并且宽度较大的内沟槽，可以先用车孔刀车出凹槽，然后再使用内沟槽车刀车沟槽两端的垂直面，如图 3-36 所示。

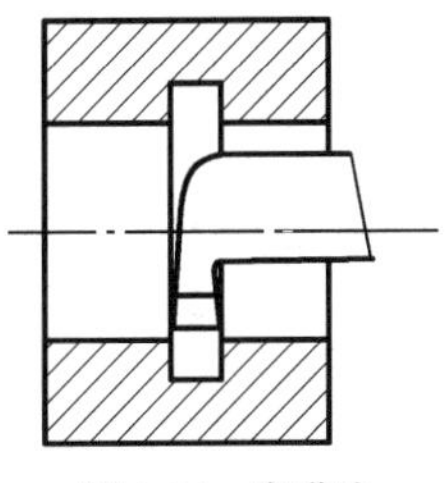
图 3-34　直进法

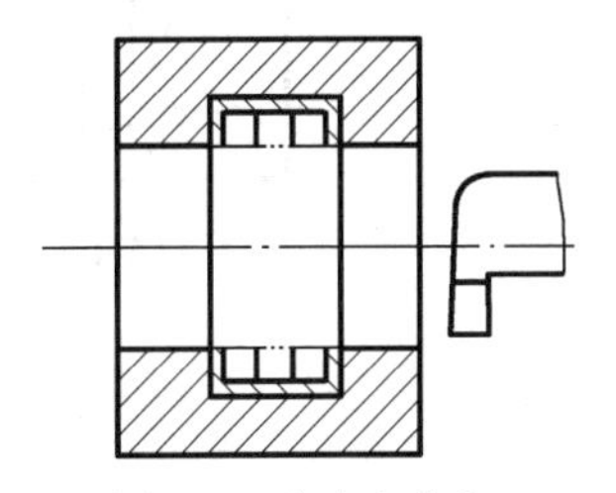
图 3-35　多次直进法

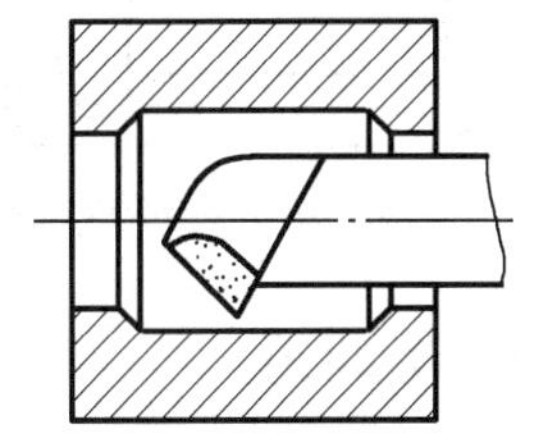
图 3-36　纵向进给法

4. 内沟槽的深度尺寸控制

为了确保内沟槽的深度尺寸准确，可以按照以下步骤对加工过程进行控制。

（1）缓慢摇动床鞍和中滑板，将内沟槽车刀深入孔口，使主切削刃刚好接触孔壁，然后将中滑板手柄刻度盘刻度归“0”位。

（2）根据内沟槽深度计算出中滑板刻度的进给格数，并记下该刻度值。

（3）开车车削内沟槽，进给到记下的刻度后停止加工。

内沟槽的测量工具及使用方法

5. 内沟槽的测量

内沟槽的测量包括深度测量、轴向尺寸测量以及宽度测量 3 个方面。

（1）深度测量。内沟槽深度（即内沟槽直径）通常采用弹簧内卡钳并配合游标卡尺进行测量。先用弹簧内卡钳张开的距离测出内沟槽深度，如图 3-37 所示，然后再用游标卡尺测量其精确数值。

直径较大的内沟槽，可用弯角游标卡尺测量其深度，如图 3-38 所示。

（2）轴向尺寸的测量。内沟槽的轴向尺寸通常用钩形游标卡尺测量，如图 3-39 所示。

（3）宽度的测量。内沟槽的宽度可以使用样板进行检验，如图 3-40 所示；孔径较大时，也可以使用游标卡尺测量，如图 3-41 所示。

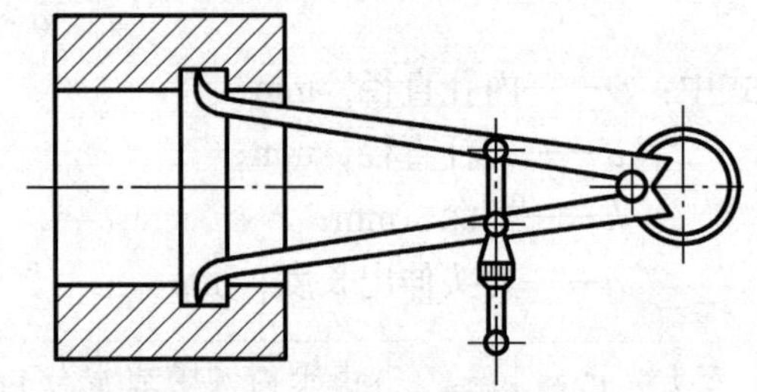
图 3-37 用弹簧内卡钳测量内沟槽直径

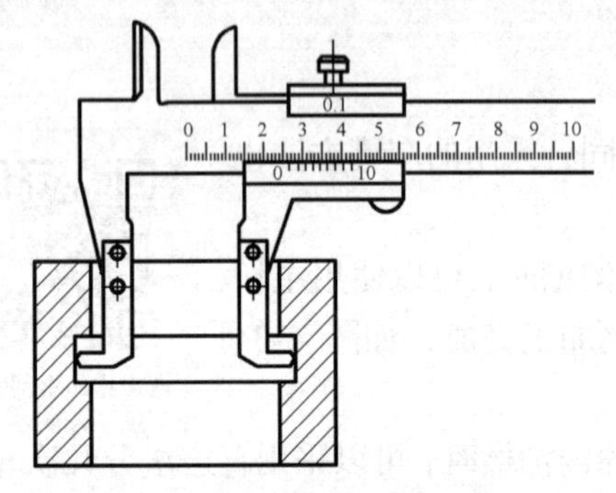

图 3-38 使用弯角游标卡尺测量槽深

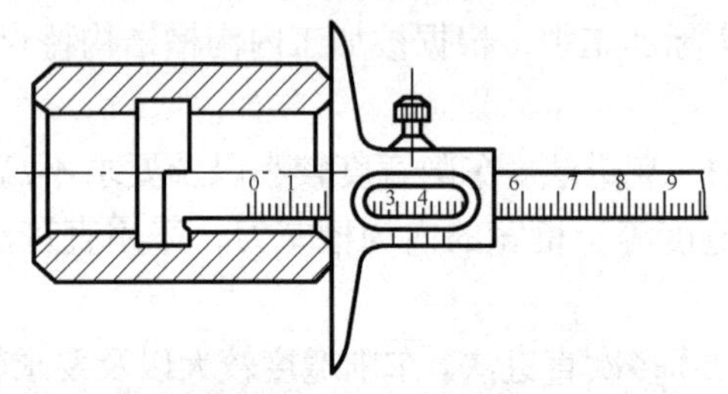

图 3-39 使用钩形游标卡尺测量槽的轴向尺寸

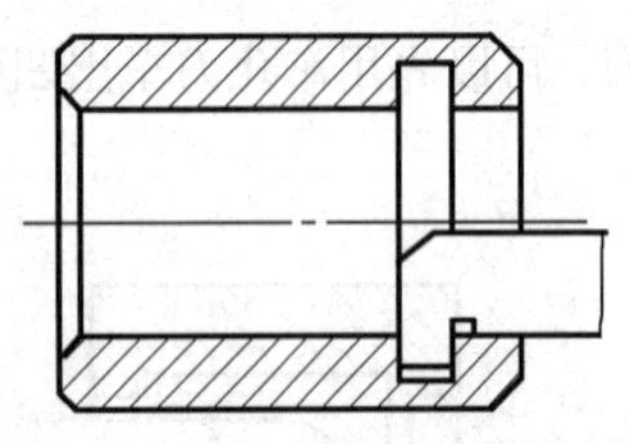
图 3-40 用样板检验内沟槽宽度

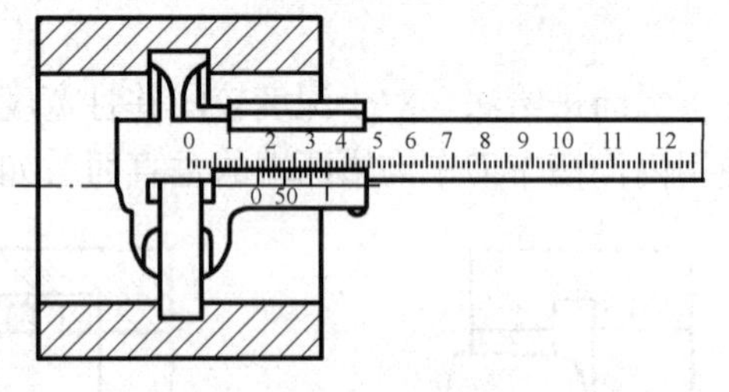

图 3-41 使用游标卡尺测量沟槽宽度

二、技能训练

技能训练 车内沟槽

【训练要求】

按照图 3-42 所示图纸要求车内沟槽。其中，$d=\phi36^{+0.039}_{0}$；$D=\phi38$；$L=24$。

工件材料：HT150。

【操作步骤】

（1）夹持工件小端外圆，车端面，车大端外圆，倒角 $C1$。

（2）掉头夹持大端外圆，车小端端面。

（3）车内孔 $\phi36^{+0.039}_{0}$ mm 到要求。

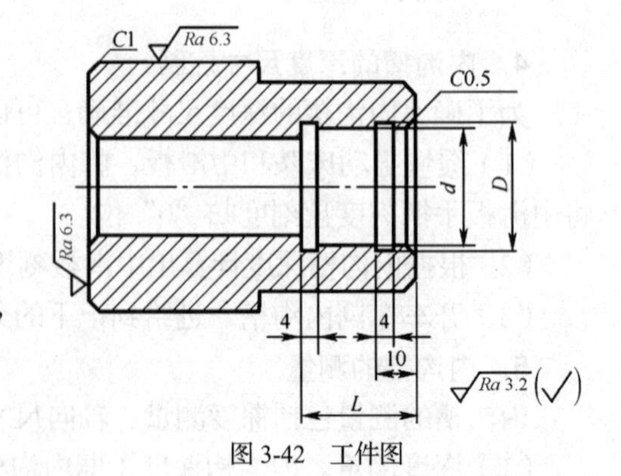

图 3-42 工件图

（4）车沟槽ϕ38 mm×4 mm 至要求（共两处）。

（5）孔口倒角 C0.5。

（6）检查零件，合格后将其卸下。

任务五　车削圆锥面

一、基础知识

圆锥面可以是零件上的工作表面，也可以是非工作表面。外锥面可以看作直角三角形 abc 绕直角边 ac 旋转 360° 形成的。

1. 圆锥的尺寸计算

圆锥上各部分的名称如图 3-43 所示，d 为圆锥小端直径，l 是圆锥实际长度，α 是圆锥的斜角，2α 是圆锥角，C 是锥度。

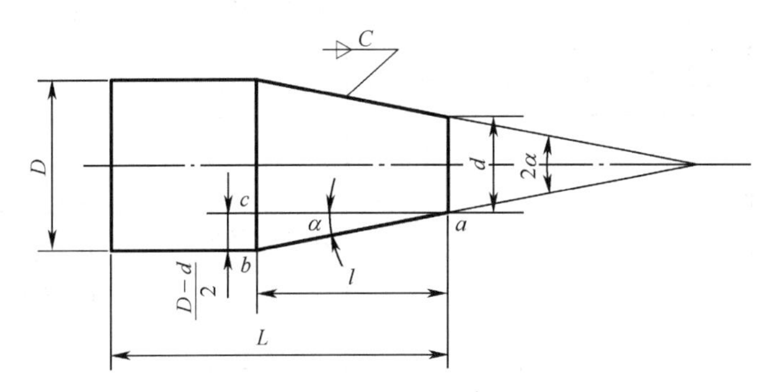

图 3-43　圆锥上各部分的名称

（1）圆锥基本参数。通常将 α（或者 C）、D、d 和 l 称为圆锥的 4 个基本参数。它们之间符合以下关系。

$$\tan\alpha = \frac{D-d}{2l}$$

$$C = \frac{D-d}{l}$$

（2）标准圆锥。标准圆锥代表已经标准化的圆锥参数，常用的有以下 2 种。

① 莫氏圆锥。莫氏圆锥应用广泛，各类钻头、圆柱铣刀的锥柄、车床的主轴、尾座套筒的锥孔等都经常使用莫氏圆锥。

莫氏圆锥按照尺寸由小到大编号，分为 0、1、2、3、4、5、6 共 7 个号码，号码不同，其斜角也不同。

② 公制圆锥。公制圆锥按照大端直径由小到大编码，分为 4、6、80、100、120、140、160、200 共 8 个等级。例如，200 号表示大端直径是 200 mm，公制圆锥的锥度固定为 1∶20。

圆锥各部尺寸计算公式如表 3-2 所示。

表 3-2　　锥体各部尺寸计算公式

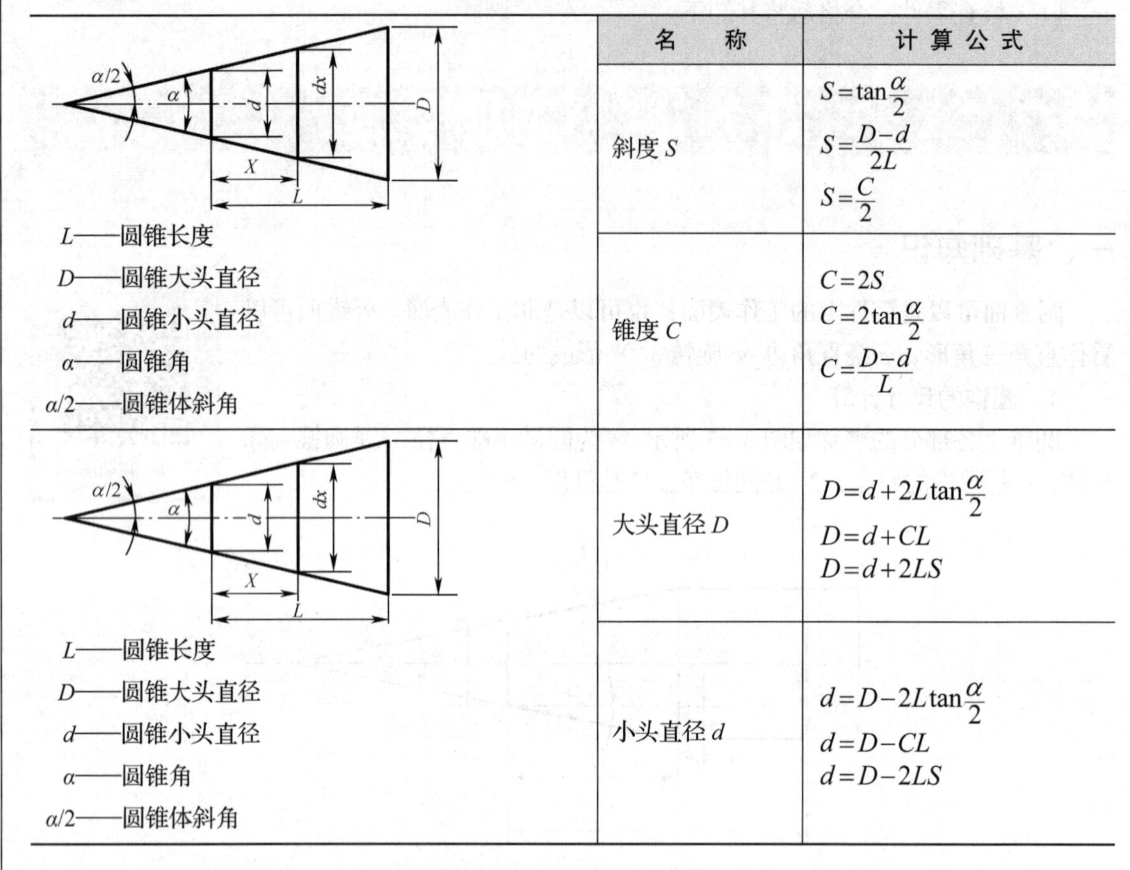

图示	名　称	计算公式
L——圆锥长度 D——圆锥大头直径 d——圆锥小头直径 α——圆锥角 $\alpha/2$——圆锥体斜角	斜度 S	$S=\tan\frac{\alpha}{2}$ $S=\frac{D-d}{2L}$ $S=\frac{C}{2}$
	锥度 C	$C=2S$ $C=2\tan\frac{\alpha}{2}$ $C=\frac{D-d}{L}$
L——圆锥长度 D——圆锥大头直径 d——圆锥小头直径 α——圆锥角 $\alpha/2$——圆锥体斜角	大头直径 D	$D=d+2L\tan\frac{\alpha}{2}$ $D=d+CL$ $D=d+2LS$
	小头直径 d	$d=D-2L\tan\frac{\alpha}{2}$ $d=D-CL$ $d=D-2LS$

（3）专用标准锥度。专用标准锥度把常用锥度标准化，分为 1：4、1：5、1：7、1：12、1：15、1：16、1：20、1：30、1：50、7：24、7：64，共 11 个锥度。

2. 车外圆锥面

在车床上车外圆锥面时，被加工零件必须绕自身轴线做旋转运动，车刀必须沿着与零件轴线成圆锥斜角 α 的方向移动。下面介绍几种常用的车圆锥的方法。

转动小滑板车圆锥面

（1）转动小滑板法。转动小滑板法就是将小滑板顺时针或者逆时针向工件的圆锥半角 $\alpha/2$ 转动一个角度，使车刀的运动轨迹与所需加工圆锥在水平轴平面内的素线平行，然后均匀转动小滑板手柄，直至车出整个圆锥面，如图 3-44 所示。

① 转动小滑板车锥面的加工特点。转动小滑板车锥面具有以下特点。

- 能车削锥度较大的圆锥面。
- 能车削整圆锥面和圆锥孔。
- 在同一工件上车削不同锥角的圆锥面时，调整锥角方便。
- 只能手动进给，生产效率低，劳动强度大。
- 由于小滑板长度有限，只能加工素线长度较短的圆锥面。

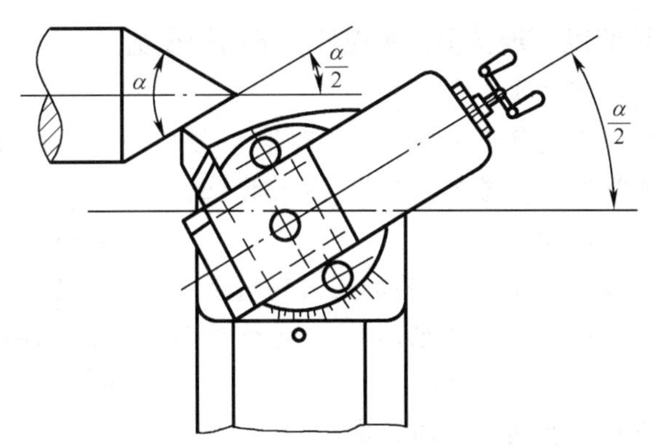

图 3-44　转动小滑板车锥面

② 小滑板转动角度计算。根据被加工工件的已知条件，可以按照下式计算小滑板转动角度。

$$\tan\frac{\alpha}{2}=\frac{D-d}{2L}$$

式中：$\frac{\alpha}{2}$——圆锥半角，即小滑板转过的角度，°；

C——锥度；

D——圆锥大端直径，mm；

D——圆锥小端直径，mm；

L——圆锥大端至小端之间的轴向距离，mm。

车削常用的标准锥度时，小滑板转动角度如表 3-3 所示。

表 3-3　　车削标准锥度时小滑板转过的角度

基　本　值	锥　　度	小滑板转过角度	基　本　值	锥　　度	小滑板转过角度
120°	1∶0.289	60°	3° 43′29″	1∶10	2° 51′145″
90°	1∶0.500	45°	4° 46′19″	1∶12	2° 23′09″
75°	1∶0.652	37° 30′	3° 49′06″	1∶15	1° 54′33″
60°	1∶0.866	30°	2° 51′51″	1∶20	1° 25′56″
45°	1∶1.207	22° 30′	1° 54′35″	1∶30	0° 57′17″
30°	1∶1.866	15°	1° 08′45″	1∶50	0° 34′23″
18° 55′29″	1∶3	9° 27′44″	0° 34′23″	1∶100	0° 17′11″
11° 25′16″	1∶5	5° 42′38″	0° 17′11″	1∶200	0° 08′36″
8° 10′16″	1∶7	4° 05′08″	16° 35′32″	7∶24	8° 17′50″
7° 09′10″	1∶8	3° 34′35″			

③ 车刀的装夹。在装夹车刀时，注意以下原则。

- 工件的回转中心必须与车床主轴的回转中心重合。
- 车刀的刀尖必须严格对准回转中心，否则加工出来的圆锥素材会出现双曲线误差。

④ 转动小滑板。按照以下步骤操作实现外圆锥面的车削。

- 松开小滑板上的固定螺母。
- 若车削正外圆锥（大端靠近主轴，又称顺锥），则将小滑板逆时针转动，如图 3-45 所示；若车削反外圆锥（大端靠近尾座，又称逆锥），则将小滑板顺时针转动。
- 根据确定的转动角度（$\alpha/2$）和转动方向转动小滑板至所需位置，使小滑板基准零线与圆锥半角（$\alpha/2$）刻线对齐，然后锁紧螺母。

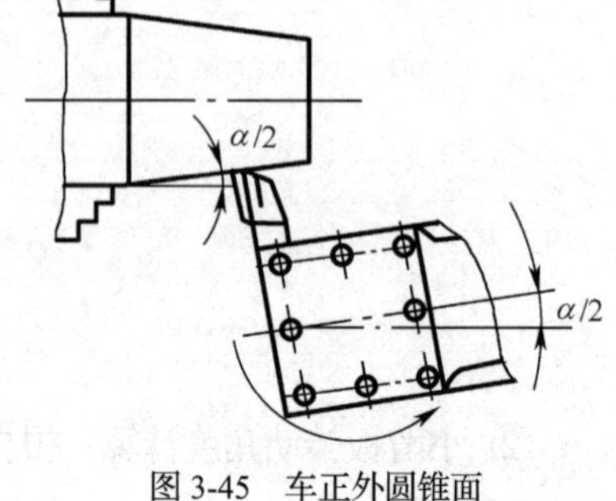

图 3-45　车正外圆锥面

⑤ 粗车锥面。按照以下步骤粗车圆锥面。

- 按照圆锥大端直径（增加 1 mm 作为后续加工余量）和圆锥长度将圆锥部分先车成圆柱体。
- 移动中滑板和小滑板，使刀尖轻轻接触轴端外圆面，然后将小滑板向后退出，将中滑板刻度归“0”位，从而确定粗车锥面的起始位置，如图 3-46 所示。
- 移动中滑板开始粗车工件，双手交替转动小滑板手柄，手动进给速度均匀且不间断，如图 3-47 所示，当车至终端时，将中滑板退出，小滑板快速后退复位。

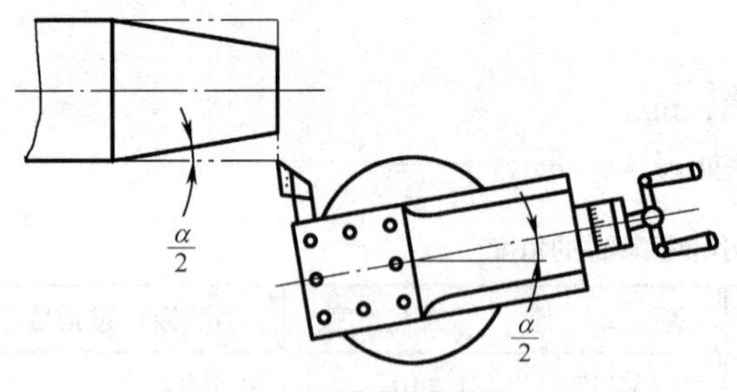

图 3-46　确定起始位置

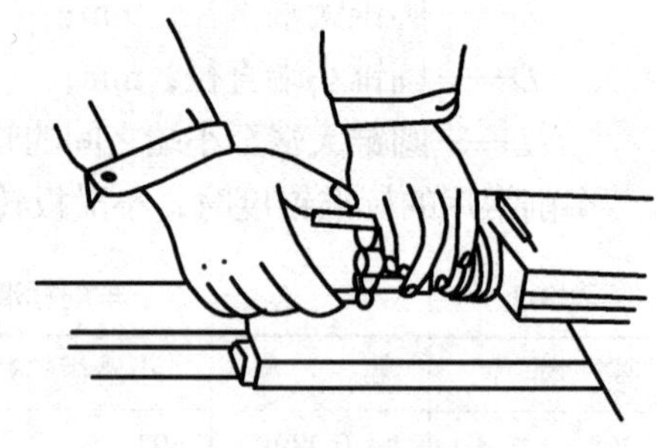
图 3-47　手动进给

- 按照上一步骤的基本方法，调整吃刀量继续车锥面，直到工件能塞入套规 1/2 为止。

⑥ 找正小滑板后粗车。

- 将套规轻套在工件上，握住套规左右两端分别上下摆动，应均无间隙，如图 3-48 所示。
- 若大端有间隙，说明锥角偏小，若小端有间隙，说明锥角偏大，如图 3-49 所示。此时可以松开小滑板锁紧螺母，轻敲小滑板使其微量转动，然后拧紧螺母。

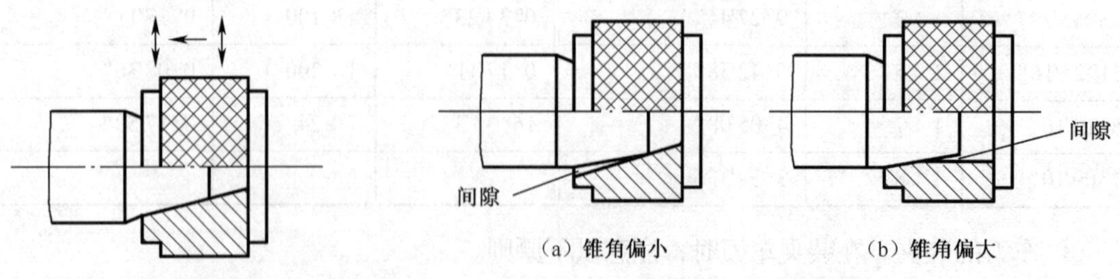

图 3-48　用套规检测锥角

（a）锥角偏小　（b）锥角偏大

图 3-49　锥角偏差

- 试车后再检测，按照此法继续调整，直至小滑板被完全找正为止。

- 找正小滑板转角后，粗车锥面，留下精车余量 0.5～1 mm。

除了用套规检测圆锥角外，还可以使用万能角度尺和样板检测。将万能角度尺调整到要检测的角度后，将基尺通过工件中心靠在圆锥面素线上，用透光法检测，如图 3-50 所示，用角度样板进行透光检测的方法如图 3-51 所示。

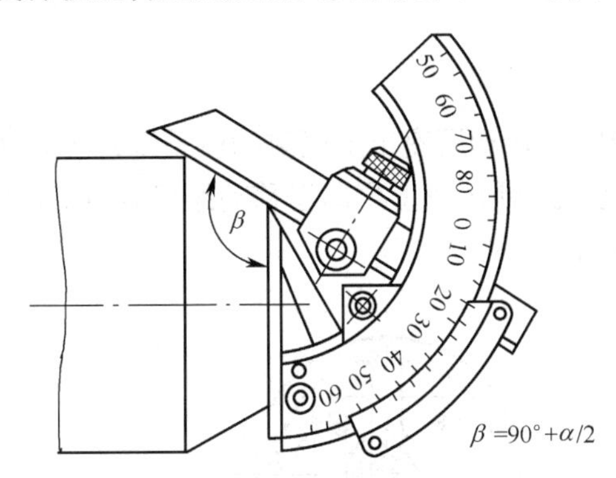

图 3-50　使用万能角度尺检测锥角

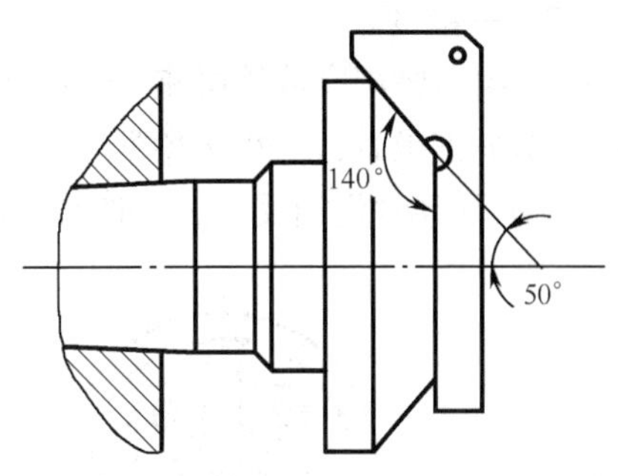

图 3-51　使用角度样板检测锥角

⑦ 精车圆锥面。精车圆锥面时，为了获得较高的表面质量和尺寸精度，车刀必须锋利、耐磨，同时进给必须均匀、连续。

（2）偏移尾座法车削锥面。偏移尾座法车削锥面就是将尾座上层滑板横向偏移一定距离 S，使前、后顶尖连线与车床主轴轴线相交成一个等于圆锥半角 $\alpha/2$ 的角度。当床鞍带着刀具沿着平行于主轴轴线方向移动切削时，车出圆锥面，如图 3-52 所示。

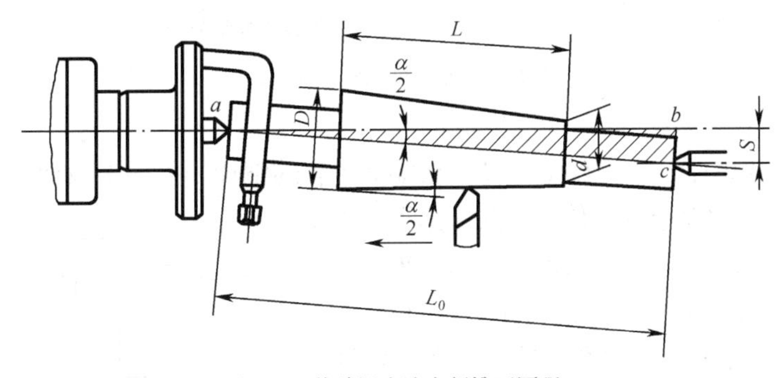

图 3-52　偏移尾座法车削锥面原理

① 应用特点。偏移尾座法有以下几个主要特点。

- 适合于加工锥度小、精度不高并且锥体较长的工件。但是受尾座偏移量的限制，不能加工锥度大的工件。
- 可以使用纵向机动进给车削，获得的加工表面刀纹均匀、表面粗糙度数值小。
- 由于工件两端用顶尖装夹，因此不能加工整锥体零件，也无法加工锥孔零件。
- 因为顶尖在中心孔内是歪斜的，接触不良，所以顶尖和中心孔磨损不均匀。

② 尾座偏移量的计算。偏移尾座法的重要工作是计算尾座偏移量，主要依据以下经验公式计算。

$$S = L_0 \tan\frac{\alpha}{2} = \frac{D-d}{2L}L_0 \quad 或者 \quad S = \frac{C}{2}L_0$$

式中：S——尾座偏移量，mm；

D——圆锥大端直径，mm；

d——圆锥小端直径，mm；

L——圆锥大、小端直径处的轴向距离（即圆锥长度），mm；

L_0——工件全长，mm；

C——锥度。

③ 利用尾座刻度偏移尾座。松开尾座紧固螺钉，转动尾座上层两侧的调整螺钉 1 和调整螺钉 2。车削正锥时，先松调整螺钉 1，紧调整螺钉 2，使尾座上层向里移动距离 S，如图 3-53 所示；车削倒锥时则相反，然后拧紧尾座紧固螺钉。

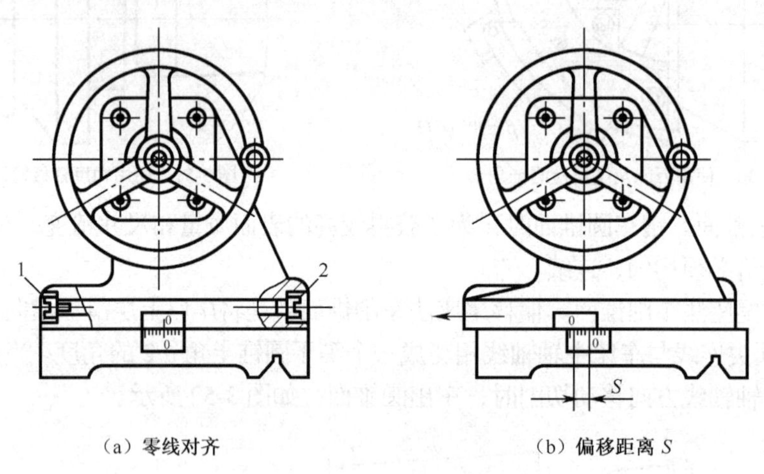

（a）零线对齐　　（b）偏移距离 S

图 3-53　利用尾座刻度偏移尾座

1，2—调整螺钉

④ 利用中滑板刻度偏移尾座。在刀架上夹持一根端面平整的铜棒，摇动中滑板手柄使铜棒端面与尾座套筒接触，记下中滑板刻度值，根据计算所得的偏移量 S 算出中滑板刻度应该转过的格数，移动中滑板，然后移动尾座上层，使尾座套筒与铜棒端面接触为止，如图 3-54 所示。

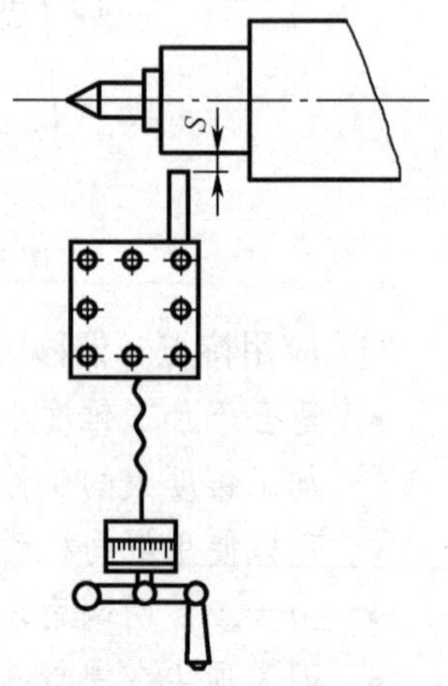

图 3-54　利用中滑板刻度偏移尾座

（3）外圆锥面的检测。常用的外圆锥面检测工具主要有万能角度尺、角度样板、正弦规等。

① 使用万能角度尺检测锥度。I 型万能角度尺的结构如图 3-55 所示，其测量精度为 2′，测量范围为 0°～320°。测量锥度前，首先选择不同的测量方法，图 3-56 所示方法用于测量 0°～50° 的角度；图 3-57 所示方法用于测量 50°～140° 的角度；图 3-58 和图 3-59 所示方法均用于测量 140°～230° 的角度。将万能角度尺直尺以及直角尺卸下，用基尺和尺身可以测量 230°～320° 的角度，如图 3-60 所示。

② 使用角度样板检测锥度。角度样板用于检测锥度是否符合加工要求，检测精度较低，且不能测出实际锥度大小。角度样板属于专用量具，用于成批和大量生产中。其用法如图 3-61 所示。

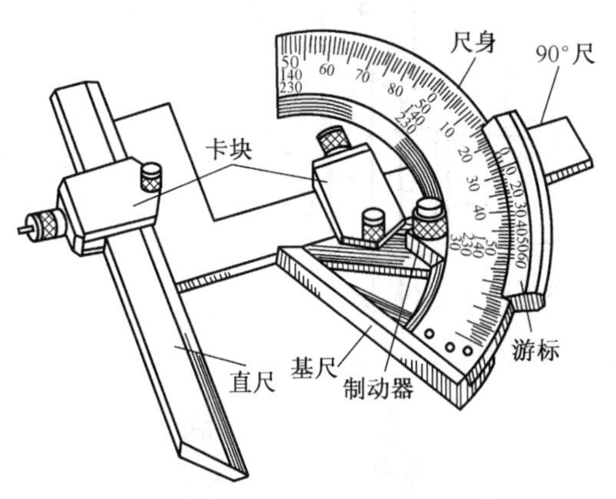

图 3-55 I 型万能角度尺的结构

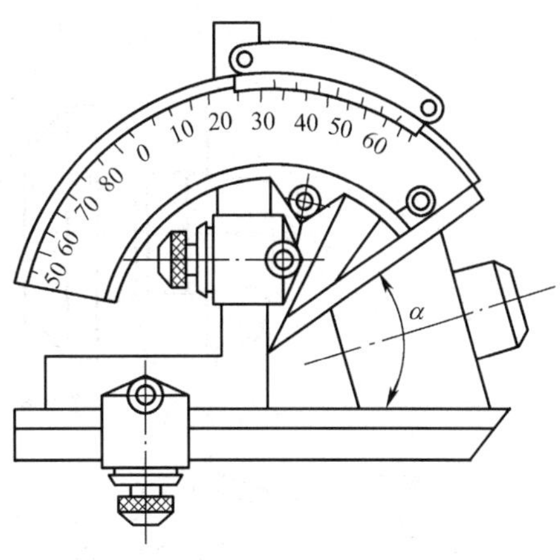

图 3-56 测量 0°～50°的锥角

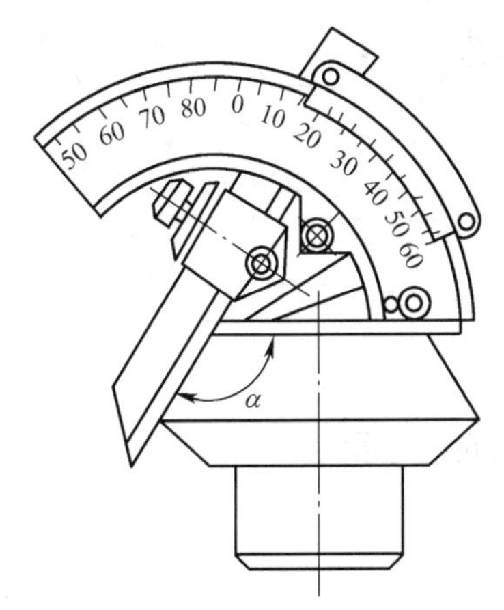

图 3-57 测量 50°～140°的锥角

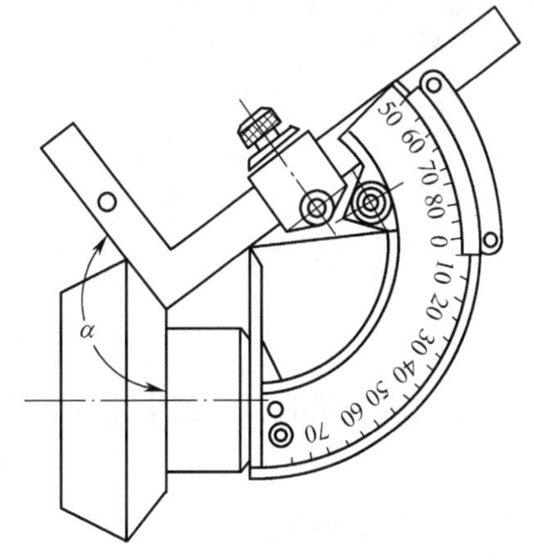

图 3-58 测量 140°～230°的锥角 1

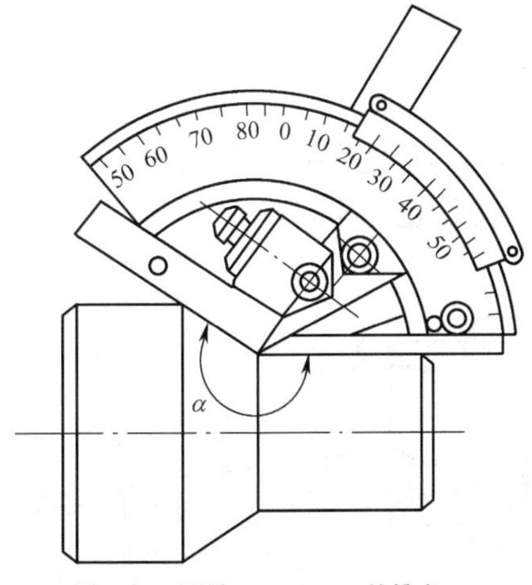

图 3-59 测量 140°～230°的锥角 2

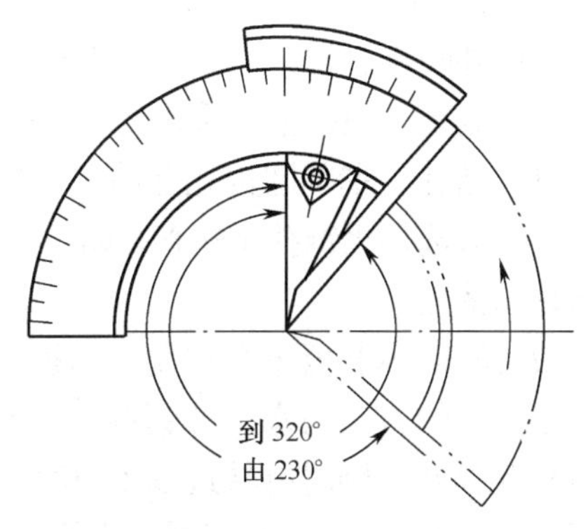

图 3-60 测量 230°～320°的锥角

③ 使用正弦规检测锥度。正弦规是利用正弦三角函数原理制成，用来间接测量角度、锥度大小，其结构和用法如图 3-62 所示。

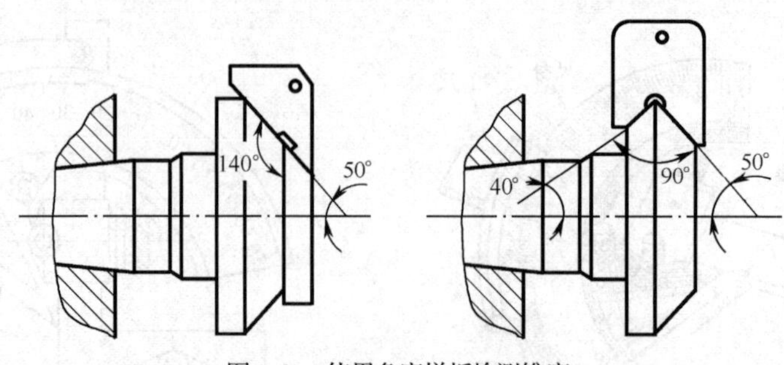

图 3-61 使用角度样板检测锥度

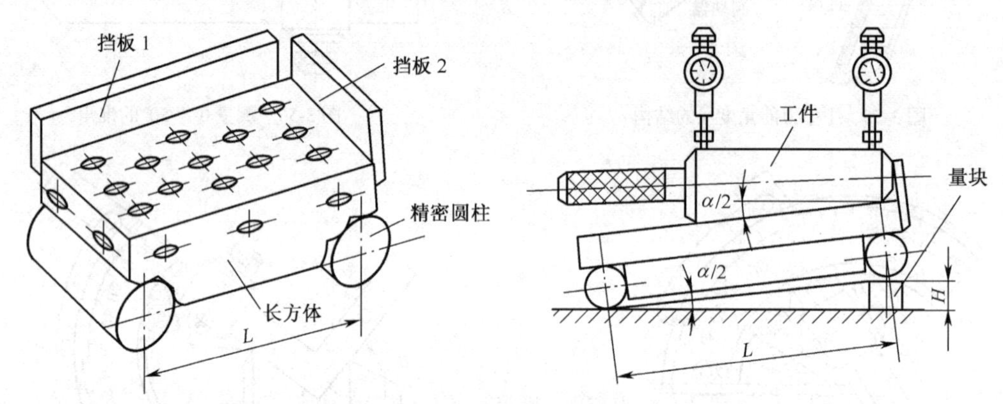

图 3-62 正弦规及其用法

使用正弦规测量时，圆锥半角 $\alpha/2$ 与量块组高度 H 之间的关系为：

$$H=L\sin(\alpha/2)$$

式中：L——正弦规中心距。

使用正弦规测量小锥角（$\alpha/2<3°$）的外圆锥面时，可以达到较高的测量精度。

3. 车圆锥孔

与车外圆锥面相比，车削圆锥孔更加困难。这是因为加工过程中，刀具在孔内车削，不宜观察和测量。根据锥孔质量要求不同，车削圆锥孔的方法也不相同。

（1）钻孔。车削圆锥孔之前，先车平工件端面，然后选择比锥孔小端直径略小 1～2 mm 的麻花钻钻孔。

（2）转动小滑板车圆锥孔。车圆锥孔时，转动小滑板的方法与车削外圆锥面相同，只是方向相反，并应顺时针转过 $\alpha/2$ 角度，车削前也要调整小滑板的行程。粗车到圆锥塞规能塞进孔长度的 1/2 时，检查锥角，校正合格后，粗、精车内外圆锥面至尺寸要求，如图 3-63 所示。

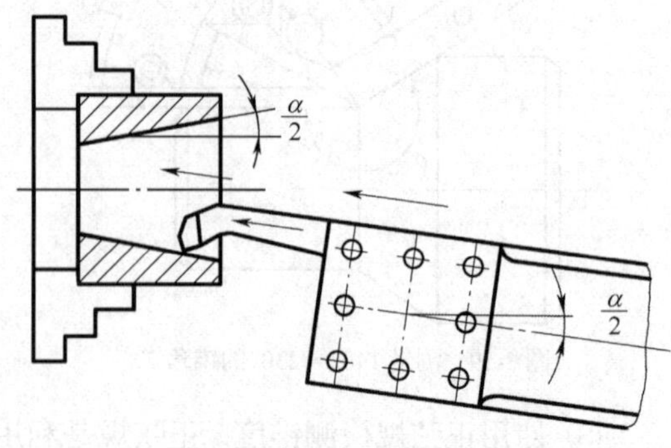

图 3-63 转动小滑板车圆锥孔

（3）车配套锥面。为了保证加工质量，可以在车削锥孔前先车削配套锥面。

车削配套锥面时，先车出圆锥体，待其检查合格后，再换上准备车削锥孔的毛坯，在不改变小滑板已经校正好的转动角度的情况下，反装内孔车刀，使其切削刃向下，继续加工锥孔，如图 3-64 所示。

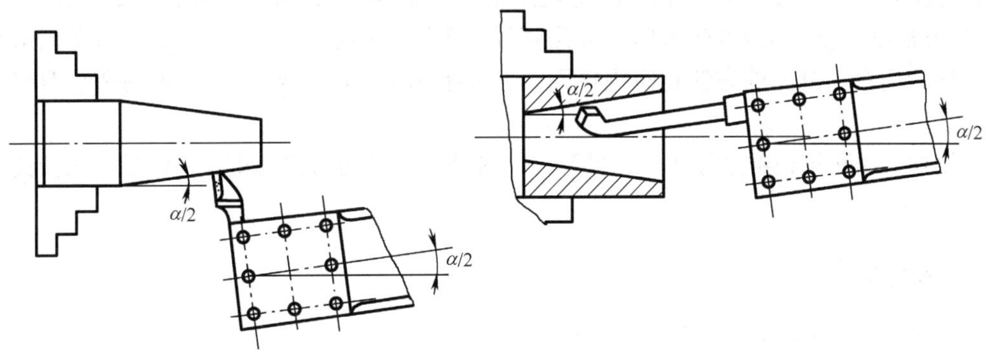

图 3-64　车配套锥面

（4）车对称锥孔。对于左右两侧锥度相同但是方向相反的锥孔，在先车出右边锥孔至符合要求后，退出车刀，在不改变小滑板角度的情况下，将车刀反装，主轴仍然正转，即可车出左侧的锥孔。这种车削方法中，工件只安装一次，误差小，且具有较高同轴度，如图 3-65 所示。

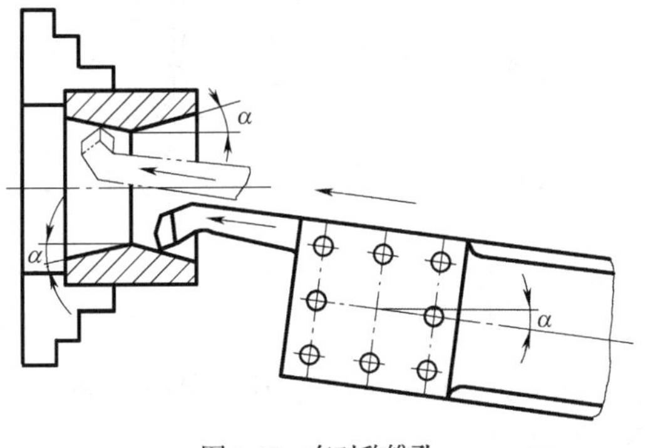

图 3-65　车对称锥孔

（5）铰圆锥孔。对于直径较小的圆锥孔，如果采用车削方法加工，由于刀杆过细，容易产生振动，同时由于孔径小不便于测量，也很难控制加工质量。

通常使用铰孔的方法来加工直径较小的圆锥孔。

① 锥形铰刀。锥形铰刀由粗铰刀和精铰刀组成一组，用来加工同一孔径的孔。其中，粗铰刀要切除较多的加工余量，使锥孔成形，负担重，切屑多，因此其上的刀槽较少，容屑空间大。精铰刀用来保证获得必要的精度和表面粗糙度。精铰刀要切除的加工余量小而且均匀，因此其容屑空间小，刀齿多，同时锥度准确。二者的结构如图 3-66 所示。

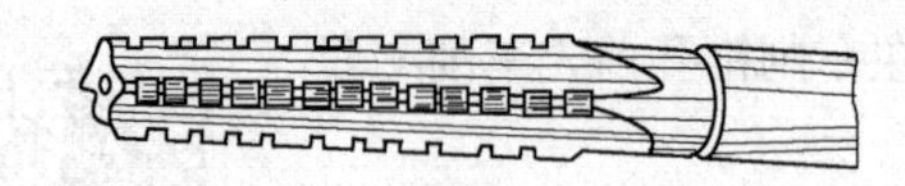
（a）粗铰刀

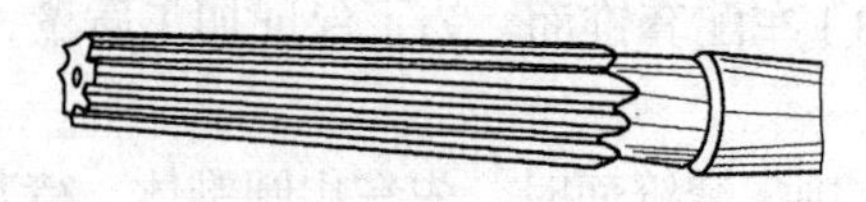
（b）精铰刀

图 3-66 锥形铰刀

② 铰削方法。在铰孔时，使用的毛坯往往都是实心的，因此必须先钻孔后铰孔。

当圆锥孔的孔径和锥度较大时，先用直径小于锥孔小端直径 1～1.5 mm 的麻花钻钻出底孔，然后用车内锥面的方法粗车内锥面，并留下 0.1～0.2 mm 余量，再用精铰刀铰至设计要求。

当圆锥孔的孔径和锥度较小时，钻孔后直接使用锥形铰刀粗铰锥孔，然后再用精铰刀铰至设计要求即可。

二、技能训练

技能训练一 车削外圆锥面

【训练要求】

按照图 3-67 所示图纸要求加工外圆锥面。

【操作步骤】

（1）用三爪自定心卡盘夹持棒料外圆，外伸长度 50 mm 左右，校正后夹紧。

（2）车端面 A。

（3）粗、精车外圆 $\phi42_{-0.05}^{\ 0}$ mm，长度大于 40 mm 至要求，倒角 $C2$。

（4）工件掉头，夹持 $\phi42_{-0.05}^{\ 0}$ mm 外圆面，伸出长度 85 mm 左右，校正后夹紧。

（5）车端面 B，保证总长 120 mm，车外圆 $\phi32$ mm，长 80 mm。

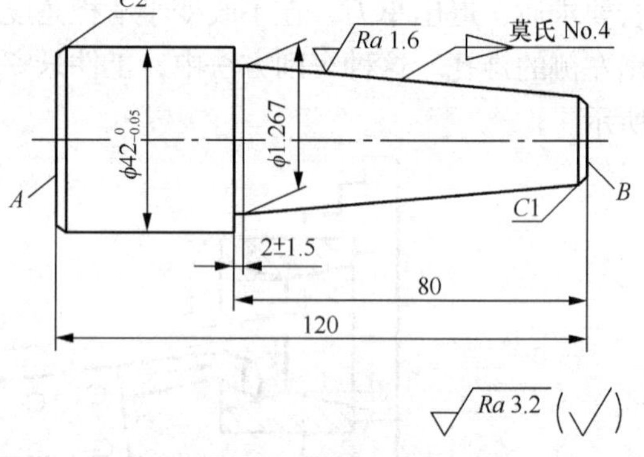

图 3-67 外圆锥面

（6）将小滑板逆时针转动圆锥半角（$\alpha/2$=1° 29′15″），粗车外圆锥面。

（7）用套规检查锥角并调整小滑板转角。

（8）精车外锥面至尺寸要求。

（9）倒角 $C1$，去毛刺。

（10）用标准莫氏套规检测零件，合格后卸下工件。

技能训练二 车削圆锥孔

【训练要求】

按照图 3-68 所示车削内圆锥孔到图示尺寸。材料：HT150。

【操作步骤】

1. 计算锥孔小端直径 d 和圆锥半角 $\alpha/2$

由锥度 $C=\dfrac{D-d}{L}$ 得到：$d=D-CL=30-1/5\times50=20$（mm）。

由 $\tan\frac{\alpha}{2}=\frac{1}{2}C=\frac{1}{2}\times\frac{1}{5}=0.1$ 得到：$\frac{\alpha}{2}=5°\ 42'38''$。

2. **车一端的端面、外圆并倒角**

（1）夹持毛坯外圆，长 15 mm 左右，校正并夹紧，然后车端面。

（2）车外圆至ϕ40 mm，长 30～35 mm。

（3）倒角 C1.5。

3. **车另一端的端面、外圆并倒角**

（1）掉头夹持ϕ40 mm 外圆，长 20～25 mm，校正并夹紧。

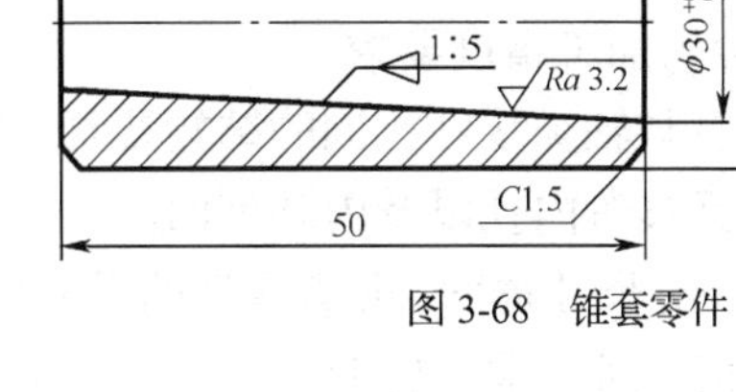

图 3-68　锥套零件

（2）车端面保持总长 50 mm。

（3）车外圆ϕ40 mm，与上一次车削的外圆接平。

（4）倒角 C1.5。

4. **钻孔**

钻通孔ϕ18 mm。

5. **车圆锥孔**

（1）将小滑板顺时针转过 5° 42′38″，粗车圆锥孔。

（2）调整圆锥半角。

（3）精车圆锥孔并保证尺寸 $\phi 30^{+0.1}_{0}$。

【注意事项】

（1）铰锥孔时，排屑条件较差，切削用量要小，并且要经常退刀清除切屑。

（2）在铰锥孔时，通常要使用切削液以减小切削力并降低零件表面粗糙度。

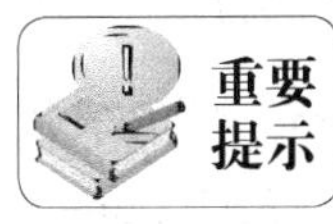

铰钢件时通常选用乳化液或切削油，铰铸铁件时可以使用煤油。

（3）铰锥孔时，车床主轴只能正转，不能反转，以免损坏铰刀的切削刃。

任务六　车削套类零件综合训练

一、基础知识

在生产上，通常把带有内圆柱面（内孔）的零件称为套类零件，其主要功能是支撑回转体零件，在工作时承受径向力和轴向力。轴套、偏心套、莫氏锥套、带轮、齿轮等均可看作套类零件。

1. **套类零件的加工特点**

套类零件的结构要素与轴类零件相同，其加工方法也基本相同，但是套类零件上的孔结构限制了加工空间，其加工过程具有以下特点。

（1）车刀悬臂伸入孔内，刀具尺寸相对较小，尤其是车削小孔和深孔时，车刀刚性差，容易产生振动。

（2）内孔加工过程中，操作者不容易直接观察到切削情况的变化并做出及时的处理。

（3）切削液不能顺利注入，切屑不能顺利排出。

（4）内孔车刀结构比外圆车刀复杂，刃磨也相对较困难。

（5）用卡盘类夹具装夹套类零件时，由于夹紧力的作用，容易使工件变形。

2. 套类零件的加工精度要求

套类零件具有与轴类零件相同的结构要素，如外圆柱面、端面、沟槽、倒角、倒圆、内圆锥面等，同时又具有内孔以及内圆锥面。

（1）套类零件的尺寸精度。套类零件的尺寸精度主要根据其上孔的标准公差等级来判定。通常，粗车、半精车时要求达到 IT10～IT12，精车时可达 IT7～IT9，较为经济的孔加工精度为 IT8～IT9。

（2）套类零件的形状和位置精度。套类零件的形状精度常以内圆柱面轴线的直线度、内圆柱面素线的直线度、内圆柱面或内圆锥面的圆度以及内圆柱面的圆柱度等来表示。

对套类零件的位置精度常以内圆柱面或内圆锥面的轴线与端面的垂直度、孔轴线与基准轴线的同轴度、径向圆跳动以及端面圆跳动等来表示。

在单件、小批量生产中，可以在一次装夹中尽可能将工件上全部或大部分表面加工出来，这样大大减少了定位误差，表面之间可以获得较高的位置精度，如图 3-69 所示。

这种加工方法需要随时更换刀具，主要应用在高精度的数控车床中，不但可以确保工件的加工质量，还能获得较高的生产率。

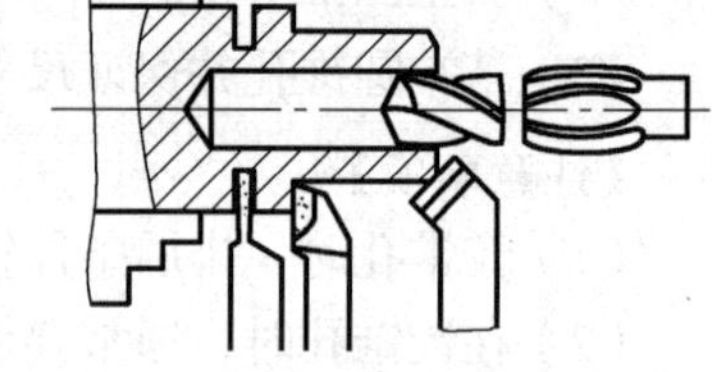

图 3-69　在一次装夹中加工零件表面

（3）套类零件的表面粗糙度。套类零件的内表面粗糙度一般要比轴类零件稍差。通常，粗车孔应达到的表面粗糙度为 $Ra6.3$～$Ra12.5$ μm，半精车孔应达到的表面粗糙度为 $Ra3.2$～$Ra6.3$ μm，精车孔应达到的表面粗糙度为 $Ra1.6$～$Ra3.2$ μm。

3. 套类零件的装夹

套类零件主要有以下装夹方法。

（1）以外圆为基准装夹工件。套类零件的外圆面常常被选作定位基准加工其他表面。常用的做法是使用未经淬火的 45 钢制作的软卡爪夹持外圆。三爪自定心卡盘装夹的套类零件毛坯外圆一般为圆柱形或六棱柱等，可以获得较高的形状和位置精度，如图 3-70 所示。

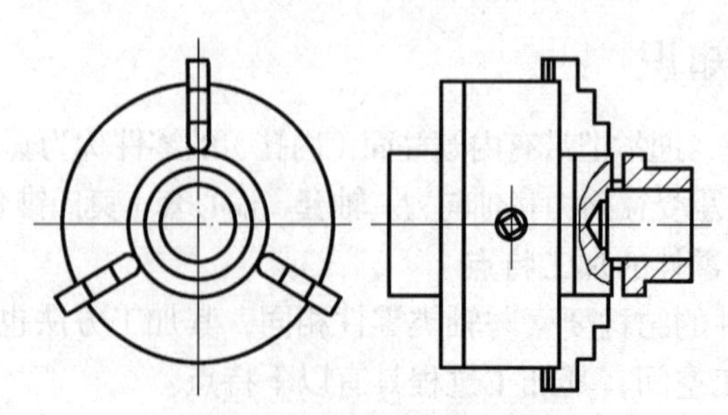

图 3-70　使用三爪卡盘装夹工件

使用四爪卡盘可以装夹外形更加复杂的零件，如图 3-71 所示。不过，其装夹效率较低。

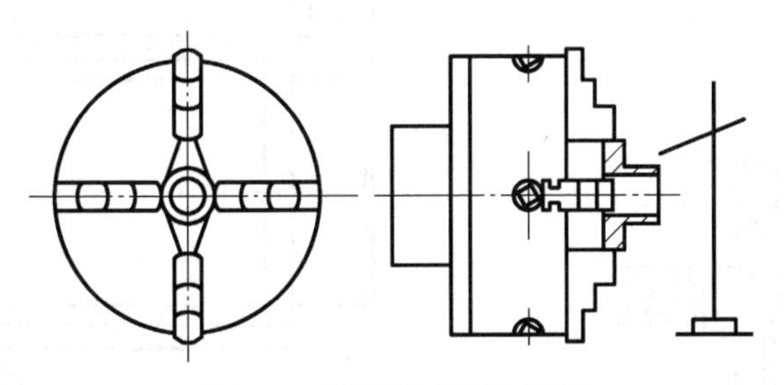

图 3-71　使用四爪卡盘装夹工件

（2）以内孔为基准装夹工件。套筒零件上的内孔也是很好的定位基准，在车削中小型轴套、带轮、齿轮等工件时，常用心轴装夹。常用的心轴有实体心轴和胀力心轴。

① 实体心轴。实体心轴又分为带阶台心轴和不带阶台心轴两种。

不带阶台的心轴具有 C=1∶1 000～1∶5 000 的小锥度，容易制造，定心精度高，但是轴向无法定位，并且承受切削力较小，如图 3-72 所示。

带阶台的心轴依靠螺母压紧来安装定位，心轴和工件内孔之间保持较小的间隙配合，装卸方便，但是定心精度不高，如图 3-73 所示。

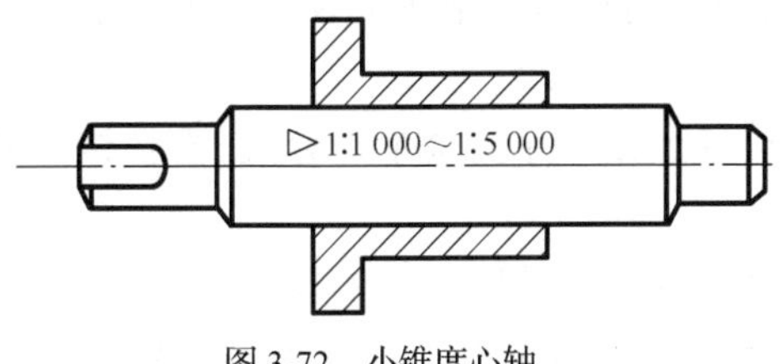

图 3-72　小锥度心轴

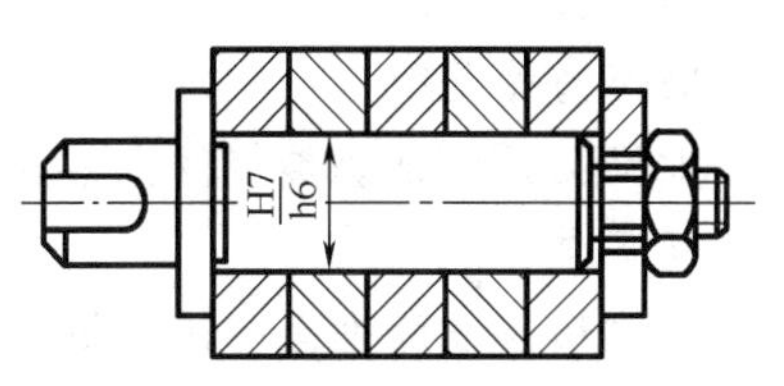

图 3-73　阶台心轴

② 胀力心轴。胀力心轴主要依靠弹性材料产生的胀力来固定工件，如图 3-74 所示。这种心轴具有较高的定心精度，在生产中应用广泛。

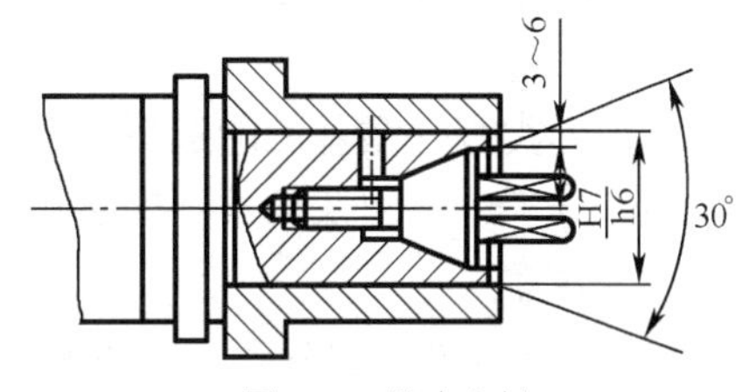

图 3-74　胀力心轴

③ 使用夹具装夹。当零件外形尺寸较大，并且需要承受较大切削力，或者零件本身刚度较差但是精度要求较高时，可以使用夹具进行装夹。图 3-75 所示夹具以零件上的孔和左端面作为定位基准，车削 V 带轮槽。图 3-76 所示夹具以缸套外圆和阶台面为基准，精车内孔。

4．套类零件的加工工艺

车削加工套类零件时，除了具有与加工轴类零件外圆相似的工艺过程外，还具有特殊的工艺要求。

（1）定位基准的选择。小尺寸或形状简单的套类零件，可以使用轧制圆钢，浇注成形的圆棒作为毛坯；大尺寸或形状复杂的套类零件，常采用铸造、锻造方法制造毛坯。

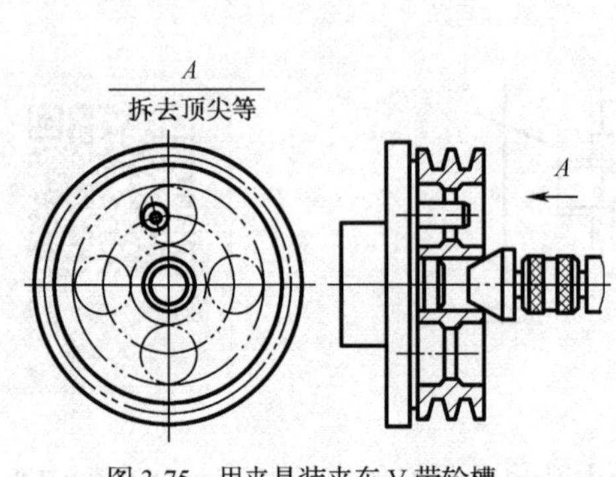

图 3-75 用夹具装夹车 V 带轮槽

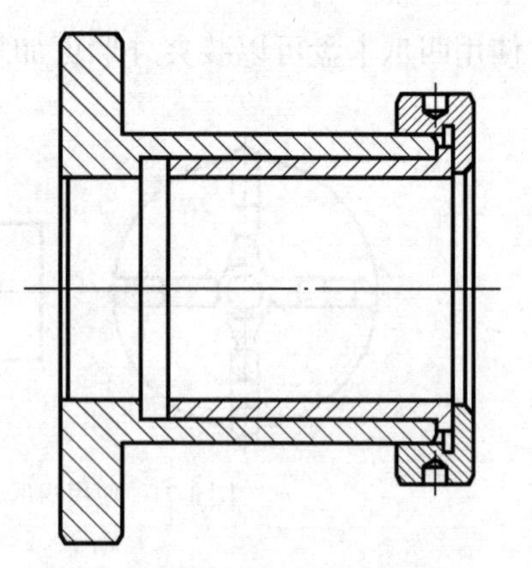

图 3-76 用夹具装夹车缸套内孔

重要提示

由铸造和锻造方法制作的套类零件在粗加工时要选用未经加工的零件表面作为粗基准，待新的表面加工完毕后，再将其作为精基准。

① 套类零件粗基准的选择。在选择套类零件粗基准时，要注意以下原则。

- 如果要求保证套类零件上加工表面和不加工表面之间位置精度时，应该用不加工表面作为粗基准。
- 如果套类零件上有若干个不需要加工的表面，则应以其中相对位置精度要求较高的表面作为粗基准。
- 如果必须保证套类零件上某重要表面的后续加工工序的余量均匀，应选择该表面作为粗基准。
- 选作粗基准的表面应该尽量平整，无浇口、毛边等缺陷，以实现定位可靠。
- 套类零件上的粗基准只使用一次，当用该不加工表面作为粗基准进行的加工工序完毕并卸下工件后，其后的加工工序就不可再选用任何不加工表面作为后续工序的定位基准。

② 套类零件精基准的选择。在选择套类零件精基准时，要注意以下原则。

- 为了实现“基准重合”原则，避免产生基准不重合误差，尽量选取工序基准作为精基准。
- 为了实现“工序统一”原则，避免基准转换误差，当套类零件以某一组精基准定位可较方便地加工其他表面时，应尽量在多道工序中选择该组精基准定位。

（2）套类零件工序组合的选择。加工套类零件与加工轴类零件一样，工序的组合可以采用工序集中或工序分散两种原则。工序集中和分散程度应该根据生产规模，零件的结构特点，技术要求，机床、夹具和刀具等的具体生产条件来综合确定。

① 工序集中的工艺过程。如果零件各表面的加工可集中在少数几道工序内完成，这样工件装夹次数减少，有利于保证加工表面的位置精度。

对于图 3-77 所示的轴套，只需要两次安装即可完成全部加工。

- 第 1 次安装以棒料外圆作为粗基准，完成以下加工内容。

粗车端面—粗车大外圆—粗车小外圆—钻孔—粗车孔—精车孔—精车右端面—精车小外

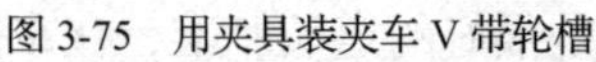

圆—精车阶台平面—精车大外圆—倒角—车断。

将切下的工件掉头，第 2 次装夹以小外圆和阶台平面作为精基准，完成以下加工内容。

精车右端面—倒角。

又如对于图 3-78 所示的薄壁套，因为其外圆直径较大，不便使用三爪卡盘装夹，可在备料时将工件放长 10 mm 作为工艺夹持段。

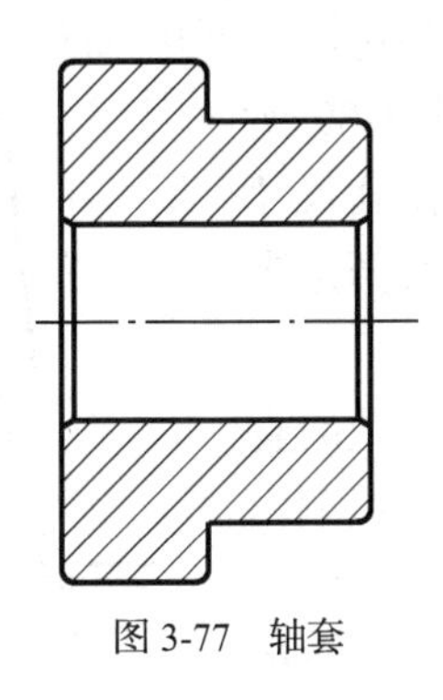

图 3-77　轴套

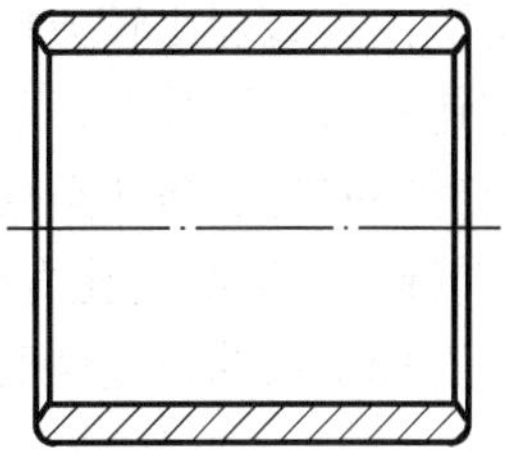

图 3-78　薄壁套

- 第 1 次安装以棒料左端作为粗基准，完成以下工序。

粗车右端面—粗车外圆—钻孔—粗车孔—半精车孔—精车孔—精车右端面—精车外圆—倒内外角—切断。

将切下的工件掉头第 2 次安装，完成以下工序。

车左端面—倒内、外角。

② 工序分散的工艺过程。如果套类零件的结构比较复杂，工序较多，应该将各表面的加工分散在较多道工序中进行，这样工艺装备比较简单，调整方便，有利于选择合理的切削用量，减少基本加工时间，提高生产率。

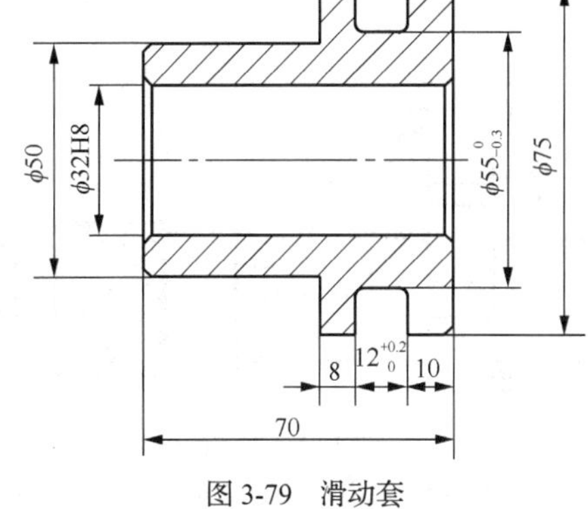

图 3-79　滑动套

加工图 3-79 所示滑动套，其备料尺寸为ϕ80 mm×75 mm，采用工序分散原则的工艺过程如下。

- 第 1 次安装夹持工件左端，以ϕ80 mm 外圆表面作为粗基准，夹持长度约 35 mm，然后完成以下工序内容。

粗、精车大外圆至尺寸ϕ76 mm×35 mm→钻孔ϕ30 mm。

- 第 2 次安装以大外圆ϕ76 mm 作为工序基准，完成以下工序内容。

粗、精车左端面，保证总长尺寸 71 mm→粗、精车左端阶台小外圆至尺寸ϕ50 mm，保证右端大外圆长度 31 mm→倒角。

- 第 3 次安装以左端阶台小外圆ϕ50 mm 和阶台平面为工序基准，完成以下工序内容。

粗车宽为 12 mm 的槽至宽 10 mm，槽底直径尺寸控制在ϕ55.5 mm，保证槽右侧平面至啮合套右端面尺寸为 12 mm。

- 第 4 次安装以左端小外圆ϕ50 mm 和阶台平面为工序基准，完成以下工序内容。

精车内孔至尺寸ϕ32H8→精车右端面，保证总长 70 mm→精车槽至尺寸宽为$12^{+0.2}_{0}$、槽底直径为$\phi 55^{0}_{-0.3}$→倒角。

5. 套类零件的检测

套类零件的主要质量检测项目包括径向圆跳动、端面圆跳动、端面对轴线的垂直度等。

（1）尺寸精度的检测。套类零件的尺寸精度检测项目主要包括以下几方面。

① 内孔直径的检测。当进行单件或小批量生产时，用图 3-80 所示的内卡钳检测内孔直径比较方便、灵活。使用内卡钳检测内孔尺寸时，将一只卡钳钳口靠于孔壁，另一只卡钳钳口在孔的直径线两边来回轻摆，并沿着轴向前后摆动至摆幅最小处即可。

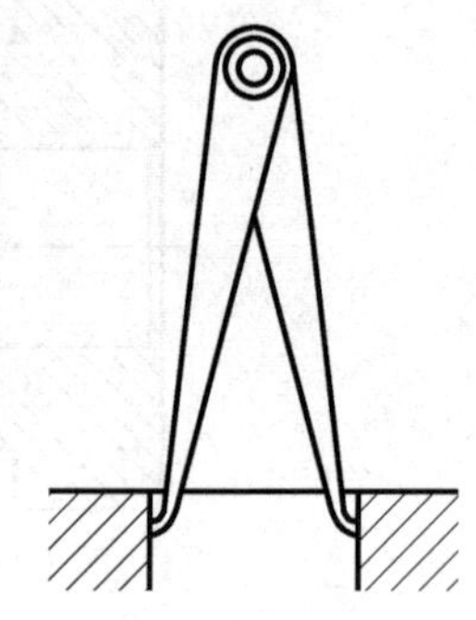

图 3-80　内卡钳

② 使用游标卡尺检测内孔直径。在单件小批量生产时，当孔的直径公差值大于游标卡尺的分度值时，可以使用相应的游标卡尺检测内孔的直径尺寸。

③ 使用内径千分尺检测内孔直径。内径千分尺包括普通内径千分尺和杆式内径千分尺两种。前者如图 3-81 所示，这种千分尺适合于检测浅孔的直径尺寸；后者如图 3-82 所示，用于检测内孔的直径尺寸，且测量范围大。

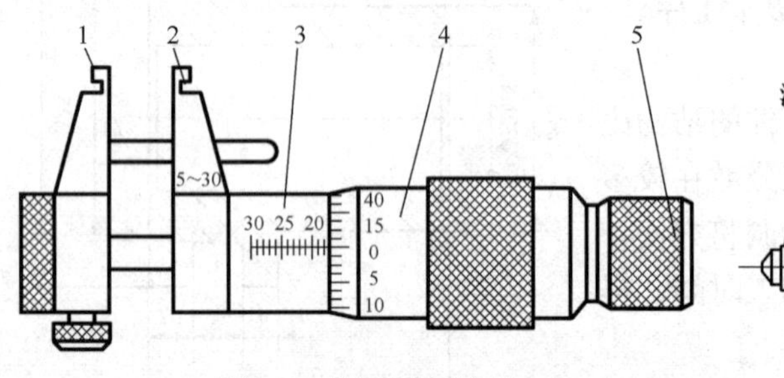

图 3-81　普通内径千分尺

1—活动量爪；2—固定量爪；3—固定套管；4—微分筒；5—测力装置

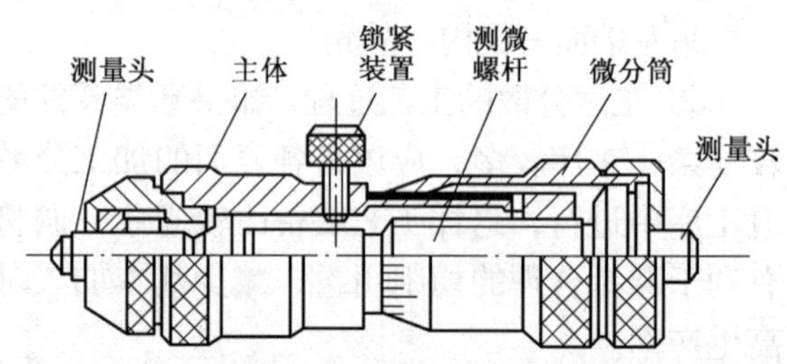

图 3-82　杆式内径千分尺

④ 使用内径表测量内孔直径。内径表包括内径百分表和内径千分表，由指示表和带有机械传动机构的表架组成。指示表采用百分表的为内径百分表，指示表采用千分表的为内径千分表，如图 3-83 所示。内径表特别适合于检测深孔的尺寸。

⑤ 使用光滑极限量规检测内孔直径。在大批量生产中，常用尺寸范围内一般精度的孔大多数采用光滑极限量规来检测，如图 3-84 所示。极限量规包括通规和止规两个，通规能通过而止规不能通过，则产品合格。光滑极限量规只能检测被测零件是否合格，而不能检测尺寸具体数值。

（2）套类零件内孔轴线直线度检测。通常采用综合量规检测。综合量规的直径等于被测零件的实效尺寸，综合量规必须通过被测零件，如图 3-85 所示。

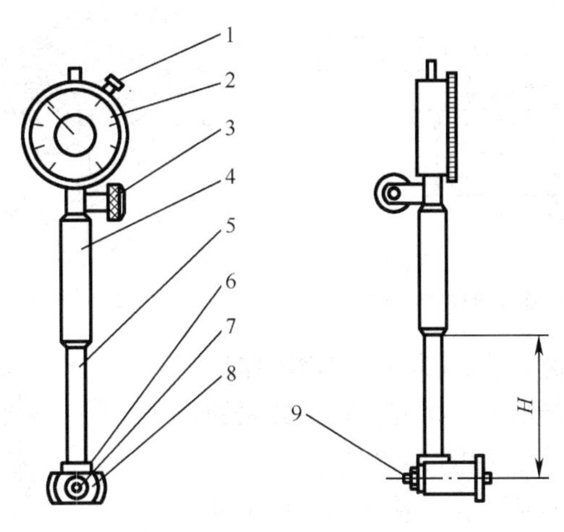

图 3-83　内径表

1—制动器；2—百分表；3—紧锁装置；4—手柄；5—直管；6—主体；
7—活动测头；8—定位护桥；9—可换测头

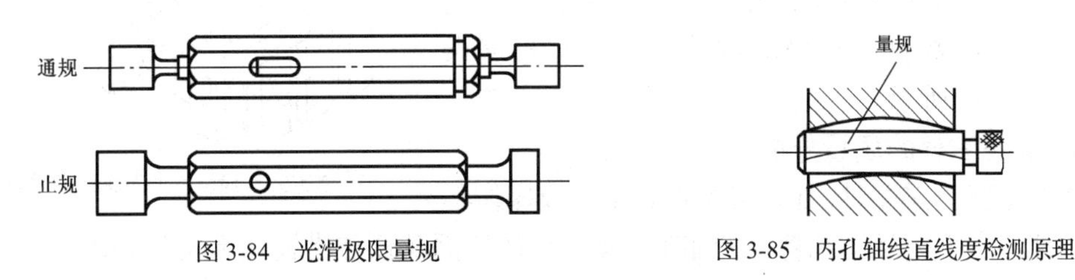

图 3-84　光滑极限量规

图 3-85　内孔轴线直线度检测原理

（3）径向圆跳动检测。检测时，通常以内孔作为测量基准，如图 3-86 所示。将工件套在精度很高的心轴上，再将心轴安装在两顶尖之间，然后用百分表检测工件的外圆柱面，如图 3-87 所示。

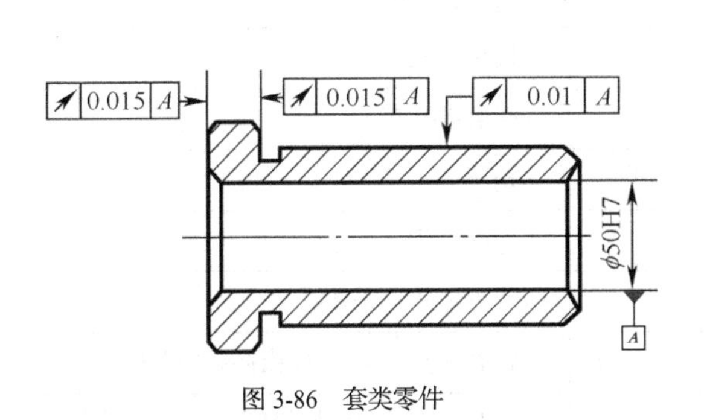

图 3-86　套类零件

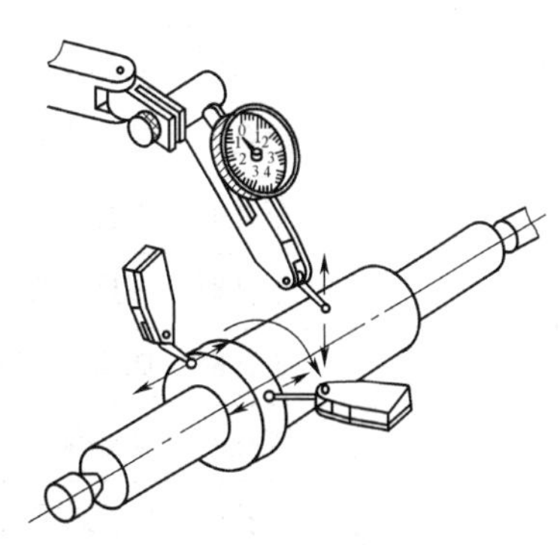

图 3-87　径向圆跳动和端面圆跳动检测

百分表在工件转过一周后得到的读数即是该测量截面上的径向圆跳动。沿着轴的不同截面进行测量，所得读数中读数最大值，就是工件的径向圆跳动。

对于外形简单但是内部结构比较复杂的零件，如图 3-88 所示，不便于使用心轴测量径向圆跳动，可以将工件放置在 V 形架上进行检测，如图 3-89 所示。

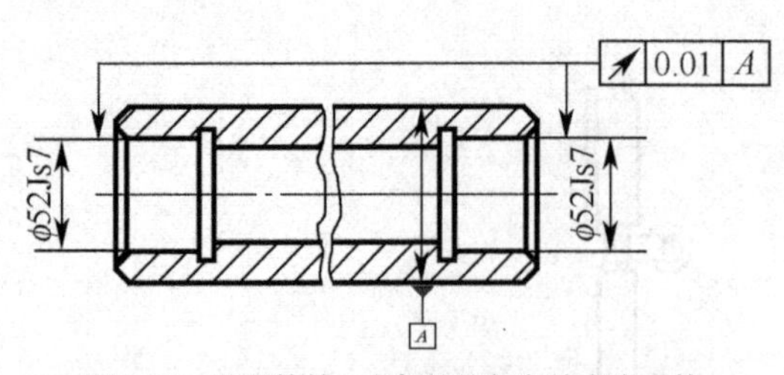

图 3-88　外形简单、内部结构复杂的套类零件

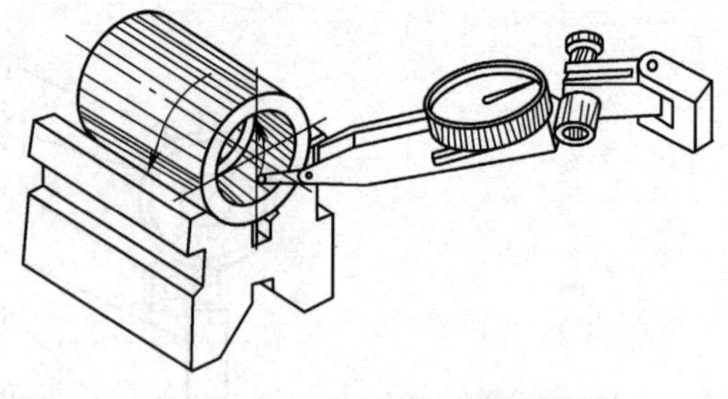

图 3-89　在 V 形架上检测径向圆跳动

（4）端面圆跳动的检测。端面圆跳动的检测原理与径向圆跳动相似，只是检测时，将杠杆式百分表的测头靠在需要检测的端面上，如图 3-87 所示。

（5）端面对轴线的垂直度检测。检测时，将工件装夹在 V 形架上的小锥度心轴上，并将 V 形架置于精度较高的平板上。测量时，首先找正心轴的垂直度，然后用百分表从端面最里面一点向外移动，此时百分表的读数就是端面对内孔轴线的垂直度误差，如图 3-90 所示。

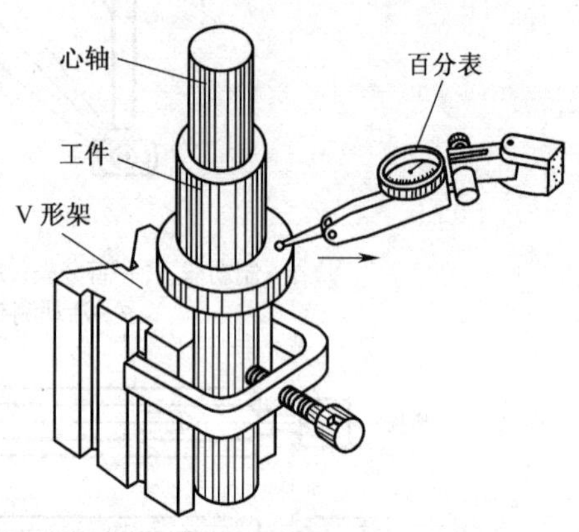

图 3-90　检测端面对轴线的垂直度

6. 套类零件的质量分析

在加工套类零件时，如果参数设置不当或操作不正确，都将产生废品，现将各种加工误差产生的原因及预防措施列于表 3-4 中。

表 3-4　车削套类零件废品产生的原因及预防措施

废品种类	产生原因	预防措施
孔的尺寸大	车孔时，出现测量误差	仔细测量工件，并进行试切
	铰孔时，选用铰刀尺寸偏大	选择合适的铰刀尺寸
	铰孔时，尾座偏位	校正尾座
孔有锥度	车孔时，内孔车刀磨损	修磨内孔车刀
	车孔时，车床主轴轴线歪斜	找正车床
	车孔时，床身导轨磨损严重	大修车床
	铰孔时，尾座偏位	找正尾座，采用浮动套筒
孔表面粗糙度大	车孔时，内孔车刀磨损，刀杆产生振动	修磨内孔车刀，采用刚性大的刀杆
	铰孔时，铰刀磨损或切削刃上崩口，有毛刺	修磨铰刀，保管好修磨后的铰刀，避免碰撞而损坏
	切削速度选择不当，产生积屑瘤	铰孔时，采用 5 m/min 以下的切削速度，并充分浇注切削液
同轴度和垂直度超差	用一次安装方法车削内孔时，工件移位或机床精度不高	将工件装夹牢靠，减小切削用量，调整机床精度

续表

废品种类	产生原因	预防措施
同轴度和垂直度超差	用心轴装夹工件时，心轴中心孔被碰出毛刺，或心轴同轴度差	保护好心轴中心孔，如被碰出毛刺，应及时研修，若心轴弯曲，应及时矫正或重制
	用软卡爪装夹工件时，软卡爪加工精度不够	软卡爪应在本机床上车出，直径与工件装夹尺寸基本相同

二、技能训练

技能训练　套类零件的车削加工

【加工要求】

按照图 3-91 所示的图纸要求加工套类零件，零件材料：HT200，单件生产。

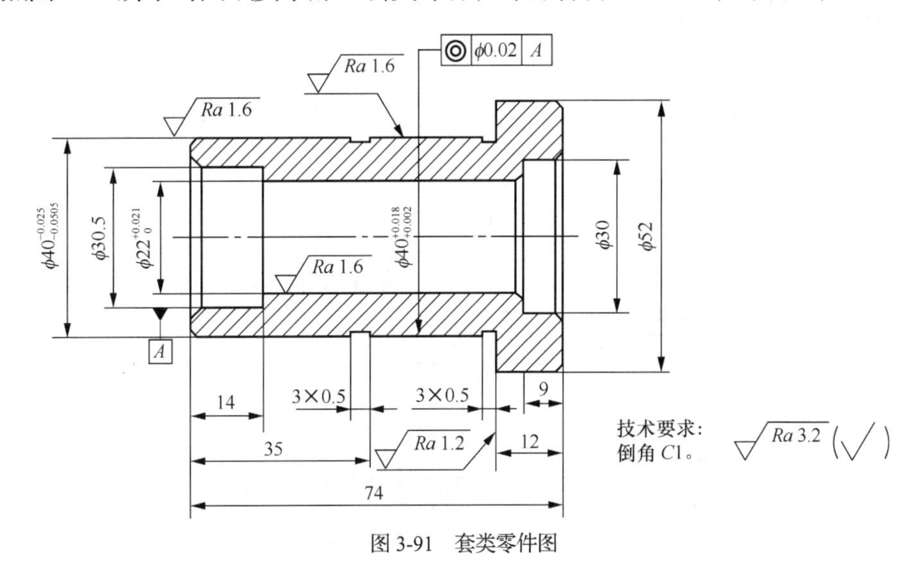

图 3-91　套类零件图

【工艺分析】

本零件加工中需要重点保证的要求主要有以下两个方面。

（1）由于 $\phi40k6(^{+0.018}_{+0.002})$ mm 外圆柱面与基准孔 $\phi22H7(^{+0.021}_{0})$ mm 的轴线之间的同轴度误差为 $\phi0.02$ mm，要求较高，因此外圆与内孔应该在一次装夹中加工至图纸要求。

（2）内孔 $\phi22H7(^{+0.021}_{0})$ mm 是重要的加工面，其加工精度较高，可以采取精车或铰削的方法保证。由于该零件为单件生产，为了降低成本，拟采用精车。

【加工步骤】

（1）用三爪自定心卡盘夹持 $\phi52$mm 毛坯外圆，校正后夹紧。

（2）粗车小端端面，车平即可，为后续钻孔作准备。

（3）粗车阶台外圆 $\phi42$ mm，长 62 mm。

（4）钻通孔 $\phi20$ mm。

（5）车阶台平底孔至 $\phi28$ mm，深 14 mm，孔口倒角 $C1$。

（6）工件掉头，夹持ϕ42 mm 外圆，校正并夹紧。

（7）粗、精车端平面，保持总长 74.5 mm。

（8）粗、精车大外圆ϕ52 mm 全部至图纸要求。

（9）车阶台孔ϕ30 mm，深 9 mm 至图纸要求。外孔口和外圆倒角 $C1$，里孔口倒角 $C2$。

（10）工件掉头，夹持ϕ52 mm 外圆（垫铜皮），校正后夹紧。

（11）精车小端平面，保持总长 74 mm 至要求。

（12）车孔 $\phi 22H7(^{+0.021}_{0})$mm 至要求。

（13）车阶台平底孔ϕ30.5 mm，深 14 mm 至要求。里孔口去毛刺，外孔口倒角 $C1$。

（14）车退刀槽 3 mm×0.5 mm，车中间槽 3 mm×0.5 mm，保证尺寸 35 mm。

（15）精车阶台外圆 $\phi 40^{-0.025}_{-0.050}$ mm 和 $\phi 40k6(^{+0.018}_{+0.002})$ mm 至要求。

（16）外圆倒角 $C1$，大外圆去锐角。

（17）检查合格后卸下工件。

实　训

按图 3-92 所示的图纸要求加工套类零件。

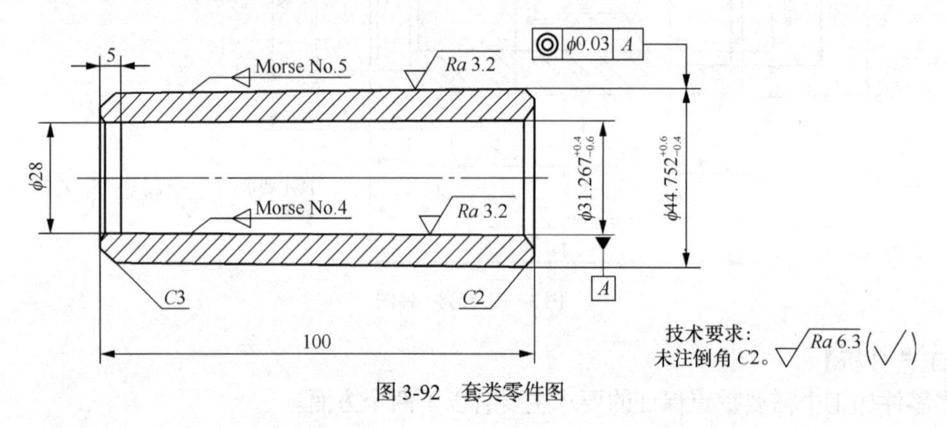

图 3-92　套类零件图

【要点提示】

（1）使用三爪自定心卡盘夹持外圆，车端面和外圆ϕ45×60 mm。

（2）钻通孔ϕ25 mm。

（3）车内孔ϕ28×5 mm。

（4）掉头夹持ϕ45 mm 外圆，小滑板转动 1° 29′15″，粗、精车 4 号莫氏锥孔至尺寸。

（5）粗、精车 5 号莫氏锥孔至尺寸。

（6）倒角 $C2$ 和 $C3$。

（7）检测零件。

项目四　车削成形面与表面修饰加工

机器上有些零件表面的母线是直线，如平面、圆柱面等，而有些零件表面的母线是曲线，如图 4-1 所示的机床把手，图 4-2 所示的内燃机凸轮轴上的凸轮等，这些轴向剖面呈现曲线形特征的表面称为成形面。

图 4-1　机床把手

图 4-2　凸轮

成形面零件的加工方式有很多，本项目主要介绍车削加工成形面的方法。有些表面还需要进行表面修饰加工，如抛光、研磨、滚花等。

【学习目标】

- 掌握车削成形面的方法和技巧。
- 掌握表面修光的方法和技巧。
- 掌握滚花加工的操作技巧。

任务一　车削成形面及表面修光

一、基础知识

1. 成形面的车削加工

成形面的车削加工有 3 种方式：手动控制车削成形面、成形刀具车削成形面和靠模车削成形面。

（1）手动控制车削成形面。单件加工成形面时，通常采用手动控制车削成形面。其车削方法如图 4-3 所示，双手同时摇动小滑板手柄和中滑板手柄（或床鞍和中滑板），通过双手的协调动作，车出所需要的成形面。

手动控制车削成形面

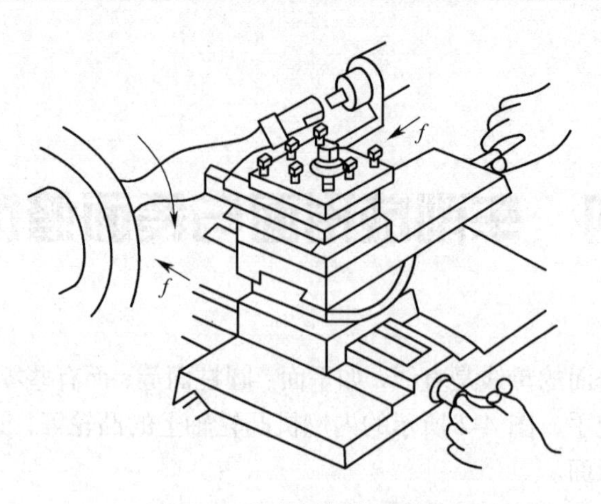

图 4-3 手动控制车削成形面

由于小滑板不能连续进给，劳动强度大，一般多用控制床鞍和中滑板来完成成形面的加工。

手工控制车削成形面的操作技术灵活、方便，不需要其他辅助工具，但需要较高的技术水平，多用于单件、小批量生产。

（2）成形刀具车削成形面。成形车刀在结构上有平体形、棱形和圆形 3 种，如图 4-4 中（a）、（b）、（c）所示。

用成形刀车削成形面如图 4-4 中（d）所示，其加工精度主要靠刀具保证。

成形刀具车削时接触面较大，切削抗力大，易出现振动和工件移位，所以加工时车削力要小些，工件必须夹紧。

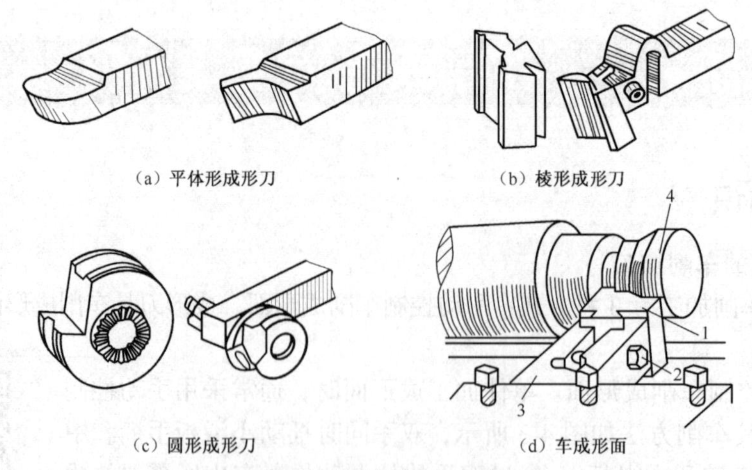

（a）平体形成形刀　（b）棱形成形刀

（c）圆形成形刀　（d）车成形面

图 4-4 成形车刀及车成形面

1—成形车刀；2—紧固件；3—刀体；4—成形面

常用成形刀类型及特点如表 4-1 所示。

表 4-1　　常用成形刀类型及特点

类型	简　图	特点及应用
普通成形刀		这种成形刀的切削刃轮廓外形根据工件的成形表面刃磨，刀体结构和装夹与普通车刀相同。这种刀具制作方便，可用手工刃磨，但精度较低，若精度要求较高时，可在工具磨床上刃磨。它常用于加工简单的成形面
棱形成形刀		这种成形刀由刀头和刀杆 2 部分组成。刀头的切削刃按工件的形状在工具磨床上用成形砂轮磨削成形。其后部有燕尾块，用来安装在弹性刀杆的燕尾槽中，用螺钉紧固。刀杆上的燕尾槽做成倾斜，这样成形刀就产生了后角，刀刃磨损后，只需刃磨刀头的前刀面。切削刃磨低后，可把刀头向上移动，直至刀头无法夹住为止。这种成形刀精度高，刀具寿命长，但制造比较复杂
圆形成形刀	1—前面； 2—主切削刃； 3—端面齿	这种成形刀做成圆轮形，在圆轮上开有缺口，使其形成前面 1 和主切削刃 2。使用时，将其装夹在弹性刀杆上，为了防止圆轮转动，在侧面做出端面齿 3，使之与刀杆侧面上的端面齿相啮合。圆形成形刀的主切削刃必须比圆轮中心低一些，否则后角为零度。主切削刃低于圆轮中心的距离 H 可用下式计算。 $$H=\frac{D}{2}\sin\alpha$$ 式中：H——刃口低于中心的距离，mm； D——圆形成形刀直径，mm； α——成形刀的后角，一般为 6°～10°

使用成形车刀需注意以下几点。

① 装夹车刀时，其主切削刃应与工件中心等高。

② 由于成形车刀主切削刃与工件接触面大，切削时容易产生振动，所以要把车床主轴和滑板等各部分间隙尽量调小，降低切削速度，减小进给量。

③ 加工中要合理选用切削液。

用成形车刀车成形面生产效率高，但刀具刃磨较困难，车削时容易振动，故只用于大批量生产中车削刚性好、长度较短且较简单的成形面。

（3）靠模车削成形面。

① 靠板靠模法。在图 4-5 中，用靠模 5 加工手柄的成形面 1，此时刀架的横向滑板已经与丝杠脱开，其前端的拉杆 4 上装有滚柱 3，当大拖板纵向走刀时，滚柱 3 即在靠模 5 的曲线槽内移动，从而使车刀刀尖也随着做曲线移动，同时用小刀架控制切深，即可车出手柄的成形面。当靠模 5 的槽为直槽时，将靠模 5 扳转一定角度，即可用于车削锥度。

② 尾座靠模法。图 4-6 所示为用尾座靠模加工手柄的示意图，靠模 3 安装在尾座 5 的套筒内，刀架上装一个刀夹，刀夹上装有车刀 2 和靠模杆 4。

车削时，操纵机床使靠模杆 4 始终贴紧靠模 3，并沿靠模 3 的表面移动，车刀 2 就车出与靠模 3 形状相同的成形面 1。

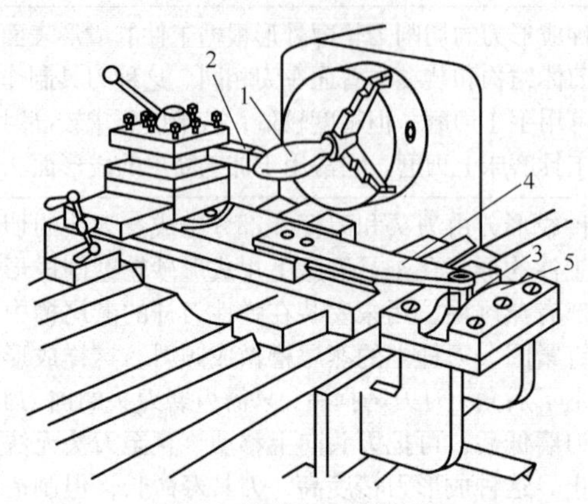

图 4-5 靠模加工橄榄手柄

1—成形面；2—车刀；3—滚柱；4—拉杆；5—靠模

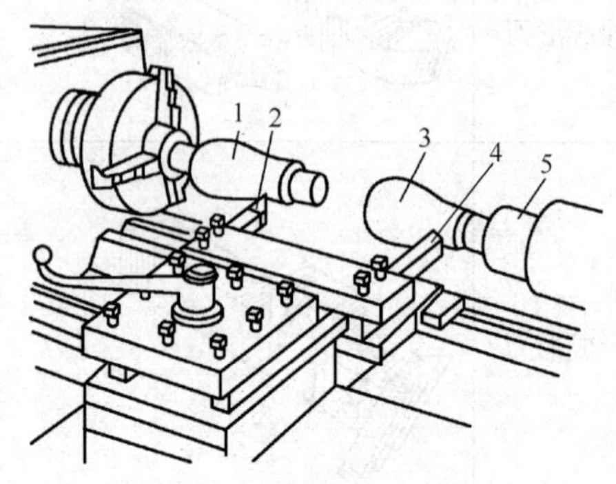

图 4-6 用尾座靠模车手柄

1—成形面；2—车刀；3—靠模；4—靠模杆；5—尾座

③ 横向靠模法。它用于车削工件端面上的成形面。如图 4-7 所示，靠模 6 装夹在尾座锥套锥孔内的夹板 7 上，用螺钉 8 固定。把装有刀杆 2 的刀夹 3 装夹在方刀架上，滚轮 5 由弹簧 4 保证紧靠在靠模 6 上。为了防止刀杆在刀夹中转动，在刀杆上铣一键槽安装键 9。

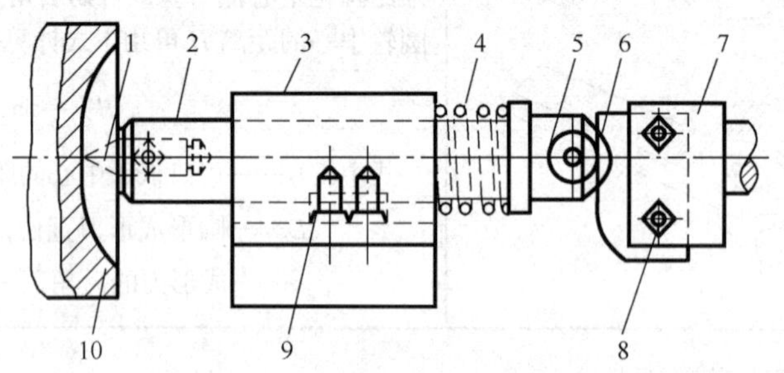

图 4-7 横向靠模法车削成形面

1—车刀；2—刀杆；3—刀夹；4—弹簧；5—滚轮；6—靠模；7—夹板；8—螺钉；9—键；10—工件

车削时，中滑板自动进给，滚轮 5 沿着靠模 6 的曲线表面横向移动，车刀 1 即车出工件 10 的成形端面。

④ 靠模车凸轮。如图 4-8 所示，在主轴锥孔中插一根心轴 1，心轴上装一个淬硬的靠模 2 和工件 4，中间用套圈 3 隔开，工件和靠模用垫圈 5 和螺帽 6 紧固。在工件拖板上装一靠模杆，抽去中拖板丝杠，用弹簧拉住中拖板，使靠模杆上的宽轮子 7 与靠模 2 接触，这样车刀 8 就会车出与靠模形状一致的零件了。

车削中，转速不宜过高，把小拖板转过 90°，可代替中拖板吃刀。

靠模加工成形面的方法操作简单，生产率较高，但需制造专用靠模，故只用于大批量生产中车削长度较大、形状较为简单的成形面。

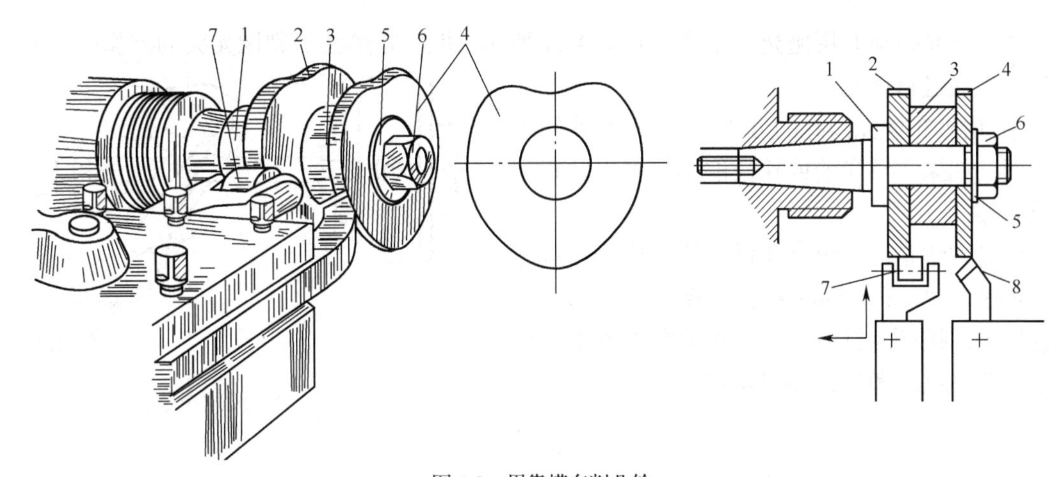

图 4-8　用靠模车削凸轮

1—心轴；2—靠模；3—套圈；4—工件；5—垫圈；6—螺帽；7—宽轮子；8—车刀

2. 成形件的表面修光

成形面的表面修光

经过精车以后的工件表面，如果还不够光洁，则需要用锉刀、砂布进行修整抛光。

（1）锉刀修整。通常用细纹板锉和特细纹板锉（油光锉）对成形件的表面进行修整，锉削余量一般在 0.03 mm 之内。

在车床上锉削修光时，为保证安全，最好用左手握柄，右手扶住锉刀前端锉削，如图 4-9 所示。

锉削的推锉速度一般为 40 次/min，锉削时要用力均匀，慢慢移动前进，避免把工件锉扁或锉成节状。为防止锉屑滞塞在锉齿缝里，锉削时最好在锉齿面涂一层粉笔末，并经常用铜丝刷清理齿缝。

（2）砂布抛光。经过锉削的工件表面仍会有细微痕迹，这时就需要用砂布抛光。

① 砂布型号和抛光方法。车床上抛光用的砂布一般用金刚砂制成，常用型号有 00 号、0 号、1 号、$1\frac{1}{2}$ 号、2 号等。号数越小，颗粒越细，00 号是最细的砂布，抛光后的表面粗糙度最低。

用砂布抛光的方法一般是将砂布垫在锉刀下进行，也可如图 4-10 所示，用手直接捏住砂布进行抛光。

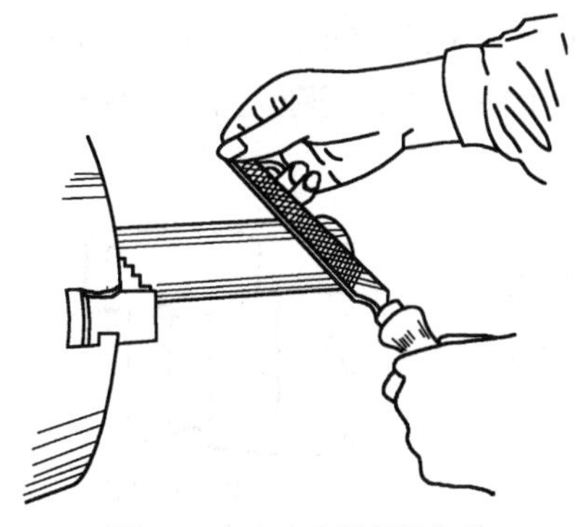

图 4-9　在车床上锉削的姿势

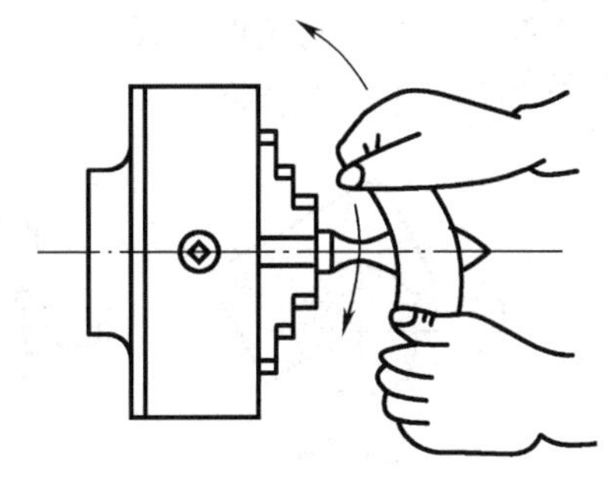

图 4-10　用砂布抛光工件

成批抛光时最好用抛光夹抛光，如图 4-11 所示，把砂布垫在木制抛光夹的圆弧中，用手捏紧抛光夹进行抛光。

② 用砂布抛光内孔的方法。经过精车后的内孔表面，如果不够光洁或孔径偏小，可用砂布抛光或修整。

抛光方法是用一根比孔径小的木棒，一端开槽，如图 4-12（a）所示；把撕成条状的砂布一头插进槽内，按顺时针方向把砂布绕在木棒上，然后放进孔内进行抛光，如图 4-12（b）所示。

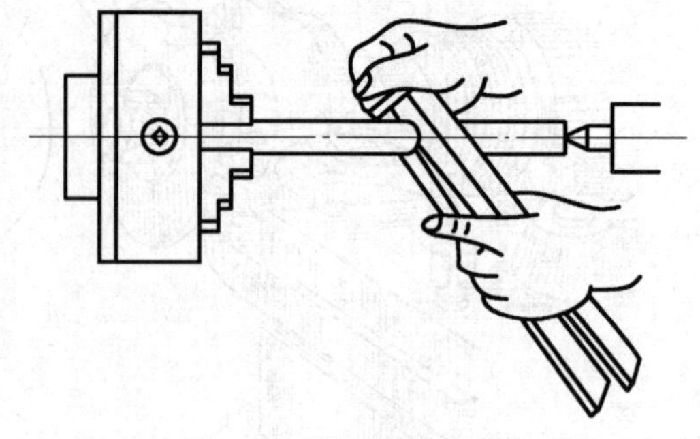

图 4-11　用抛光夹抛光工件

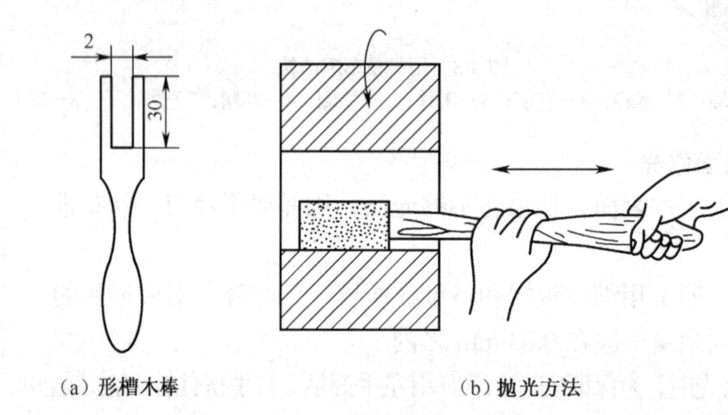

（a）形槽木棒　（b）抛光方法

图 4-12　用抛光棒抛光工件

③ 砂布抛光操作要点。在车床上用砂布抛光工件时，应选择较高的转速，并使砂布在工件表面来回缓慢均匀移动，最后精砂时，可在砂布上加些机油或金刚砂粉，以便获得更高的表面精度。

用砂布进行内孔抛光时，若孔径较大，除用抛光棒抛光外，还可用手捏住砂布抛光，但对小孔工件进行抛光时必须使用抛光棒，严禁把砂布缠绕在手指上伸入孔内抛光，以防发生事故。

成形面的检验方法

3. 成形面的检验

成形面在车削过程中及车削完成后，都要用样板来进行检验。

用样板检验成形面零件的方法如图 4-13 所示，检验时，必须使样板的方向与工件轴线一致，可由样板与工件之间的间隙大小来判断成形面的加工是否合格。

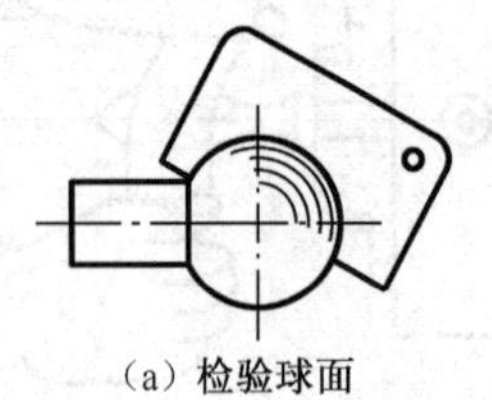

（a）检验球面　（b）检验摇手柄　（c）检验斜面圆弧

图 4-13　用样板检验成形面的方法

在车削和检测球面时，样板应对准工件中心，根据样板与工件之间间隙情况进行修整。

也可用千分尺来测量圆球的圆度误差，如图 4-14 所示，千分尺测微螺杆轴线应通过工件球面中心，并多次变换测量方向，根据测量结果进行修整。合格的球面，各测量方向所测得的量值都应在图样规定的范围内。

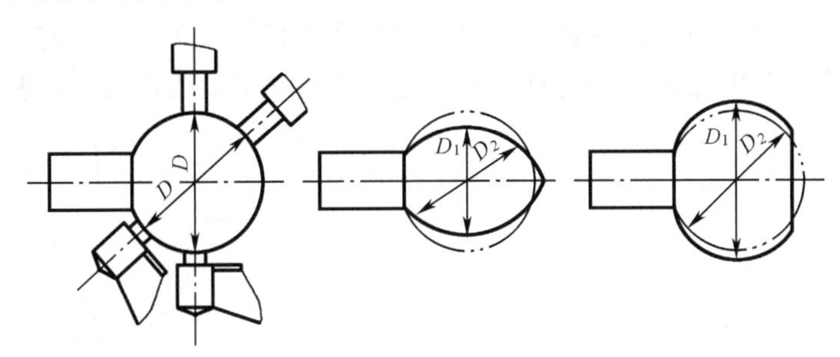

图 4-14　用千分尺检验圆球

4. 车削时的注意事项

（1）要培养目测球形的能力和协调双手控制进给动作的技能，否则容易把球面车成橄榄形和算盘珠形。

（2）用锉刀锉削弧形工件时，锉刀的运动要绕弧面进行。

（3）锉削时，为防止锉屑散落床面，影响床身精度，应垫护床板或护床纸。

5. 质量分析及预防措施

车削成形面的加工中，产生废品的原因及预防措施如表 4-2 所示。

表 4-2　车削成形面产生废品的原因及预防措施

废品现象	产生原因	预防措施
工件轮廓不正确	（1）用成形车刀车削时，车刀形状刃磨得不正确，没有按主轴中心高度装夹车刀，工件受切削力产生变形造成误差 （2）手动控制车削时，纵、横向进给不协调 （3）靠模车削成形面时，靠模形状不正确、安装不正确或靠模的传动机构存在间隙	（1）仔细刃磨成形刀，车刀高度装夹准确，适当减小进给量 （2）加强车削练习，使纵、横方向进给协调 （3）使靠模形状准确、安装正确，调整靠模传动时的间隙
工件表面粗糙	（1）车削复杂零件时进给量过大 （2）工件刚性差或刀头伸出过长，切削时产生振动 （3）刀具几何角度不合理 （4）材料切削性能差，未经过预备热处理，难以加工；如果产生积屑瘤会使表面更粗糙 （5）切削液选择不当	（1）减小进给量 （2）加强工件装夹刚度及刀具装夹刚度 （3）合理选择刀具角度 （4）对材料进行预热处理，改善切削性能，合理选择切削用量，避免产生积屑瘤 （5）合理选择切削液

二、技能训练

技能训练一　手动控制车削单球手柄

【训练要求】

通过手动控制车床车削图 4-15 所示的单球手柄，训练手动控制车床车削成形球面零件的技巧。

【操作步骤】

（1）分析曲面各点的斜率，然后根据斜率确定纵向和横向的走刀快慢。

如图 4-16 所示，车刀从点 a 经点 b 至点 c，横向进给速度应为慢→中→快，纵向进给速度应为快→中→慢。即车削点 a 时，中滑板的横向进给速度要比床鞍（或小滑板）的纵向进给速度慢；车到点 b 时，横向进给和纵向退刀速度基本相同；车到点 c 时，横向进刀要快，纵向退刀要慢，即可车出球面。车削时，关键是双手摇动手柄的速度配合要恰当。

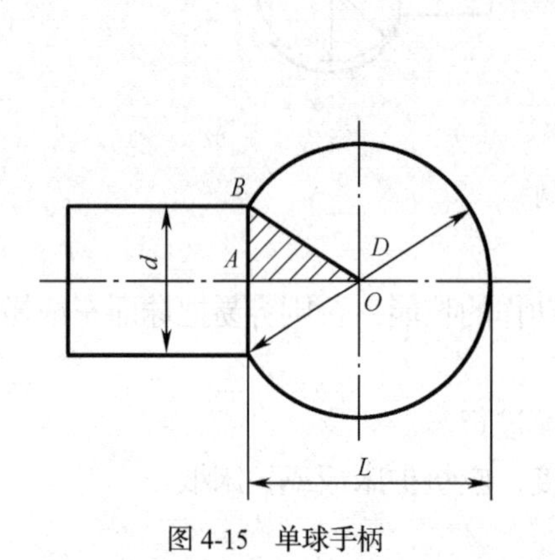

图 4-15　单球手柄

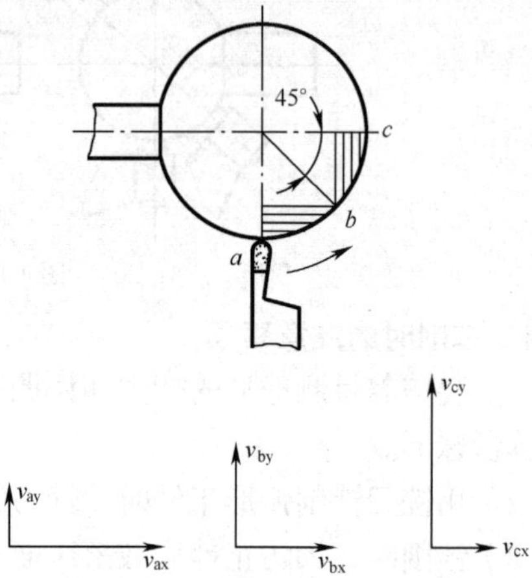

图 4-16　车刀纵、横向进给速度的变化

（2）计算圆球部分长度 L 的值，由图 4-15 可知：

$$L = \frac{1}{2}\left(D + \sqrt{D^2 - d^2}\right)$$

式中：D——圆球直径，mm；

　　d——柄部直径，mm。

（3）刃磨车刀的主切削刃呈圆弧形，用三爪自定心卡盘夹持工件，注意伸出长度。

（4）车端面。

（5）按圆球部分的直径和长度 L 车出两级外圆（D，d），均留 0.3～0.5 mm 的余量，如图 4-17 所示。

（6）用直尺量出圆球中心，并用车刀刻线痕，然后用 45° 车刀先在圆球的两侧倒角，以减少加工余量，如图 4-18 所示。

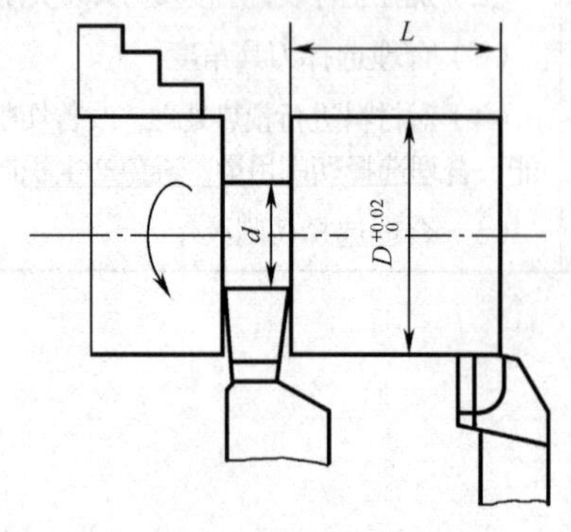

图 4-17　车两级外圆

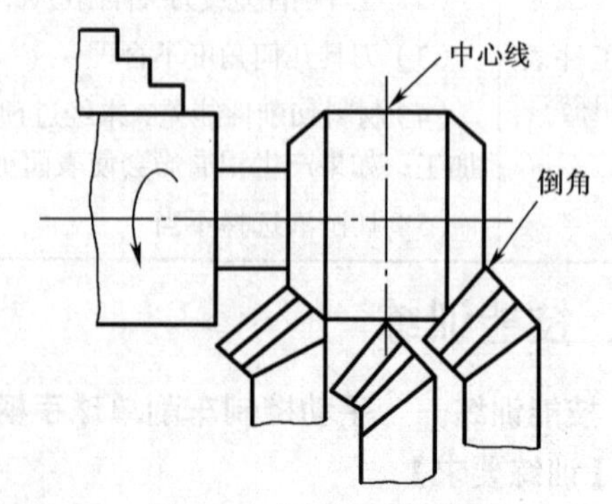

图 4-18　确定中心线并倒角

（7）双手同时转动中、小滑板手柄，通过纵、横向的合成运动车出球面形状，如图 4-19 所示。

① 粗车右半球（点 *a* 向点 *b*）。如图 4-20 所示，选用半径 2～3 mm 的圆头车刀，车刀进至离右半球面中心线 4～5 mm 接触外圆后，用双手同时移动中、小滑板，中滑板开始时进给速度要慢，以后逐渐加快；小滑板恰好相反，开始速度快，以后逐渐减慢。双手动作要协调一致。

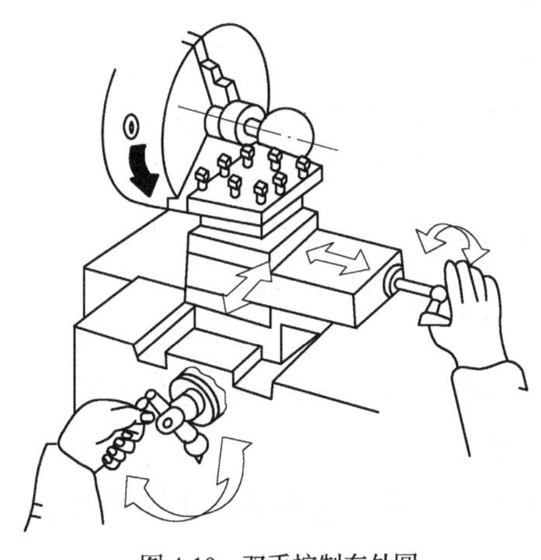

图 4-19　双手控制车外圆

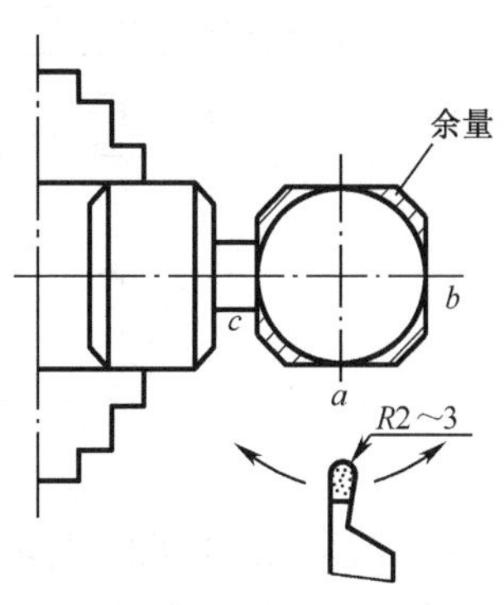

图 4-20　粗车圆球

② 车削过程中要经常停车检验，如图 4-21 所示。最后一刀离球面中心位置约 1.5 mm，以保证有足够的精车余量。

③ 粗车左半球（点 *a* 向点 *c*）。车削方法与右半球相似，不同之处是球柄部与球面连接处要车断，如图 4-22 所示，可用矩形沟槽刀或车断刀车削，注意车削清根时不要碰伤球面。

（8）精车球面。提高主轴转速，适当减慢进给速度。车削时仍由球中心向两半球进行。最后一刀的起始点应从球的中心线痕处开始进给。

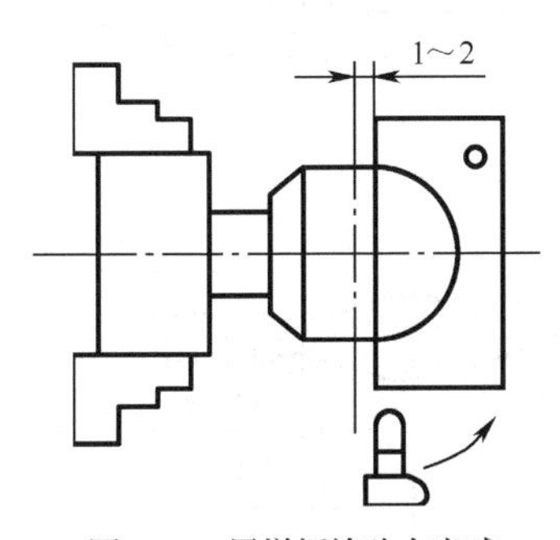

图 4-21　用样板检验右半球

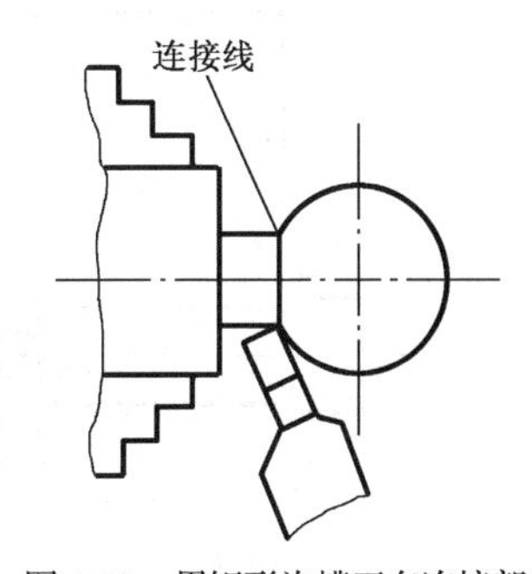

图 4-22　用矩形沟槽刀车连接部位

（9）修整。

（10）检查。

技能训练二　手动控制车削摇手柄

【训练要求】

通过手动控制车床车削图 4-23 所示的摇手柄表面，熟练掌握手动车削橄榄状成形面的操作技巧。

【操作步骤】

（1）夹住外圆车平面和钻中心孔。

（2）工件伸出长约 110 mm，一夹一顶，粗车外圆ϕ24 mm、长 100 mm，ϕ16 mm、长 45 mm，ϕ10 mm、长 20 mm，各留精车余量 0.1 mm，如图 4-24（a）所示。

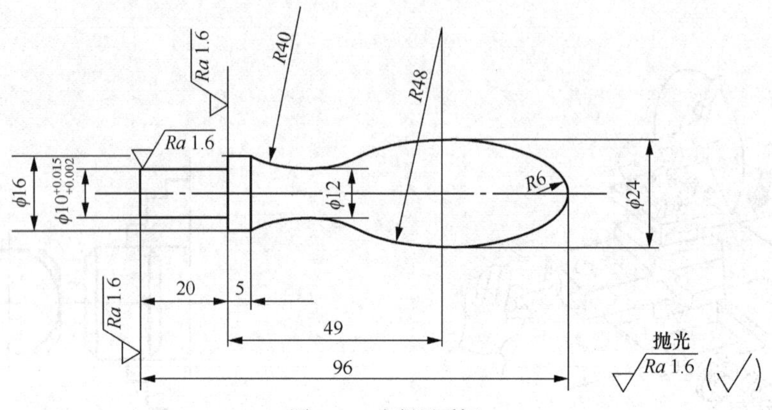

图 4-23 车削摇手柄

（3）从ϕ16mm 外圆的平面量起，长 17.5 mm 处为中心线，用小圆车刀车ϕ12.5 mm 的定位槽，如图 4-24（b）所示。

（4）从ϕ16 mm 外圆的平面量起，长大于 5 mm 处开始切削，向 12.5 mm 定位槽处移动，车 R40 mm 圆弧面，如图 4-24（c）所示。

（5）从ϕ16 mm 外圆的平面量起，长 49 mm 处为中心线，在ϕ24 mm 外圆上向左、右方向车 R48 mm 圆弧面，如图 4-24（d）所示。

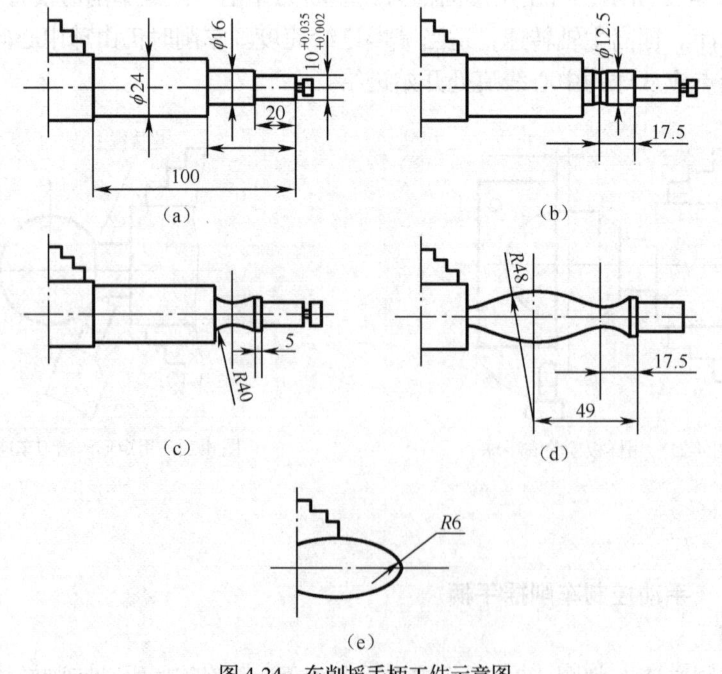

图 4-24 车削摇手柄工件示意图

（6）精车ϕ10 mm，长 20 mm 至尺寸要求，并包括ϕ16 mm 外圆。

（7）用锉刀、砂布修整抛光，并用专用样板检查。

（8）松去顶尖，用圆头车刀车 *R*6 mm，并切下工件。

（9）掉头垫铜皮，夹住ϕ24 mm 外圆找正，用车刀或锉刀修整 *R*6 mm 圆弧，并用砂布抛光，如图 4-24（e）所示。

技能训练三　手动控制车削三球手柄

【训练要求】

车削图 4-25 所示的三球手柄，熟练掌握手动控制车削成形球面的操作技巧。

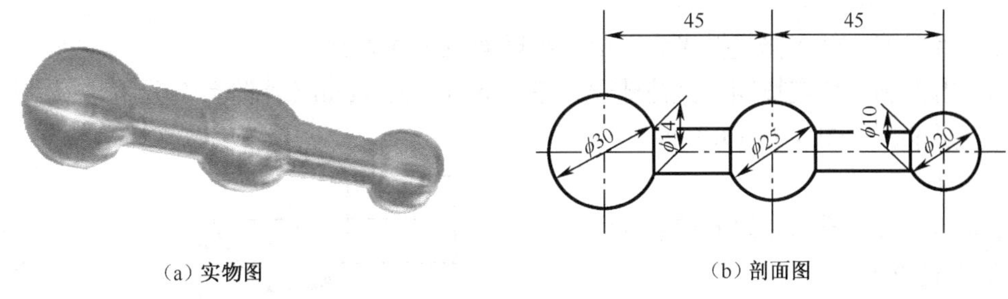

（a）实物图　（b）剖面图

图 4-25　三球手柄

加工三球手柄，一般有一夹一顶和两顶尖装夹 2 种加工方法，下面的操作为两顶尖装夹的加工方法。

【操作步骤】

（1）车平面、阶台ϕ8 mm×6 mm，并钻中心孔ϕ3 mm，如图 4-26（a）所示。

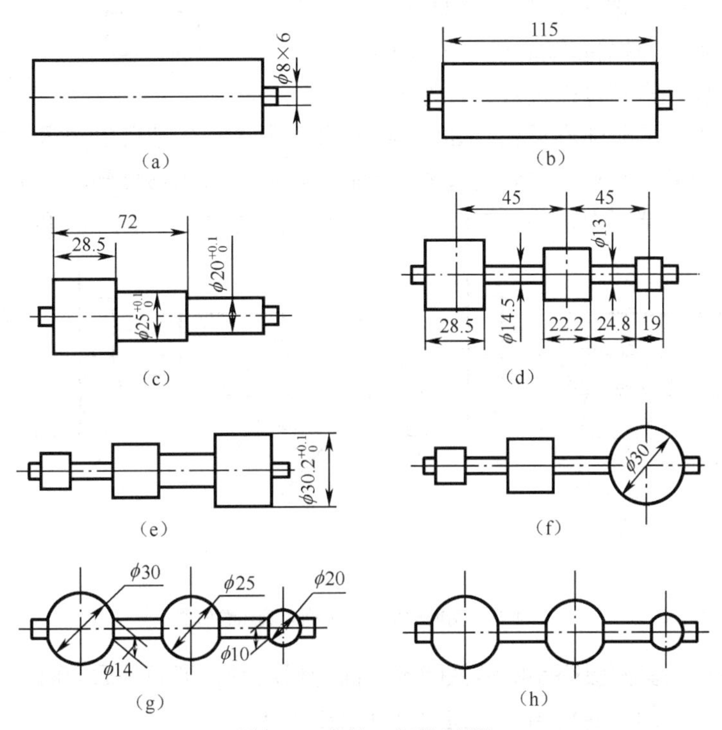

（a）（b）（c）（d）（e）（f）（g）（h）

图 4-26　车削三球手柄步骤

（2）掉头、车平面、阶台ϕ8 mm×6 mm，并控制总长 115 mm，如图 4-26（b）所示。

（3）工件装夹在两顶尖上，粗车外圆ϕ25 mm，并控制左端大外圆长 28.5 mm，续车外圆ϕ20 mm，并控制左端阶台长 72 mm，如图 4-26（c）所示。

（4）车槽ϕ13 mm × 24.8 mm，并控制小外圆长 19 mm；车槽ϕ14.5 mm，长 20.5 mm，并控制外圆ϕ25 mm，长度为 22.2 mm；以及大外圆长度为 28.5 mm，如图 4-26（d）所示。

（5）掉头，用顶尖装夹，粗车外圆ϕ30 mm，如图 4-26（e）所示。

（6）车ϕ30 mm 球面至尺寸要求，如图 4-26（f）所示。

（7）掉头车ϕ25 mm 球面及ϕ20 mm 球面至尺寸要求，旋转小滑板 1° 45′，车圆锥体，如图 4-26（g）所示。

（8）用锉刀、砂布修整抛光大、中、小球面及锥体外圆。

（9）用自制夹套或垫铜皮夹住球面，车ϕ8 mm、长 6 mm（小阶台 2 只），并用锉刀、砂布抛光至要求，如图 4-26（h）所示。

（10）检查。

技能训练四　成形车刀的刃磨

【训练要求】

刃磨图 4-27 所示的外圆弧成形刀，掌握刃磨成形车刀的技巧。

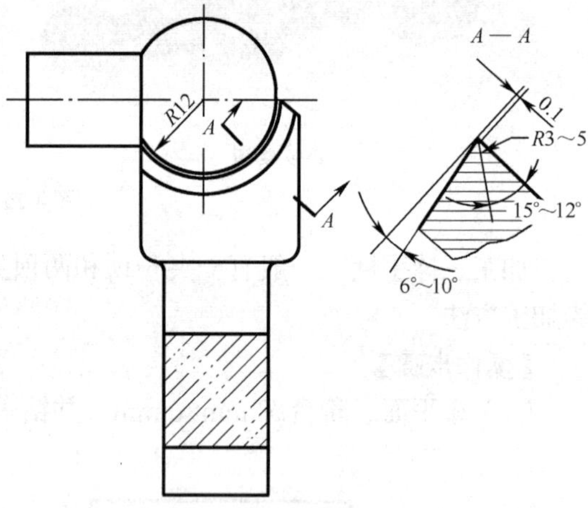

图 4-27　外圆弧成形刀

【操作步骤】

（1）先在普通砂轮上粗磨圆弧外形。

（2）如图 4-28（a）所示，在内圆磨床上精磨圆弧外形。精磨前，先将砂轮按直径ϕ24 mm 进行修整。刃磨时，刀具前面倾斜 6°～8°，磨出后角。刃磨时要经常用样板校对刀具外形。

（3）刃磨前刀面的圆弧卷屑槽。如图 4-28（b）所示，先把砂轮边缘修整成圆弧状，然后把刀具前刀面沿外形轻轻贴住砂轮边缘，沿砂轮的圆周方向缓慢转动，便可磨出所需要的圆弧卷屑槽。为了保持形面正确，应注意在外形曲线上留 0.05～0.1 mm 的棱边。

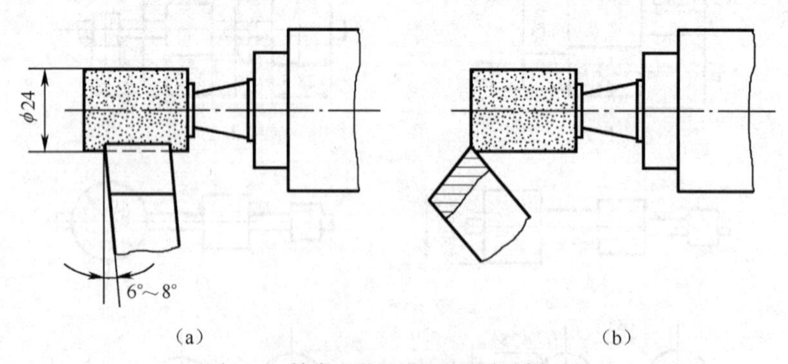

图 4-28　精磨成形刀后刀面和圆弧卷屑槽

（4）车一个比刀具圆弧略小的铸铁圆棒，涂上研磨剂，把刀具后刀面紧靠圆棒表面，左右移动，上下转动，用力要均匀，直到刃口都研出为止。

技能训练五　用成形车刀车削工件

【训练要求】

车削图 4-29 所示的工件，掌握成形车刀车成形面的技巧。

【操作步骤】

（1）分析工件。如图 4-29 所示，$\phi 34_{-0.03}^{\ 0}$ mm 轴线相对 $\phi 16_{\ 0}^{+0.02}$ mm 轴线的同轴度公差为 $\phi 0.03$ mm。

（2）刃磨成形车刀。成形车刀的形状由 $R25$ mm 的圆弧面、长度 8 mm 的平面及倒角 $C2$ 三部分组成。

（3）装夹车刀。装夹车刀时应对准工件中心并使圆弧中心与工件中心垂直，并采用样板校正装夹车刀。

（4）调整车床。将中、小滑板镶条与导轨之间的间隙调整小一些，减少振动。

（5）用普通车刀车出成形面工件的外圆。对 $\phi 30$ mm 留精车余量 0.5 mm，长度 25 mm 留车断余量 3 mm。

（6）用成形车刀精车成形面。如图 4-30 所示，将成形车刀切削刃高度调整与轴线平行，启动机床，移动中滑板横向进给车削，一次车成 $\phi 34_{-0.3}^{\ 0}$ mm 外圆，$R25$ mm 圆弧及倒角 $C2$。

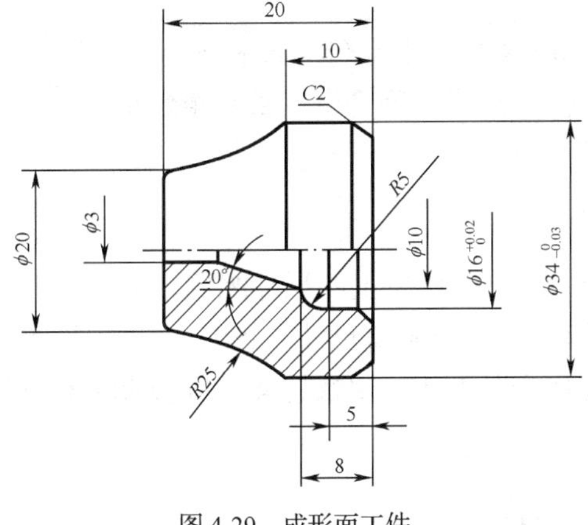

图 4-29　成形面工件

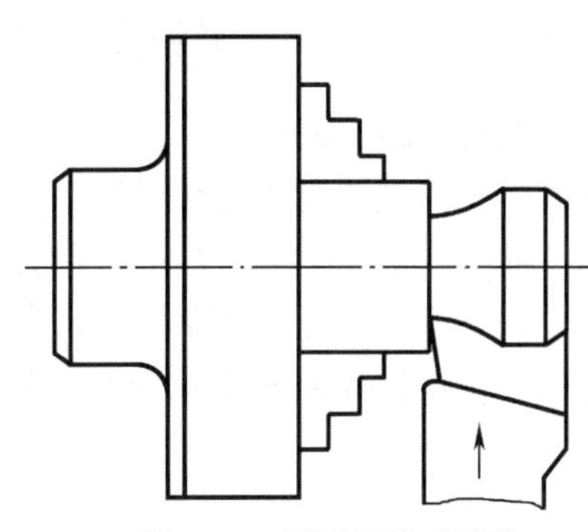

图 4-30　成形车刀车成形面

【注意事项】

（1）切削时，应根据实际情况适当降低主轴转速和切削速度。

（2）开始时切削用量 f 一般取为 0.2～1.2 mm/r。

（3）随着切削深度增加，切削刃与工件的接触面积加大，这时要降低主轴转速，少量进给，并利用主轴惯性修整、抛光。

任务二　研磨

一、基础知识

研磨是游离的磨料通过辅料和研磨工具（也称研具）对工件表面进行包括物理和化学综

合作用的微量切削。研磨后工件的尺寸精度可以达到 0.001～0.005 mm，表面粗糙度一般为 *Ra*0.8～*Ra*0.05 μm，最小可达到 *Ra*0.006 μm。

1．研磨的种类

研磨可以分为干研磨和湿研磨。

（1）干研磨是预先将磨料压嵌在研具上，在研磨时不再加任何研磨剂，在近乎完全干燥的情况下进行研磨，如图 4-31 所示。

（2）湿研磨是在研具或工件表面上涂敷研磨剂，在研磨过程中，不断地充分地添加研磨混合剂，如图 4-32 所示。

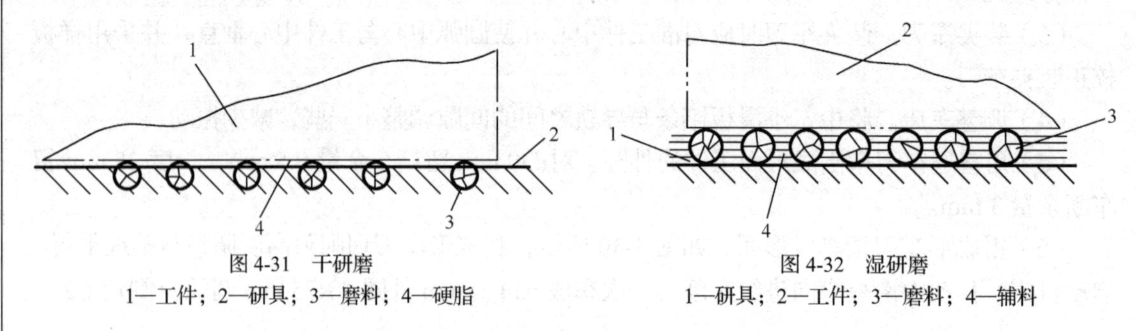

图 4-31 干研磨

1—工件；2—研具；3—磨料；4—硬脂

图 4-32 湿研磨

1—研具；2—工件；3—磨料；4—辅料

重要提示

湿研磨的效率比干研磨高 6～8 倍，但干研磨的精度高。所以一般是先用湿研磨将尺寸磨到适当程度后，再用干研磨做最后精加工。

2．研磨的工具和方法

研磨的工具主要有研套和研棒。

（1）研套。研磨轴类零件的外圆时使用研套，它的内径按工件尺寸配置，如图 4-33 所示，研套 2 的内表面轴向开有几条槽，研套的一面切开，用于调整尺寸。螺钉 3 防止研套在研磨时产生转动，研套内涂研磨剂，金属夹箍 1 包在研套外圆上，用螺栓 4 紧固以调节径向间隙。

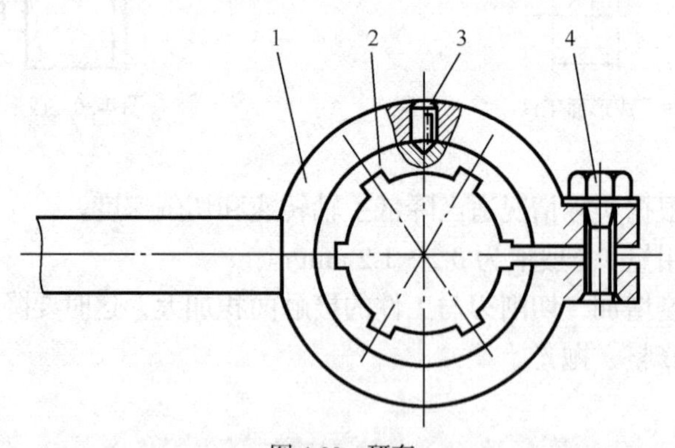

图 4-33 研套

1—金属夹箍；2—研套；3—螺钉；4—螺栓

重要提示

研套和工件之间的间隙不宜过大，否则会影响研磨精度。研磨前，工件必须留 0.005～0.02 mm 的研磨余量。研磨时，手握研具沿着低速旋转的工件均匀地轴向运动，直到尺寸和表面粗糙度都符合要求为止。

（2）研棒。研棒主要用于研磨圆柱孔。如图 4-34 所示，锥形心轴 2 和锥孔套筒 3 配合。套筒的表面上轴向开有几条槽，它的一面切开，转动螺母 1 和螺母 4，可利用心轴的锥度调节套筒的外径，尺寸按工件的孔配制，间隙不可过大。销钉 5 用来防止套筒与锥形心轴做相对转动。

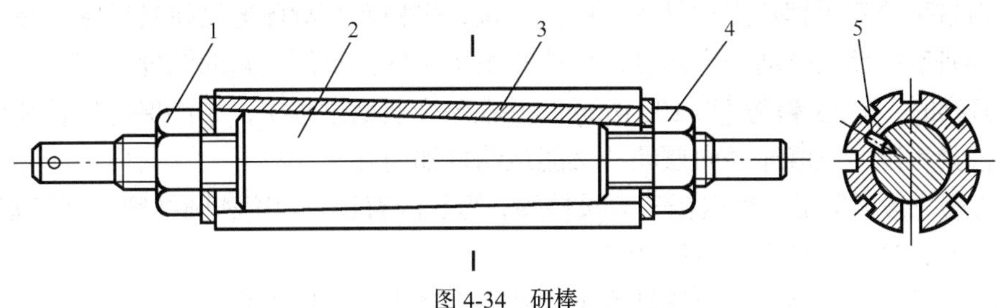

图 4-34　研棒

1，4—螺母；2—锥形心轴；3—锥孔套筒；5—销钉

研磨时，在套筒表面涂上研磨剂，研棒装夹在自定心卡盘和顶尖上做低速旋转，工件套在套筒上，用手扶着或装入夹具中沿轴向往复移动。

3. 研具材料

研具材料应具备组织结构细致均匀，有很高的稳定性和耐磨性及抗擦伤能力，有很好的嵌存磨料的性能，工作面的硬度一般应比工件表面的硬度稍低。常用研具材料有以下几种。

（1）灰口铸铁。它含有石墨，润滑性好，磨损相当小，研磨效率比较高，应用较为广泛。

（2）低碳钢。其强度大于灰口铸铁，不易折断变形，可用来研磨螺纹和小直径工具。

（3）铜。它是粗研磨工具材料，适于研磨余量大的工件。

4. 研磨剂

研磨剂是选用磨料和辅料，并按一定比例配制而成的，一般配制成研磨液和研磨膏。为了提高研磨效率，并且被研磨表面不出现明显的划痕，往往采取湿研的方式。

磨料在研磨中主要起切削作用。磨料粒度按颗粒大小分为 29 个号，记作 $12^{\#}$、$14^{\#}$、$16^{\#}$、$20^{\#}$、$24^{\#}$、$30^{\#}$、$36^{\#}$、$46^{\#}$、$60^{\#}$、$70^{\#}$、$80^{\#}$、$100^{\#}$、$120^{\#}$、$150^{\#}$、$180^{\#}$、$240^{\#}$、$280^{\#}$、W40、W28、W20、W14、W10、W7、W5、W3.5、W2.5、W1.5、W1 和 W0.5。

辅料则是一种黏度较大和氧化作用较强的混合脂，其作用是使工件表面形成氧化膜，加速研磨进程。辅料包括液态辅料和固态辅料，常用的液态辅料有煤油、汽油、甘油等，常用的固态辅料有硬脂。

二、技能训练

技能训练一　内圆柱面的研磨

【训练要求】

对 ϕ80 mm×400 mm 的内孔进行研磨，掌握内圆柱面的研磨技巧。技术要求：圆柱度 ϕ0.015 mm，表面粗糙度为 Ra0.4 μm。

【训练步骤】

（1）将可调长研磨棒的一端装夹在主轴径向圆跳动很小的机床上，另一端用尾座顶尖顶住，用测微计校正它的旋转中心，机床主轴的径向圆跳动不超过工件的允许误差。

（2）研磨前，移开尾座，装上工件，再顶上尾座顶尖，使工件的重力保持平衡，并调整研磨棒与工件的间隙至适当值。

（3）用右手或双手捏住工件外圆的中间部位，平稳而有顺序地沿研具做轴向往复移动，先使工件绕研磨棒反向转动一个角度，以防止由于工件自重而引起的圆度误差。

（4）研磨时，研磨棒转速为 100 r/min，并在整个研磨过程中，始终保持研孔和研具之间有良好的松紧程度，以既无径向摆动，又能运动自如为宜。

（5）研磨一段时间后，用内径千分尺检验，当孔的直径、圆度和圆柱度达到基本要求后，改用手工研磨，进一步提高工件的精度。

（6）研磨结束后，将工件及研具取下，并将二者表面擦拭干净。

技能训练二　锥套的研磨

【训练要求】

研磨图 4-35 所示的锥套，掌握圆锥面的研磨技巧。

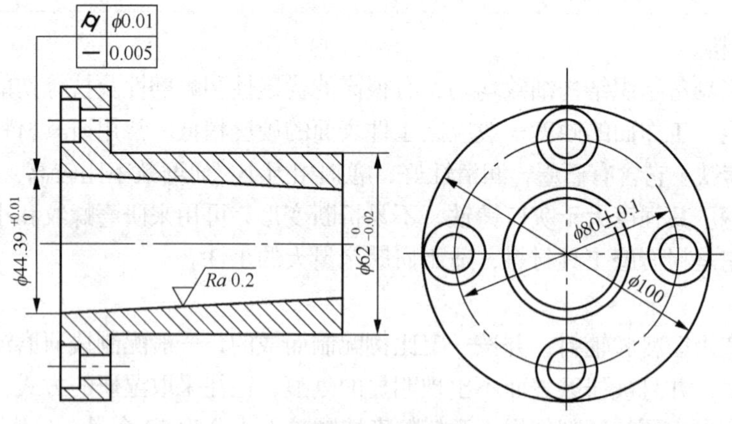

图 4-35　锥套

检验棒和研磨棒如图 4-36 和图 4-37 所示。

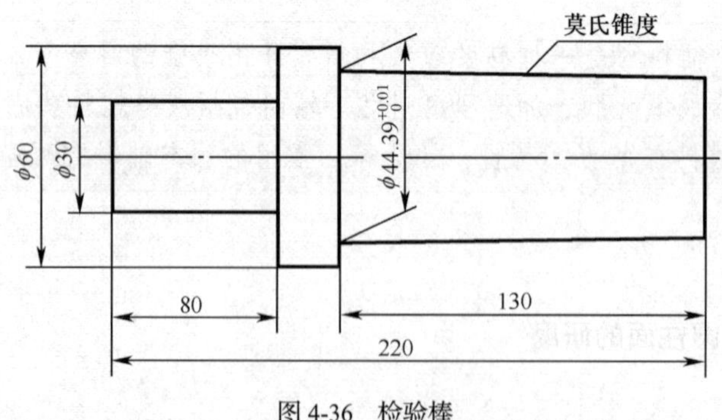

图 4-36　检验棒

【训练步骤】

1. 检验工件

工件误差与加工余量必须达到规定的各项技术要求。其操作顺序如下。

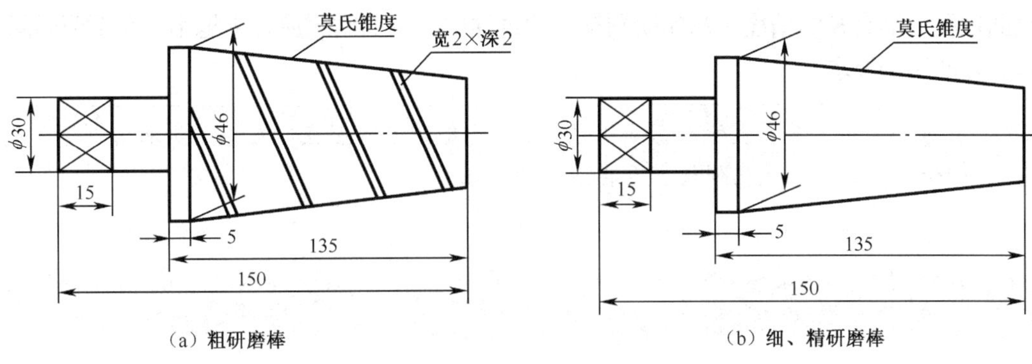

（a）粗研磨棒

（b）细、精研磨棒

图 4-37　研磨棒

（1）清理（毛刺、油污）→检验形位精度→检验尺寸精度→检验表面粗糙度→检验其他缺陷。

（2）检验锥孔大端直径是否在 $\phi44.39^{-0.20}_{-0.23}$ mm 的范围内。

（3）检验锥孔锥度是否符合要求（或检验小端直径）。

（4）检查锥孔表面粗糙度应小于等于 $Ra1.6$ μm。

2. 粗研

（1）将工件用 4 个 M6 内六方螺钉紧固在研磨支架上，固定支架使工件锥孔轴线竖直向下。

（2）将 W25 研磨膏涂在锥孔表面上。

（3）将粗研磨棒擦拭干净后插入工件锥孔内。

（4）用铰杆卡住粗研磨棒柄部方楔，两手用力均匀地顺着一个方向转动，进行粗研（研磨方法：每转 4～5 周，将研磨棒退出一些，再推入研磨）。

（5）在研磨过程中应经常检查锥孔大端直径的大小。

（6）当大端直径在 $\phi44.39^{-0.10}_{-0.08}$ mm 的范围内时，粗研结束。

3. 细研

（1）把粗研后的锥孔彻底清洗干净，然后均匀涂上 W10 研磨膏。

（2）将细研磨棒擦拭干净后插入锥孔内，用铰杠带动研磨棒转动，进行细研。

（3）将锥孔内的研磨膏清洗干净，用研磨棒检查锥孔大端直径和用着色法检查接触精度。

（4）至大端直径 $\phi44.39^{-0.01}_{-0.03}$ mm 、接触面积大于等于 70%时细研结束。

【注意事项】

（1）研磨棒的莫氏锥度必须符合要求。

（2）研磨剂应无杂质。

（3）涂研磨剂时，锥孔上部应涂厚些，下部应涂薄些。

（4）为防止出现喇叭口状，手研时，两手转动铰杠的力量要均衡。

（5）研磨时速度不能太快，防止工件起热。

（6）细研时两手向下作用在检验棒上的轴向力比粗研时小，防止研磨棒与工件“咬死”。

（7）细研时，研磨膏一定要清洁，防止有大的颗粒物混入。

（8）应用煤油或柴油清洗锥孔内的研磨膏。

（9）将检验棒插入工件锥孔，通过检查工件锥孔大口端面与检验棒锥轴大端轴肩的间隙来判断锥孔大端直径的精度。从粗研到精研的过程中，两面间隙应越来越小，直至两面间隙为零，才能达到要求。

若出现研磨棒与工件“咬死”的现象，应在研磨棒的小端用铜棒轴向敲击，退出研磨棒后再进行研磨。

任务三　滚花

一、基础知识

为了增加表面摩擦，便于使用或使零件表面美观，常在某些工具和机器零件的捏手部位表面上滚压出各种不同形状的花纹，如图4-38所示的千分尺的微分筒、图4-39所示的车床中滑板刻度盘表面等。这些花纹一般是在车床上用滚花刀滚压而成的。

图4-38　千分尺的微分筒

图4-39　车床滑板刻度盘

用滚花工具在工件表面上滚压出花纹的加工称为滚花。

1. 滚花的花纹种类

滚花的花纹有直纹和网纹两种，如图4-40所示。滚花的花纹各部分尺寸如表4-3所示，花纹的粗细用节距 p 来区分，节距越大，花纹越粗，节距和模数的关系是 $p=\pi m$。m=0.2 mm是细纹；m=0.3 mm是中纹；m=0.4 mm和0.5 mm是粗纹；2 h 是花纹高度。

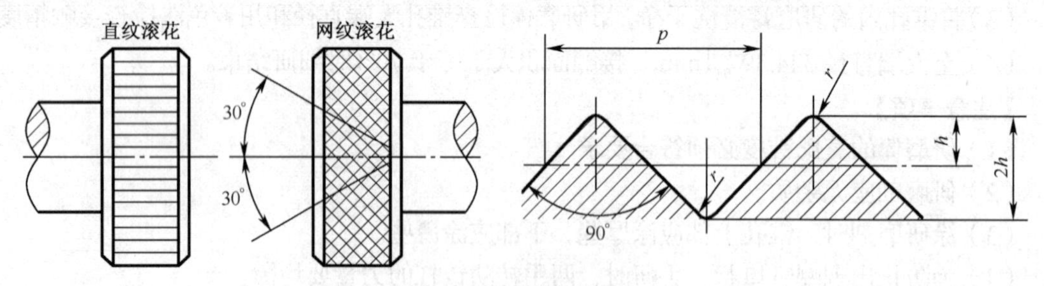

图4-40　滚花花纹的种类

表4-3　滚花的花纹各部分尺寸（mm）

模数 m	h	r	节距 $p=\pi m$
0.2	0.132	0.06	0.628
0.3	0.198	0.09	0.942

续表

模数 m	h	r	节距 $p=\pi m$
0.4	0.264	0.12	1.257
0.5	0.326	0.16	1.571

注：① $h=0.785m-0.414r$。

② 滚花前工件表面粗糙度为 $Ra12.5\mu m$。

③ 滚花后工件直径大于滚花前直径，其差值 $\varDelta\approx(0.8\sim1.6)m$。

2. 滚花工具

车床上滚花使用的工具称为滚花刀。如图 4-41 所示，滚花刀一般有单轮、双轮和六轮 3 种类型。

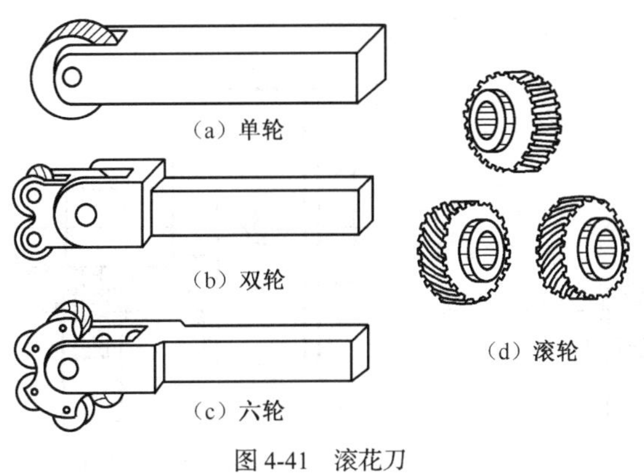

图 4-41　滚花刀

单轮滚花刀通常用于压直花纹；双轮滚花刀和六轮滚花刀用于滚压网花纹，它是由节距相同的一个左旋和一个右旋花刀组成一组。六轮滚花刀按大小分为 3 组，装夹在同一个特制的刀柄上，分粗、中、细 3 种以供选择。

由于滚花过程是利用滚花刀的滚轮来滚压工件表面的金属层，使其产生一定的塑性变形而形成花纹的，随着花纹的形成，滚花后的工件直径会增大，所以滚花前的滚花表面的直径应相应车小些。

一般在车削滚花外径时，应根据工件材料的性质和滚花的节距大小，将工件滚花部位的外径车小为（0.2～0.5）p。

3. 滚花刀的装夹

（1）如图 4-42 所示，滚花刀装夹在车床的方刀架上，滚花刀的装刀（滚轮）中心与工件回转中心等高。

（2）滚压有色金属或滚花表面要求较高的工件时，滚花刀滚轮轴线应与工件轴线平行，如图 4-43 所示。

（3）滚压碳素钢或滚花编码要求一般的工件时，可使滚花刀刀柄尾部向左偏斜 3°～5° 安装，便于切入工件表面且不易产生乱纹，如图 4-44 所示。

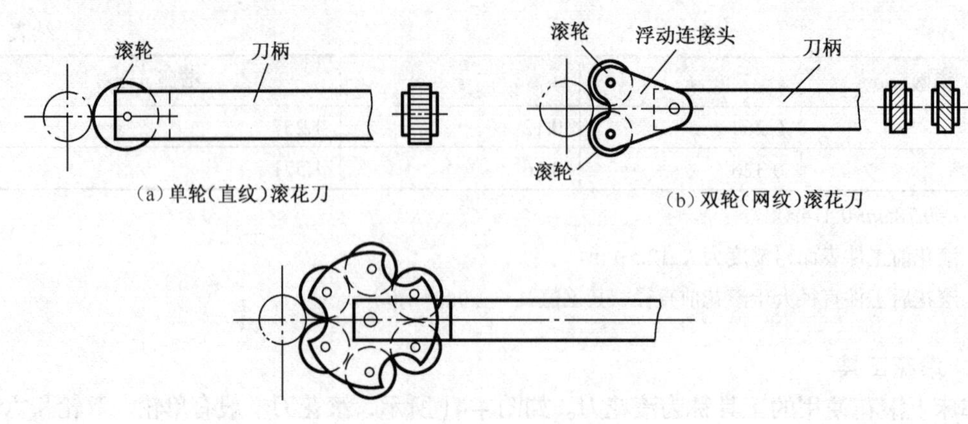

（a）单轮（直纹）滚花刀　（b）双轮（网纹）滚花刀

（c）六轮（3种网纹）滚花刀

图4-42　中心等高装夹

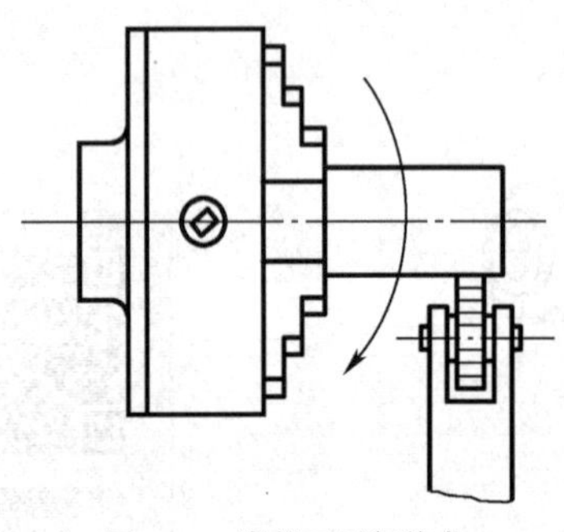

图4-43　滚花刀平行装夹

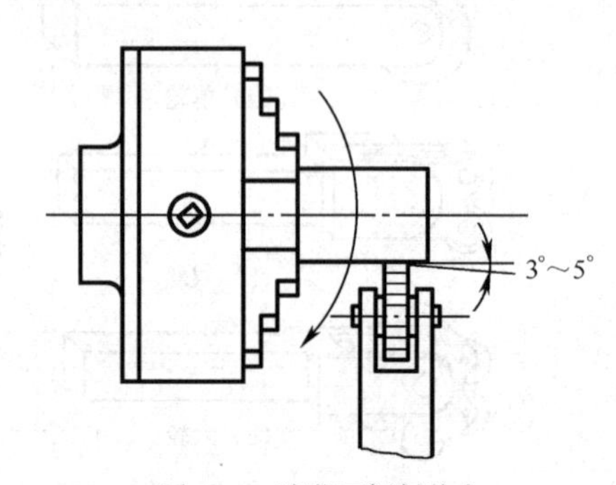

图4-44　滚花刀倾斜装夹

4. 滚花操作要点

（1）滚花刀接触工件开始滚压时，挤压力要大且猛一些，使工件圆周上一开始就形成较深的花纹，不易产生乱纹。

（2）为了减小滚花开始时的径向压力，如图4-45所示，先使滚轮表面宽度的1/3～1/2与工件接触，使滚花刀容易切入工件表面，在停车检查花纹符合要求后，再纵向机动进给，反复滚压1～3次，直至花纹凸出达到要求为止。

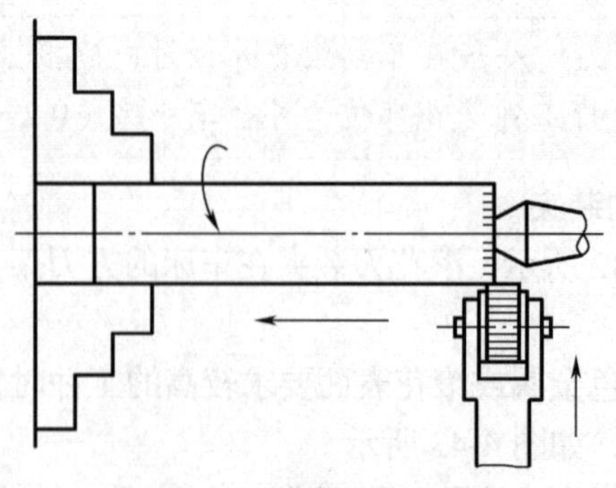

图4-45　滚花刀横向进给位置

（3）滚花时，应选择低的切削速度，一般为 5～10 m/min。纵向进给量可选择大些，一般为0.3～0.6 mm/r。

（4）滚花时，应充分浇注切削液以润滑和冷却滚轮，并经常清除滚压产生的切屑。

（5）滚花时径向力很大，所用设备应刚度较高，工件必须装夹牢靠。

为避免滚花时出现工件移位带来的精度误差，车削带有滚花表面的工件时，滚花应安排在粗车之后，精车之前进行。

5．滚花注意事项

（1）滚压直纹时，滚花刀的齿纹必须与工件轴线平行，否则滚压后花纹不直。

（2）滚压过程中，不能用手或棉纱接触滚压表面，以防发生绞手事故；清除切屑时应避免毛刷接触工件与滚轮的咬合处，防止毛刷被卷入。

（3）滚压细长工件时，应防止工件弯曲；滚压薄壁工件时应防止工件变形。

（4）滚压时压力过大，进给量过小时，往往会滚出阶台形凹坑。

二、技能训练

技能训练一　工件滚花练习 1

【训练要求】

在图 4-46 所示手柄ϕ16 mm 的外圆上滚出网纹，掌握滚花操作的方法和技巧。

【操作步骤】

（1）工件分析。工件节距 $p=\pi\times0.3$ mm=0.942 mm。

（2）选择滚花刀。选双轮节距为 0.942 mm 的滚花刀。

（3）滚花刀装夹。先将刀架锁紧，将滚轮轴线调至与工件轴线等高并且平行，如图 4-46 所示。

（4）滚花切削速度选择。切削速度选 10 m/min。

（5）开动机床，将滚轮约 1/2 长度对准工件外圆。摇动中滑板横向进给，以较大的力使轮齿切入工件，挂上自动进给，加注切削液。

（6）倒角、去除毛刺后卸下工件。

技能训练二　工件滚花练习 2

【训练要求】

车削图 4-47 所示的工件，并在ϕ40 mm 外圆上滚出网纹，进一步掌握滚花操作的方法和技巧。相关尺寸要求如图 4-47 所示。

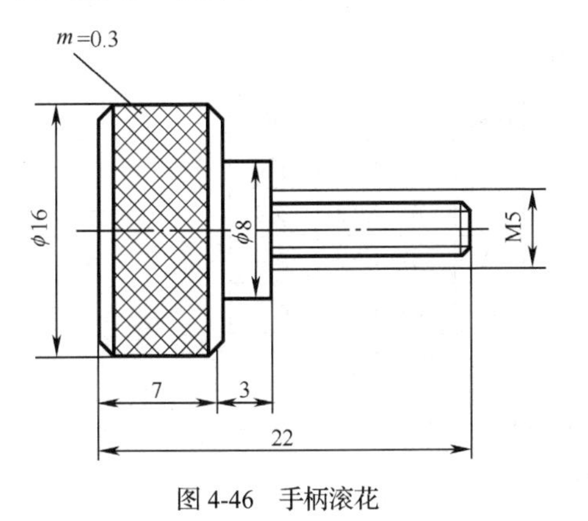

图 4-46　手柄滚花

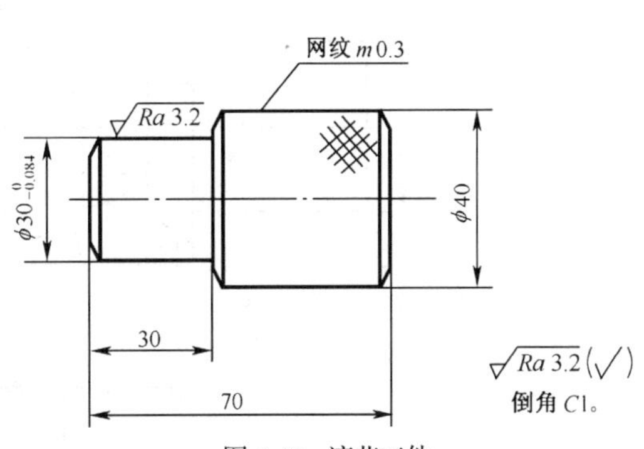

图 4-47　滚花工件

【训练步骤】

（1）用三爪自定心卡盘夹持工件毛坯外圆，校正并加紧。

（2）车端面，车平即可。

（3）粗车外圆至ϕ31.2 mm，长 30 mm。

（4）掉头夹持ϕ31.2 mm 外圆，长 20 mm，找正并夹紧。

（5）车端面保持总长 70.5 mm。

（6）车外圆至ϕ39.8 mm。

（7）计算节距，选择滚花刀。

（8）滚压网纹 m0.3，倒角 C1。

（9）掉头夹持滚花表面，找正并夹紧，车端面保证总长 70 mm。

（10）精车外圆 $\phi 30_{-0.084}^{\ 0}$ mm，长 30 mm 至要求；倒角 C1（2 处）。

实　　训

实训一　手动控制车削单球手柄

手动控制依次车削单球手柄，材料及尺寸要求如图 4-48 所示。

【要点提示】

（1）计算长度 L，依次分别为 33、21.4、29.8 和 27.9。

（2）以第 1 次为例，其操作顺序如下。

① 车端面。

② 车外圆至ϕ37 mm，长 44 mm。

③ 车槽ϕ20 mm，宽 10 mm，并保证 L 长度大于 33 mm。

④ 用圆头车刀粗车、精车球面至 $S\phi$36 mm ± 0.5 mm 尺寸。

⑤ 清角，修整。

⑥ 检查。

（3）以后各次操作练习，加工方法同上。

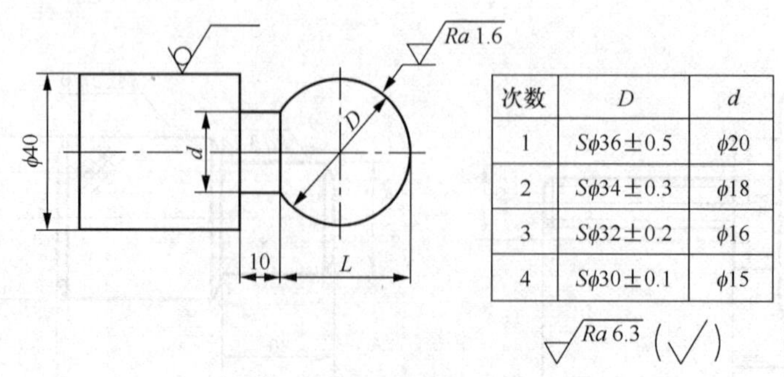

次数	D	d
1	$S\phi36\pm0.5$	ϕ20
2	$S\phi34\pm0.3$	ϕ18
3	$S\phi32\pm0.2$	ϕ16
4	$S\phi30\pm0.1$	ϕ15

材料：45 钢　ϕ40mm×120mm 1 件

图 4-48　单球手柄

实训二　简述手柄工件的加工方法与步骤

简述图 4-49 所示手柄工件的加工方法与步骤。

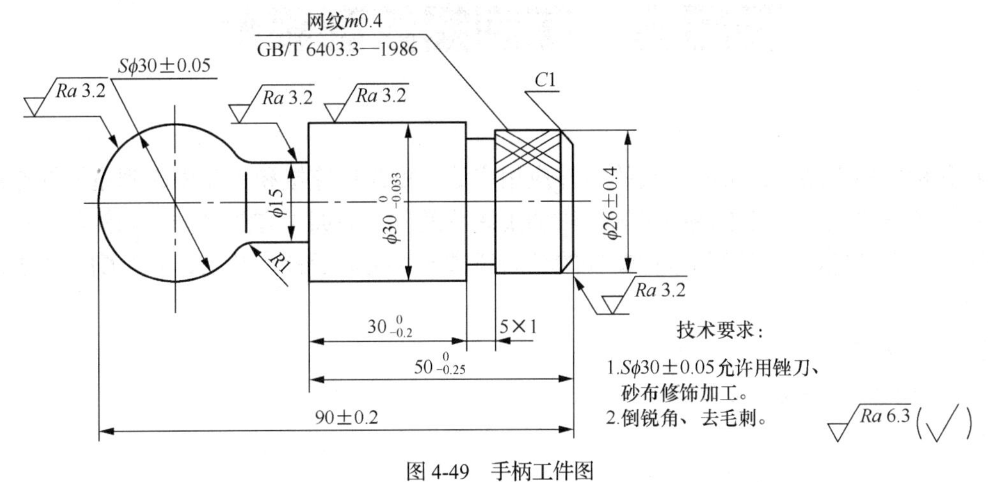

图 4-49　手柄工件图

【要点提示】

（1）夹持工件毛坯外圆，车平面和钻中心孔。

（2）一夹一顶，粗车外圆ϕ30 mm、长 70 mm，外圆ϕ25.8 mm、长 20 mm，槽ϕ24 mm、长 5 mm。

（3）松去顶尖，滚压网纹 m0.3，倒角 C1。

（4）掉头车槽ϕ15 mm，球ϕ30 mm，倒锐角。

（5）修整，检查。

项目五　车削螺纹和蜗杆

在各种机械产品中，带有螺纹的零件应用广泛，螺纹在连接和传动中起到重要的作用。螺纹的加工方法很多，其中使用车削方法加工螺纹是主要的加工方法之一。蜗杆与蜗轮组成蜗杆副，用于减速传动。阿基米德蜗杆的轴向齿廓形状类似于梯形螺纹，其车削方法也与梯形螺纹类似。

【学习目标】

- 熟悉螺纹的种类和参数。
- 掌握螺纹车刀的刃磨方法。
- 掌握三角形外螺纹的车削方法。
- 掌握三角形内螺纹的车削方法。
- 熟悉梯形螺纹的车削方法。
- 熟悉阿基米德蜗杆的车削方法。
- 熟悉在车床上攻丝和套螺纹的方法。

任务一　车削三角形外螺纹

一、基础知识

1. 螺纹的基础知识

螺旋线可以看成是直角三角形 *ABC* 围绕圆柱体旋转一周后，斜边 *AC* 在圆柱表面上所形成的曲线，如图 5-1 所示。

（1）螺纹的车削原理。螺纹的形成是指螺纹牙型的形成，实际加工时，是从圆柱形毛坯上切出螺纹的齿沟来获得螺纹牙型的。车削三角形螺纹的原理和过程如下。

① 把一刀尖角为 60° 的螺纹车刀装夹在刀架上。

② 将直径等于螺纹大径的圆柱形毛坯装夹在卡盘上。

③ 校正刀具相对工件的位置。

④ 调整好主轴转速 n（r/min）和刀具每转进给量 P（P 刚好为螺纹的螺距）。

⑤ 把螺纹车刀径向吃刀量调整到螺纹的实际高度，开始螺纹加工。实际加工中，可能需要多次吃刀，如图 5-2 所示。

（2）螺纹分类。在实际生产中，螺纹的用途较广泛，因此螺纹的种类也很丰富。螺纹的具体分类如表 5-1 所示。

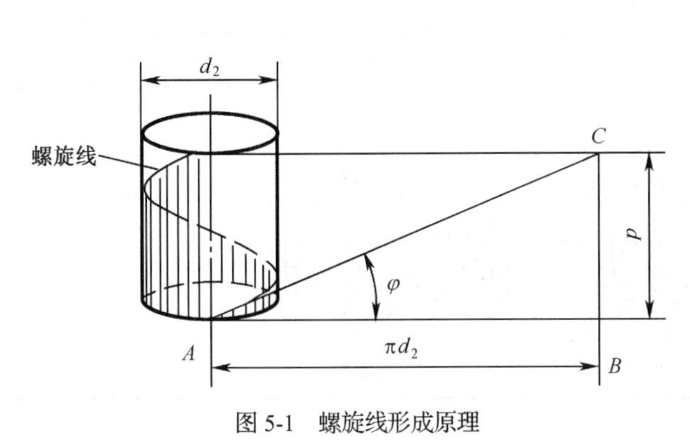

图 5-1　螺旋线形成原理

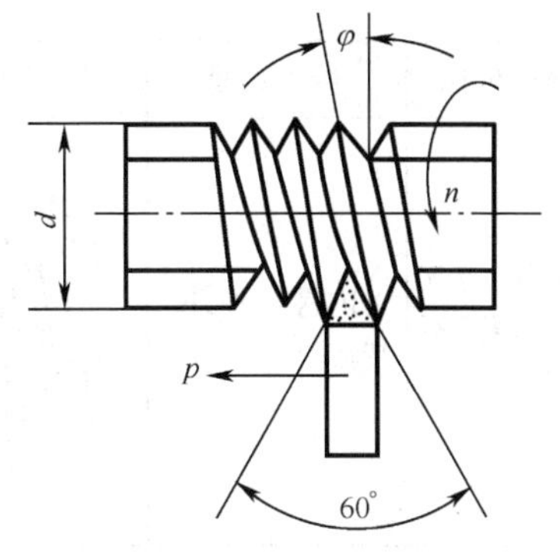

图 5-2　螺纹车削原理

表 5-1　　　　**螺纹的分类**

分类依据	类　型	图　示
按用途不同分	连接螺纹和传动螺纹	螺纹：连接用（三角形螺纹、管螺纹、圆形螺纹）；传动用（矩形螺纹、梯形螺纹、锯齿形螺纹）
按牙型不同分	三角形螺纹、矩形螺纹、梯形螺纹、锯齿形螺纹、圆形螺纹等	60°　55°　30°　30°　30°　3°
按照旋向不同分	右旋螺纹和左旋螺纹	（a）右旋　（b）左旋
按照螺旋线数不同分	单线螺纹和多线螺纹	（a）单线　（b）多线

续表

分类依据	类　型	图　示
按照螺纹所处表面不同分	内螺纹和外螺纹	凸起 （a）内螺纹　凸起 （b）外螺纹
按照螺纹母体形状不同分	圆柱螺纹、圆锥螺纹	凸起 （a）圆柱螺纹　（b）圆锥螺纹

（3）螺纹主要参数。如图 5-3 所示，螺纹上的主要参数包括以下几方面。

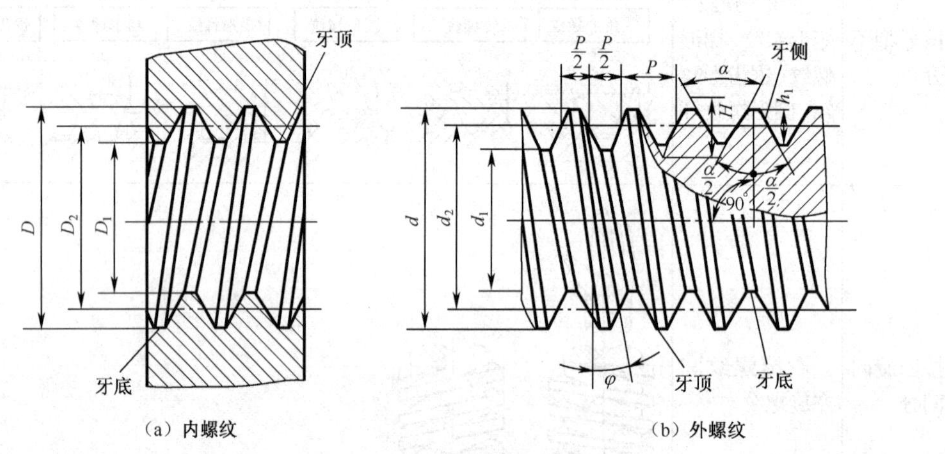

（a）内螺纹　（b）外螺纹

图 5-3　螺纹主要参数

① 牙型角（α）：螺纹牙型上，相邻两牙侧间的夹角。

② 牙型高度（h_1）：螺纹牙型上，牙顶与牙底之间在垂直于螺纹轴线方向上的距离。

③ 公称直径：螺纹大径的尺寸，代表螺纹的尺寸。

④ 螺纹大径：对于外螺纹，指顶径，用 d 表示；对于内螺纹，指底径，用 D 表示。

⑤ 螺纹小径：对于外螺纹，指底径，用 d_1 表示；对于内螺纹，指顶径，用 D_1 表示。

⑥ 螺纹中径：中径是一个假想的直径，由该直径确定的圆柱面的素线经过的牙型上的沟槽与凸起宽度相等。

重要提示

外螺纹和内螺纹的中径分别用 d_2 和 D_2 表示。同规格的外螺纹中径和内螺纹中径相等。

⑦ 螺距（P）：相邻两牙在中径上对应两点间的轴向距离。

⑧ 螺纹升角（φ）：螺旋线的切线与垂直螺纹轴线的平面之间的夹角。

2. 三角形螺纹的尺寸计算

三角形螺纹因其规格和用途不同，分为普通螺纹，英制螺纹和管螺纹 3 种。

（1）普通螺纹的计算。普通螺纹通常分为粗牙和细牙两种。粗牙螺纹用“M”及公称直径表示，如 M16 等。

细牙螺纹用“M”及公称直径×螺距表示，如 M20×1.5。

普通螺纹的基本牙型如图 5-4 所示。各公称尺寸按照下式计算。

① 大径：$d=D$（大径与公称直径相同）。

② 中径：$d_2=D_2=d-0.649\ 5P$。

③ 牙型高度：$h_1=0.541\ 3P$。

④ 小径：$d_1=D_1=d-1.082\ 5P$。

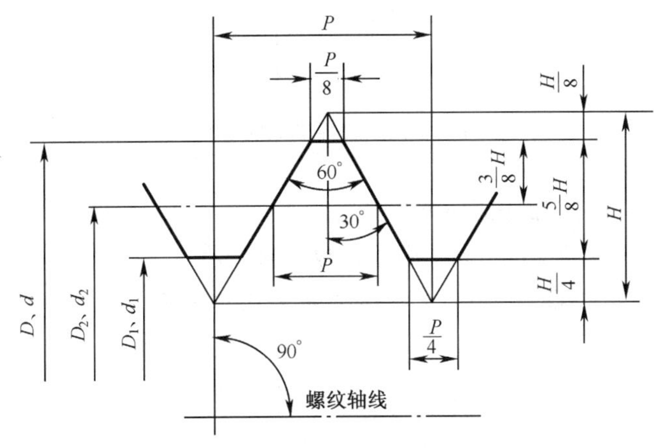

图 5-4　普通螺纹的基本牙型

（2）英制螺纹的计算。英制螺纹目前主要应用在某些进口设备中，其基本牙型如图 5-5 所示。

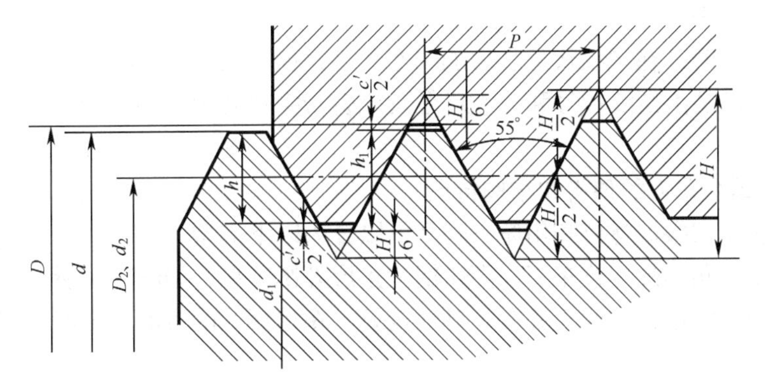

图 5-5　英制螺纹的基本牙型

① 牙型角：55°。

② 公称直径：指内螺纹大径，用英寸（in）1 in=25.4 mm 表示。

③ 螺距 P：以每英寸（25.4 mm）中的牙数 n 来表示。例如，每英寸 12 牙，则螺距为 1/12 in。

④ 英制螺距与公制螺距之间的换算：$P=\frac{1\ \text{in}}{n}=\frac{25.4}{n}\ \text{mm}$。

（3）管螺纹。管螺纹用于流通气体或液体的管接头、阀门及其他附件。它又具体分为非螺纹密封管螺纹（圆柱管螺纹）、用螺纹密封的管螺纹以及 60° 圆锥螺纹 3 种。非螺纹密封管螺纹的基本牙型如图 5-6 所示。

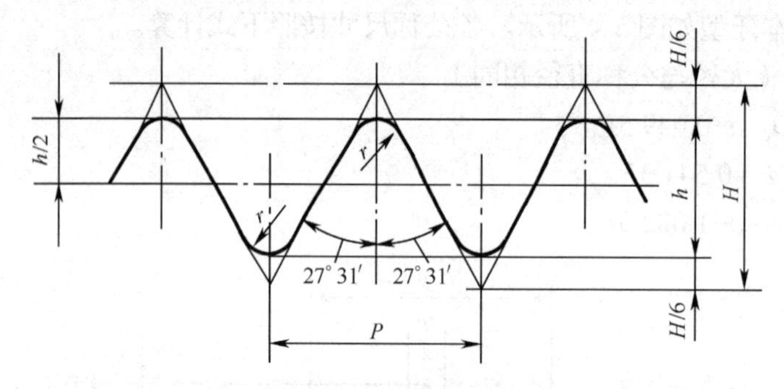

图 5-6　非螺纹密封管螺纹的基本牙型

① 牙型角：55°，牙底和牙顶均为圆弧形。

② 螺距 P：以每英寸（25.4 mm）中的牙数 n 来表示。

③ 标记：由特征代号 G、尺寸代号和公差等级代号组成。

尺寸代号指管螺纹孔径的工程尺寸（用 in 表示），如 G$\frac{3}{4}$(19.05 mm)。

3. 普通螺纹代号与标记

普通螺纹分为粗牙普通螺纹和细牙普通螺纹 2 种。粗牙普通螺纹用字母“M”及“公称直径”表示，如 M8、M16 等。细牙普通螺纹用字母“M”及“公称直径×螺距”表示，如 M10×1、M20×1.5 等。

当螺纹为左旋时，在螺纹代号之后加“左”字，如 M16 左，M20×1.5 左。

普通螺纹标记是由螺纹代号和公差代号及旋合长度代号组成的，示例如图 5-7 所示。

三角形螺纹车刀的种类及特点

4. 三角形螺纹车刀的种类和结构特点

三角形螺纹车刀根据材料和用途不同又可以分为以下类型。

（1）高速钢三角形外螺纹车刀。高速钢三角形外螺纹车刀如图 5-8 所示。这种车刀刃磨方便，切削刃锋利，韧性较好，车出螺纹的表面粗糙度数值小。

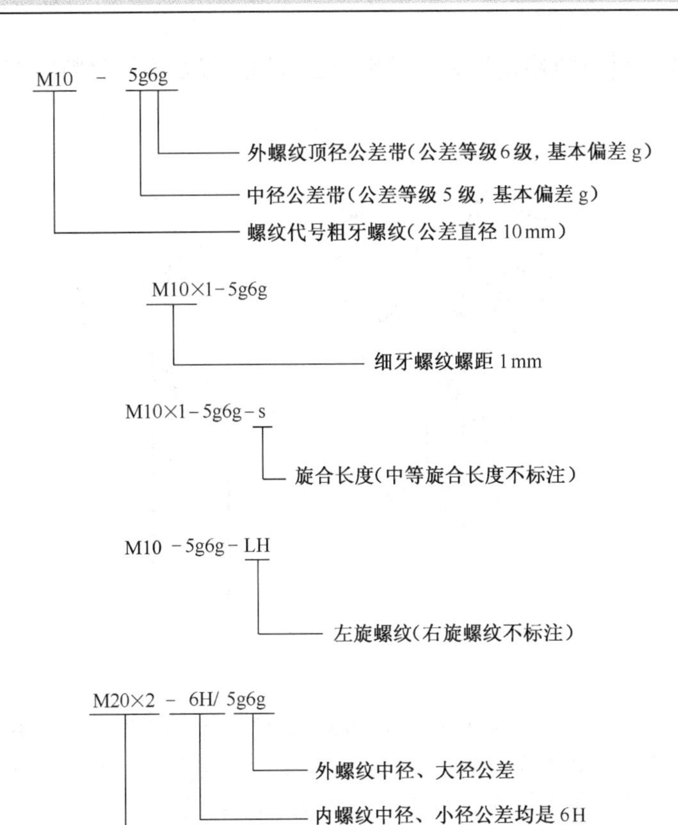

图 5-7　普通螺纹代号与标记

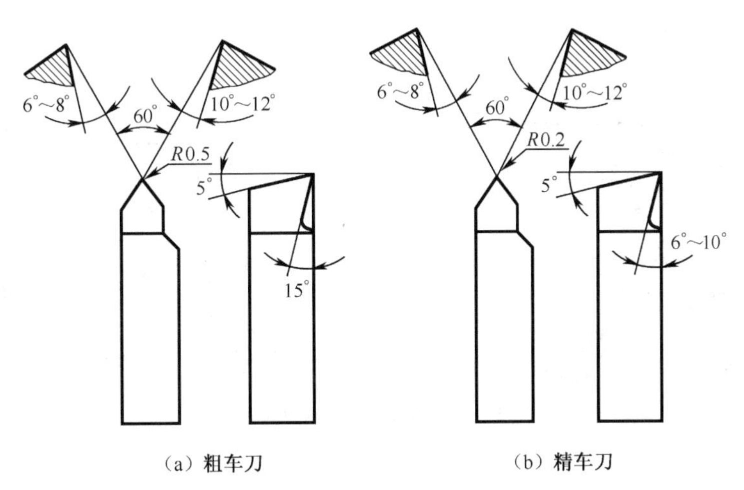

图 5-8　高速钢三角形外螺纹车刀

高速钢三角形外螺纹车刀的热稳定性较差，不宜高速切削。通常用于塑性材料的加工或作为螺纹精加工时的车刀。

（2）硬质合金三角形外螺纹车刀。硬质合金三角形外螺纹车刀如图 5-9 所示，其硬度高、耐磨性好、耐高温，并且热稳定性好，常用于高速切削以及脆性材料的加工，但是其抗冲击能力较差。

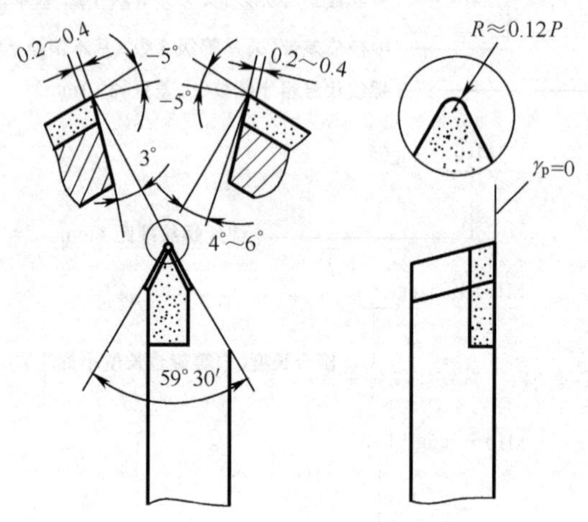

图 5-9　硬质合金三角形外螺纹车刀

车削较大螺距（P >2 mm）及硬度较高的材料时，在车刀的两个切削刃上磨出宽度为 0.2～0.4 mm 的倒棱，其中γ_{o1}=−5°，由于在高速切削时实际牙型角会扩大，因此刀尖角应减小 30′。

（3）三角形内螺纹车刀。三角形内螺纹车刀也分为高速钢车刀和硬质合金车刀两种类型，分别如图 5-10 和图 5-11 所示。内螺纹车刀的尺寸主要受螺纹孔尺寸大小的限制，其刀体径向尺寸比螺纹孔径小 3 mm 以上。

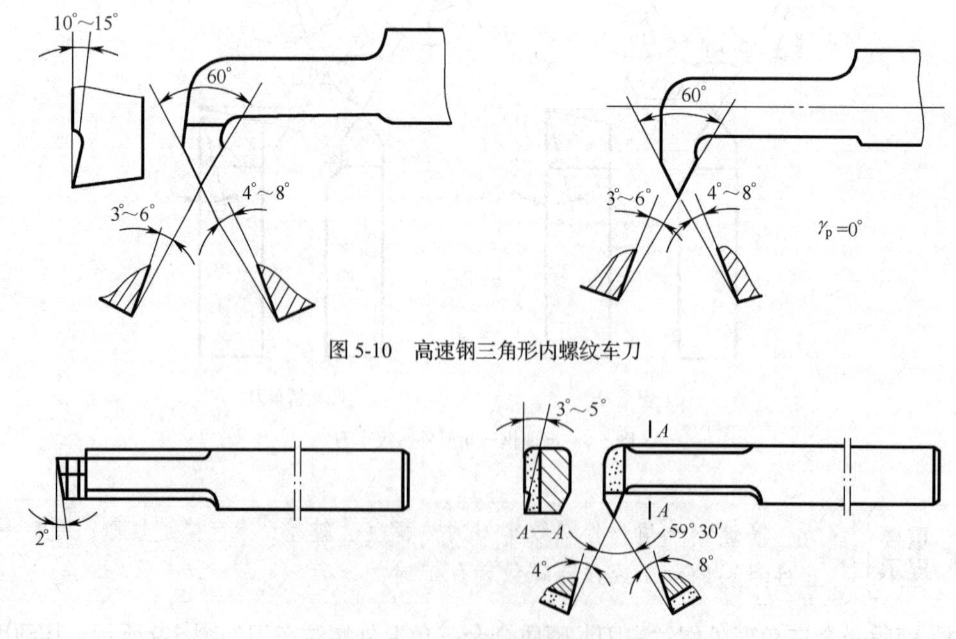

图 5-10　高速钢三角形内螺纹车刀

图 5-11　硬质合金三角形内螺纹车刀

5. 三角形螺纹车刀的刃磨

螺纹车刀属于成形车刀，在刃磨时必须确保刀具自身的精度。这里重点介绍三角形螺纹车刀的刃磨方法，其他螺纹车刀的刃磨方法与之类似。

（1）三角形车刀主要角度的确定。刃磨三角形车刀时，要注意以下角度的刃磨。

① 刀尖角。螺纹车刀的刀尖角应等于其牙型角。对于普通三角形螺纹车刀，刀尖角ε_r=60°；车削英制螺纹时，ε_r=55°。

② 径向前角。使用高速钢车刀低速车削螺纹时，如果车刀的径向前角为 0°，则切屑排出困难，螺纹表面粗糙，因此可以采用具有 5°～15° 径向前角的车刀，如图 5-12 所示。

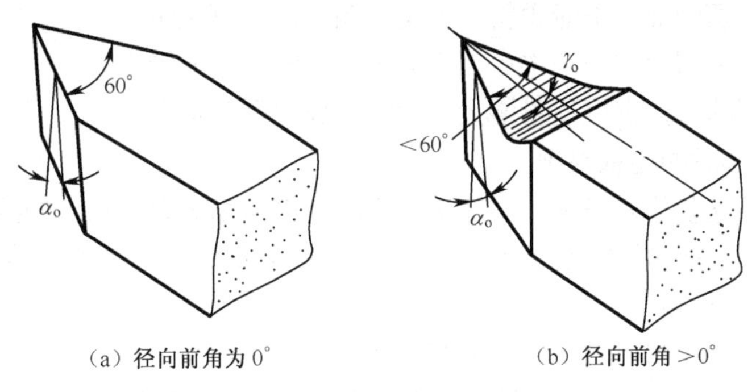

（a）径向前角为 0°　　（b）径向前角 >0°

图 5-12　螺纹车刀上的径向前角

- 粗车螺纹时，为了减小切削阻力，通常选用较大的径向前角，γ_o=5°～15°。
- 精车螺纹时，为了减少其对螺纹牙型角的影响，径向前角通常较小，γ_o=0°～5°。

③ 刀尖角的修正。使用具有径向前角的高速钢螺纹车刀时，车削过程轻快，并且可以减小积屑瘤，能车出光洁的螺纹表面。但是车刀有了径向前角后，螺纹牙型角将发生改变，必须修正刀尖来补偿牙型角误差。修正刀尖时可以按照下式计算。

$$\tan\frac{\varepsilon_r}{2}=\tan\frac{\alpha}{2}\cos\gamma_o$$

式中：ε_r——刀尖角；

α——牙型角；

γ_o——径向前角。

当径向前角为 0° 时，刀尖角和牙型角相同；当径向前角不为 0° 时，刀尖角小于牙型角，需要对刀尖角进行修磨。

例如，精车 60° 三角形螺纹时，车刀磨有γ_o=15° 的径向前角，计算得知，$\tan\frac{\varepsilon_r}{2}=\tan\frac{\alpha}{2}\cos\gamma_o$=58° 18′=0.5577，从而求出$\varepsilon_r$=58° 18′。

当车刀刀尖角磨成 58° 18′时，车成的螺纹牙型角即为 60°。

对于 60° 三角螺纹车刀，径向前角取不同数值时刀尖角的修正值如表 5-2 所示。

表 5-2　60° 三角螺纹车刀刀尖角修正值

径向前角γ_o	0°	5°	10°	15°	20°
刀尖角修正值ε_r'	60°	59° 49′	59° 15′	58° 18′	56° 58′

④ 工作后角。车刀的工作后角α_{oe}一般取 3°～5°。由于螺旋升角的影响，车刀沿着进给方向的一侧工作后角变小，另一侧的工作后角增大。因此，将车刀沿着进给方向一侧的后角磨成工作后角加上螺纹升角，另一侧的后角磨成工作后角减去螺纹升角。

即：$\alpha_{oL}=(3°\sim5°)+\varphi$；$\alpha_{oR}=(3°\sim5°)-\varphi$。

（2）刃磨螺纹车刀时的基本要求。

① 正常情况下，车刀刀尖角应等于牙型角。当径向前角γ_0>0° 时，应按照表 5-2 所示修正刀尖角。

② 螺纹车刀的两个主切削刃必须刃磨平直，并且对称。

③ 螺纹车刀的切削部分不能歪斜，刀尖半角$\varepsilon_r'/2$必须对称。

④ 螺纹车刀的前刀面和两个主后刀面的表面粗糙度应该较小。

⑤ 内螺纹车刀的后角应该适当增大，通常磨成双重后角。

（3）刃磨刀操作时的注意事项。

① 操作者的站立姿势要正确，身体不要歪斜，以免影响刀具角度的准确性。

② 粗磨具有径向前角的螺纹车刀时，应使刀尖角略微大于牙型角，待磨好前角后，再修磨两主切削刃之间的夹角。

③ 刃磨高速钢螺纹车刀时，应选用细粒度砂轮。

④ 刃磨螺纹车刀时，施加在刀具上的压力应小于一般车刀，并常用水冷却，以防止过热引起退火。

⑤ 刃磨内螺纹车刀时，刀尖角平分线应该垂直于刀柄。

（4）高速钢三角形螺纹车刀的刃磨步骤。高速钢三角形螺纹车刀的刃磨通常分为粗磨和精磨两个阶段。

① 粗磨。粗磨时，选用粗粒度的氧化铝砂轮按照以下步骤进行。

- 粗磨后刀面，磨出刀尖角和两侧后角。
- 粗磨前刀面，磨出前角。

② 精磨。精磨时，选用细粒度的氧化铝砂轮按照以下步骤进行。

- 精磨前刀面，使径向前角达到刃磨要求。
- 根据径向前角计算出实际刀尖角的数值。
- 精磨后刀面，使左、右两侧后角达到刃磨要求，使左侧工作后角比右侧工作角度略大 2°，将刀尖角刃磨到与计算数值相同。
- 磨出刀尖圆弧。
- 用油石研磨前、后刀面和刀尖。

（5）车刀角度的检验。螺纹车刀的刃磨重点是必须确保刀尖角刃磨正确。

① 螺纹样板。螺纹车刀是否刃磨正确，通常可使用螺纹样板通过透光法来检查。图 5-13 所示为三角形螺纹车刀样板，图 5-14 所示为梯形螺纹车刀样板，样板上面可以检测螺纹车刀刀头宽度，下面可以测量刀尖角大小。检验时，要根据车刀两切削刃与对刀样板的贴合情况反复修正。

② 带有径向前角的车刀的检验。由于径向前角的影响，检验修正后的刀尖角会比较麻烦。这时，通常采用一种角度与牙型角相等，但是厚度较厚的特质样板进行检验。

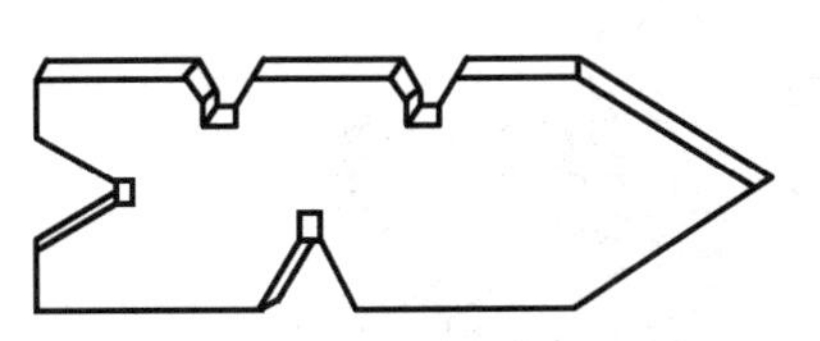

图 5-13　三角形螺纹车刀样板

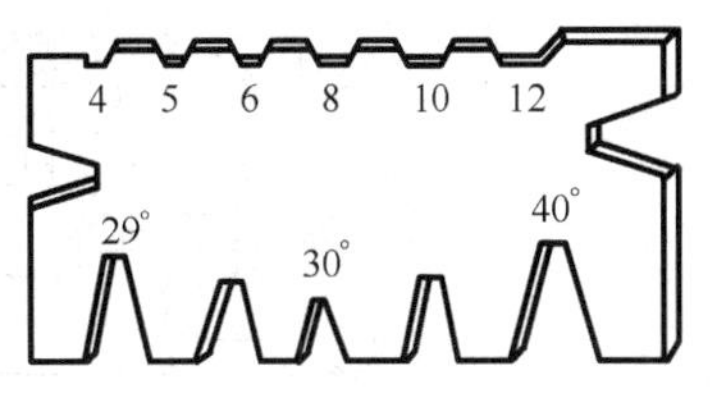

图 5-14　梯形螺纹车刀样板

在检查与修正时，对刀样板应与车刀基面平行放置，这时测量的角度为投影角度，即近似为牙型角，如图 5-15 所示。如果将对刀样板平行于车刀前刀面进行检查，车刀的刀尖角没有被修正，这样加工出来的螺纹牙型角将变大，如图 5-16 所示。

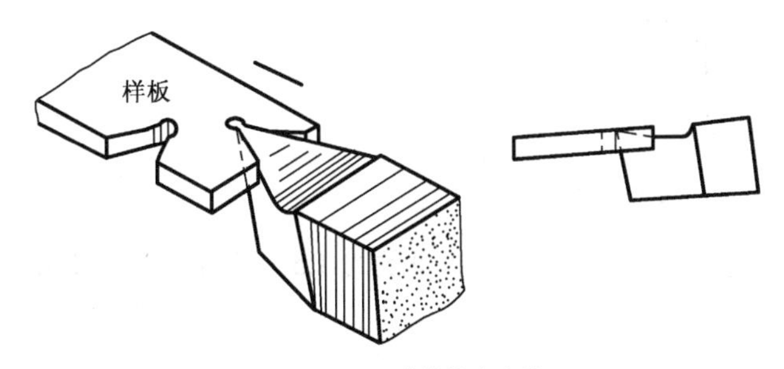

图 5-15　正确的检查方法

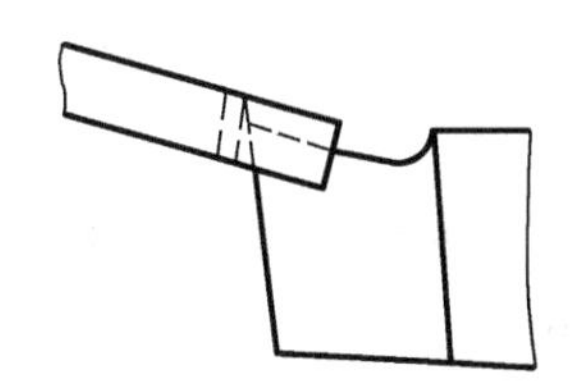

图 5-16　错误的检查方法

6. 三角形外螺纹的车削要领

三角形外螺纹广泛应用于机械零件的连接和紧固，其螺距小，自锁性好。其车削原理是其他螺纹车削的基础。

（1）螺纹车刀的安装。螺纹车刀的安装位置对加工后的螺纹牙型的正确性有较大影响。安装螺纹车刀时要注意以下要点。

① 对于三角形螺纹、梯形螺纹，其牙型要求对称并垂直于工件轴线，两牙型半角要相等，如图 5-17 所示，如果把车刀装歪，会产生牙型歪斜，如图 5-18 所示。

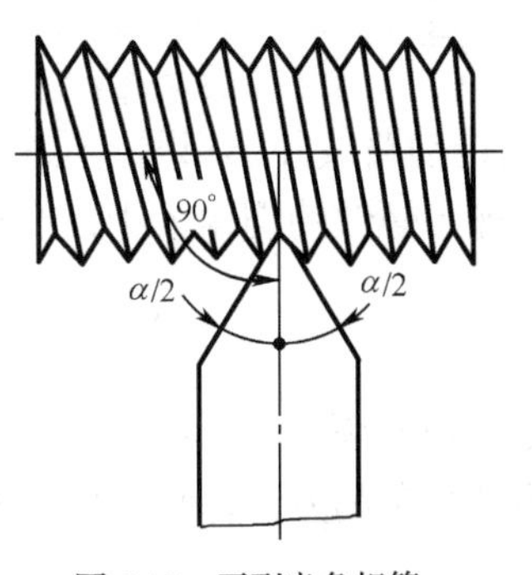

图 5-17　牙型半角相等

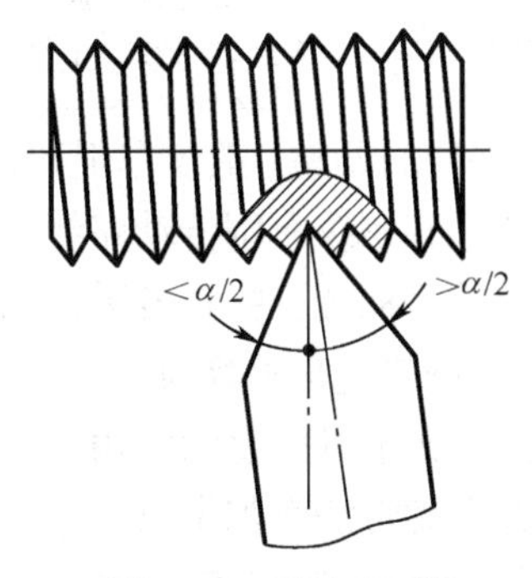

图 5-18　牙型半角不等

② 在安装螺纹车刀时，必须使刀尖与工件中心（车床主轴轴线）在同一高度上，并且刀尖轴线与工件轴线垂直，装刀时可以使用样板辅助对刀，如图 5-19 所示。

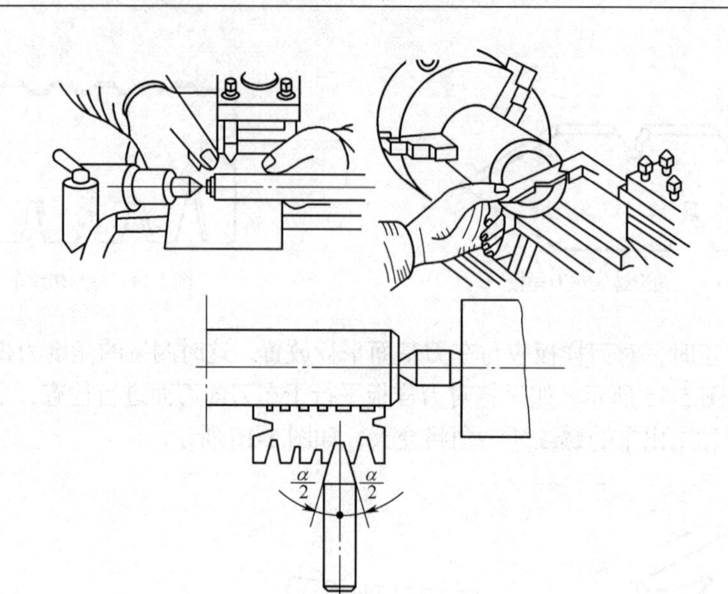

图 5-19 安装螺纹车刀

③ 螺纹车刀不宜伸出刀架过长，一般以伸出长度为刀柄厚度的 1.5 倍为宜，一般为 25～30 mm。

（2）车削三角形螺纹的基本要求。

① 中径尺寸应符合相应的精度要求。

② 牙型角必须准确，两牙型半角应相等。

③ 牙型两侧面的表面粗糙度值要尽量小。

④ 螺纹轴线与工件轴线具有较高的同轴度。

（3）车削螺纹前的准备工作。在车削螺纹前，需要进行以下调整工作。

① 机床间隙的调整。车削螺纹时，中、小滑板与镶条之间的间隙应该适当。间隙过大，车削时容易产生蹿动，导致扎刀；间隙过小，操作中、小滑板时不灵活。

开合螺纹的松紧也要适度。如果过松，车削过程中容易跳起，产生“乱牙”现象；如果过紧，会导致操作不灵活。

② 操作手柄的调整。螺纹车削和普通车削采用的传动路线并不相同。在车削螺纹时，首先调整手柄切换到螺纹车削传动路线上，然后按照被加工螺纹的螺距大小，在车床进给箱铭牌上查找相应的手柄位，并将各手柄拨到相应位置。

7. 低速车削三角形外螺纹

低速车削三角形外螺纹的常用方法有提开合螺母法和倒顺车法。

（1）提开合螺母法车削螺纹。这是一种最常用的螺纹车削方法，其主要步骤如下。

① 选择较低的主轴转速（100～160 r/min）。

② 将螺纹车刀刀尖接触到工件外圆，然后向右侧将工件退到工件右端面外，并记下此时的中滑板刻度数值，也可将中滑板刻度数值归为“0”位。

③ 将中滑板径向进给 0.05 mm。

④ 压下开合螺母手柄，车刀在工件表面车出螺旋线痕迹。

⑤ 车削一定距离后，提起开合螺母，然后横向退刀，停车。

⑥ 用钢直尺或游标卡尺检查螺距大小是否准确，如图 5-20 和图 5-21 所示。

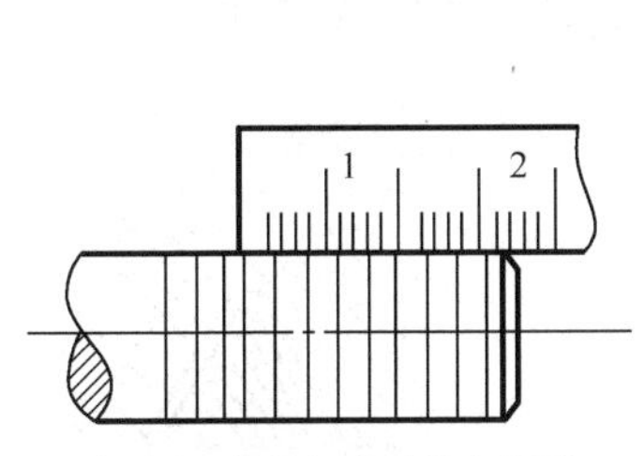

图 5-20　使用钢直尺检查螺距

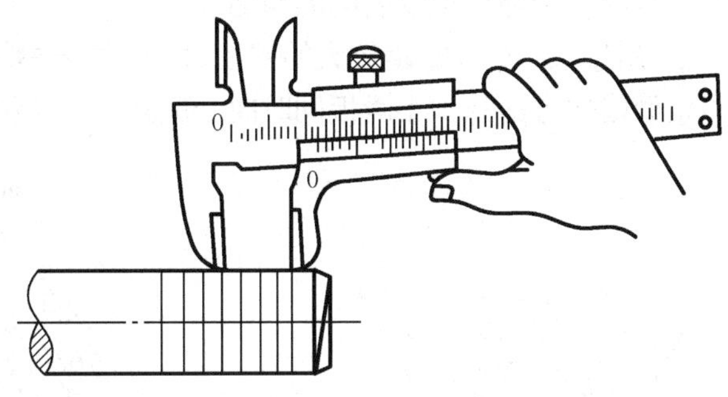

图 5-21　使用游标卡尺检查螺距

⑦ 螺距无误后，继续车削螺纹，第 1 次进刀时，被吃刀量可以适当选取较大值，以后各次车削时，被吃刀量逐渐减小。

⑧ 切削深度与牙型深度一致后，停车并检查产品是否合格。

（2）倒顺车法车削螺纹。倒顺车法车削螺纹的基本操作与提开合螺母法车削螺纹在原理上基本相同，只是在加工过程中不提起开合螺母。当螺纹车削至终了位置时，快速退出中滑板，同时反转机床主轴，机动退回床鞍和溜板箱到起始位置。

8．螺纹退刀槽的使用

螺纹上一般都具有退刀槽这种工艺结构，以方便螺纹加工终了时车刀的退出并保证螺纹全长范围内牙型完整，如图 5-22 所示。对于有退刀槽的螺纹，车削螺纹前应先车削退刀槽，槽底直径应小于螺纹小径，槽宽为（2～3）P。

有的三角形螺纹在结构上无退刀槽，此时螺纹末端具有不完整的螺尾，如图 5-23 所示。车削无退刀槽螺纹时，先在螺纹的有效长度处用车刀刻划一道刻线，当车刀车至该刻线时，迅速横向退刀并提起开合螺母或反转主轴转向，如图 5-24 所示。

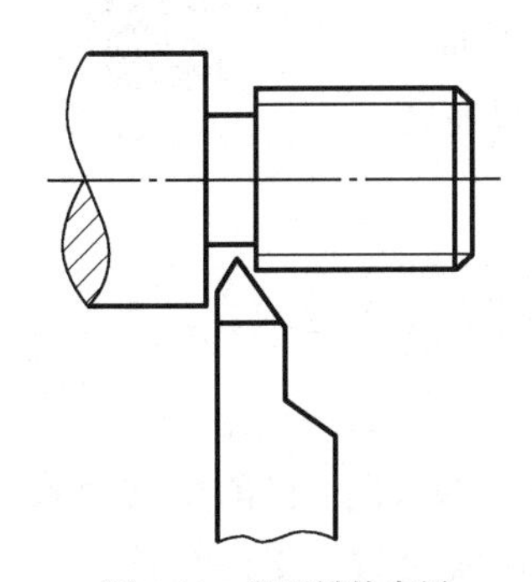

图 5-22　退刀槽的应用

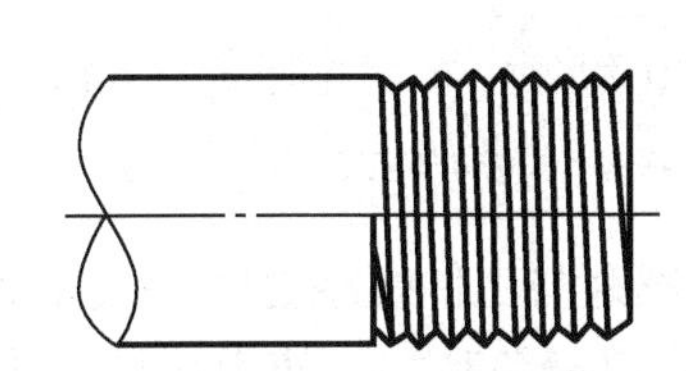

图 5-23　无退刀槽的螺纹

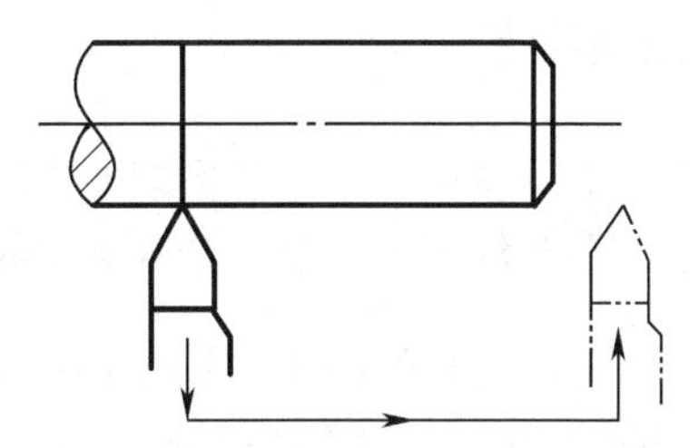

图 5-24　使用刻线作为螺纹终止标记

（1）低速车螺纹时的进刀方法。低速车螺纹时的进刀法主要有以下 3 种。

① 直进法。使用直进法进刀时，每次车削时只用中滑板进刀，车刀的左右切削刃同时参与切削，如图 5-25 所示。这种方法操作简单，可以获得准确的牙型角，一般用于车削螺距

P<2 mm 的螺纹，也用于车削脆性材料的螺纹。

② 左右切削法。使用左右切削法进刀时，除了用中滑板控制径向进给外，同时使用小滑板将螺纹车刀向左右做微量轴线移动（俗称借刀），如图 5-26 所示。这种方法通常用于精车螺纹，目的在于降低螺纹表面的粗糙度。

③ 斜进法。车削螺距较大的螺纹时，螺纹牙槽较深，为了确保粗车时切削顺利，除了用中滑板做横向进给外，小滑板同时向一侧赶刀，这种方法叫斜进法，如图 5-27 所示。

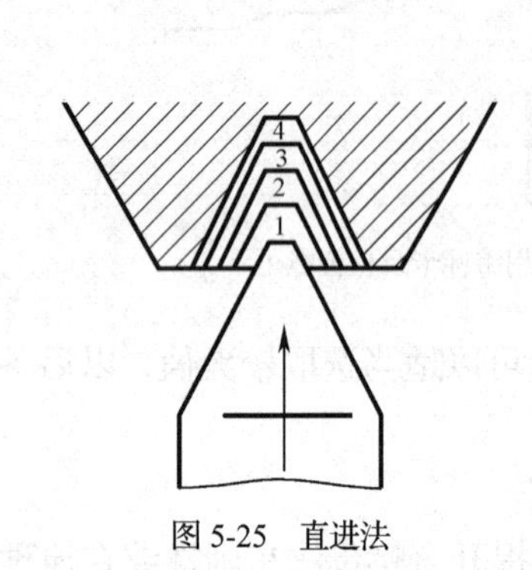

图 5-25 直进法

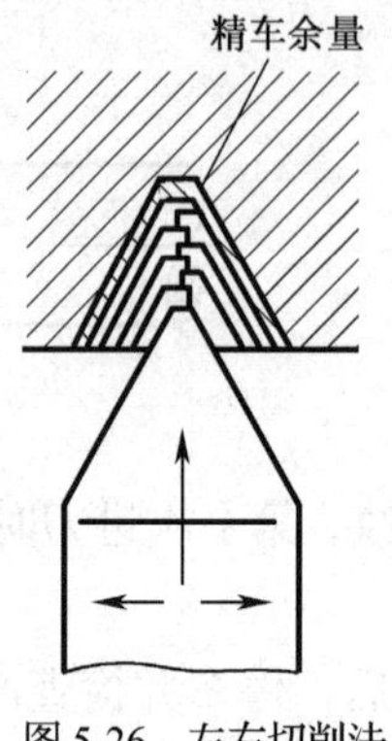

图 5-26 左右切削法

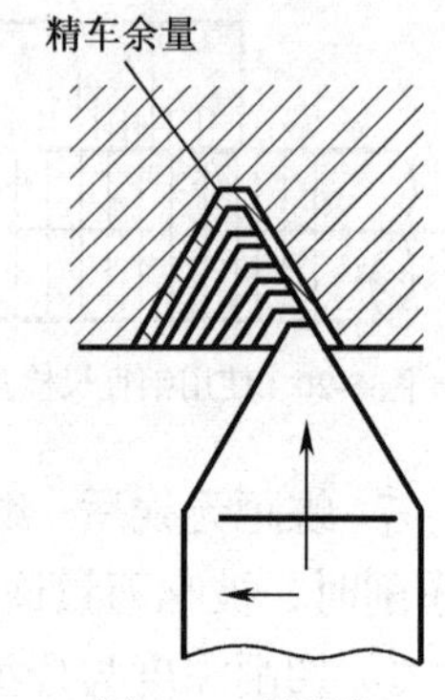

图 5-27 斜进法

重要提示

使用直进法车削螺纹时，两切削刃同时切削，容易产生扎刀现象。而使用左右进给法和斜进法进刀时，车刀为单面切削，不易产生扎刀现象。在精加工螺纹时，选择较低的切削速度（v_c<5 m/min），再加注切削液，可以获得较低的表面粗糙度。

（2）乱扣及其防止。在车削螺纹时，总是要经过多次纵向进给才能完成螺纹车削工作。

① 乱扣的概念。车削螺纹时，在第 1 刀车削完毕后，在车削第 2 刀时，车刀刀尖不在第 1 刀车削的螺旋槽中央，以至于造成螺旋槽被切导致螺纹被车坏的现象称为乱扣。

乱扣的产生和防止

② 乱扣产生的原因。乱扣产生的原因在于车床丝杠的螺距与被加工螺纹的螺距之间不成整数倍关系，当车床的丝杠转过一周后，工件没有转过整数转。

重要提示

用螺距为 6 mm 的丝杠车削螺距为 3 mm 的螺纹不会产生乱扣，而车削螺距为 4 mm 的螺纹，会产生乱扣。

③ 乱扣的防止。车削车床丝杠螺距与工件螺距之间不成整数倍的螺纹时，目前最常用的防止乱扣的方法是开倒顺车，这样可以避免乱扣。使用这种方法车削螺纹时，工件经丝杠、开合螺母到车刀的传动始终没有分开。

（3）切削用量的选择。在低速车削螺纹时，按照以下原则选择切削用量。

① 切削速度。切削螺纹时散热条件较差，切削速度比车外圆时低。粗车时，v_c=10～15 m/min；精车时，v_c=6 m/min。

② 切削深度。粗车第 1 刀、第 2 刀时，总的切削面积不大，可以选用较大的切削深度（被吃刀量）。随着切削次数的增加，每次进给的切削深度应该逐渐减小。精车时，切削深度应该很小，每次排出的切屑很薄，以确保零件表面较小的表面粗糙度。

③ 进给次数。在实际生产中，螺纹加工都是在一定的走刀次数内完成的。具体的走刀次数与螺纹直径以及螺距大小等参数有关。例如，用高速钢低速车螺距 P=2 mm 的螺纹时，通常需要 12 次工作行程才能完成整个加工。

（4）中途换刀的方法。在螺纹车削过程中，如果中途更换了车刀，需要重新调整车刀中心高和刀尖角。

当车刀装夹正确后，合上开合螺母，然后纵向移动到工件端面处，随后停车。移动中滑板和小滑板，使车刀刀尖对准已经车出的螺旋槽，接着启动车床，观察车刀是否在螺旋槽内，如此反复调整，直到车刀刀尖对准螺旋槽为止，即可继续车削螺纹。

9. 高速车削三角形外螺纹

使用硬质合金螺纹车刀可以高速车削外螺纹，与使用高速钢车刀相比，其切削速度可以提高 15～20 倍，且进刀次数可以减小 2/3 以上，生产率大大提高，螺纹表面质量也很高。

（1）车刀的装夹。车刀的装夹方法与低速车外螺纹时基本相同。为防止车削时产生振动和扎刀，刀尖应高于工件中心 0.1～0.2 mm。

（2）高速车削螺纹的方法。高速车削螺纹时，切削速度可以高达 50～100 m/min。

① 进刀方法。高速车削螺纹时只能使用直进法进刀，切屑垂直于轴线方向排出或卷成球状时较为理想。如果采用左右切削法，只有一个切削刃切削，高速排出的切屑会把螺纹的另一侧划伤。

② 走刀次数。用硬质合金车刀车削螺距为 1.5～3 mm 的中碳钢螺纹时，一般只需要 3～5 次走刀即可完成整个加工过程。

③ 切削深度。横向进给时，开始时切削深度较大，以后各次切削深度逐渐减少，但是最后一次不要小于 0.1 mm。例如，螺距 P=2 mm 的螺纹，总切入深度 h_1=0.6P=1.2 mm，切削深度的分配如下。

- 第 1 次进给：a_{p1}=0.6 mm;
- 第 2 次进给：a_{p2}=0.3 mm;
- 第 3 次进给：a_{p3}=0.2 mm;
- 第 4 次进给：a_{p4}=0.1 mm;

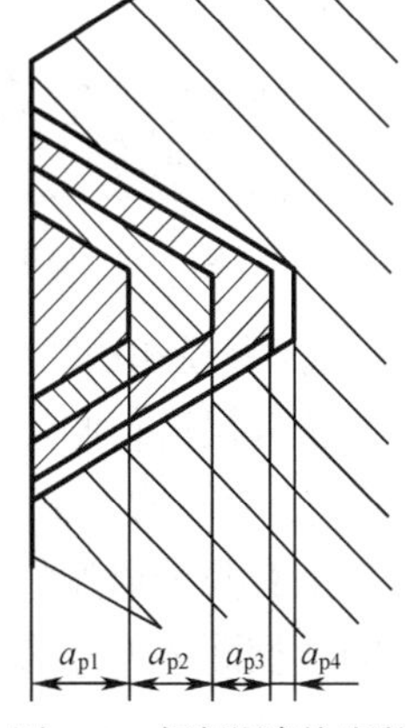

图 5-28　切削深度的分配

具体的分配情况如图 5-28 所示。

重要提示

虽然第 1 次进给量为 0.6 mm，但是因为车刀刚切入工件，总的切削面积并不大。但是如果使用相同的切削深度继续切削，越车到螺纹底部，切削面积越大，刀尖负荷会成倍增加，容易损坏刀具，因此，随着螺纹深度的增加，切削深度要逐渐减小。

（3）高速车削螺纹时的注意事项。在高速车削螺纹时，需要注意以下要点。

① 因为工件材料受到刀具挤压使外径扩张，因此螺纹大径应比公称尺寸小 0.4 mm。

② 加工时切削力较大，必须装夹牢固。

③ 转速较高，操作时要集中精力，注意及时退刀，以防事故发生。

10. 螺纹的检测

螺纹的检测（上）

螺纹的检测（下）

螺纹车削完成后，必须认真检测其主要参数是否符合图样要求。螺纹的测量方法有单项测量和综合测量两种。

（1）单项测量。单项测量是指使用量具测量螺纹的某一项参数的数值。

① 螺距的测量。对一般精度的螺纹，螺距可以使用钢直尺和螺纹样板测量，如图 5-29 和图 5-30 所示。

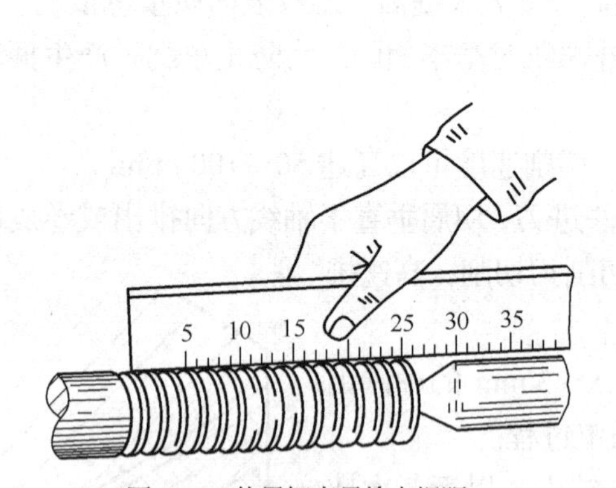

图 5-29　使用钢直尺检查螺距

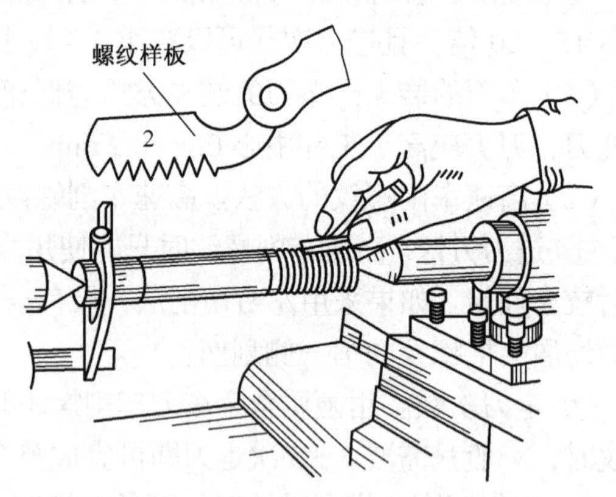

图 5-30　使用螺纹样板检查螺距

② 大径和小径的测量。外螺纹的大径和内螺纹的小径，公差都比较大，一般使用游标卡尺或千分尺进行测量。

③ 中径的测量。三角形外螺纹的中径一般用螺纹千分尺测量，如图 5-31 所示。螺纹千分尺上有两个可调整的上下测量头，检测时，这两个与螺纹牙型角相同的测量头正好卡在螺纹的牙型面上，测得的读数即为中径的实际尺寸，如图 5-32 所示。

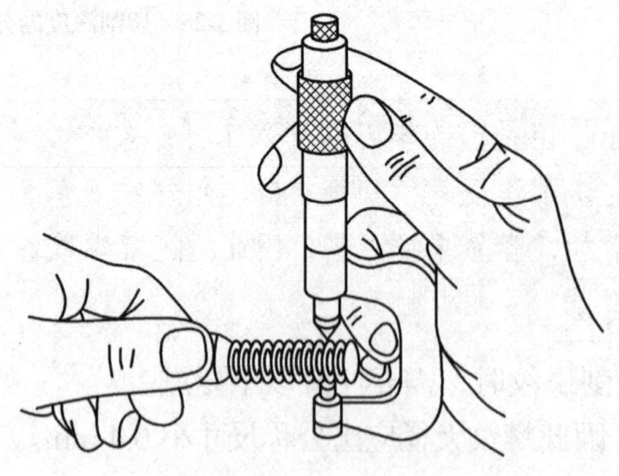
图 5-31　使用螺纹千分尺测量三角形外螺纹中径

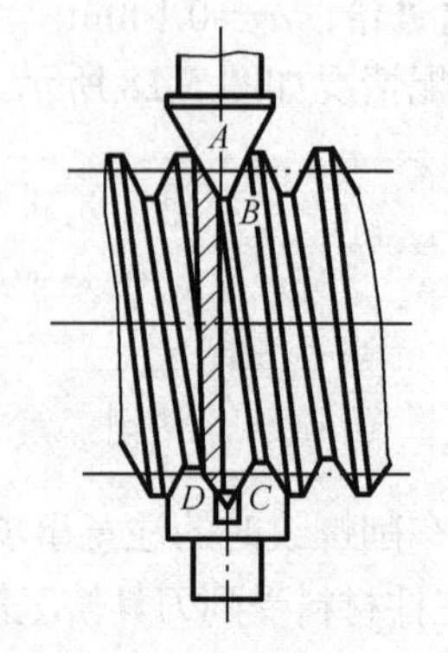

图 5-32　使用螺纹千分尺测量三角形螺纹中径的原理

重要提示

对于比较精密的螺纹，可以使用三针法测量中径。测量时使用专门由量具厂制造的 3 根圆柱形量针放置在螺纹两侧对应的螺旋槽内，用千分尺测量出两边量针顶点之间的距离 M，根据 M 值由公式计算出实际螺纹中径尺寸，如图 5-33 所示。

重要提示

三针测量法使用的量针直径不能太大，否则量针的横截面与螺纹牙侧不相切；也不能太小，否则量针陷入牙槽中，其顶点低于螺纹牙顶而无法测量。对于 60° 标准牙型角普通螺纹，M 的计算公式为：$M=d_2+3d_D-0.866P$。（其中，d_D 为量针直径），如图 5-34 所示。

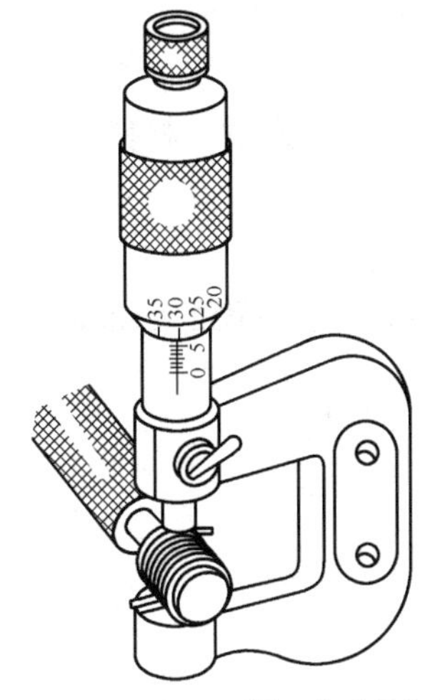

图 5-33　使用三针法测量三角形螺纹中径

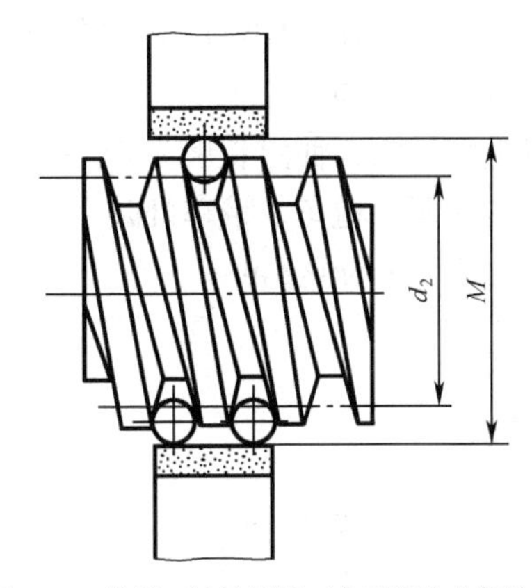

图 5-34　使用三针法测量三角形螺纹中径的原理

（2）综合测量。综合测量是用螺纹量规对螺纹各个主要参数进行全面测量的方法，常用于成批量生产中。螺纹量规包括螺纹塞规和螺纹环规，前者用于测量内螺纹，如图 5-35 所示；后者用于测量外螺纹，如图 5-36 所示。

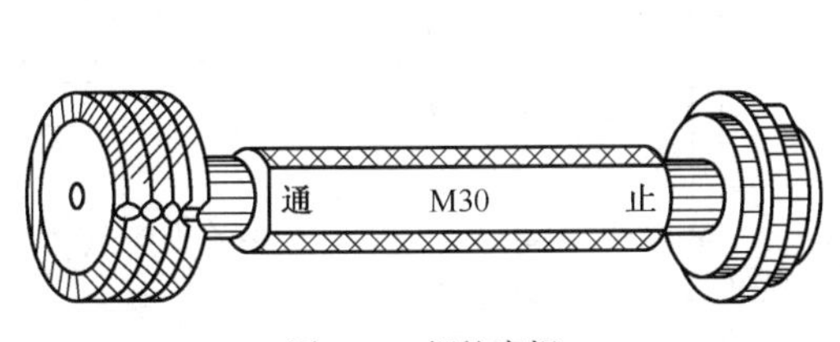

图 5-35　螺纹塞规

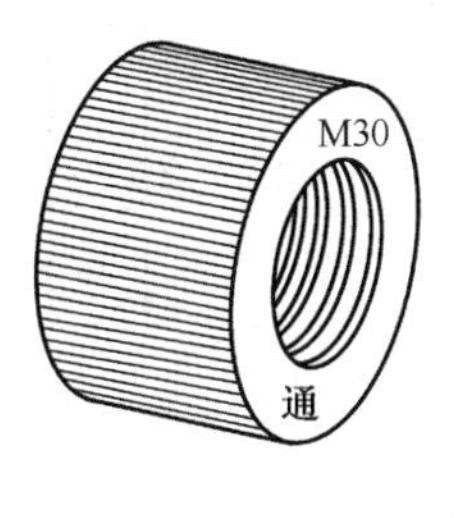

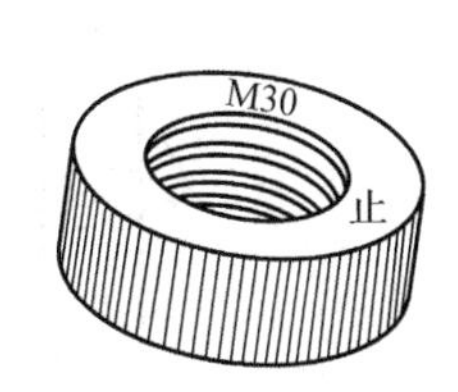

图 5-36　螺纹环规

使用螺纹量规测量螺纹时，如果量规的通端正好能拧进去，而止端拧不进去，则说明被测螺纹的精度合格。如果通规难以拧入，应对螺纹的各直径尺寸、牙型角、牙型半角和螺距等进行检查，经过修正后再用量规测量。

重要提示

对于精度要求不高的外螺纹，可以使用标准螺母进行检测，以拧入时是否顺利及拧入后的松紧程度来确定螺纹的质量是否合格。

二、技能训练

技能训练一　三角形螺纹车刀的刃磨

【训练要求】

按照图 5-37 所示图纸的要求完成三角形外螺纹车刀的刃磨。

技能训练二　车削三角形外螺纹

【训练要求】

在坯料上依次完成一组三角形外螺纹的车削加工。

【操作步骤】

（1）按照图 5-38 所示图纸的要求车削有退刀槽的三角形外螺纹。材料：45 钢；尺寸：ϕ60 mm×120 mm；数量：1 件。

① 夹持毛坯外圆，伸出长度为 65～70 mm，校正后夹紧。

② 车平右端面；粗车、精车外圆至 ϕ55.8 mm × 50 mm，确保螺纹大径准确。

③ 切退刀槽：6 mm×2 mm。

④ 倒角 C1.5。

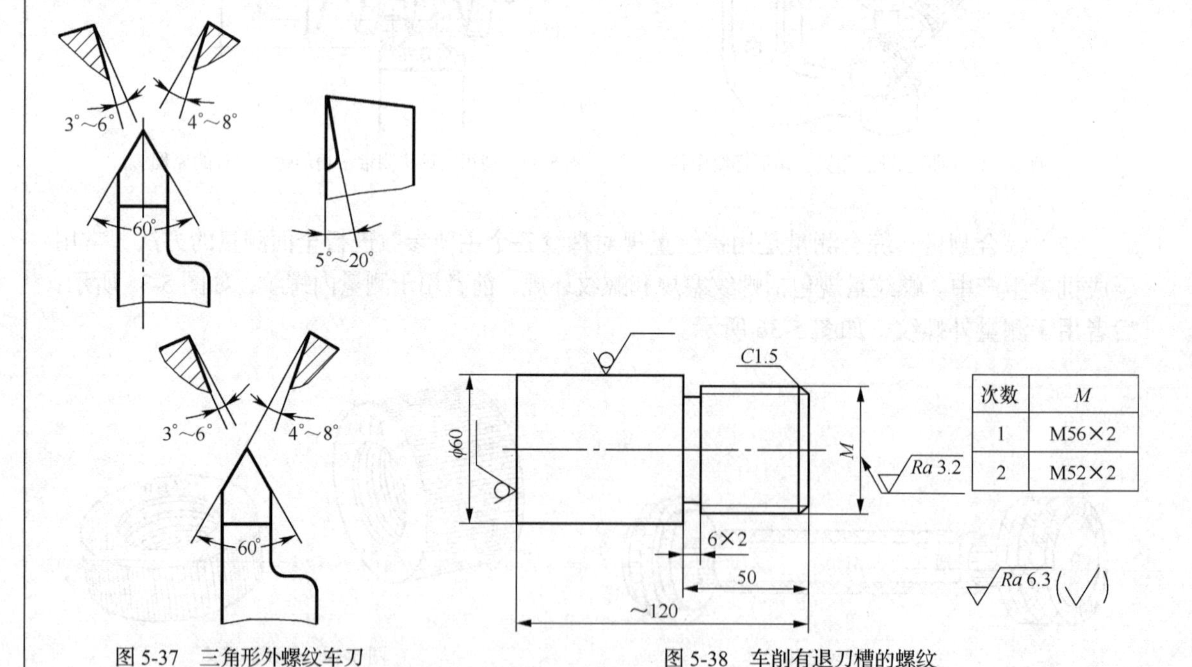

图 5-37　三角形外螺纹车刀

图 5-38　车削有退刀槽的螺纹

⑤ 练习使用开合螺母法粗、精车螺纹 M56×2 至要求。

⑥ 练习使用倒顺车法粗、精车螺纹 M52×2 至要求。

⑦ 检测合格后卸下零件。

（2）在上一次加工基础上将工件掉头按照图 5-39 所示车削无退刀槽的三角形外螺纹。

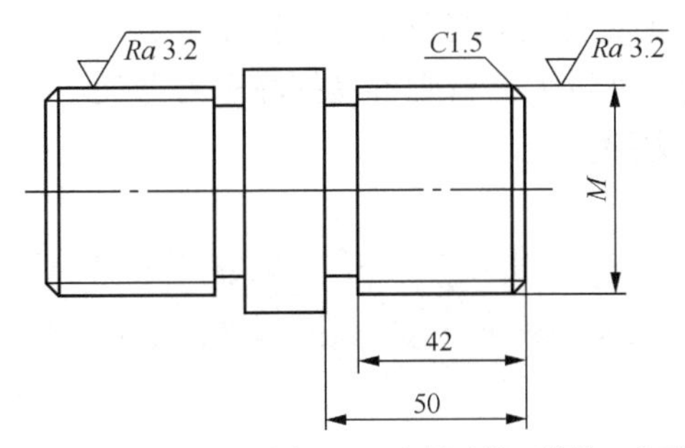

次数	M
1	M56×2
2	M52×2

图 5-39　车削无退刀槽的三角形外螺纹

① 掉头装夹工件，夹持螺纹外圆，将阶台端面贴紧卡盘的卡爪，然后夹紧工件。

② 车平右端面；粗车、精车外圆至 $\phi55.8\ \text{mm}\times50\ \text{mm}$，确保螺纹大径准确。

③ 倒角 *C*1.5。

④ 在 42 mm 处用车刀刻线，作为螺纹终止位置标记。

⑤ 练习使用开合螺母法粗、精车螺纹 M56×2 至要求。

⑥ 练习使用倒顺车法粗、精车螺纹 M52×2 至要求。

⑦ 检测合格后卸下零件。

（3）在上一训练加工零件的基础上按照图 5-40 所示图纸要求使用高速车螺纹方法车削螺纹。

次数	M
1	M42×1.5
2	M39×1.5

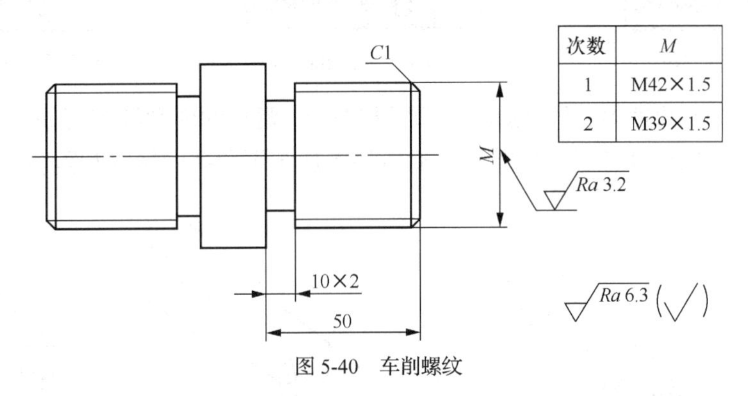

图 5-40　车削螺纹

① 掉头装夹工件，夹持螺纹外圆，将阶台端面贴紧卡盘的卡爪，然后夹紧工件。

② 粗车、精车外圆至 $\phi41.85\ \text{mm}\times50\ \text{mm}$，确保螺纹大径准确。

③ 切退刀槽：10 mm×2 mm。

④ 倒角 *C*1。

⑤ 练习使用开合螺母法粗、精车螺纹 M42×1.5 至要求。

⑥ 练习使用倒顺车法粗、精车螺纹 M39×1.5 至要求。

⑦ 检测合格后卸下零件。

【训练小结】

（1）初学者在初次车削螺纹时，主轴转速不宜过高，待操作熟练后，逐步提高转速。

（2）车削螺纹时，要始终确保车刀锋利。

（3）中途换刀或者刃磨重装刀具后，必须重新对刀并调整刀尖的高低。

（4）操作中滑板手柄时要谨慎，要防止将手柄摇过，多摇一整周导致进给量过大而损坏车刀。

（5）车无退刀槽的螺纹时，应保证每次收尾均在 1/2 圈左右。

（6）车脆性材料时，径向进给量不宜过大，否则容易损坏车刀刀尖。

（7）刀尖处出现积屑瘤后应及时去除。

任务二 车削三角形内螺纹

一、基础知识

车削三角形内螺纹的方法与车削外螺纹基本相同，但是进刀和退刀的方向正好相反。

1. 内螺纹车刀的种类和安装

内螺纹主要有通孔内螺纹、不通孔内螺纹、阶台孔内螺纹等几种形式，分别如图 5-41～图 5-43 所示。

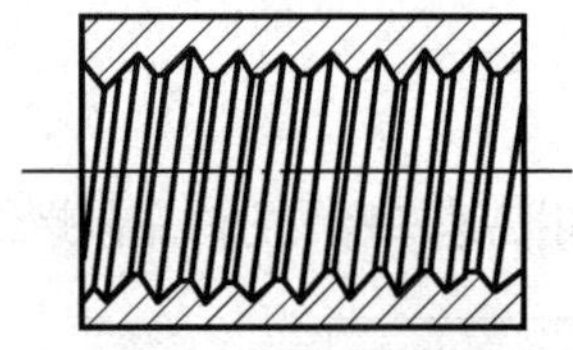

图 5-41 通孔内螺纹

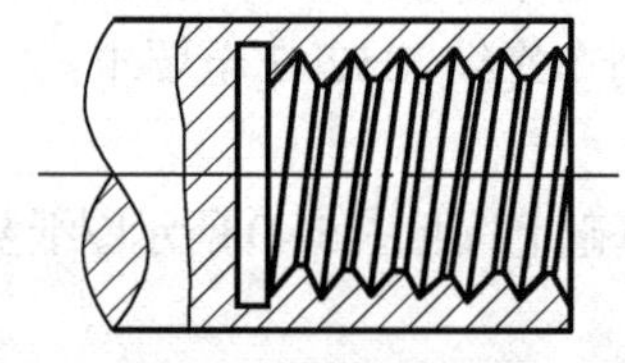

图 5-42 不通孔内螺纹

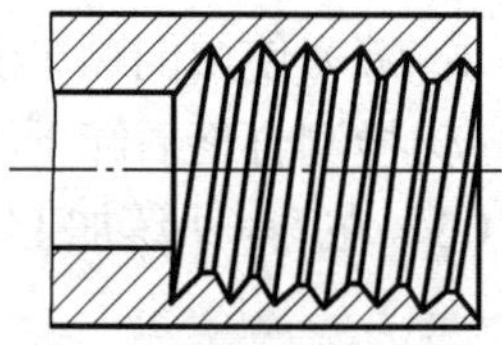

图 5-43 阶台孔内螺纹

（1）内螺纹车刀的种类。与内螺纹的形式相对应，常见的内螺纹车刀如图 5-44 和图 5-45 所示。其中，前者用于加工通孔内螺纹，后者用于加工不通孔内螺纹和阶台内螺纹。

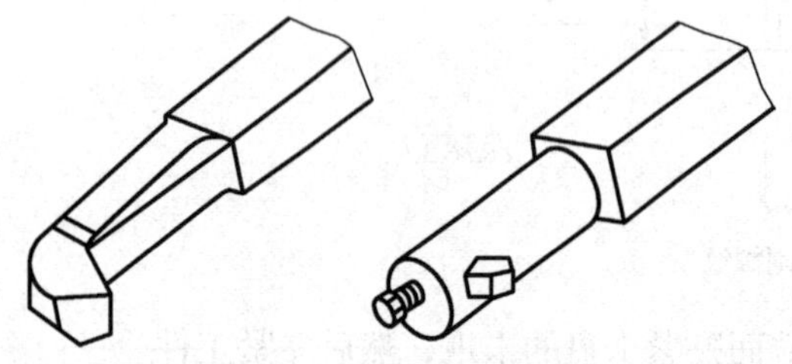

图 5-44 通孔内螺纹车刀

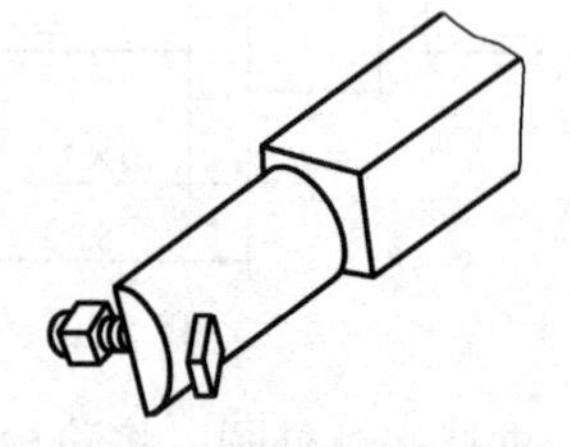

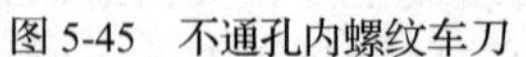

图 5-45 不通孔内螺纹车刀

（2）内螺纹车刀的安装。在安装内螺纹车刀时，要注意以下要点。

① 刀柄伸出长度应大于内螺纹长度 10 mm。

② 调整刀具刀尖，使之对准工件中心轴线。

③ 使用螺纹对刀样板对刀，如图 5-46 所示，对刀正确后夹紧刀具。

④ 装夹好刀具后手动在螺纹底孔内试走刀一次，检测刀柄与内孔有无碰撞，如图 5-47 所示。

2. 三角形内螺纹的车削要领

车内螺纹时，由于刀柄细长、刚度低，切屑不易排出、切削液不易注入以及不便观察等因素，导致其加工难度比外螺纹加工难度要大。

（1）内螺纹底孔直径的确定。在车削内螺纹前，需要先钻或扩螺纹底孔。

图 5-46　使用螺纹对刀样板对刀

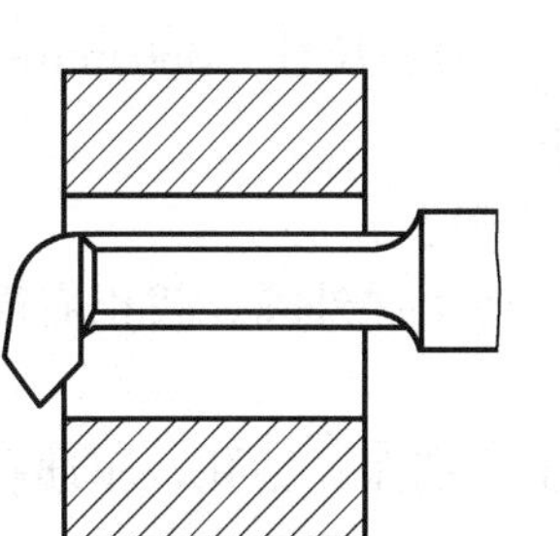

图 5-47　底孔内试走刀

重要提示　考虑到车削时车刀对工件的挤压作用，内孔的直径会缩小，因此底孔直径应略大于螺纹小径的公称尺寸。

在实际生产中，通常按照下式计算底孔直径。

对于塑性材料：

$$D_0=D-P$$

对于脆性材料：

$$D_0=D-1.05P$$

式中：D_0——内螺纹底孔直径，mm；

D——内螺纹大径，mm；

P——内螺纹螺距，mm。

（2）内螺纹的车削步骤。车削内螺纹的主要步骤如下。

① 加工好工件的端平面、螺纹底孔以及倒角，对于不通孔螺纹或阶台内螺纹，要车好退刀槽，其直径要大于内螺纹直径，槽宽为（2～3）P。

② 选择合理的切削速度，根据螺距大小调整进给箱上的手柄位置。

③ 安装螺纹车刀，对刀后，记下中滑板刻度或将其归为“0”位。

④ 在车刀刀柄上做标记或用溜板箱手轮控制车刀在孔内车削的长度。

⑤ 用中滑板进刀控制每次切削深度，注意进刀方向与车削外螺纹时相反。

⑥ 压下开合螺母手柄车削内螺纹。当车刀进给到标记位置指示的螺纹长度时，快速退刀，同时反转主轴，将车刀退回到起始位置。

⑦ 多次进刀将总切削深度车至螺纹牙型深度。

（3）进刀方法。对于螺纹 $P\leqslant 2$ mm 的内螺纹，一般采用直进法车削。当 $P>2$ mm 时，一般先用斜进法粗车；精车时通常采用左右进刀法精车两侧面，以减小牙型侧面的表面粗糙度值，最后采用直进法车至螺纹大径。

二、技能训练

【训练内容】

车削带有内螺纹零件。

【加工要求】

按照图 5-48 所示图纸的要求车削内螺纹 M30×1.5，$D=\phi 31.5$ mm，其他参数见图纸。

材料：45 钢；尺寸：ϕ60 mm×36 mm；数量：1 件。

【加工步骤】

（1）夹持工件外圆，找正右端面后夹紧工件。

（2）车平端面；钻孔、车通孔至尺寸 ϕ27.5mm。

（3）车阶台孔至 $\phi 28.4^{+0.21}_{0}$ mm，孔深 26 mm；孔口倒角 C2。

（4）车内沟槽 ϕ31.5 mm，宽 6 mm，与阶台齐平。

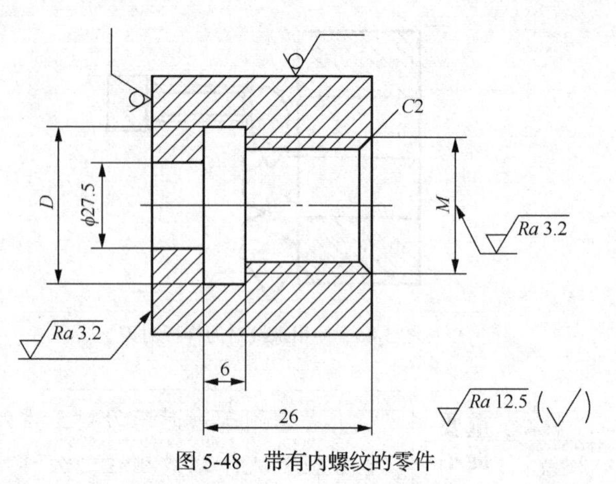

图 5-48　带有内螺纹的零件

（5）粗、精车内螺纹 M30×1.5 至图纸要求。

（6）检查零件，合格后将其卸下。

【注意事项】

（1）在装夹内螺纹车刀时，车刀刀尖应该对准工件中心轴线。

车刀装得过高，车削时容易引起振动，螺纹面表面粗糙；若车刀装得过低，又难以切入工件。

（2）车削内螺纹时，应适当调紧小滑板，以防止车削过程中中滑板和小滑板之间产生位移造成螺纹乱牙。

（3）车内螺纹时，要及时退刀，以免车刀碰撞孔底。如果车刀碰撞孔底，应及时重新对刀，以免因为刀具的位移而导致乱扣。

（4）精车内螺纹时，必须确保车刀锋利，否则容易产生让刀使螺纹产生锥形误差。

（5）车削螺纹过程中如果产生锥形误差，不要盲目增加背吃刀量，应该让螺纹车刀在原来的切削深度上多次无进给切削以消除误差。

任务三　车削梯形螺纹

一、基础知识

梯形螺纹广泛用于机械传动中。例如，车床上的传动丝杠以及中小滑板中的传动丝杠等都是梯形螺纹。梯形螺纹分为公制和英制两种，公制螺纹的牙型角为 30°，英制螺纹的牙型角为 29°，我国常用的为公制梯形螺纹。

1. 梯形螺纹的尺寸计算

30° 梯形螺纹的代号用字母 Tr 及公称直径×螺距表示。例如 Tr36×6。

梯形螺纹的牙型如图 5-49 所示，其主要尺寸按照下式计算。

（1）牙型角 α：30°。

（2）螺距 P：由螺纹标准确定。

（3）牙顶间隙 a_c：由螺距 P 确定。P=1.5～5，a_c=0.25；P=6～12，a_c=0.5；P=14～44，a_c=1。

（4）外螺纹大径 d：公称直径。

（5）外螺纹中径 d_2：$d_2 = d - 0.5P$。

（6）外螺纹小径 d_3：$d_3 = d - 2h_3$。

（7）外螺纹牙高 h_3：$h_3 = 0.5P + a_c$。

（8）内螺纹大径 D_4：$D_4 = d + 2a_c$。

（9）外螺纹中径 D_2：$D_2 = d_2$。

（10）外螺纹小径 D_1：$D_1 = d - P$。

（11）外螺纹牙高 H_4：$H_4 = h_3$。

（12）牙顶宽 f、f'：$f = f' = 0.366P$。

（13）牙槽底宽 W、W'：$W = W' = 0.366P - 0.536a_c$。

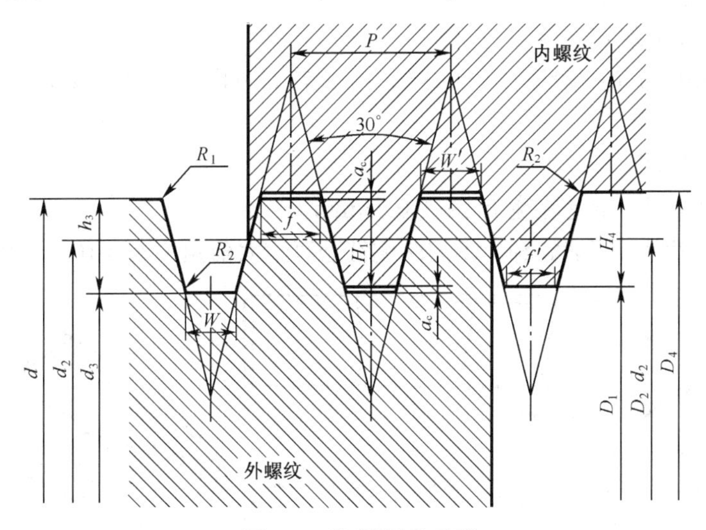

图 5-49　梯形螺纹的牙型

2. 梯形螺纹车刀的种类

车削梯形螺纹时，径向切削力较大，为了提高螺纹质量并减小切削力，可以在粗车和精车两个阶段进行。

（1）高速钢梯形螺纹粗车刀。高速钢梯形螺纹粗车刀的形状如图 5-50 所示，其结构要点如下。

① 粗车刀的刀尖角略小于螺纹牙型角，一般为 29°。

② 刀尖宽度小于牙型槽底宽 W，一般取 $\frac{2}{3}W$。

③ 径向前角通常取 10°～15°。

④ 径向后角通常取 6°～8°

⑤ 进刀方向的后角一般取（3°～5°）+φ，背刀方向的后角一般取（3°～5°）−φ。

⑥ 刀尖处适当倒圆。

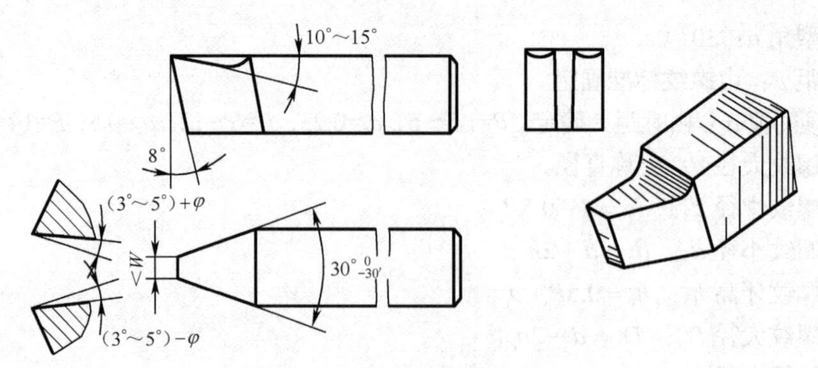

图 5-50 高速钢梯形螺纹粗车刀

（2）高速钢梯形螺纹精车刀。高速钢梯形螺纹精车刀的形状如图 5-51 所示，其结构要点如下。

① 精车刀的刀尖角等于螺纹牙型角，一般为 30°，车刀前端的切削刃不参与切削。

高速钢梯形螺纹精车刀

② 径向前角通常取 0°。

③ 径向后角通常取 6°～8°

④ 进刀方向的后角一般取（5°～8°）+φ，背刀方向的后角一般取（5°～8°）−φ。

⑤ 刀尖处适当倒圆。

⑥ 刀尖宽度等于牙型槽底宽 W 减去 0.05 mm。

⑦ 为了保证切削刃切削顺利，车刀两侧都磨有较大前角（γ_o＝10°～20°）的卷屑槽。

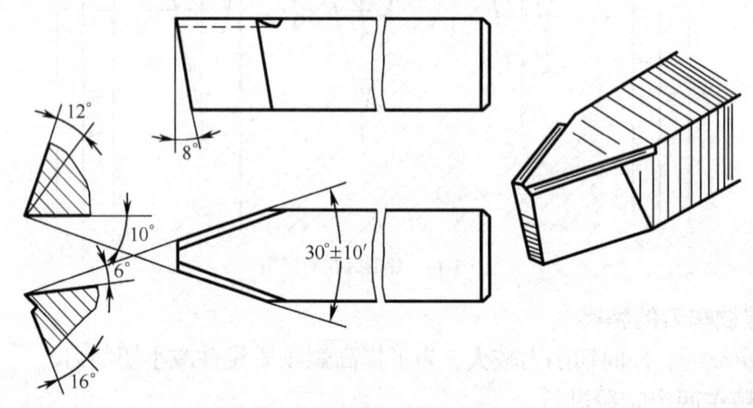

图 5-51 高速钢梯形螺纹精车刀

（3）硬质合金梯形螺纹车刀。为了提高生产率，在车削一般精度的梯形螺纹时，可以使用硬质合金车刀，其形状如图 5-52 所示，其结构要点如下。

硬质合金梯形螺纹车刀

① 车刀的刀尖角等于螺纹牙型角，一般为 30°。

② 径向前角通常取 0°。

③ 径向后角通常取 6°～8°。

④ 进刀方向的后角一般取（3°～5°）+φ，背刀方向的后角一般取（3°～5°）−φ。

⑤ 刀尖处适当倒圆。

⑥ 刀尖宽度等于牙型槽底宽 *W* 减去 0.05 mm。

⑦ 为了保证切削刃切削顺利，车刀两侧都磨有较大前角（ γ_o =10°～20° ）的卷屑槽。

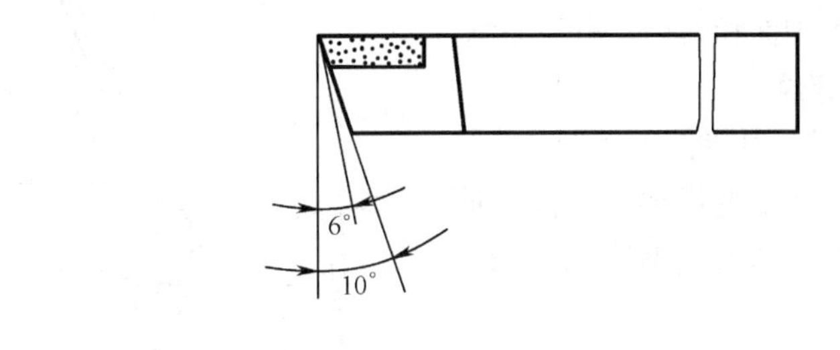

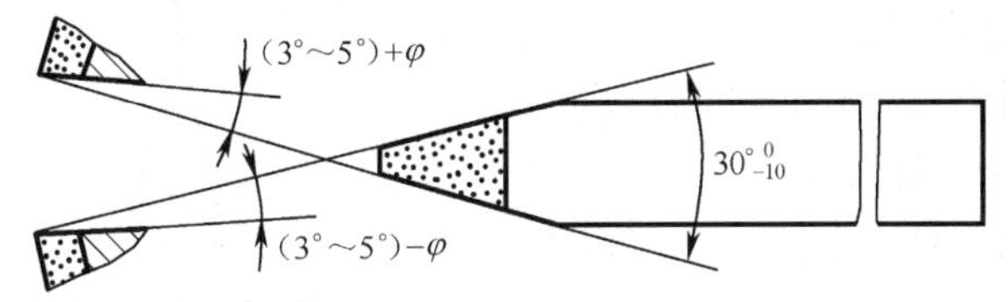

图 5-52　硬质合金梯形螺纹车刀

3. 梯形螺纹车刀的刃磨

梯形螺纹车刀的主要参数是牙型角和牙底槽宽度，也是磨刀时应该重点保证的尺寸。

（1）刃磨要求。在刃磨梯形螺纹车刀时，注意以下要点。

① 在刃磨两切削刃之间的夹角时，应随时使用目测和样板校对。

② 径向前角不为零的梯形螺纹车刀，应该仿照三角形螺纹车刀的方法修正刀尖角。

③ 螺纹车刀的各个切削刃都应该光滑、平直及无裂纹。

④ 车刀两侧的切削刃应对称，刀体从整体上没有歪斜。

⑤ 在磨刀后，还应使用油石研去各切削刃上的毛刺。

⑥ 梯形内螺纹车刀与三角形内螺纹车刀相似，只是刀尖角为 30°，如图 5-53 所示，刃磨时，内螺纹车刀的刀尖角平分线应与刀柄垂直，如图 5-54 所示。

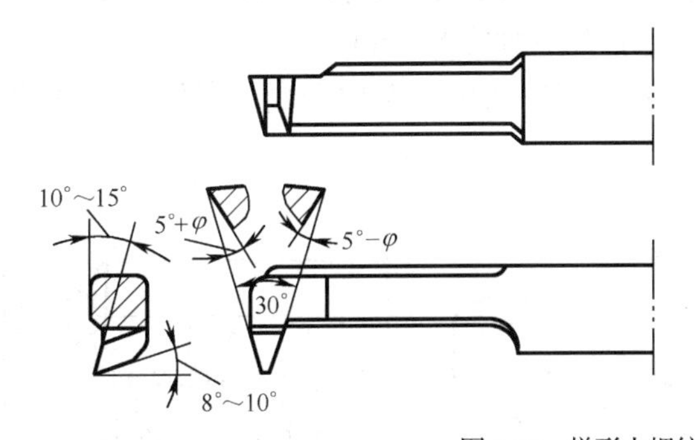

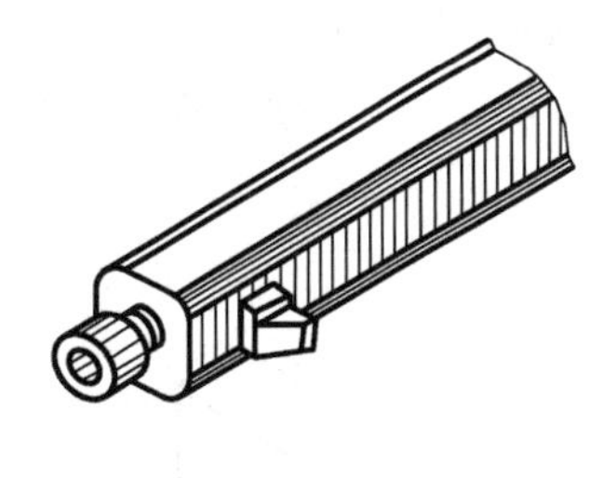

图 5-53　梯形内螺纹车刀

⑦ 刃磨高速钢梯形螺纹车刀时，应随时用水冷却，以防止刃口因过热而退火。

⑧ 螺距较小的精车刀不便于刃磨断屑槽时，可以采用较小径向前角的梯形螺纹精车刀。

（2）刃磨步骤。按照以下步骤刃磨梯形螺纹车刀。

① 粗磨车刀两侧后刀面，初步磨出刀尖角。

② 粗、精磨前刀面，磨出径向前角。

③ 精磨两侧后刀面，严格控制刀尖宽度，并使用对刀样板检查刀尖角，如果存在误差，应进一步修正，直到符合要求为止。

④ 用油石精研各刀面和刀刃，去除毛刺。

4. 车削梯形外螺纹

梯形螺纹用于传动，其轴线剖面形状为等腰梯形，对形状和尺寸精度都要求较高，同时要求表面粗糙度小，其车削难度比三角形螺纹大。

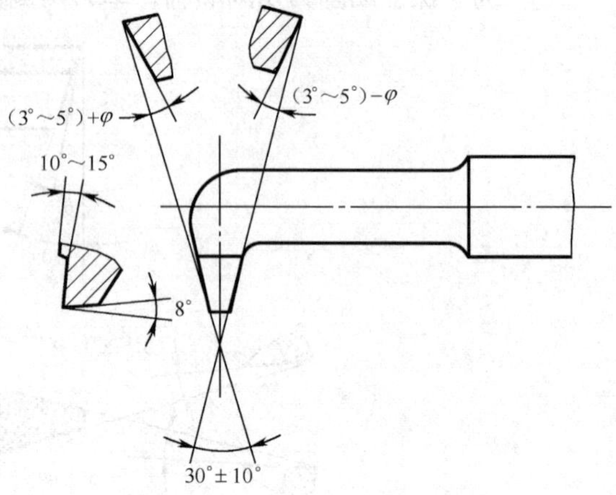

图 5-54 梯形内螺纹车刀的主要角度

（1）梯形螺纹的技术要求。

① 梯形螺纹的中径必须与基准轴颈同轴，其大径尺寸应小于公称尺寸。

② 梯形螺纹在配合时以中径定心，车削时必须保证中径尺寸准确。

③ 梯形螺纹的牙型角必须准确。

④ 梯形螺纹牙型两侧的表面粗糙度值要较小。

（2）工件和车刀的装夹。在装夹工件时，应该考虑以下基本因素。

① 由于车削梯形螺纹时，切削力大，故要确保工件装夹可靠。粗车螺距较大的梯形螺纹时，可采用四爪单动卡盘一夹一顶，以确保装夹牢固。

② 在装夹工件时，可以在轴向采用限位阶台或者限位支承限制工件的轴向位置，以防止车削过程中的轴向蹿动或位移。

③ 低速车削梯形螺纹时，一般选用高速钢车刀，高速车削梯形螺纹时，一般选硬质合金车刀，粗车梯形螺纹时，还可以选用图 5-55 所示的弹性螺纹车刀，这种车刀不仅可以吸收振动还可以防止扎刀。

④ 安装螺纹车刀时，刀尖应与工件轴线等高。对于弹性螺纹车刀，由于车削时受到切削力的作用刀具被压低，所以安装时刀尖应高于工件轴线 0.2 mm。

⑤ 安装时，两切削刃夹角平分线应垂直于工件轴线，装刀时要使用梯形螺纹样板对刀，如图 5-56 所示，以免产生螺纹半角误差。

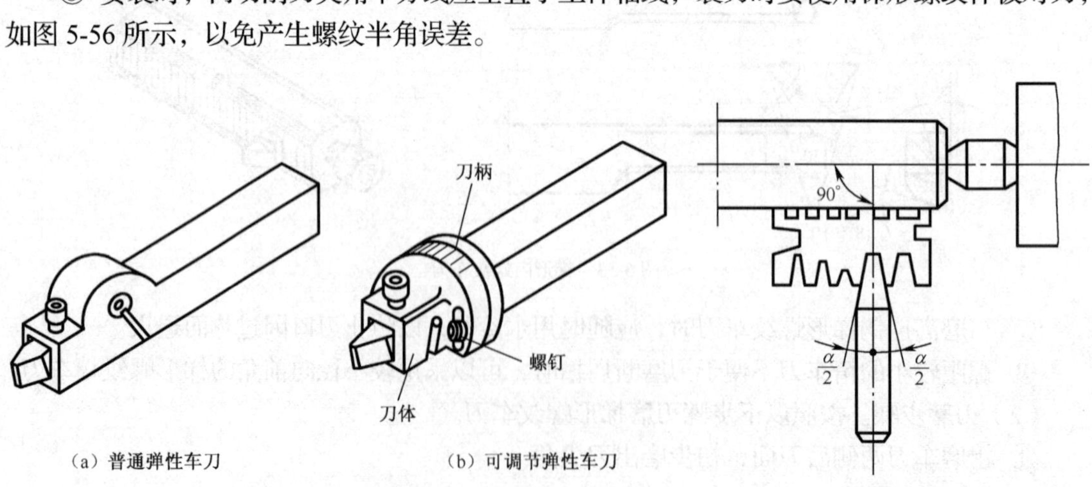

（a）普通弹性车刀　（b）可调节弹性车刀

图 5-55 弹性螺纹车刀

图 5-56 使用梯形螺纹样板对刀

（3）梯形外螺纹的车削要领。

① 车削螺距 P<4 mm、精度要求不高的梯形外螺纹的操作要领。

- 这类螺纹宜采用单刀车削法，使用一把车刀分粗车和精车两个阶段将螺纹车削至要求。
- 粗车时，采用小进给量的左右切削法或斜进法，如图 5-57 和图 5-58 所示。
- 精车时，采用直进法。

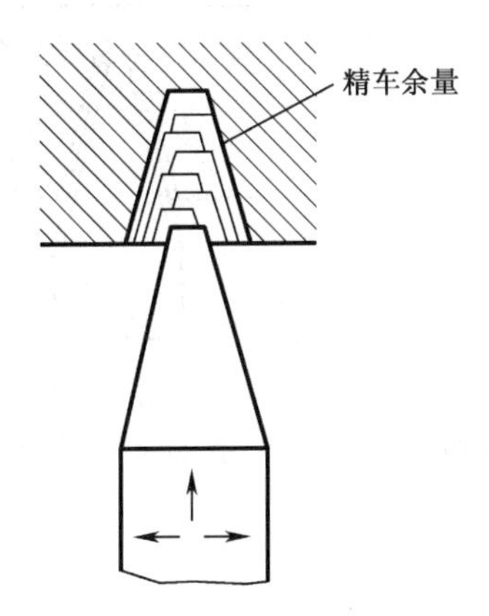

图 5-57　左右切削法粗车梯形螺纹

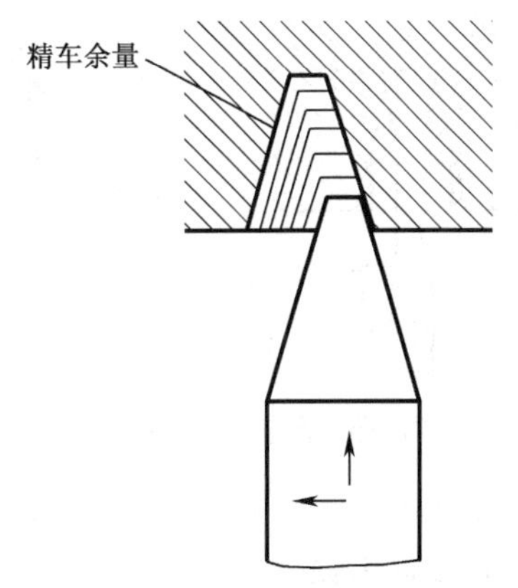

图 5-58　斜进法粗车梯形螺纹

② 车削螺距 P≥4～8 mm、精度要求较高的梯形外螺纹的操作要领。

- 首先粗车、半精车螺纹大径，留 0.3 mm 左右的精车余量，倒角。
- 常用的方法是使用左右切削法粗、半精车螺纹，单边留 0.1～0.2 mm 的精车余量，精车螺纹小径至尺寸，如图 5-59 所示。
- 也可以采用车直槽法。选用刀头宽度稍小于槽底宽的车槽刀，采用直进法粗车螺纹，槽底直径等于螺纹小径，如图 5-60 所示。
- 精车螺纹大径到要求，如图 5-61 所示。

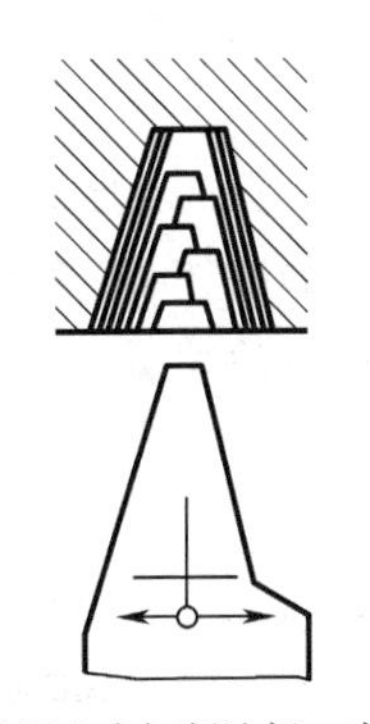
图 5-59　使用左右切削法粗、半精车螺纹

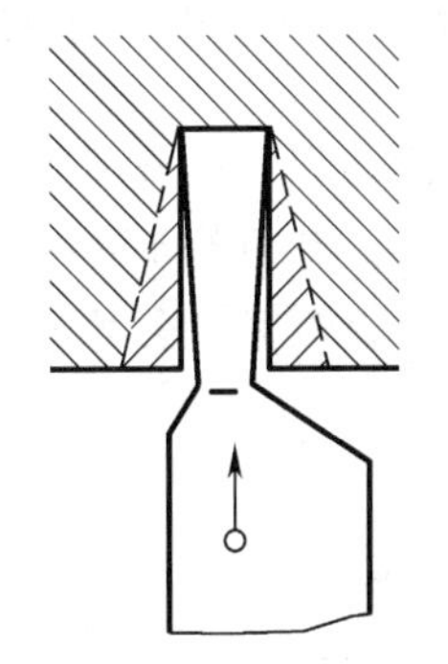
图 5-60　车直槽法粗车螺纹

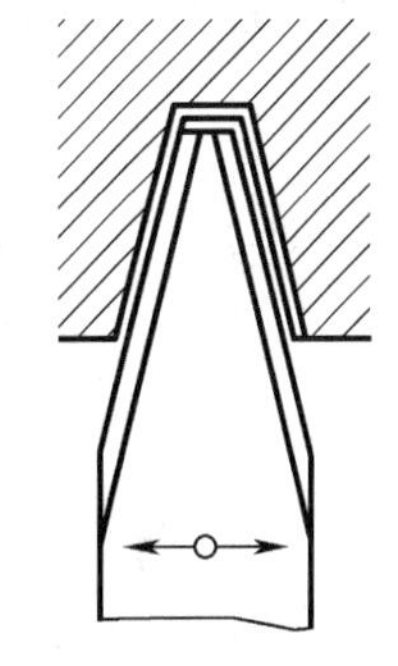
图 5-61　精车螺纹

- 用两侧切削刃磨有卷屑槽的精车刀精车两侧面至要求。

③ 车削螺距 P >8 mm 的梯形外螺纹的操作要领。

- 一般采用车阶梯槽（分层切削）的方法车削。
- 粗车、半精车螺纹大径，留 0.3 mm 左右的精车余量，倒角。
- 使用刀头宽度小于 P/2 的车槽刀采用直进法粗车螺纹至接近中径处，再使用刀头宽度略小于槽底宽的车槽刀采用直进法粗车螺纹，形成阶梯状的螺旋槽，如图 5-62 所示。

- 使用梯形螺纹粗车刀采用左右切削法半精车螺纹槽两侧面，每一面留下 0.1～0.2 mm 的精车余量，如图 5-63 所示。
- 精车螺纹大径至要求，如图 5-64 所示。

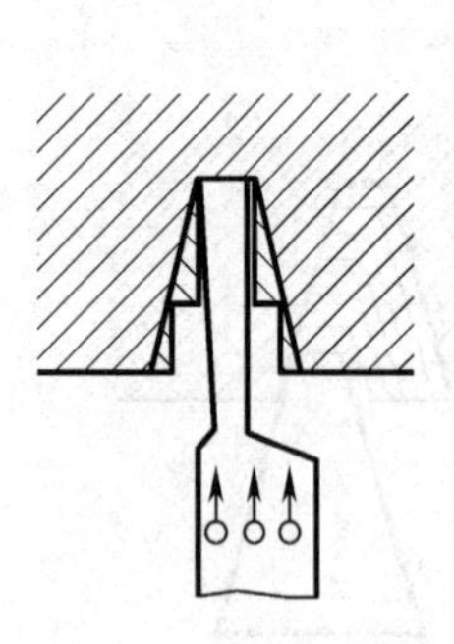

图 5-62　车阶梯螺旋槽

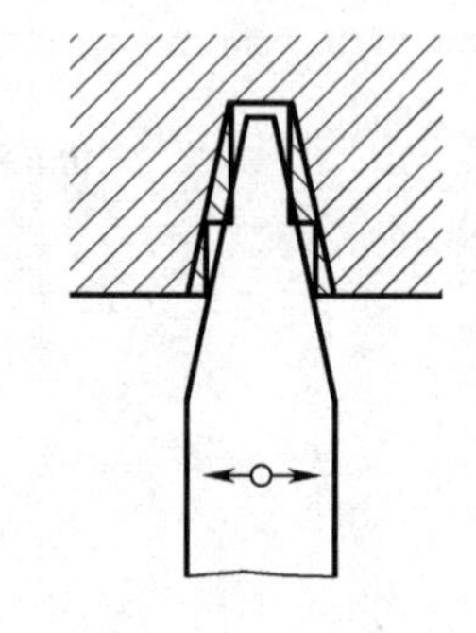

图 5-63　使用左右切削法半精车两侧面

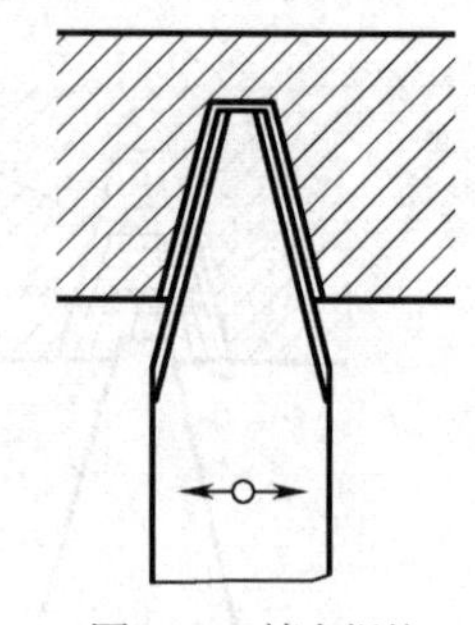

图 5-64　精车螺纹

- 使用精车刀精车两侧面，严格控制中径尺寸。

5. 车削梯形内螺纹

梯形内螺纹的车削方法与三角形内螺纹的车削方法基本相同，主要步骤如下。

（1）加工底孔。按照下式控制底孔直径。

$$D_0 = D_1 = d - P$$

（2）车削对刀基准。在工件端面上车出一个轴向深度为 1～2 mm，孔径等于螺纹公称尺寸的内阶台孔，如图 5-65 所示，作为对刀基准。

（3）粗车内螺纹。采用斜进法粗车内螺纹，车削时，向背进刀方向赶刀，以有利于切削的顺利进行。操作时，车刀刀尖与对刀基准间保持 0.10～0.15 mm 的间隙。

（4）精车内螺纹。

采用左右切削法精车牙型两侧面，操作时，车刀刀尖与对刀基准相接触。

重要提示

在车削与梯形外螺纹配合使用的梯形螺母时，为保证车出的梯形螺母与螺杆牙型角一致，常用梯形螺纹专用样板对刀，如图 5-66 所示。使用时，将样板的基准面靠紧工件外圆面来找正螺纹车刀的位置。

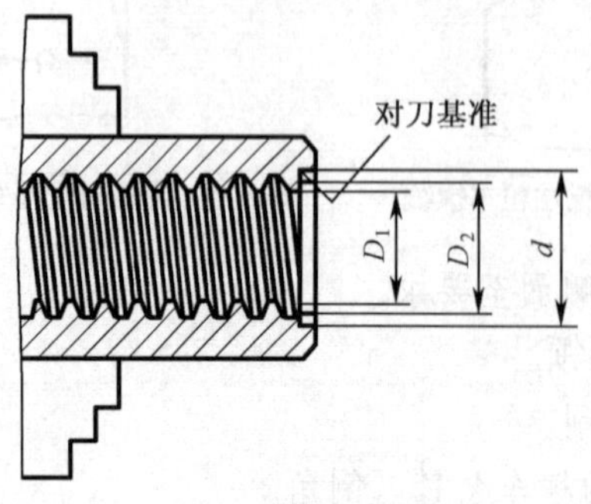

图 5-65　对刀基准

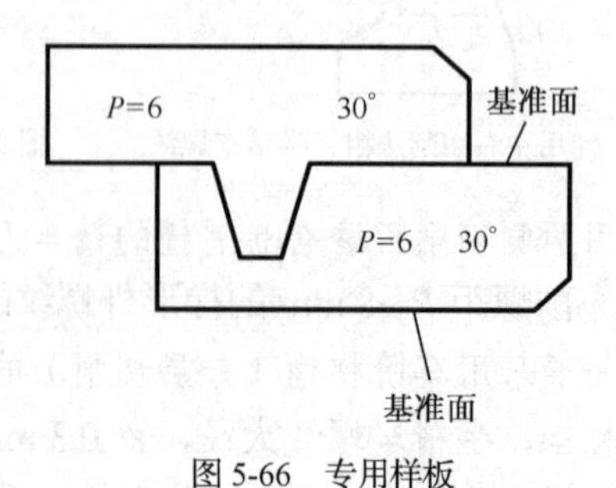

图 5-66　专用样板

二、技能训练

【训练要求】

按照图 5-67 所示图纸的要求车削梯形螺纹。材料：45 钢；数量：1 件。

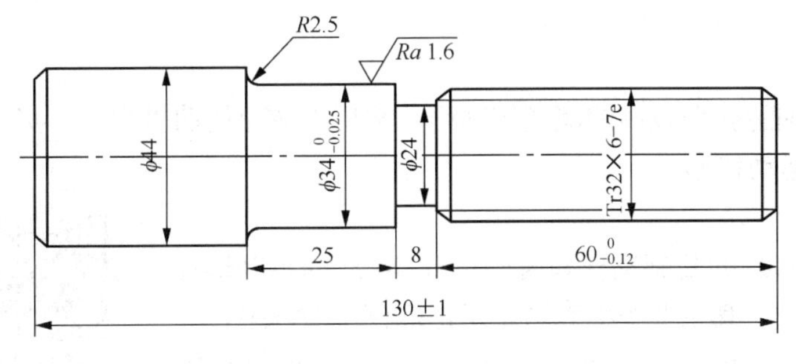

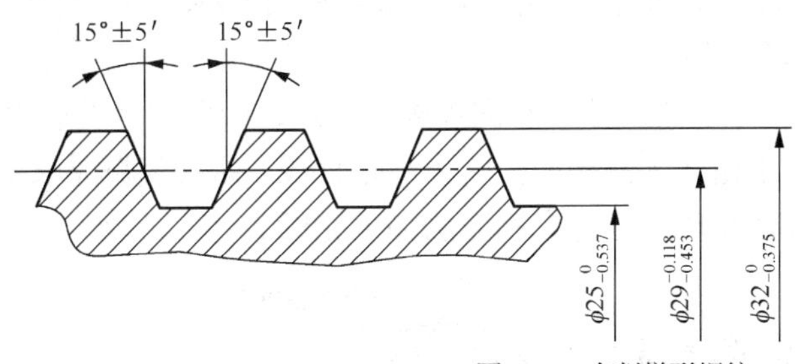

技术要求：
1.未注公差按GB/T 1804—m加工。
2.全部倒角C2。
3.其他表面粗糙度Ra 3.2 μm。

图 5-67　车削梯形螺纹

【加工步骤】

（1）使用一夹一顶装夹工件。工件伸出长度 70 mm 左右，找正后夹紧。

（2）在刀架上安装直槽车刀和梯形螺纹精车刀。

（3）粗、精车外圆 $\phi32_{-0.375}^{\ 0}$ mm，长 $60_{-0.12}^{\ 0}$ mm。

（4）车槽 $\phi24$ mm × 8 mm，然后倒角 $C2$。

（5）粗车 Tr32×6 梯形螺纹。

（6）精车梯形螺纹至尺寸要求。

【使用三针测量法检测螺纹】

（1）量针直径 d_D 按照公式 $d_D=0.518P$ 计算。即：$d_D=0.518\times6=3.108$（mm）。

（2）计算螺纹中径：$d_2=d-0.5P=32-0.5\times6=29$（mm）。

（3）量针测量距 M 按照公式 $M=d_2+4.864d_D-1.866P$ 计算。式中，M 是量针测量距（mm）；d_2 是螺纹中径（mm）；d_D 是量针直径（mm）；P 是螺距（mm）。计算得到：$M=29+15.12-11.2=32.92$（mm）。

（4）选用直径为 3.108 mm 的量针放入螺旋槽测量，实际测量值符合 $32.92_{-0.453}^{-0.118}$ 即为合格。

【注意事项】

（1）梯形螺纹精车刀两侧刃应刃磨平直，刀刃应保持锋利。

（2）精车螺纹前，应修磨中心孔，保证螺纹的同轴度。

（3）粗车螺纹时，应调紧小滑板，以防止车刀发生位移而损坏刀具或乱扣。

（4）车削梯形螺纹时，切削力较大，宜选用较小的切削量，并充分加注切削液。

任务四 车削蜗杆

一、基础知识

蜗杆和蜗轮组成的蜗杆副能获得较高的减速传动比，常用于减速传动机构中，实现空间成 90° 交错布置的两轴间的运动传递。

1. 蜗杆的分类

蜗杆一般分为齿形角 α=20° 的公制蜗杆和齿形角 α=14.5° 的英制蜗杆两类。我国主要使用公制蜗杆，其主要类型有阿基米德蜗杆（ZA 蜗杆）、法向直廓蜗杆（ZN 蜗杆）、渐开线蜗杆（ZI 蜗杆）、锥面包络圆柱蜗杆（ZK 蜗杆）、圆弧圆柱蜗杆（ZC 蜗杆）等几种。

阿基米德蜗杆的端面齿廓为阿基米德螺旋线，轴向齿廓为直线，因此称为直廓蜗杆，如图 5-68 所示。法向直廓蜗杆在垂直于齿线的法平面内的齿廓是直线，端面齿廓是长渐开线，如图 5-69 所示。这两种蜗杆都可以在车床上通过车削方法加工完成。

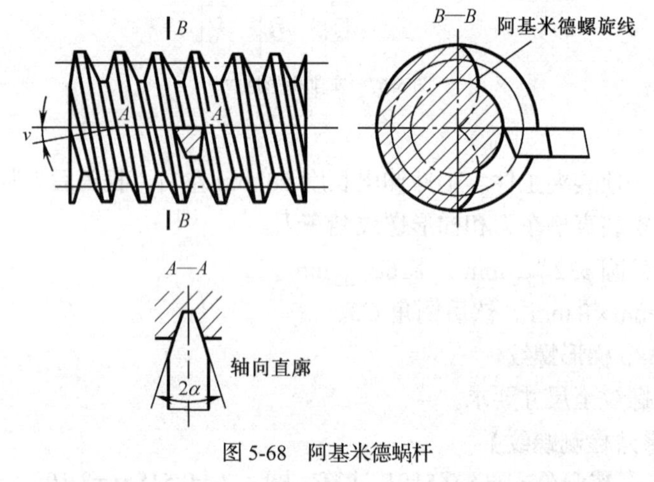

图 5-68 阿基米德蜗杆

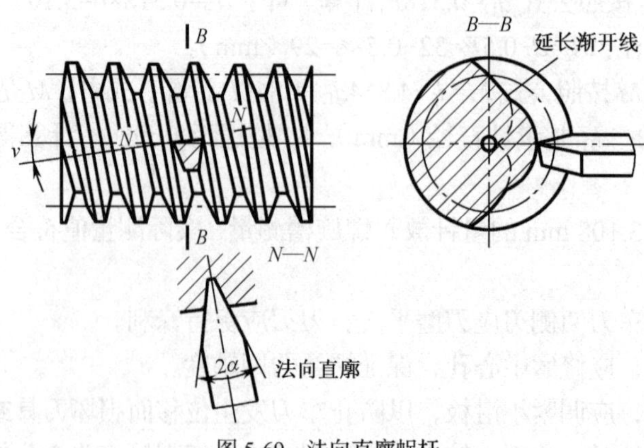

图 5-69 法向直廓蜗杆

由于阿基米德蜗杆的形状与梯形螺纹类似，其车削方法也与梯形螺纹相近，故在生产中应用广泛，本书将介绍齿形角 α=20° 的阿基米德蜗杆的车削方法。

2. 蜗杆车刀

蜗杆车刀一般由高速钢材料制成。由于蜗杆的齿形较深、导程较大，加工难度比梯形螺纹更大。为了确保加工质量，车削蜗杆时，通常严格分粗车与精车两个阶段，粗车和精车时使用的车刀也不相同。

（1）蜗杆粗车刀。蜗杆粗车刀的结构如图 5-70 所示，其结构特点如下。

① 车刀左、右两切削刃之间的夹角小于 2 倍齿形角。

② 车刀刀尖宽度小于蜗杆齿根槽宽度。

③ 切削钢质蜗杆时，应磨出径向前角 10°～15°。

④ 通常磨出径向后角 6°～8°。

⑤ 沿着进给方向的后角为（3°～5°）+v，背着进给方向的后角为（3°～5°）−v（v 为蜗杆的导程角）。

⑥ 刀尖适当倒圆。

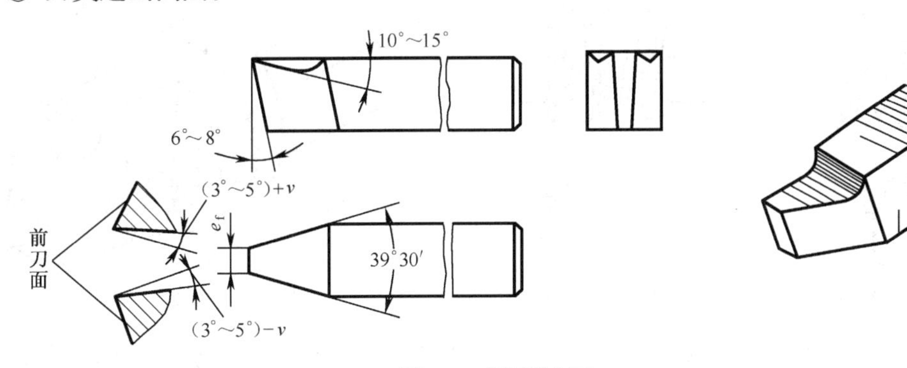

图 5-70　蜗杆粗车刀

（2）蜗杆精车刀。蜗杆精车刀的结构如图 5-71 所示，其结构特点如下。

① 车刀左、右两切削刃之间的夹角等于两倍齿形角。

② 为了保证蜗杆齿形角准确，径向前角通常为 0°。

③ 为保证左、右切削刃切削顺利，两刃都磨有较大前角（γ_o=15°～20°）。

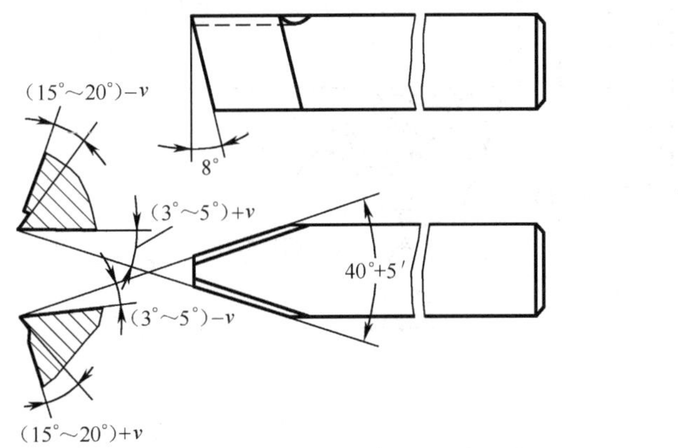

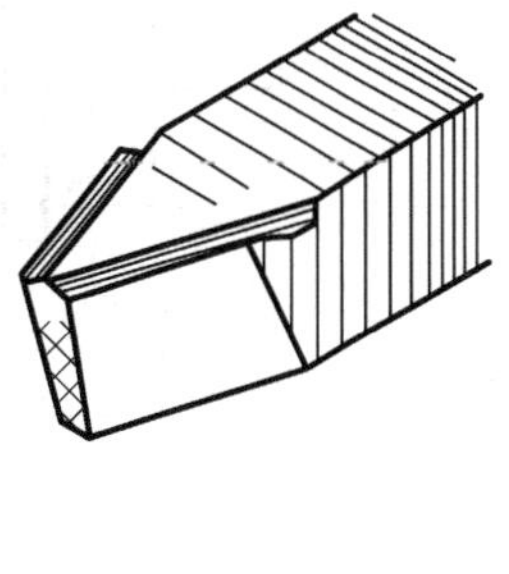

图 5-71　蜗杆精车刀

实际切削中，这种精车刀只能精车两侧齿侧面，车刀前端刀刃不能用来车削槽底。

（3）蜗杆车刀的装夹。与车削螺纹不同，安装蜗杆车刀时，可以采用以下两种方法。

① 水平装刀法。精车轴向直廓蜗杆时，为了保证齿形正确，必须把车刀两侧切削刃组成的平面装在水平位置上，并且与蜗杆轴线处于同一水平面内，这种装刀方法叫作水平装刀法，如图5-72所示。

② 垂直装刀法。车削法向直廓蜗杆时，必须把两侧切削刃组成的平面应装得与蜗杆齿侧垂直，这种安装方法叫作垂直装刀法，如图5-73所示。

（4）可回转刀杆。由于蜗杆的导程角较大，为了改善切削条件并达到垂直装刀的要求，生产中可以使用图5-74所示的可回转刀杆。这种刀杆的头部可以相对于刀杆回转一个导程角，然后使用螺钉紧固，这种刀杆还开有弹性槽，车削时不易产生扎刀现象。

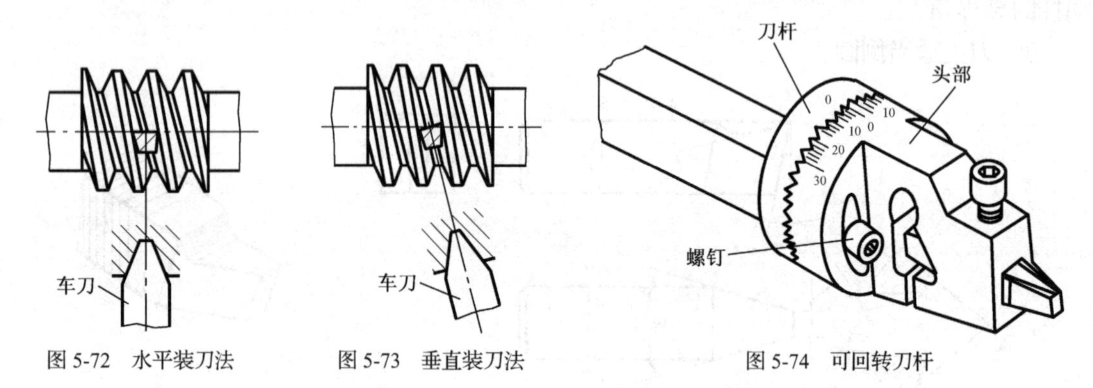

图5-72　水平装刀法　　图5-73　垂直装刀法　　图5-74　可回转刀杆

（5）车刀的找正。车削模数较小的蜗杆时，蜗杆车刀使用对刀样板找正装夹即可；而车削模数较大的蜗杆时，蜗杆车刀通常使用游标万能角度尺来找正装夹，如图5-75所示。

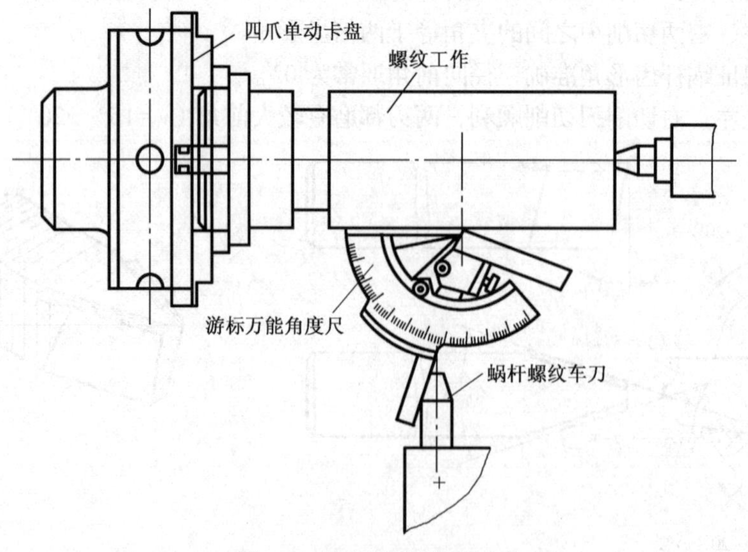

图5-75　使用角度尺装正车刀

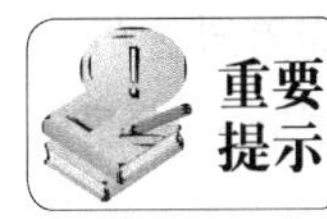

找正时，首先将游标万能角度尺的一边靠住工件外圆，观察角度尺另一边与车刀刃口之间的间隙，如有偏差，则松开压紧螺钉调整刀尖角的位置将车刀装正。

3. 蜗杆的车削方法

典型的蜗杆零件图如图 5-76 所示。

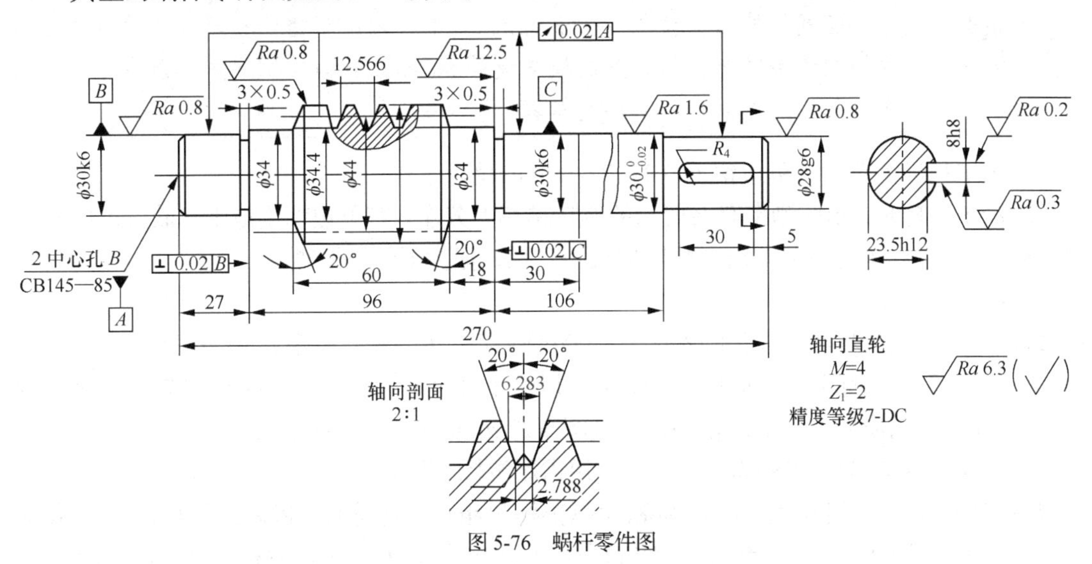

图 5-76　蜗杆零件图

（1）蜗杆的主要技术要求。蜗杆的主要技术要求包括以下几方面。

① 蜗杆的轴向模数和与之啮合的蜗轮的端面模数必须相等。

② 蜗杆的轴向齿距必须准确。

③ 蜗杆的轴向齿厚或法向齿厚必须准确。

④ 蜗杆两齿侧面的表面粗糙度要小。

⑤ 蜗杆齿形应符合图样要求。

⑥ 蜗杆齿槽的径向跳动应在精度允许的范围内。

（2）工件的装夹。车削蜗杆时，切削力比车削梯形螺纹时更大，工件应该采用一夹一顶方式装夹。车削模数较大的蜗杆时，还应采用四爪单动卡盘与尾顶尖装夹工件。

同时，工件在轴向应采用限位阶台或限位支承防止轴向蹿动，如图 5-77 所示。

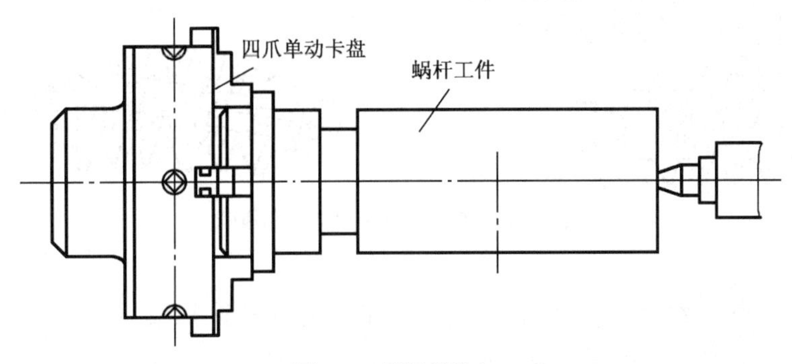

图 5-77　蜗杆的装夹

（3）蜗杆的车削要领。蜗杆的车削原理和梯形螺纹有相近之处，但也有一些差异之处。

① 蜗杆的导程（轴向齿距）并非整数，在车削过程中不能提起开合螺母，因此只能使用倒顺车法进行加工。

② 车削前，根据蜗杆导程在车床进给铭牌上的标记调整机床手柄。

③ 粗车蜗杆时，若蜗杆的横向模数 $m_x \leqslant 3$ mm，可采用左、右切削法；

重要提示

若蜗杆的横向模数 $m_x>3$ mm，一般先采用车槽法粗车，然后再用左右切削法半精车；当蜗杆的横向模数 $m_x>5$ mm 时，则采用车阶梯槽法粗车，然后用左右切削法半精车。

④ 粗车和半精车后，单边留下 0.2～0.4 mm 的精车余量。

⑤ 精车蜗杆时，用两侧带有卷屑槽的蜗杆精车刀分左、右单边切削成形，最后再用刀尖角略小于 2 倍齿形角的精车刀精车蜗杆齿根圆直径，把齿形修整清晰。

4．蜗杆的检测

蜗杆的主要测量参数有齿顶圆直径 d_a、分度圆直径 d_1、轴向齿距 p_x 以及齿厚 s。

（1）d_a、p_x 和 d_1 的测量。齿顶圆直径 d_a 可以用千分尺测量；轴向齿距 p_x 主要由机床的传动系统保证，可以使用游标卡尺粗测；分度圆直径 d_1 可以采用三针法测量。

（2）齿厚 s 的测量。蜗杆齿厚 s 可以使用齿厚游标卡尺测量齿厚。

齿厚游标卡尺由相互垂直的齿高和齿厚游标尺组成。测量时，将齿高游标尺的读数调整为蜗杆的齿顶高尺寸，然后将齿厚游标卡尺的两个卡爪法向切入蜗杆齿廓，齿高游标卡尺的两个卡爪则顶住齿廓顶部，测出的读数即为蜗杆分度圆处的法向齿厚 s_n，如图 5-78 所示。

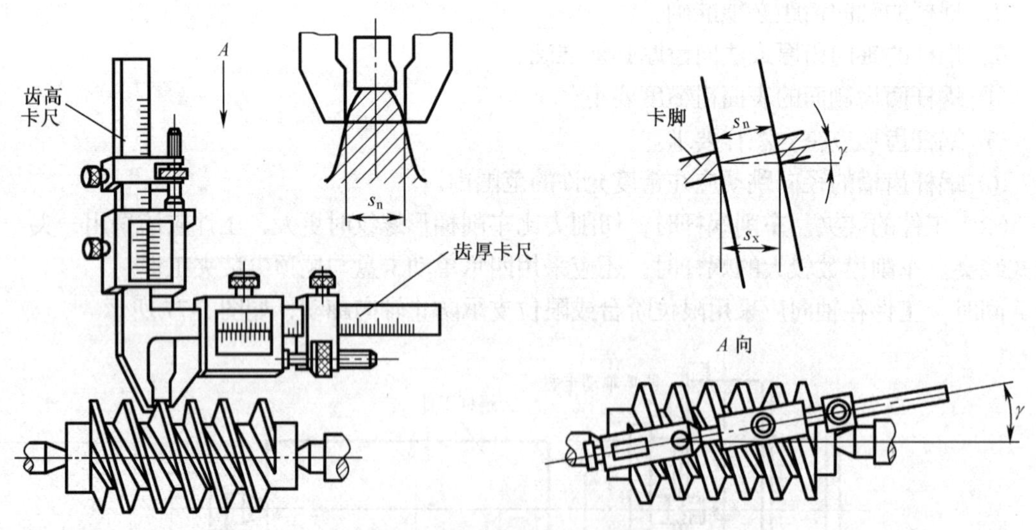

图 5-78　使用齿厚游标卡尺测量齿厚

重要提示

在蜗杆零件图上，通常给出的是轴向齿厚 s_x，法向齿厚 s_n 和轴向齿厚 s_x 之间的换算关系为：$s_n=s_x\cos\gamma$。

二、技能训练

【训练要求】

按照图 5-79 所示图纸要求车削蜗杆。材料：45 钢；尺寸：ϕ36mm×105mm；数量：1 件。

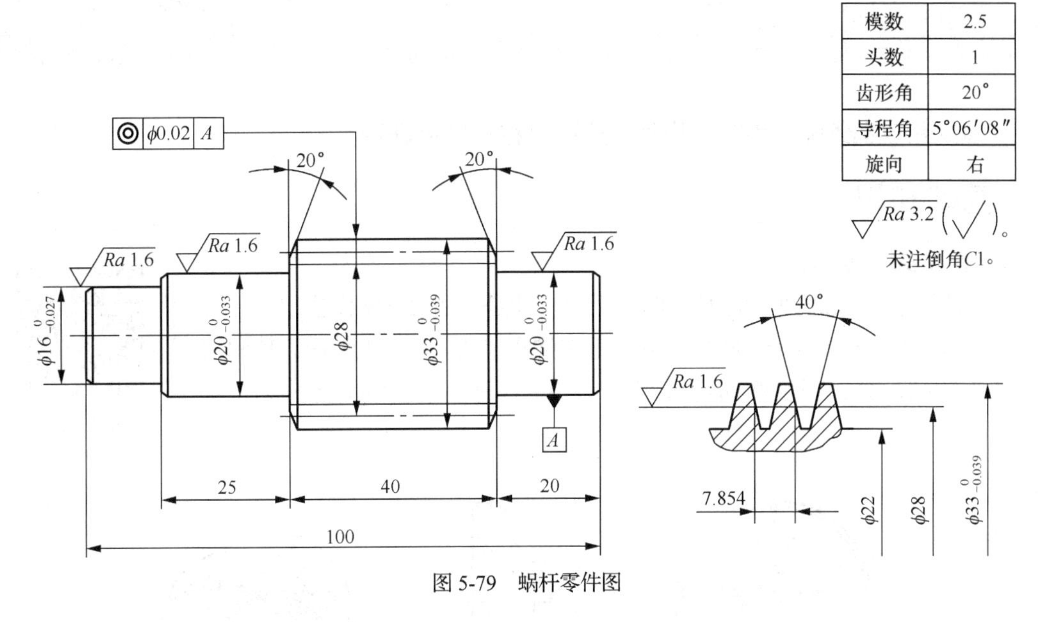

图 5-79　蜗杆零件图

【操作步骤】

（1）夹持工件外圆，工件伸出长度 80 mm 左右，校正后夹紧。

（2）车端面，钻中心孔，使用一夹一顶装夹工件。

（3）车外圆至ϕ34mm，长度大于 60 mm。

（4）粗车 $\phi20_{-0.033}^{\ 0}$ mm 外圆至 ϕ21 mm，长 19.5 mm，倒角。

（5）掉头装夹工件，校正后夹紧。

（6）车端面，控制总长 100 mm，钻中心孔。

（7）粗车 $\phi20_{-0.033}^{\ 0}$ mm 外圆至 ϕ21 mm，长 39.5 mm。

（8）粗车 $\phi16_{-0.027}^{\ 0}$ mm 外圆至 ϕ18 mm，长 14.5mm。

（9）掉头装夹工件，夹持 ϕ18 mm 外圆，使用一夹一顶装夹工件。

（10）粗车蜗杆。

（11）采用两顶尖装夹工件分别精车各外圆至图样要求，倒角。

（12）精车蜗杆至图样要求。

（13）检查零件，合格后卸下。

【注意事项】

（1）车削蜗杆第 1 刀后，应检查蜗杆的轴向齿距是否准确。

（2）车削蜗杆时，应减小机床床鞍与导轨之间的间隙，以减小轴向蹿动。

（3）粗车蜗杆时，应尽可能提高工件的装夹刚度。例如，使用鸡心夹头固夹工件。

（4）粗车蜗杆时，每次切入的深度要适当，并经常检查齿厚，以控制精车余量。

（5）精车蜗杆时，应采用低速车削并充分加注切削液。

（6）车削大模数蜗杆时，应尽量缩短工件的支承长度，提高工件的装夹刚性。

（7）精车蜗杆时，可以采用两顶尖装夹工件，以保证工件的同轴度和精度。

任务五　套螺纹和攻螺纹

套螺纹和攻螺纹除了手工操作外，还可以在车床上进行。

一、基础知识

1. 在车床上套螺纹

在车床上套螺纹时使用的刀具是板牙，板牙是一种多刃螺纹加工刀具。

（1）板牙的结构。板牙的形状像一个圆螺母，如图 5-80 所示，其两端的锥角为切削部分，正反两面均可使用，中间具有完整齿深的部分为校正部分。

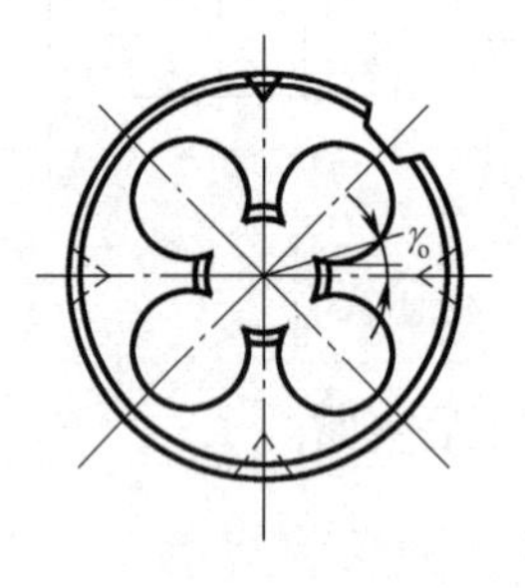
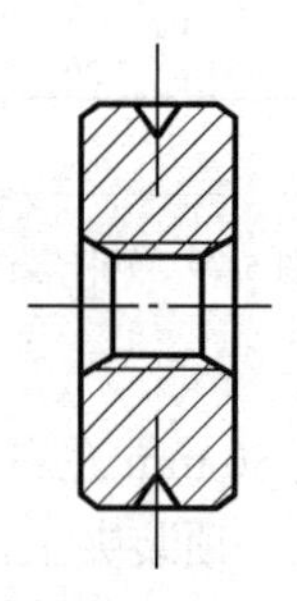
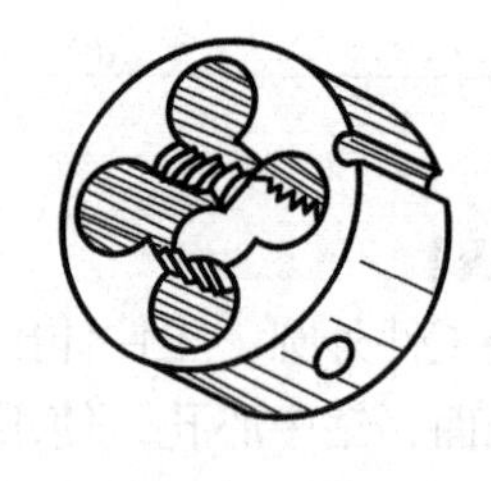

图 5-80　板牙

（2）套螺纹的操作要领。套螺纹适合于公称直径小于 16 mm 或者螺距小于 2 mm 的外螺纹。

① 套螺纹前，工件外圆的车削。由于套螺纹时，工件材料受到板牙的挤压变形，牙顶将被挤高，因此套螺纹前，工件外圆应车至略小于螺纹大径，其直径可以按照下式确定。

$$d_0=d-0.13P$$

式中：d_0——套螺纹前工件直径，mm；

d——螺纹大径，mm；

P——螺纹螺距，mm。

② 套螺纹前的准备。在套螺纹前，要进行以下准备工作。

- 工件必须倒角，倒角后端面直径稍小于螺纹小径，以便于板牙切入工件。
- 套螺纹前必须找正车床尾座，使其轴线与车床主轴轴线重合。
- 安装板牙时，确保其端面与主轴轴线垂直。

③ 套螺纹工具。在车床上套螺纹主要使用图 5-81 所示的套螺纹工具完成。

套螺纹的具体操作步骤如下。

- 将套螺纹工具的锥柄装入车床尾座套筒内的锥孔中。
- 将板牙装入滑动套筒内，将螺钉对准板牙上的锥孔后拧紧。

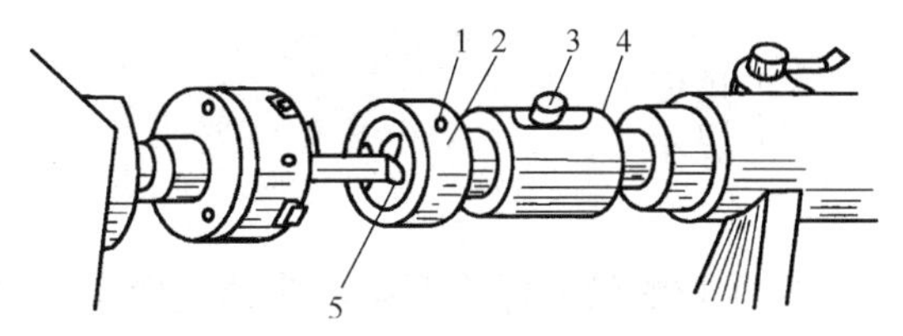

图 5-81　套螺纹工具
1—螺钉；2—滑动套筒；3—销钉；4—工具体；5—板牙

- 将尾座移动到工件前适当位置锁紧。
- 转动尾座手轮，使板牙靠近工件端面，然后启动冷却泵加注切削液。
- 转动尾座手轮使板牙切入工件后，由滑动套筒在工具体的导向键槽随着板牙沿着工件轴线自动进给，板牙切削工件外螺纹。
- 当板牙切削到所需长度时，反转主轴，退出板牙。

④ 切削速度的确定。根据被加工材料不同，切削速度也不同。

- 对钢件：v_c =3～4 m/min。
- 对铸铁件：v_c =2～3 m/min。
- 对黄铜件：v_c =6～9 m/min。

⑤ 切削液的选择。根据被加工材料不同，切削液也不同。

- 对于钢件，可以使用硫化切削油、机油和乳化油，对于低碳钢以及韧性较好的材料，可以使用工业植物油。
- 对于铸铁件，可以使用煤油，也可以不用切削油。

2. 在车床上攻螺纹

在车床上攻螺纹主要使用丝锥完成。

（1）丝锥的形状和结构。丝锥主要用于加工车刀无法切削的小直径内螺纹，其操作方便，生产效率高。

丝锥分为手用丝锥和机用丝锥两类，如图 5-82 所示。前者主要用于钳工，同一尺寸的丝锥分为初锥、中锥、底锥等类型，用于分阶段完成内螺纹的攻丝操作；后者通常为单支，一次成形，加工效率高。

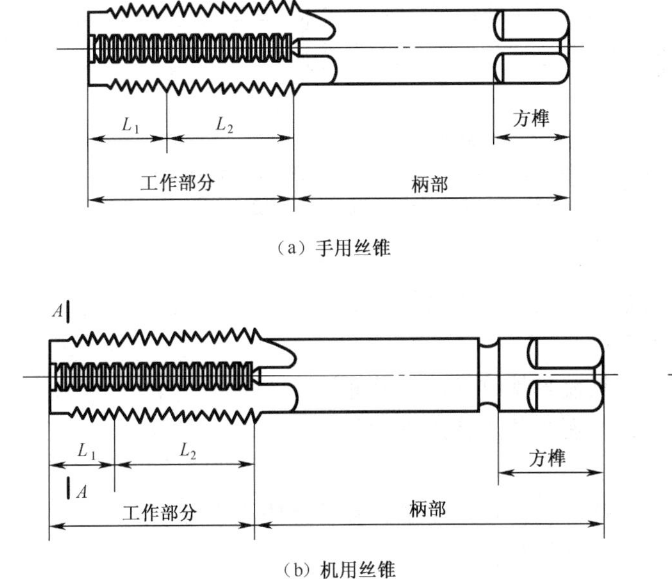

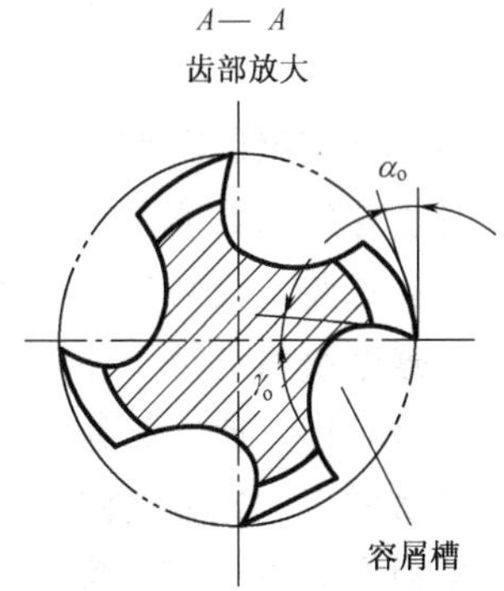

图 5-82　丝锥

机用丝锥的柄部多一个环形槽，以防止攻丝时丝锥脱落。

（2）攻螺纹的操作要领。攻螺纹操作的主要要领如下。

① 预加工孔径的确定。攻螺纹前的预加工孔径应比螺纹小径稍小，以减小切削抗力，一般按照下面的经验公式来确定。

- 对于钢件和塑性材料：$D_0=D-P$。
- 对于铸铁和脆性材料：$D_0=D-1.05P$。

式中：D_0——预加工孔直径，mm；

D——内螺纹大径，mm；

P——螺纹螺距，mm。

② 攻螺纹前的准备。在套螺纹前，要进行以下准备工作。

- 攻不通孔螺纹时，钻孔深度应大于规定的螺纹深度，通常取螺纹的有效长度加螺纹公称直径的0.7倍，即 $H=h_{有效}+0.7D$。
- 攻丝前，应对孔口30°倒角，倒角后的直径应大于螺纹大径，如图5-83所示。

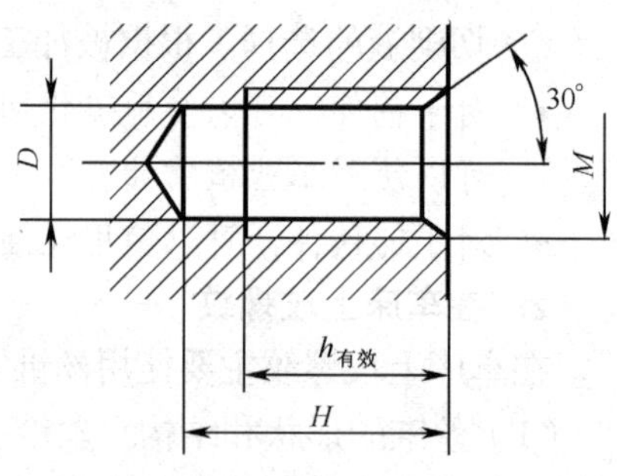

图5-83　攻螺纹前的准备

③ 攻螺纹工具。在车床上攻螺纹主要使用图5-84所示的攻螺纹工具。

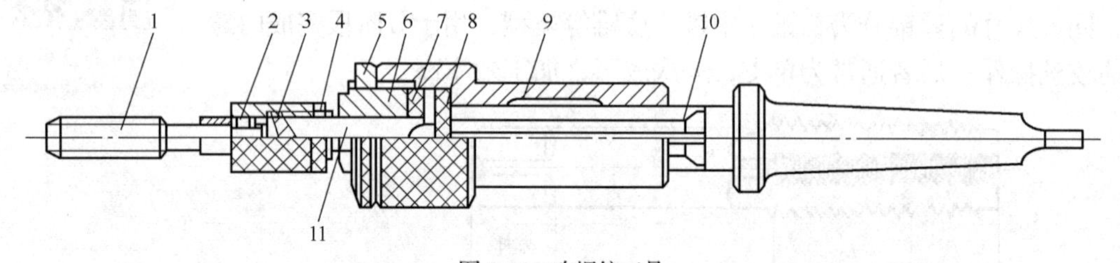

图5-84　攻螺纹工具

1—丝锥；2—钢球；3—内锥套；4—锁紧螺母；5—并紧螺母；6—调节螺栓；7，8—尼龙垫片；9—花键套；10—花键心轴；11—摩擦杆

攻螺纹具体操作步骤如下。

- 将攻螺纹工具的锥柄装入车床尾座套筒内的锥孔中。
- 将丝锥装入攻丝工具的方孔中。
- 根据螺纹的有效长度，在丝锥或攻螺纹工具上做标记。
- 移动尾座，使丝锥靠近工件端面，然后将尾座锁紧。
- 启动机床，充分浇注切削液。
- 转动尾座手轮使丝锥切入工件后，由攻螺纹工具自动进给攻内螺纹。
- 当丝锥切削到所需长度时，反转主轴，退出丝锥。

④ 切削速度的确定。攻丝时，根据被加工材料不同，切削速度也不同。

- 对于钢件和塑性较好的材料：v_c=2～4 m/min。
- 对于铸铁件和塑性较差的材料：v_c=4～6 m/min。

⑤ 切削液的选择。根据被加工材料不同，切削液也不同。

- 对于钢件，可以使用硫化切削油、机油和乳化油，对于低碳钢以及韧性较好的材料，可以使用工业植物油。
- 对于铸铁件，可以使用煤油，也可以不用切削油。

攻螺纹和套螺纹时切削液的选择如表 5-3 所示。

表 5-3　　攻螺纹和套螺纹时切削液的选择

工件材料	切削液
结构钢、合金钢	硫化油，乳化液
耐热钢	60%硫化油+25%煤油+15%脂肪酸
	30%硫化油+13%煤油+8%脂肪酸+1%氯化钡+45%水
	硫化油+15%～20%四氯化碳
灰铸铁	75%煤油+25%植物油，乳化液，煤油
铜合金	煤油+矿物油，全系统消耗用油，硫化油
铝及合金	85%煤油+15%亚麻油
	50%煤油+50%全系统消耗用油
	煤油，松节油，极压乳化液

二、技能训练

技能训练一　在车床上套螺纹

【训练要求】

按照图 5-85 所示的图纸要求完成 M16 套螺纹加工。

材料：45 钢；尺寸：ϕ20 mm × 66 mm；数量：1 件。

在车床上套螺纹的操作要领

【操作步骤】

（1）夹持工件外圆，校正后夹紧。

（2）车端面。粗、精车外圆至ϕ15.74 mm，长为 35 mm。

（3）倒角 C1.5。

（4）用 M16 板牙套螺纹。

（5）检查合格后卸下工件。

【注意事项】

（1）在选择板牙时，要检查板牙的齿形是否完整，有无残缺。

（2）装夹板牙时，确保板牙端面垂直于工件轴线，不能有偏斜。

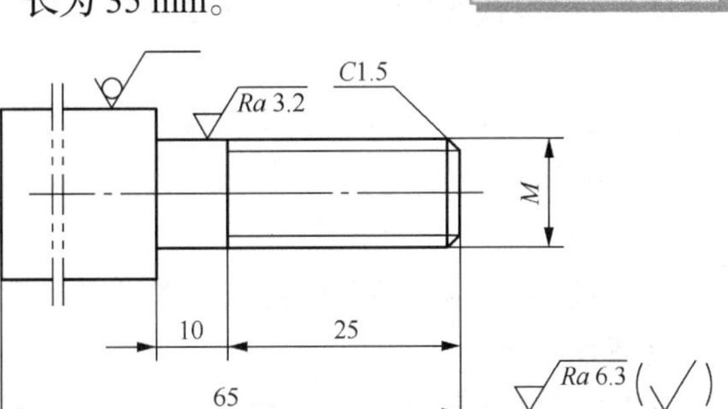

图 5-85　套螺纹零件

（3）为塑性材料套螺纹时，应该充分加注切削液。

（4）套螺纹工具应该装夹牢固可靠，防止在过大的切削力作用下脱落造成事故。

技能训练二　在车床上攻螺纹

【训练要求】

按照图 5-86 所示的图纸要求完成 M10 的攻螺纹操作。

材料：45 钢；尺寸：ϕ30 mm × 32 mm；数量：1 件。

在车床上攻螺纹的操作要领

【操作步骤】

（1）夹持工件外圆，校正后夹紧。

（2）车端面。

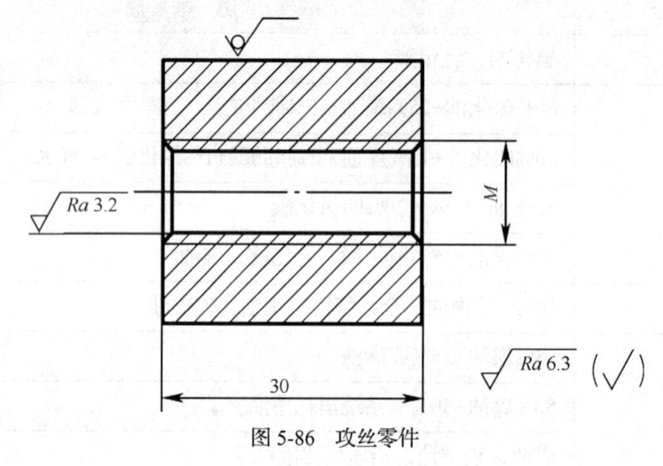

图 5-86　攻丝零件

（3）用中心钻钻中心孔；钻通孔ϕ8.5 mm；孔口倒角。

（4）攻螺纹 M10。

（5）检查合格后卸下工件。

【注意事项】

（1）在选择丝锥时，要检查丝锥的齿形是否完整，有无残缺。

（2）装夹丝锥时，确保丝锥轴线与工件轴线重合，不能有偏斜。

（3）攻螺纹时，应该充分加注切削液。

（4）攻螺纹时，不要一次攻至全部深度，应该每攻一定深度后，退出丝锥，清理切屑后继续攻丝操作。

（5）严禁在操作时使用棉纱清理孔内切屑，以免发生事故。

实　训

1. 按照图 5-87 所示的图纸要求完成通孔三角形内螺纹的车削加工

【操作提示】

（1）夹持外圆长 10～15 mm，车端面；车外圆至ϕ48 mm；锐边倒角。

（2）钻孔、车内孔至$\phi 18.40^{+0.18}_{0}$ mm。

（3）孔口倒角 $C2$。

（4）掉头夹持外圆 $\phi 48$mm，车端面，车接外圆 $\phi 48$ mm，孔口倒角 $C2$。

（5）粗车和精车内螺纹 M20×1.5 到图纸要求。

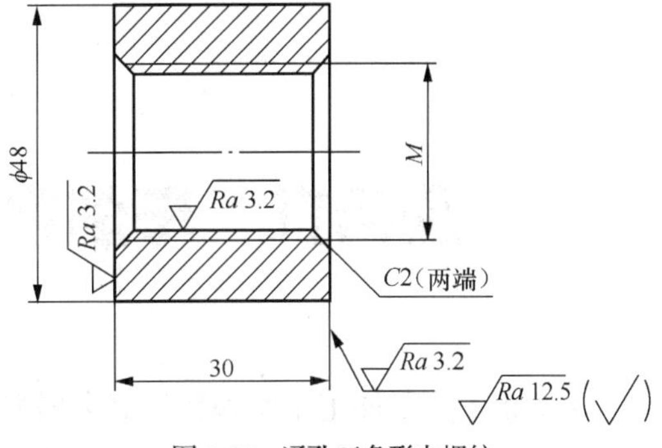

图 5-87　通孔三角形内螺纹

2. 按照图 5-88 所示的图纸要求完成梯形螺纹的车削加工

【操作提示】

（1）夹持外圆长 100 mm，车端面；钻中心孔，用一夹一顶装夹工件。

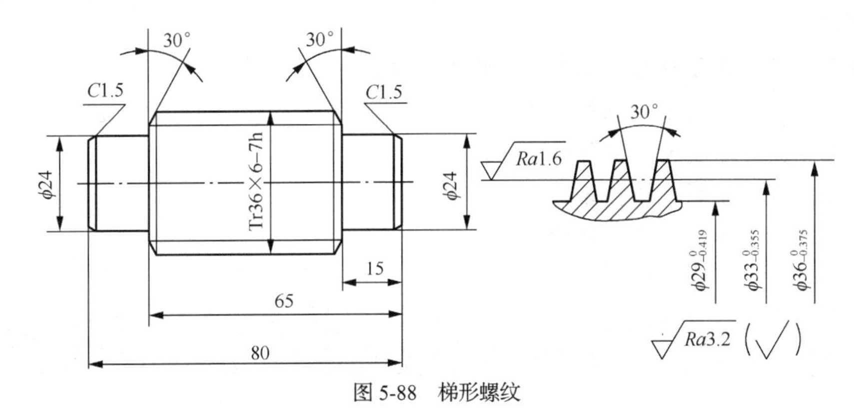

图 5-88　梯形螺纹

（2）粗车或精车梯形螺纹大径至 $\phi 36.30^{\ 0}_{-0.1}$ mm，长度大于 65 mm。

（3）精车或粗车外圆 $\phi 24$ mm 至尺寸要求，长 15 mm。

（4）粗车或精车退刀槽至 $\phi 24$ mm，宽度大于 15 mm，长度尺寸控制在 65 mm。

（5）两端倒角 $C1.5$。

（6）粗车梯形螺纹 Tr36×6−7h，小径车至 $\phi 29^{\ 0}_{-0.419}$ mm，两牙侧留下精车余量 0.2 mm。

（7）精车梯形螺纹大径至 $\phi 36^{\ 0}_{-0.375}$ mm。

（8）精车两牙侧面，用三针法测量，控制中径尺寸为 $\phi 33^{\ 0}_{-0.355}$ mm。

（9）车断，控制总长为 81 mm。

（10）掉头，垫铜皮车端面，控制总长为 80 mm，倒角 $C1.5$。

项目六　车削典型零件和复杂零件

在车床上除了加工轴类和套类等常用零件外，还可以配合各种加工技巧和工具加工一些形状比较独特的典型零件，如细长轴、薄壁零件等，还可以加工偏心轴、曲轴等形状复杂的零件。

【学习目标】

- 掌握在车床上使用花盘加工复杂零件的方法。
- 掌握在车床上车削细长轴的方法。
- 掌握在车床上车削偏心零件的方法。
- 掌握在车床上车削简单曲轴的方法。
- 熟悉在车床上车削薄壁零件的方法。

任务一　使用花盘装夹车削复杂零件

一、基础知识

花盘是一个使用铸铁制作的大圆盘，盘面上有很多长短不同呈辐射状分布的通槽或 T 形槽，用于安装各种螺钉来紧固工件。花盘可以直接安装在车床主轴上，其盘面必须与主轴轴线垂直，并且盘面平整。

花盘在使用时必须找正，安装好花盘后，在装夹工件前应该认真检查以下两项内容。

1. 检测花盘盘面对车床主轴轴线的端面圆跳动误差

将百分表测量头接触花盘盘面靠近外边缘处，用手轻轻转动花盘，观察百分表指针的摆动，然后将百分表测量头移至花盘盘面靠近中央处，同时注意让开盘面上的通槽。转动花盘，观察百分表指针的摆动量，其值通常要求在 0.02 mm 以内，如图 6-1 所示。

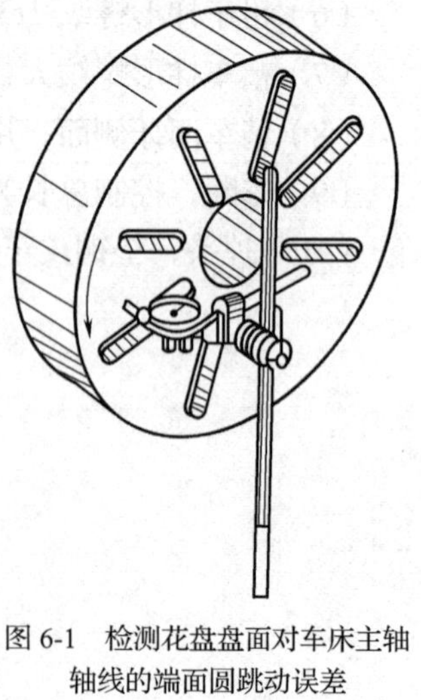

图 6-1　检测花盘盘面对车床主轴轴线的端面圆跳动误差

2. 检测花盘盘面的平行度误差

检查时，将百分表固定在刀架上，其测量头接触在盘面外边缘附近。保持花盘不动，移动中滑板，使测量头从盘面一端通过花盘中心移动到另一端。观察百分表指针的摆动量，其值应小于 0.02 mm，并且仅允许中间凹的形状误差，如图 6-2 所示。

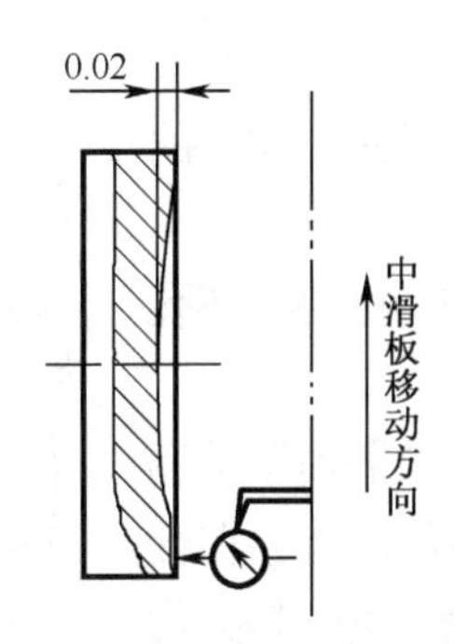

图 6-2　检测花盘盘面的平行度误差

二、技能训练

使用花盘装夹加工图 6-3 所示连杆零件上的两个孔。

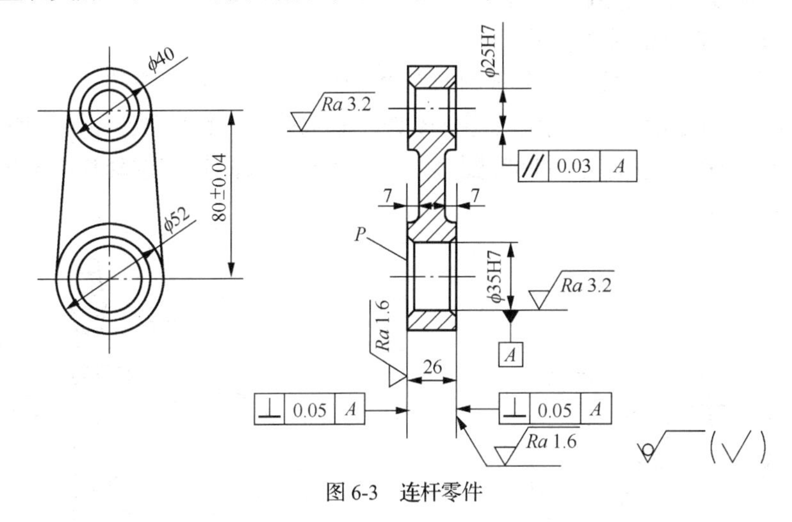

图 6-3　连杆零件

【工艺分析】

（1）加工表面分析。连杆零件为球墨铸铁铸件，其外形周边不需要加工，需要加工的表面为前后两个平面以及两个内孔。

（2）精度分析。两平面除了尺寸要求外，还要求相互平行；两孔精度为 IT7 级，表面粗糙度为 *Ra*3.2 μm，两孔中心距为（80±0.04）mm，轴线对*ϕ*25H7 基准孔轴线的平行度公差为 0.03 mm。连杆两端面对基准孔轴线的垂直度公差均为 0.05 mm。

（3）加工路线。加工时，先加工两平面，划线后在花盘上先车出*ϕ*35H7 基准孔，然后再车削*ϕ*25H7 孔。本例在已经加工出两平面的基础上车孔。

【加工步骤】

1. 车削*ϕ*35H7 基准孔时的装夹步骤

（1）清洁花盘盘面和工件表面，选择两平面中的一个平面作为基准面，将工件贴平在花盘盘面上，使*ϕ*35H7 孔的中心线接近花盘（主轴）中心。

（2）将 V 形架轻轻支靠在工件下端圆弧形表面上，并在花盘上初步固定。

（3）按工件上预先划好的线校正*ϕ*35H7 孔，使其中心在车床主轴轴线上。校正后用压板压紧工件。

（4）调整 V 形架，使其 V 形槽抵住工件上的圆弧形表面，并锁紧 V 形架。

（5）使用螺钉穿过工件上的 ϕ25H7 孔的毛坯孔压紧工件另一端。

（6）按照需要加合适的平衡铁，将主轴箱手柄置于空挡位置。用手转动花盘，如果花盘能够在任意位置停止即表示花盘处于平衡状态。完成装夹后的结果如图 6-4 所示。

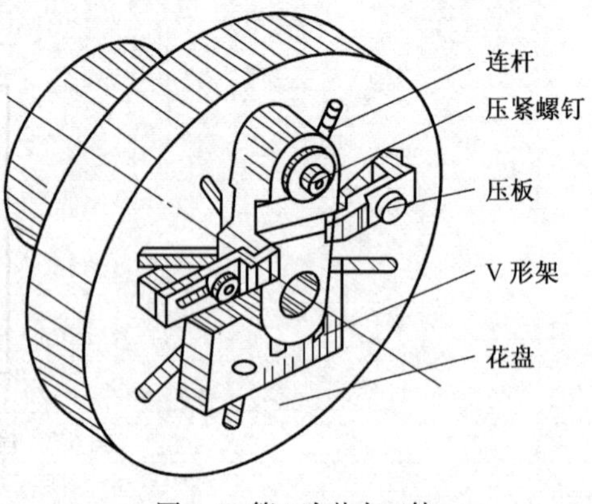

图 6-4　第 1 次装夹工件

2. 加工 ϕ35H7 基准孔

（1）粗、精车 ϕ35H7 孔至 $\phi 34.8^{+0.05}_{0}$，孔口倒角 $C1$ 两处。

（2）使用浮动铰刀铰孔至 ϕ35H7。

3. 车削 ϕ25H7 孔时的装夹步骤

（1）在车床主轴锥孔中装入一个预制的专用心轴，并校正其圆跳动。

（2）在花盘上安装定位套（定位套零件图如图 6-5 所示，本例中已经预先加工完成），其外径与已车好的 ϕ35H7 孔为较小的间隙配合，然后用千分尺测量定位套和心轴之间的距离尺寸 M，如图 6-6 所示。

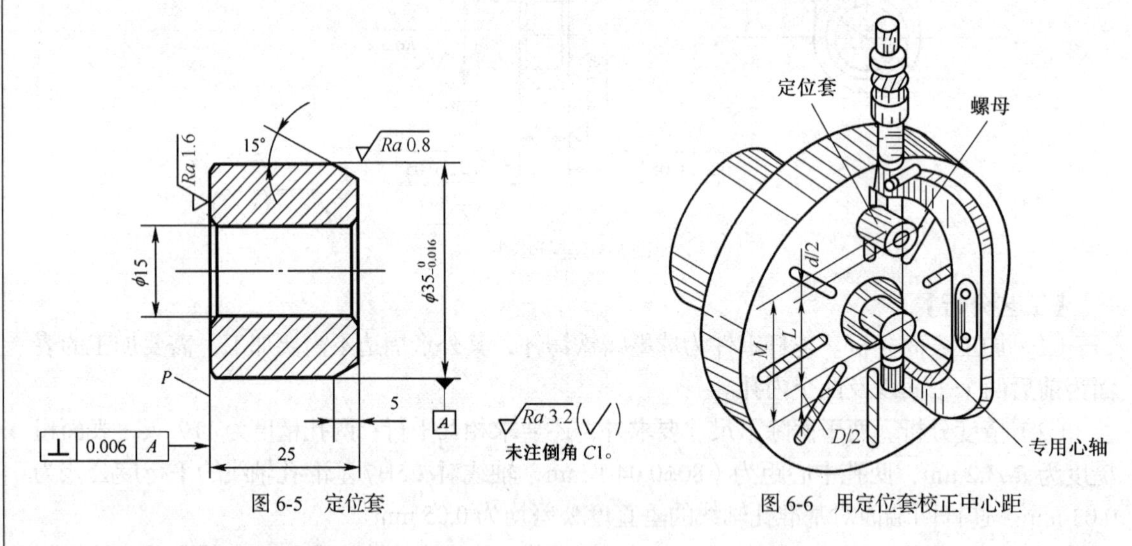

图 6-5　定位套　　　图 6-6　用定位套校正中心距

（3）按照下式计算中心距。

$$L = M - \frac{D+d}{2}$$

式中：L——两孔中心距，mm；

M——千分尺所测尺寸，mm；

D——专用心轴直径，mm；

d——定位套外径，mm。

（4）当计算中心距与图样要求（80±0.04）mm 不一致时，轻微松开定位套压紧螺母，用工具轻敲定位套，调整中心距，重新计算其值。如此反复调整直至合格，然后锁紧螺母。

（5）取下专用心轴，将工件已经加工好的ϕ35H7 孔套在定位套上，校正ϕ25H7 孔的中心位置，然后夹紧工件。

（6）添加合适的平衡块，调整花盘的平衡状态。

车削第 2 个孔时，装夹的关键是要确保两孔的孔距公差。

4. 加工ϕ25H7 孔

（1）粗、精车ϕ25H7 孔至$\phi 24.8^{+0.05}_{0}$ mm，孔口倒角 $C1$ 两处。

（2）使用浮动铰刀铰孔至ϕ25H7。

5. 中心距检测

在工件两孔中插入测量心轴或塞规，用千分尺测出尺寸 M 后，按照前面加工步骤 3 中的方法计算出中心距。

6. 两平面对基准孔轴线垂直度误差的检测

将心轴连同工件一起装夹在 V 形架上，并将 V 形架置于平板上，然后用百分表在工件平面上检测，其读数的最大值即为垂直度误差，检测原理如图 6-7 所示。

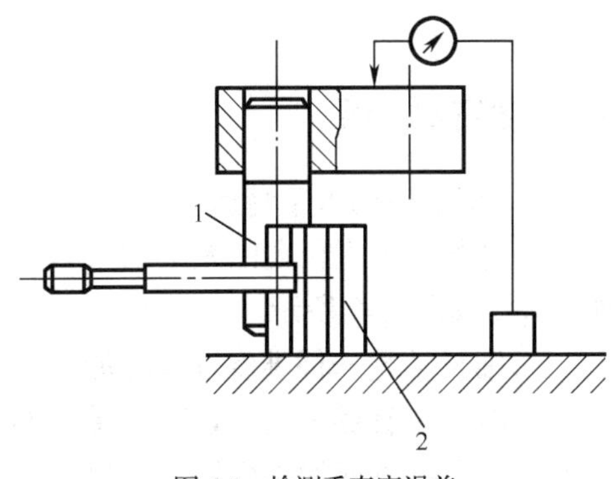

图 6-7　检测垂直度误差
1—心轴；2—V 形架

7. 两孔轴线平行度误差的检测

将测量心轴分别插入两孔中，并用两个等高的 V 形块支撑其中的一个心轴 1，然后用百分表在另一个心轴 2 上相距为 L_2 的 A、B 两个位置测得读数为 M_1 和 M_2。测量原理如图 6-8 所示。

按照下式计算平行度误差。

$$f=\frac{L_1}{L_2}\left(\left|M_1-M_2\right|\right)$$

式中：f——平行度误差，mm；

L_1——连杆长度，mm；

L_2——基准长度，mm。

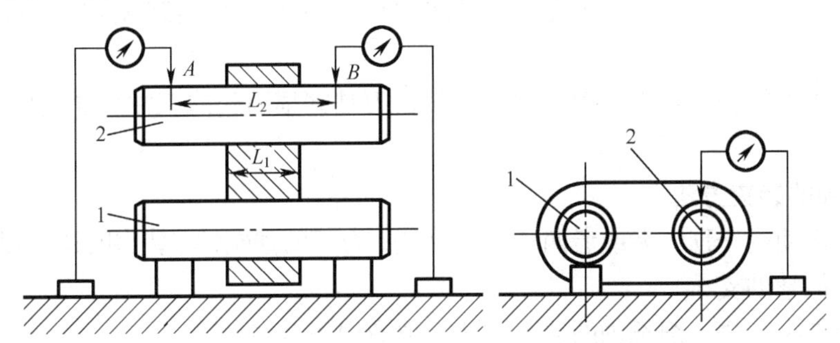

图 6-8　检测平行度误差

【注意事项】

（1）车削内孔前，一定要认真检查花盘上所有压板、螺钉的紧固情况，然后将床鞍移动到车削加工的最终位置，用手转动花盘，检查工件、附件是否与小滑板前端及刀架碰撞、以免发生事故。

（2）压板螺钉应靠近工件安装，垫块高度应与工件厚度相同。

（3）车削时，主轴转速不宜过高，切削用量不宜过大，以免引起振动，影响孔的精度。同时，转速过高时，离心力大，还容易发生事故。

任务二 车细长轴

一、基础知识

1. 细长轴的加工特点

工件长度跟直径之比大于 25（$L/d>25$）的轴类零件称为细长轴，如图 6-9 所示。

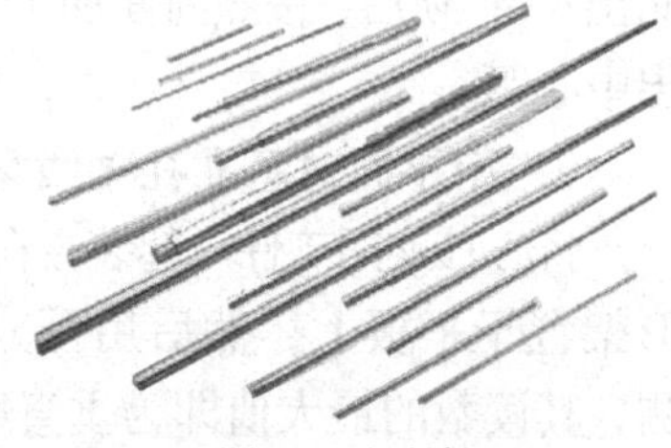
图 6-9 细长轴

车细长轴是一种难度较大的加工工艺，对工件的装夹、刀具、机床和辅助夹具、切削用量等都要进行合理的选择，精心调整，以确保加工质量。

重要提示

加工细长轴时，需要重点解决中心架和跟刀架的使用、工件热变形伸长、合理选择车刀几何形状等 3 个关键技术。

细长轴本身刚性差，并且 L/d 值越大，刚性越差，因此车细长轴具有以下加工特点。

（1）工件受切削力、自重和旋转时离心力的作用，会产生弯曲、振动，严重影响其圆柱度和表面粗糙度。

（2）在切削过程中，工件受热伸长产生弯曲变形，车削难以进行，严重时会使工件卡在顶尖间无法加工。

（3）工件刚性差、拉弯力弱，会因材料自重而产生弯曲变形。

（4）加工时，如果采用跟刀架、中心架等辅助夹具，则对操作技能的要求会相应提高，增大了与之配合的机床、工具以及工具之间协调的难度，会引起振动，影响零件的加工精度。

（5）由于工件较长，每次进刀切削时间长，刀具磨损引起的工件尺寸变化大，这就难以保证尺寸精度。

2. 细长轴的装夹方法

细长轴通常使用一顶一夹或者两顶尖装夹法，为了增强刚性，装夹时还可以采用中心架、跟刀架或者其他辅助支承。

（1）常用装夹方法。细长轴的装夹方法主要有以下几种。

① 中心架直接支撑。当工件可分段车削或掉头车削时，在工件中间用中心架支撑，如图 6-10 所示。这样，L/d 值减少了一半，细长轴车削时的刚性可增加好几倍。

细长轴的装夹方法一——中心架直接支撑

对于毛坯工件，应在毛坯中部车出一段支撑中心架支撑爪的沟槽，表面粗糙度及圆柱度误差要小，否则会影响工件的精度，装夹时，中心架直接支撑在工件中部，如图 6-11 所示。

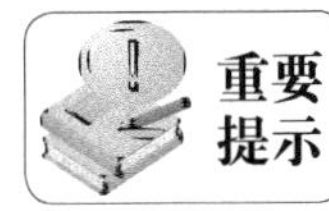

重要提示

车削时，中心架的支撑爪与工件接触处应经常加润滑油。为了使支撑爪与工件保持良好的接触，也可以在中心架支撑爪与工件之间加一层砂布或研磨剂，进行研磨抱合。

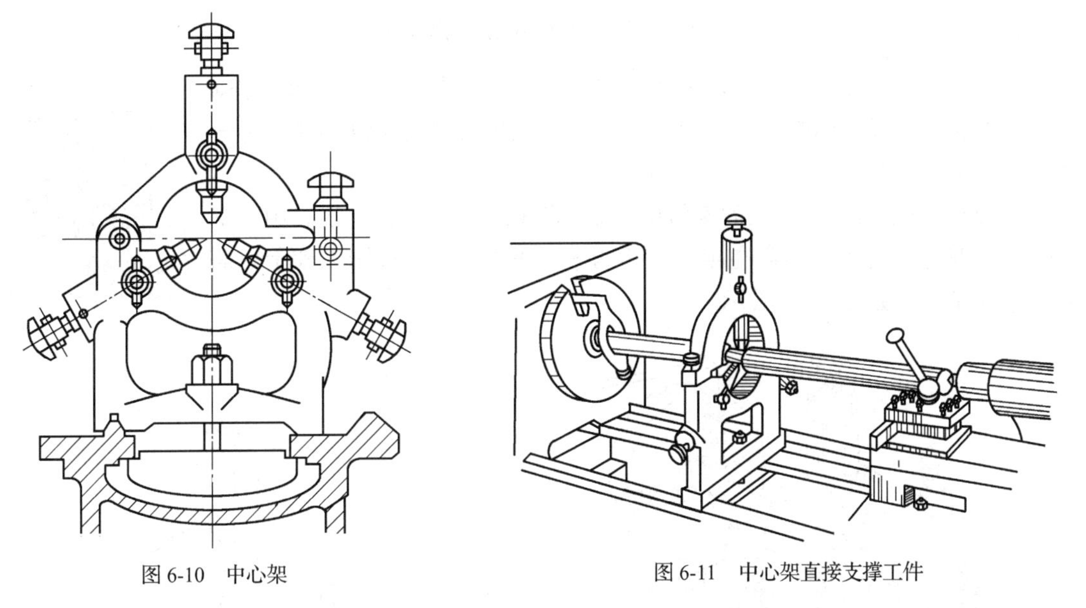

图 6-10　中心架　　图 6-11　中心架直接支撑工件

② 中心架间接支撑。如果在工件上车削沟槽有困难，可以采用过渡套筒，套筒内孔比工件外圆稍大，套筒外圆表面要光滑并且圆柱度公差小，以便与中心架支撑爪良好接触，套筒两端各有 3 个螺钉，如图 6-12 所示。

细长轴的装夹方法二——中心架间接支撑

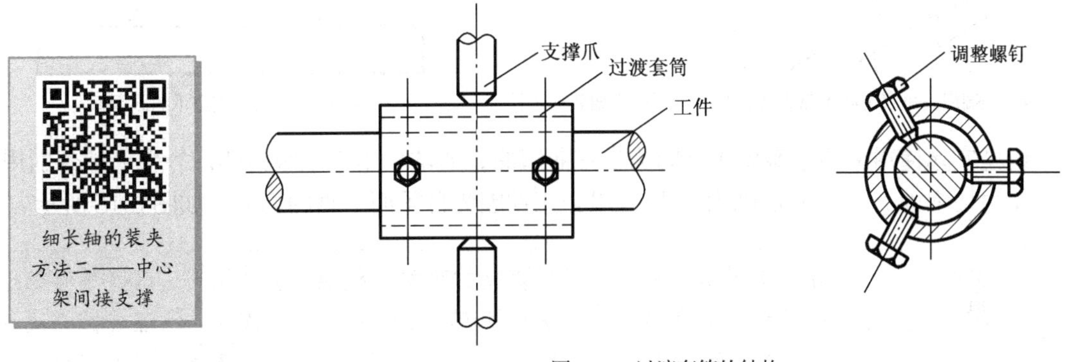

图 6-12　过渡套筒的结构

装夹前，先校正过渡套的外圆，然后用调整螺钉夹持毛坯工件，并调整套筒轴线与主轴旋转轴线重合，如图 6-13 所示。

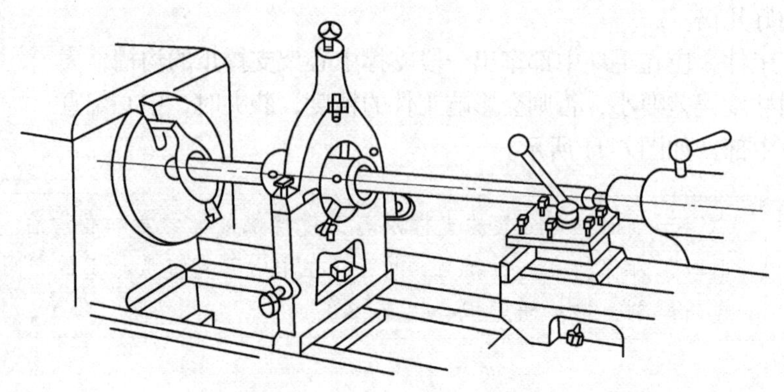

图 6-13　使用中心架间接支撑工件

③ 一端用三爪自定心卡盘，一端用中心架。当车削长轴的端面、车削较长套类的内孔以及内螺纹时，可以将一端用三爪自定心卡盘夹持，另一端用中心架装夹的方法，如图 6-14 所示。

细长轴的装夹方法三

④ 使用三爪跟刀架。跟刀架常用来车削细长光轴，理论上讲，由于车削时总切削力 F 使工件贴靠在跟刀架的两个支撑爪上，因此跟刀架上只需要两个支撑爪，如图 6-15 所示。

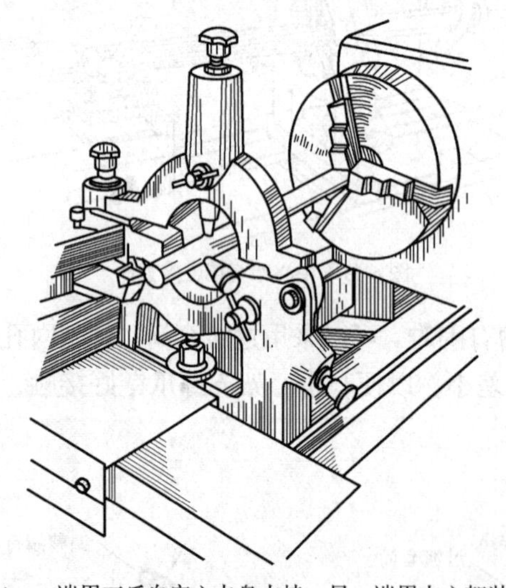

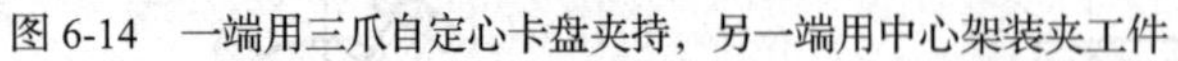

图 6-14　一端用三爪自定心卡盘夹持，另一端用中心架装夹工件

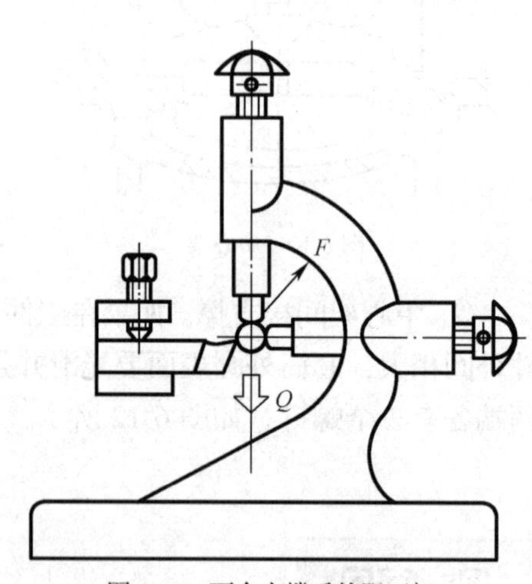

图 6-15　两个支撑爪的跟刀架

但是实际使用中为了避免工件因为自重而弯曲，通常采用三爪跟刀架，3 个卡爪分别用于平衡主切削力 F_x、径向切削力 F_y 以及阻止工件因为自重而下垂的力 G，如图 6-16 所示。

重要提示

各个支撑爪的触头由可以更换的耐磨铸铁制成。装夹时，调整跟刀架各支撑压力的力度要适中，并要供应充足的润滑冷却液，以保证支撑的稳定性以及工件的尺寸精度。使用三爪跟刀架装夹工件的效果如图 6-17 所示。

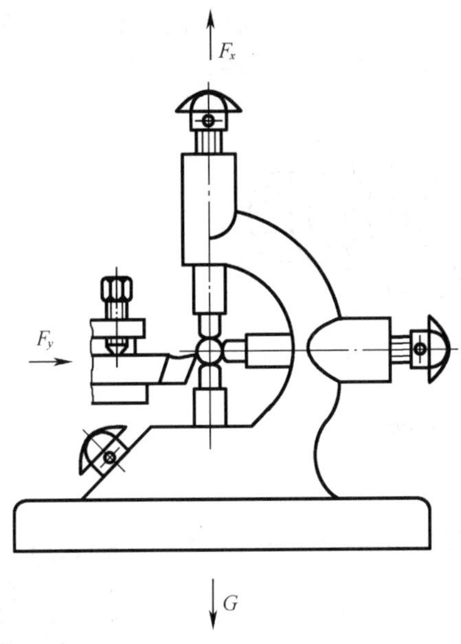

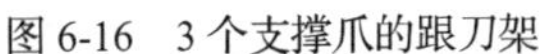

图 6-16　3 个支撑爪的跟刀架

图 6-17　使用三爪跟刀架装夹工件

（2）装夹细长轴的注意事项。在装夹细长轴时要注意以下问题。

① 当毛坯弯曲较大时，应使用四爪单动卡盘装夹，因为四爪单动卡盘可调整被夹工件的圆心位置。当工件毛坯加工余量充足时，可以“借正”弯曲过大的毛坯部分。

② 卡爪夹持毛坯不宜过长，一般为 15～20 mm，并且加垫铜皮或用ϕ1～ϕ5 mm 的钢丝绕一圈在夹头上充当垫块，如图 6-18 所示。这样可以克服因为材料尾端外圆不平而受力不均匀引起工件弯曲。

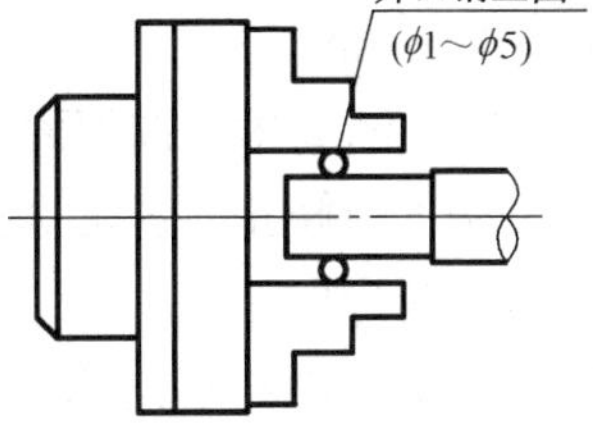

开口钢丝圈
(ϕ1～ϕ5)

图 6-18　开口钢丝圈的使用

③ 尾座端宜采用弹性回转顶尖，如图 6-19 所示。当因切削热导致工件伸长时，工件推动顶尖压缩碟形弹簧，可以有效地补偿工件的热变形，避免其发生弯曲。

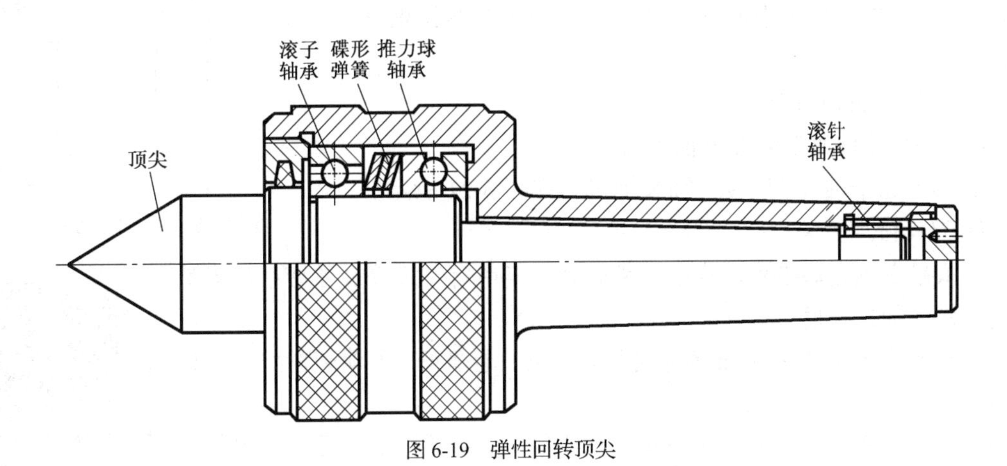

图 6-19　弹性回转顶尖

调整顶尖对工件的压力大小时，一般以开车后用手指能将顶尖头部捏住，使其不转动为宜，这时的压力比较适中，如图 6-20 所示。

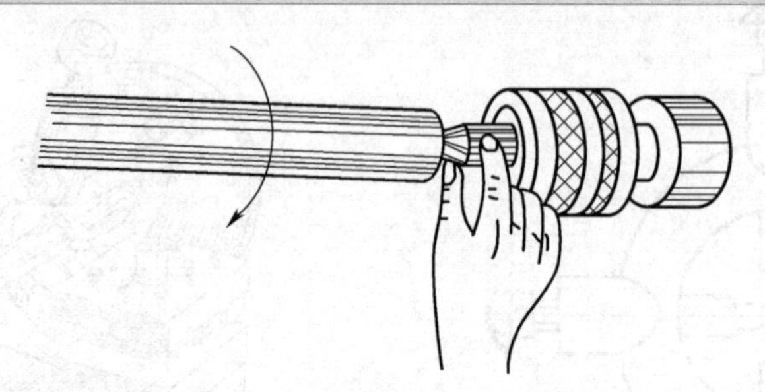

图 6-20　检查回转顶尖的松紧

3. 细长轴刀具的基本要求

车削细长轴时，由于工件刚性差，故通常选用主偏角较大的车刀。车刀的几何形状对工件的弯曲变形和振动有明显影响。

细长轴刀具的特点

车削细长轴的刀具的主要特征如下。

（1）主偏角。它是影响径向力的主要因素。在不影响刀具强度的情况下，应尽量选取较大的刀具主偏角以减小径向切削力，减小工件的弯曲量。通常取κ_r=80°～95°。

（2）前角。为尽量降低切削力和减少切削热，应尽量选取较大的刀具前角，通常取γ_o=15°～30°。

（3）断屑槽。前刀面应磨出 R1.5～R3 mm 的断屑槽，使切屑卷曲折断。

（4）刃倾角。通常选用正刃倾角 λ_s=3°～10°，这样使切屑流向待加工面。

（5）为减小径向力，刀尖圆弧半径应磨得较小，通常r_ε<0.3 mm，倒棱宽度也不宜太大。

（6）减小切削刃表面粗糙度值，保持刀刃锋利。

（7）粗车时，刀尖应略高于工件中心 0.1 mm 左右；精车时，刀尖应与工件中心等高或略低，但是不得低于 0.1 mm。

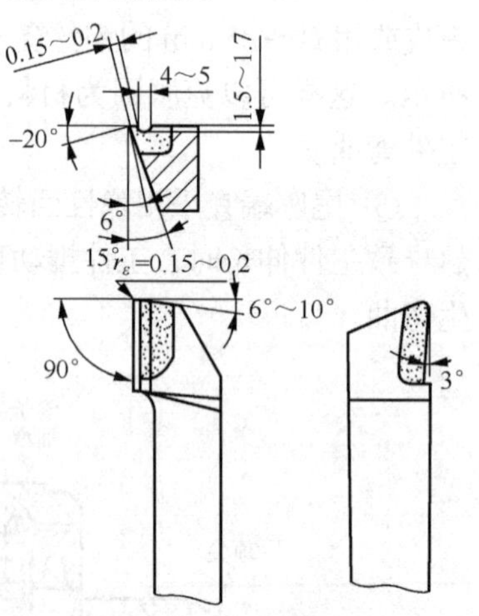

图 6-21　90° 细长轴车刀

4. 典型细长轴车刀

下面介绍几种典型的细长轴车刀。

（1）90° 细长轴车刀。90° 细长轴车刀如图 6-21 所示。

① 刀具特点。

- 采用主偏角κ_r=90°，减小了背向力。车削时，工件反弹力小，容易保证加工精度。
- 前面磨有宽 4～5 mm 的卷屑槽，排屑、卷屑好，并使切削抗力及摩擦阻力小，散热性好。
- 主切削刃磨出 0.15～0.2 mm 的倒棱，提高了切削刃强度。刃倾角

90° 细长轴车刀

λ_s=3°，使切屑流向待加工表面，切屑不损伤已加工表面。

加工碳素结构钢、不锈钢时，刀片可选用 YT15 牌号的硬质合金；加工硬度较高的材料可选用 YT30、YW1 牌号的硬质合金。

② 切削用量。粗车时，切削速度 v_c=50～60 m/min；进给量 f=0.3～0.4 mm/r；背吃刀量 α_p=1.5～2 mm。精车时，切削速度 v_c=60～100 m/min；进给量 f=0.08～0.12 mm/r；背吃刀量 α_p=0.5～1 mm。

③ 切削液。它采用乳化液作切削液。

④ 适用范围。它适用于粗、精车光杠、丝杠等细长轴外圆。

（2）93° 细长轴精车刀。93° 细长轴精车刀如图 6-22 所示，其刀片材料采用 YT30 硬质合金。

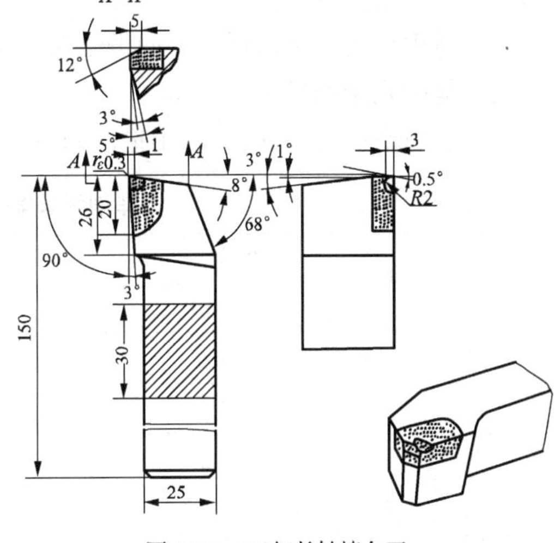

图 6-22　93°细长轴精车刀

① 刀具特点。

- 采用主偏角 κ_r=93°，可减小背向力。
- 前面磨出横向的卷屑槽，横向前角为 −12°，可提高切削性能，控制切屑卷向待加工表面方向排出，保证已加工面不被切屑碰毛。

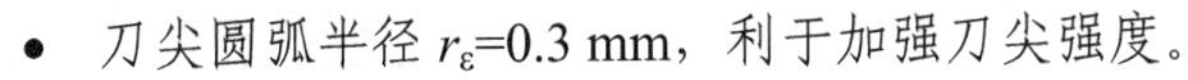

- 刀尖圆弧半径 r_ε=0.3 mm，利于加强刀尖强度。
- 采用倒棱副前角 γ_{o1}=−5°，切削平稳，无振动。
- 车削时不需用中心架及跟刀架支撑。加工后工件表面粗糙度为 Ra1.6 μm，在 1 000 mm 长度内圆柱度误差≤0.05 mm；直线度误差≤0.02 mm。

② 切削用量。切削速度 v_c=50～80 m/min；进给量 f=0.17～0.23 mm/r；背吃刀量 α_p=0.1～0.2 mm。

③ 适用范围。它适用于精车 L/d < 50 的细长轴。

④ 使用要求。

- 要求机床无振动现象。
- 刀具应高于工件轴线 0.3～0.5 mm 装夹。

（3）75° 细长轴粗车刀。75° 细长轴粗车刀如图 6-23 所示，其刀片材料采用 YW1 或 YA6 牌号硬质合金。

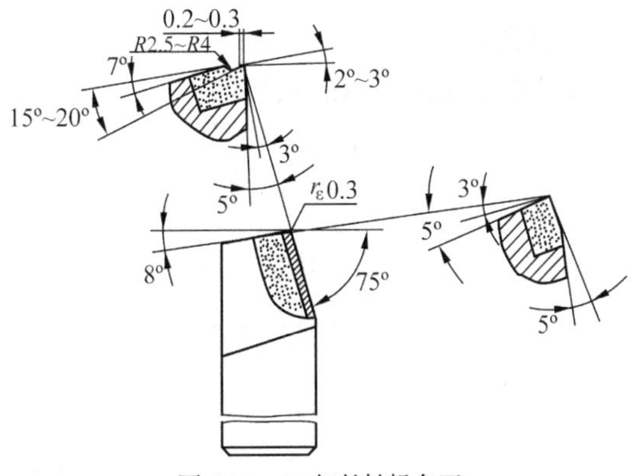

图 6-23　75°细长轴粗车刀

① 刀具特点。

- 采用主偏角 κ_r=75°，以增大进给力，使工件获得较大的拉力；减小背向力，有利于防止工件弯曲变形和振动。磨出大前角

γ_o=15°～20°，小后角 α_o=3°，这样既可减小切削阻力，又可加强切削刃强度，使刀具适应强力切削。

- 磨有 R2.5～R4 mm 的卷屑槽及 λ_s=－5° 的刃倾角，有利于切屑顺利排出，并增强刀尖强度。

75°细长轴粗车刀

② 切削用量。切削速度 v_c=50～60 m/min；进给量 f=0.3～0.5 mm/r；背吃刀量 α_p=1.5～3 mm。

③ 适用范围。它适用于反向进给粗车光杠、丝杠等细长轴外圆。

5. 切削用量选择

车削细长轴时常用的切削用量，如表 6-1 所示。

表 6-1　车削细长轴时常用的切削用量

工　件	直径/mm		长度/mm
	10～30		1 200～1 500
切削用量	α_p/mm	f/（mm·r^{-1}）	n/（r·min^{-1}）
粗　车	1～3	0.3～0.6	600
半精车	1～1.5	0.3～0.4	600～1 200
精　车	0.4～0.6	0.15～0.2	750～1 200
工　件	直径/mm		长度/mm
	30～50		1 500～2 500
切削用量	α_p/mm	f/（mm·r^{-1}）	n/（r·min^{-1}）
粗　车	2～3	0.3～0.6	400～600
半精车	1～1.5	0.3～0.4	600～750
精　车	0.4～0.6	0.15～0.2	600～750

二、技能训练

【训练要求】

车削图 6-24 所示的细长轴。

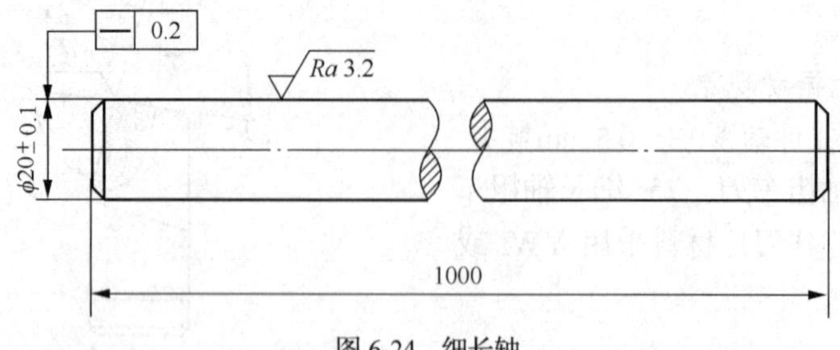

图 6-24　细长轴

【加工分析】

由于工件为光轴，长径比 L/D 达到 50，适合采用跟刀架支撑车削。

【工艺准备】

（1）校直毛坯。如果毛坯零件上存在弯曲，应进行校直，校直后不但可以确保切削时余量均匀，还可以减小加工过程中的振动。校直后的工件，其直线度误差应小于 1 mm。

毛坯校直后还要进行时效处理，以消除内应力。

（2）检查并清洁三爪跟刀架，如果发现支撑爪端面已经严重磨损或弧面太大，应将其取下并进行修正或更换。

（3）刃磨好粗车和精车时使用的外圆车刀。

【加工步骤】

（1）将毛坯轴穿入车床主轴孔，右端伸出卡盘约 100 mm，用三爪自定心卡盘夹紧。

① 车端面、钻中心孔。

② 粗车一段外圆至ϕ22 mm，长为 30 mm，用作卡盘夹紧时的定位基准。

③ 掉头装夹，车端面，确保总长 1 000 mm，然后钻中心孔。

（2）在ϕ22 mm×30 mm 的外圆柱面上套以截面直径为ϕ5 mm 的钢丝圈，并用三爪自定心卡盘夹紧，毛坯右端用弹性回转顶尖支撑。

① 在靠近卡盘一端的毛坯外圆面上车削跟刀架支撑基准，宽度比支撑爪宽度大 15 mm。

② 在支撑基准右侧车出圆锥角为 40° 的圆锥面，使接刀车削时随着切削力逐渐增加，而不至于造成让刀和工件变形，如图 6-25 所示。

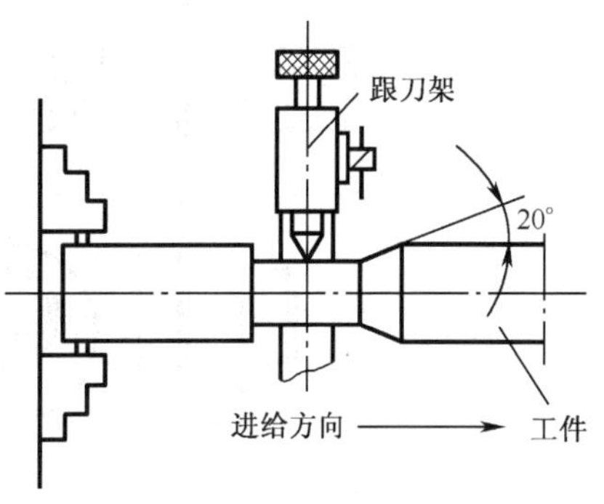

图 6-25　车削跟刀架基准

（3）装跟刀架。

① 以车削出的支撑基准面为基准，研磨跟刀架支撑爪的工作表面。研磨时，主轴转速 n 选择 300～600 r/min，床鞍做纵向往复运动，逐步调整支撑爪，待其圆弧基本成形时，再注入机油精研。

② 研磨好支撑基准面后，调整支撑爪，使之与支撑基准面轻轻接触。

（4）将跟刀架支撑爪设置在车刀后刀面左侧 1～3 mm 处，采用反向进给法接刀车全长外圆，车削时应充分浇注切削液，以防止支撑爪磨损。

（5）重复上述步骤，直至精车外圆尺寸到设计要求为止。

（6）卸下钢丝圈，掉头采用一端用三爪自定心卡盘夹紧，另一端用中心架支撑的方法装夹工件，半精车和精车ϕ22 mm×30 mm 的外圆至规定的尺寸要求。

【注意事项】

（1）为了防止细长轴产生锥度，车削前必须调整尾座中心，使之与车床主轴同轴。

（2）粗车时应认真选择第 1 次切削深度，必须保证将工件毛坯一次进刀车圆，以免影响跟刀架的正常工作。

（3）车削过程中，应随时注意支撑爪与工件表面的接触状态及支撑爪的磨损状况，并根据实际情况做出相应调整。

（4）加工中，如果发现工件出现竹节、腰鼓等缺陷时，要及时处理。

（5）车削过程中，要始终确保充分浇注切削液。

任务三 车削偏心轴

一、基础知识

外圆与外圆或外圆与内孔的轴向相互平行但不重合的工件称为偏心工件。外圆与外圆偏心的工件称为偏心轴，当轴向尺寸较小时又称偏心盘；外圆与内孔偏心的工件称为偏心套，如图 6-26 所示。偏心工件两轴线间的距离称为偏心距 e。

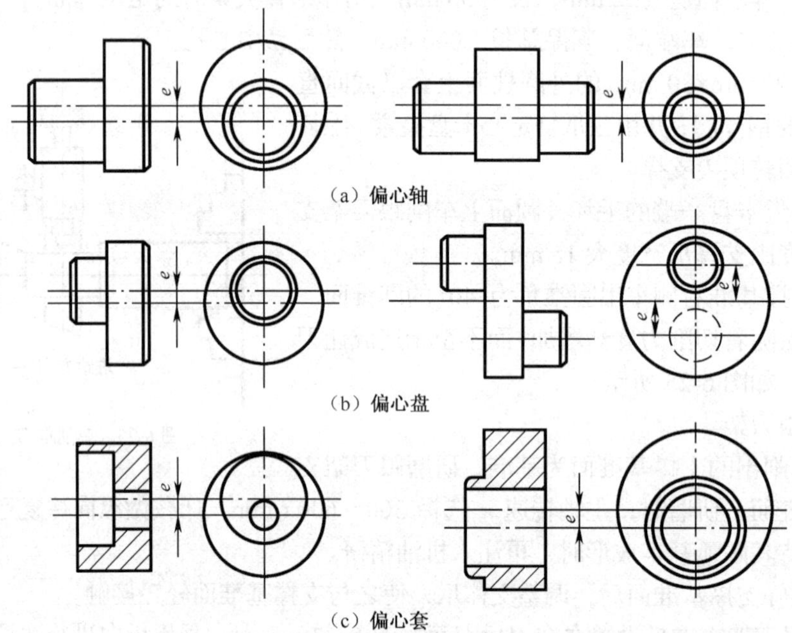

图 6-26 偏心工件

在机械传动中，可以利用偏心零件来实现直线往复运动与回转运动之间的变换，如由偏心轴带动的润滑油泵等。为了保证偏心零件的工作精度，加工时，要特别注意控制轴线间的平行度以及偏心距的精度。

1. 偏心件的划线

车削偏心件前，有时需要先在工件上划线，然后按照划线找正工件。其操作步骤如下。

（1）划工件轴线。

① 把工件车至规定的长度 L 和直径 D 的光轴，确保光轴两端面与轴线垂直，表面粗糙度不大于 $Ra3.2\ \mu m$，如图 6-27 所示。

② 在光轴外圆和两端面涂上蓝油，待蓝油晾干后将工件放置在平板或 V 形架上，如图 6-28 所示。

③ 用高度游标划线尺对准工件外圆中心位置先量出工件最高点，并记下其尺寸。

④ 按照光轴实测尺寸的一半将游标高度尺的游标下移，并在光轴的端面 A 上轻划一条水平线。

⑤ 将工件转过 180°，在同样的调整高度下，在端面 A 上再轻划一条水平线，若前后两条水平线重合，则该线为光轴工件的水平轴线。

⑥ 若前后两条水平线不重合，则将游标下移或上移两平行线间距离的一半，重新划线，直至两线重合为止，如图 6-29 所示。

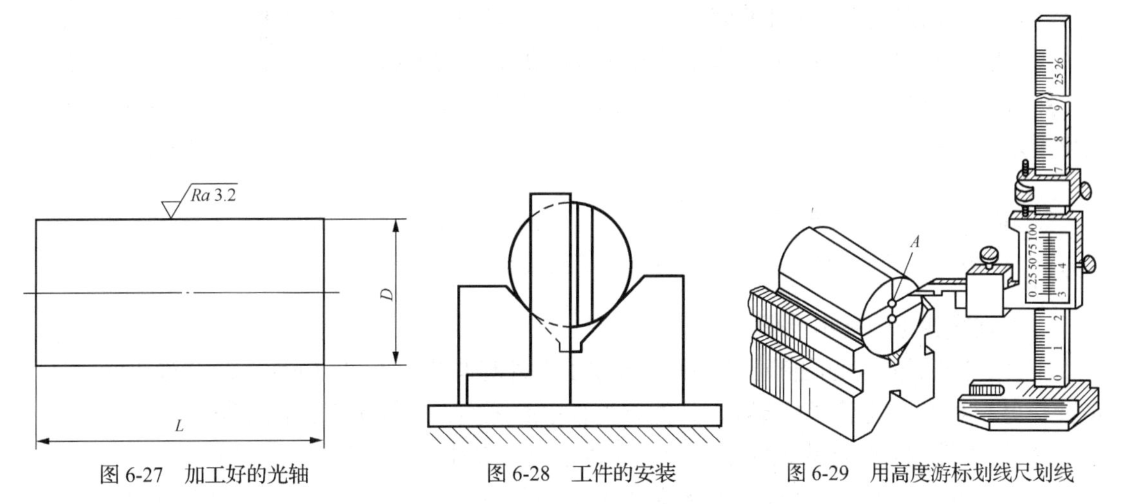

图 6-27　加工好的光轴　　图 6-28　工件的安装　　图 6-29　用高度游标划线尺划线

⑦ 也可以使用量针完成上述划线操作，如图 6-30 所示。

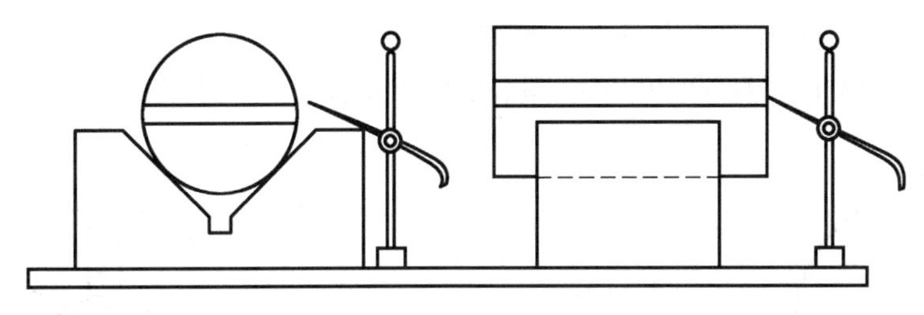

图 6-30　使用量针划线

（2）在工件端面和四周划圈线。

① 首先经过水平轴线在工件上划圈线。

② 将工件转过 90°，用 90° 角度尺对齐已经划好的端面线，然后用调整好的游标高度尺划出与上一步划出的圈线相垂直的圈线。

③ 将游标高度尺的游标上移一个偏心距 e，在光轴端面和四周再绘制一道圈线。最后完成的结果如图 6-31 所示。

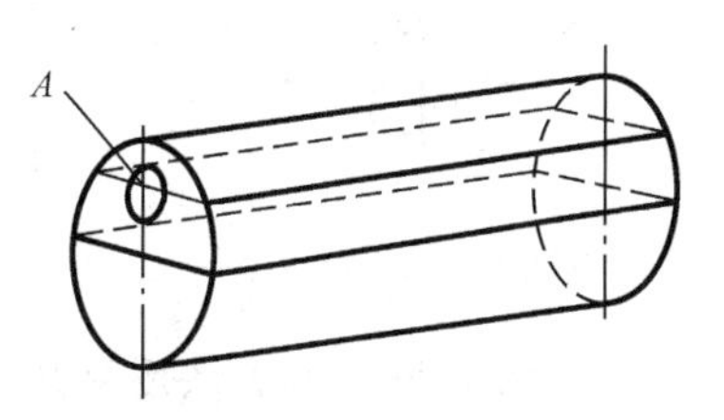

图 6-31　偏心件划线

（3）打样冲眼。

① 在工件两端面偏心距的中心位置分别打样冲眼，确保样冲眼中心位置准确，眼坑宜浅，

并且小而圆。

② 如果采用两顶尖装夹车削偏心轴，则以此样冲眼钻中心孔。

③ 若采用四爪单动卡盘装夹车削偏心轴，则以样冲眼为中心划出一个偏心圆，并在其上均匀准确地打上样冲眼，以便于找正，如图 6-31 中 *A* 所示。

2. 在四爪单动卡盘上车削偏心工件

当偏心工件长度较短，不便于采用两顶尖装夹时，可以使用四爪单动卡盘装夹。

（1）偏心件的找正方法。可以使用以下方法在四爪卡盘上找正偏心圆。

① 根据已经划好的偏心圆找正。这种方法存在划线误差和找正误差，仅仅适合于加工精度要求不高的偏心零件。

② 用百分表找正。将车好的光轴直接装在四爪单动卡盘上，然后用百分表找正，如图 6-32 所示，这种方法适用于加工精度要求较高的偏心零件。

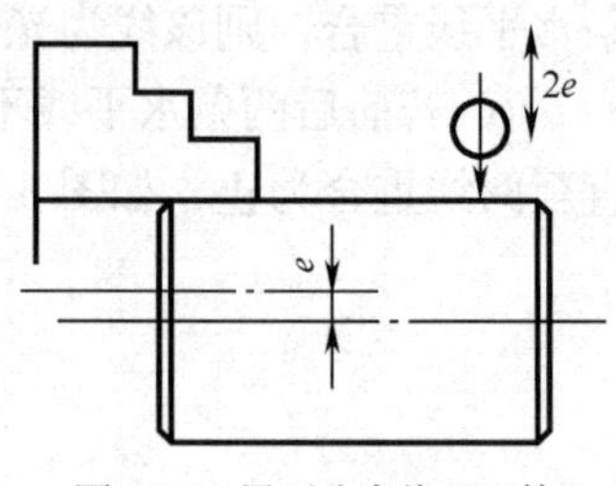

图 6-32　用百分表找正工件

重要提示

由于在找正过程中，百分表最大摆动量为 10 mm，因此采用这种方法只能加工偏心距在 5 mm 以下的零件。

（2）划线找正的基本步骤。

① 以已划好的偏心圆圆心为中心，根据工件外圆调节四爪单动卡盘，使一对卡爪呈对称布置，另一对卡爪呈不对称布置，其偏离主轴中心距离大致等于工件偏心距。

② 使工件偏心圆柱的轴线基本处于卡盘中央，夹住工件，如图 6-33 所示。

③ 将划线盘置于中滑板（或床鞍）上适当位置，将划针尖端对准工件外圆侧素线，如图 6-34 所示，移动床鞍，检查素线是否水平。若不水平，可以用木锤敲击校正。将卡盘转过 90°，使用同样方法检查并校正另一侧素线。

④ 将划针尖端对准工件端面的偏心圆心，转动卡盘，校正偏心圆，如图 6-35 所示。

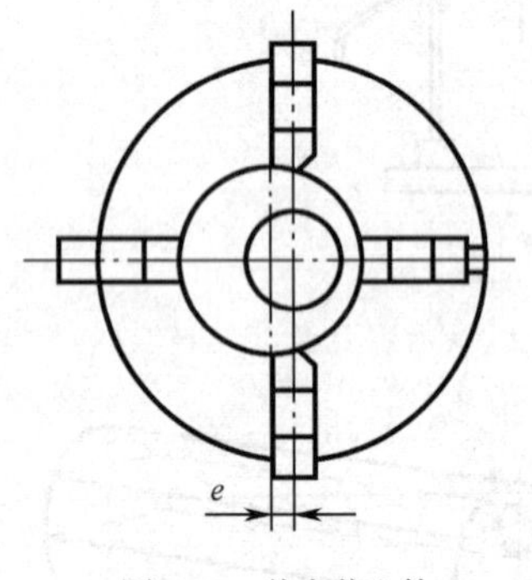

图 6-33　装夹偏心件

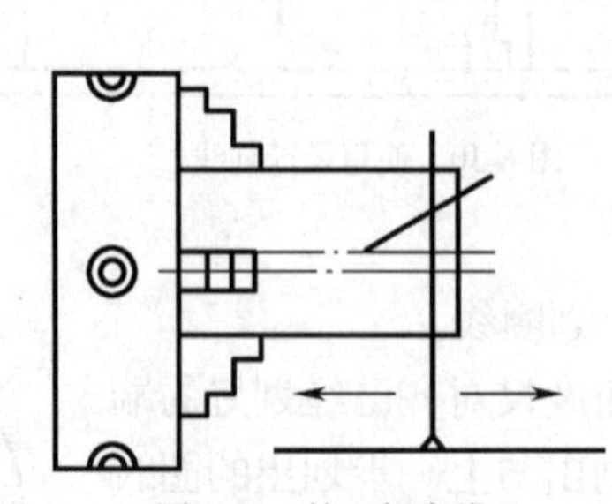
图 6-34　校正侧素线

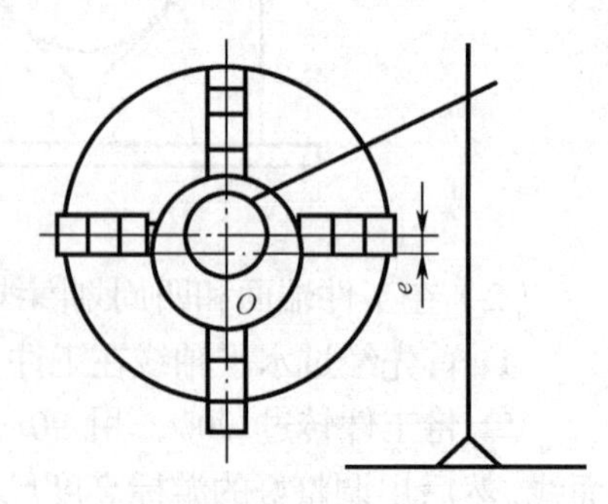

图 6-35　校正偏心圆

⑤ 使用同样的方法反复几次把偏心找正，同时将工件逐步夹紧。

（3）用百分表找正的操作步骤。

① 按照划线方法初步找正工件。

② 按照图 6-36 所示使用百分表校正偏心圆轴线与车床主轴轴线重合，如果校正过程中

发现误差，对于点 a 处可用卡爪调整校正，对于点 b 处可用木锤轻轻敲击工件调整校正。

③ 移动床鞍，用百分表校正工件侧素线，使偏心工件两轴线平行。

④ 将百分表测量触头接触工件外圆表面并压缩 0.5～1 mm，然后用手缓慢转动卡盘一周，校正偏心距。

（4）车削过程。按照以下步骤车削偏心件。

① 外圆垫 1 mm 左右的铜皮后夹紧工件，夹持工件长 10～15 mm。

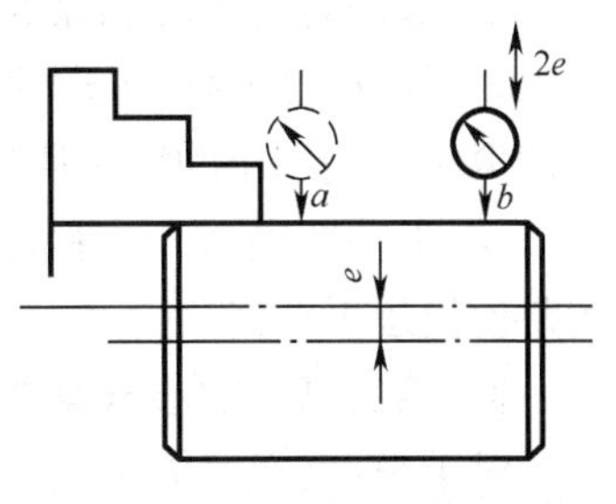

图 6-36　用百分表校正偏心工件

② 按照划线找正工件。夹紧工件后，移动尾座使后顶尖接近工件，检查顶尖是否对准偏心圆中心，按需要校正后移去尾座。

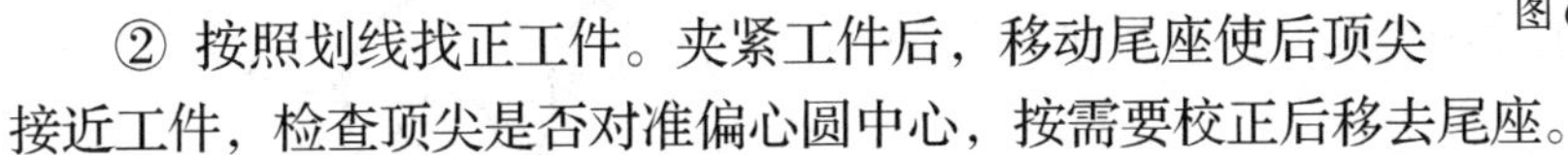

重要提示　工件的装夹是否准确对加工质量有重要影响。对于偏心距较小，加工精度要求较高的工件，还应用百分表精密校正工件的装夹位置。

③ 用车刀刀尖在离工件端面 30 mm 处划线。

④ 粗车偏心圆直径，由于此时为具有一定冲击载荷的断续切削，可以采用负刃倾角的车刀以保护刀尖，并提高切削平稳性。留精车余量 0.5 mm。

⑤ 用图 6-37 所示方法检查偏心距，测量时，用分度值为 0.02 mm 的游标卡尺（或深度游标尺）测量两外圆间最高点与最低点之间的距离，最后求得的偏心距等于二者差值的一半。即 $e=(a-b)/2$。

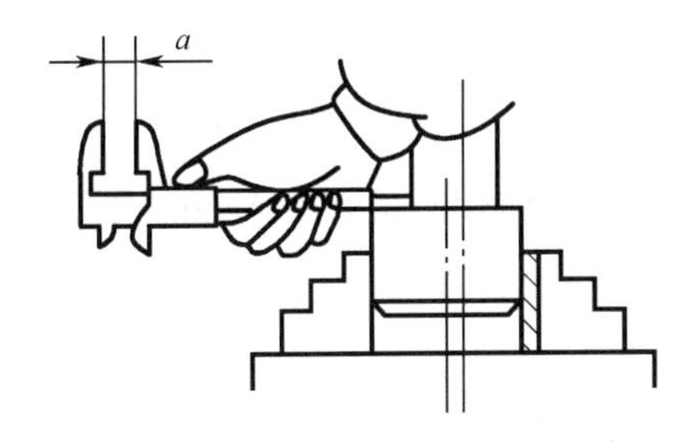

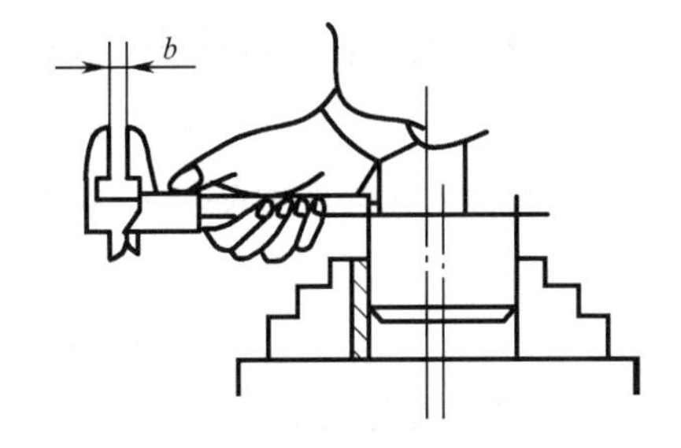

图 6-37　用游标卡尺测量偏心距

⑥ 如果使用百分表检测偏心距，则将百分表测量触头接触工件外圆表面，卡盘缓慢转过一周，百分表读数的最大值和最小值之差的一半即为偏心距。

重要提示　如果实际测得的偏心距误差较大时，可以少量调节不对称位置的两个卡爪；如果偏心误差较小，仅需要继续夹紧其中一个卡爪即可。e 偏大时，夹紧离偏心轴线远的那一只卡爪；e 偏小时，夹紧离偏心轴线近的那一只卡爪。

⑦ 精车偏心外圆柱面。

（5）注意事项。在四爪单动卡盘上车削偏心零件时，要注意以下问题。

① 划线打样冲眼时，必须打在线上或交点上，操作时必须认真、仔细和准确，否则容易

造成偏心距误差。

② 操作时，务必确保平板、划线盘的地面平整、整洁，避免产生划线误差。

③ 划针应经过热处理使其头部硬度达到要求，其尖端应磨成 15° ～20° 的锥角，头部要保持尖锐，使划出的线条清晰、准确。

④ 工件装夹后，为了检查划线误差，可以用百分表在外圆上测量，缓慢转动工件，观察其跳动量是否合格。

3. 用三爪自定心卡盘装夹车削偏心工件

对于长度较短的偏心工件，可以在三爪自定心卡盘上增加一块垫片，使工件产生偏心后再车削，其加工原理如图 6-38 所示。

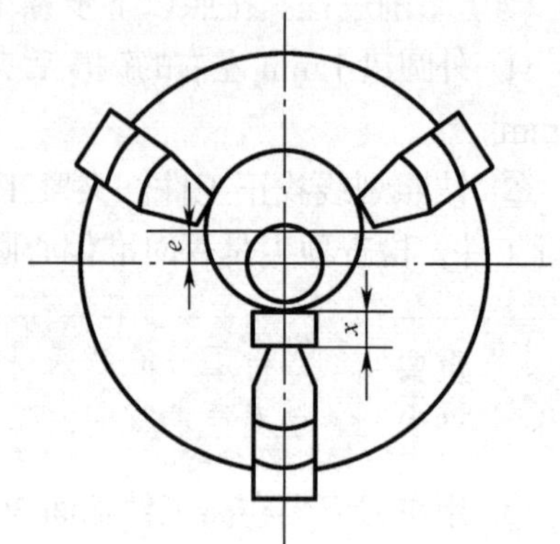

图 6-38 用三爪自定心卡盘装夹车削偏心工件

（1）垫片厚度的计算。实际生产中，按照下式计算垫片厚度：

$$x = 1.5e \pm k$$
$$k \approx 1.5\Delta e$$

式中：x——垫片厚度，mm；

e——偏心距，mm；

k——偏心距修正值，正负值按照实际测量结果确定，mm；

Δe——试切后实测偏心距误差，mm。

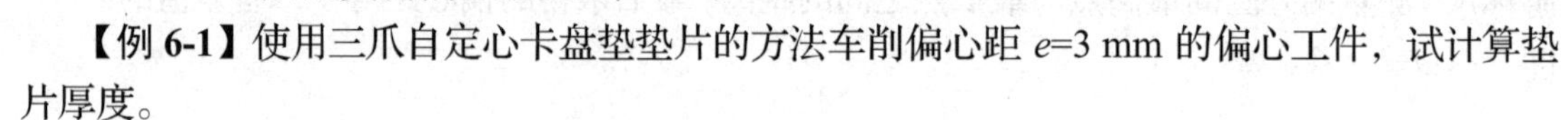

【例 6-1】使用三爪自定心卡盘垫垫片的方法车削偏心距 e=3 mm 的偏心工件，试计算垫片厚度。

解：① 不考虑修正值，计算垫片厚度。

$$x = 1.5e = 1.5 \times 3 = 4.5\text{（mm）}$$

② 垫入 4.5 mm 垫片进行试切削，如果试切后检查其实际偏心距为 3.06 mm，则偏心误差为

$$\Delta e = 3.06 - 3 = 0.06\text{（mm）}$$
$$k = 1.5\,\Delta e = 1.5 \times 0.06 = 0.09\text{（mm）}$$

③ 由于实测偏心距比工件要求的偏心距大，因此垫片厚度应为

$$x = 1.5e - k = 4.5 - 0.09 = 4.41\text{（mm）}$$

实际操作中，由于卡爪跟工件表面的接触并不理想，即使用上面公式计算出来的厚度也会产生误差。因此这种方法适合于长度较短、形状较简单且加工数量较多的偏心工件。

（2）注意事项。在使用这种方法车削偏心零件时，要注意以下要点。

① 选择垫片时，确保垫片材料有一定硬度，以防止其在装夹时变形。

② 车偏心零件时，宜采用高速钢车刀，若使用硬质合金车刀车削零件时，为防止刀头碎裂，车刀应有一定刃倾角。

③ 由于工件具有偏心，开车前车刀不宜靠近工件，以防止工件碰击车刀。

④ 为了保证偏心轴两轴线的平行度，装夹零件时应使用百分表校正工件外圆，使外圆侧素线与车床主轴轴线平行。

⑤ 装夹后为了校验偏心距，可以使用百分表进行测量。如果检测后发现超差，则应该调

整垫片厚度后再正式车削。

⑥ 在三爪自定心卡盘上车削偏心件，一般仅适用于加工精度要求不高，偏心距在 10 mm 以下的短偏心工件。

4. 在两顶尖间车削偏心零件

对于较长的偏心轴，只要两端能钻中心孔，且具有装夹鸡心夹头的位置，都可以使用两顶尖装夹进行车削，如图 6-39 所示。

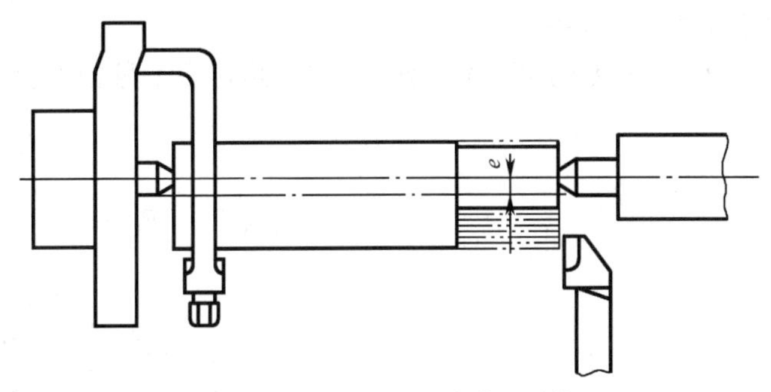

图 6-39　在两顶尖间车削偏心零件

（1）工艺特点。

① 由于在两顶尖间加工偏心外圆跟车削一般外圆没有本质的区别，只是将两顶尖顶在偏心中心孔中加工而已。

这种加工方法不需要用很多时间去找正偏心。

② 车削偏心工件时，工件在转过一周时，其加工余量变化很大，并且为断续切削，因此会产生较大的冲击和振动。

③ 这种方法加工的关键是要保证基准圆柱中心孔和偏心圆柱中心孔的钻孔位置精度，否则偏心距精度就无法保证。

（2）偏心中心孔的加工。

① 偏心中心孔的用途。加工前，首先在工件的两个端面上钻出 4 个中心孔，其中的两个是偏心中心孔。加工时，先顶住工件基准中心孔车削基准外圆，再顶住偏心中心孔车削偏心外圆。

② 偏心中心孔的加工方法。

偏心中心孔可以划线后在钻床上钻出，偏心要求较高时，可以在坐标镗床上钻出。

对于偏心距较小的偏心轴，在钻偏心中心孔时，可能与基准圆中心孔相互干涉，这时可以按照图 6-40 所示，把工件的长度加长两个中心孔的深度。

$$L=l+2h$$

式中：L——毛坯轴长度，mm；

l——偏心轴长度，mm；

h——中心孔深度，mm。

加工时，先把毛坯车成光轴，然后车去两端中心孔至工件长度，再划线，钻偏心中心孔，最后使用偏心中心孔车偏心圆。

（3）注意事项。

① 划线、打样冲眼时要认真、仔细和准确，避免造成两轴轴心线歪斜和偏心距误差。

② 加工过程中，顶尖受力不均匀，前顶尖容易磨损和移位，故必须随时检查并处理。

5. 在双重卡盘上车削偏心零件

当偏心件批量较大时，可以采用四爪单动卡盘与三爪定心卡盘相结合的方法来装夹工件，如图 6-41 所示。

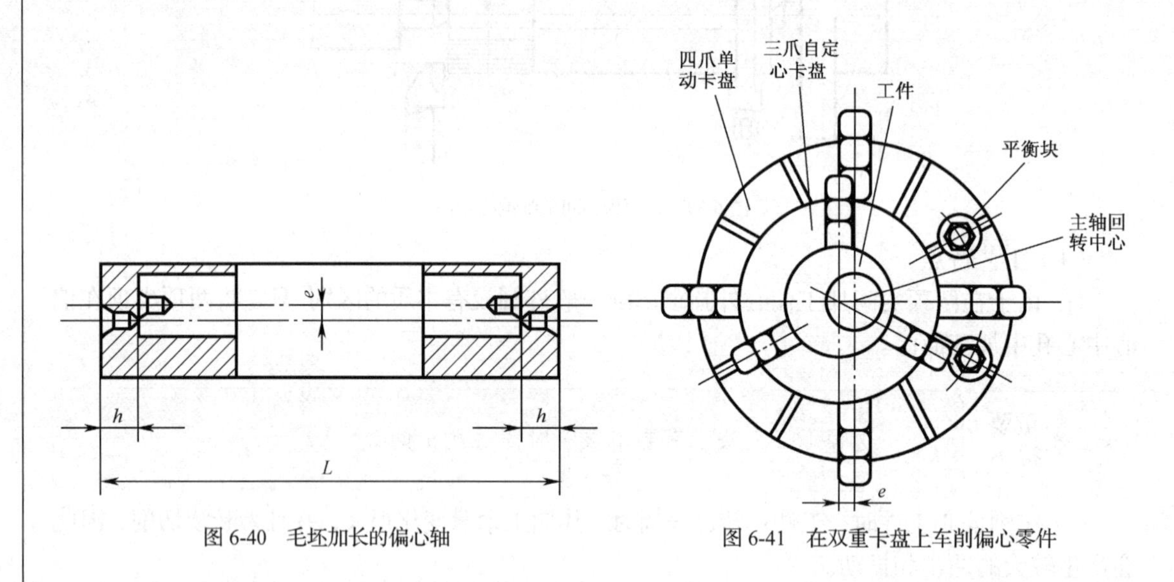

图 6-40 毛坯加长的偏心轴　　图 6-41 在双重卡盘上车削偏心零件

（1）工艺特点。

① 将三爪定心卡盘装夹在四爪单动卡盘上，虽然第 1 次找正零件比较困难，但是加工一批零件时，加工其余零件时不必再调节偏心。

② 两卡盘在装夹时重叠在一起，刚性较差，切削用量不能选得太高。

③ 加工时尽量用尾座顶尖顶住工件，避免事故发生。

（2）注意事项。

① 必须注意四爪单动卡盘和三爪定心卡盘的精度，特别是三爪自定心卡盘，在找正偏心距的同时，要找正端面的平面度。

② 如果四爪单动卡盘的卡爪接触不良，要用薄垫片或砂布垫平，防止三爪自定心卡盘在加工时产生移动。

③ 装夹找正后，可以装上平衡块找正平衡。

这种加工方法只适用于长度较短，偏心距不大，精度要求不高的偏心工件。当偏心距过大时，四爪单动卡盘夹住三爪自定心卡盘的作用点分布不均匀，夹紧力会降低，车削时惯性离心力大，装夹不可靠。

二、技能训练

1. 划线练习

工件如图 6-42 所示。其总长为 65 mm；偏心距 e=(4±0.2)mm；基准外圆 $\phi48_{-0.10}^{\ 0}$ mm；偏心外圆 $\phi35_{-0.025}^{\ 0}$ mm，长度为 $30_{\ 0}^{+0.21}$ mm，表面粗糙度为 Ra3.2 μm 。

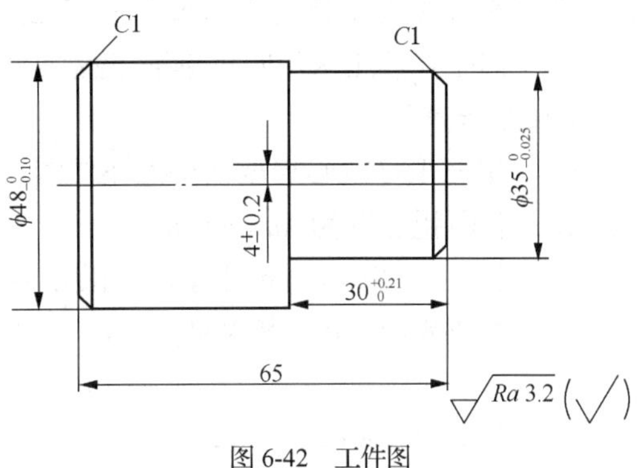

图 6-42　工件图

【划线步骤】

（1）车光轴，保证外圆尺寸为 $\phi48_{-0.10}^{\ 0}$ mm ，长 65 mm，表面粗糙度为 Ra3.2 μm。

（2）在 V 形架上按要求划线。

（3）划偏心圆，打样冲眼。

（4）检查。

【操作要领】

（1）划线用涂剂应有良好的附着性，涂层不宜过厚，以免影响划线的清晰度。

（2）划线时，用手扶住工件，防止其移动和转动。

（3）划线平台表面与游标高度尺底座底面应光洁无毛刺，平台表面可薄涂一层机油，以减小游标卡尺移动的摩擦阻力。

（4）样冲尖应仔细刃磨，要求圆且尖；敲击样冲时，应使样冲与标示线条垂直；冲偏心轴孔时更要注意，防止产生偏心误差；偏心圆圆周上样冲眼一般均匀打 4 个即可。

2. 在四爪单动卡盘上车削偏心工件

被加工工件为一偏心套，基准是 $\phi40_{+0.025}^{+0.064}$ mm，深度为 $45_{\ 0}^{+0.15}$ mm 的阶台孔，8 级精度，表面粗糙度为 Ra1.6 μm ，如图 6-43 所示。

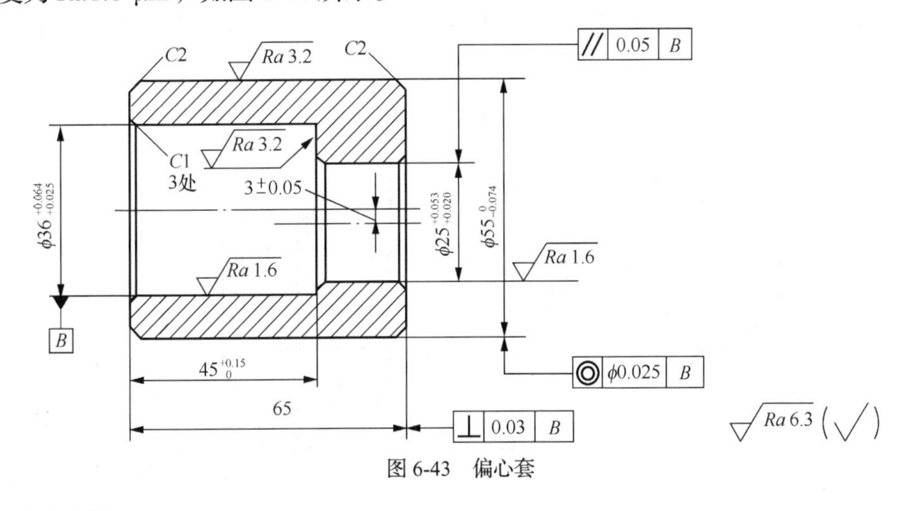

图 6-43　偏心套

【工艺分析】

（1）工件是外圆为 $\phi55_{-0.074}^{\ 0}$ mm，长为 65 mm 的光轴。其精度为 9 级（H9），表面粗糙度为 Ra3.2 μm ，外圆对基准孔的同轴度公差为 ϕ0.025 mm。

（2）偏心孔尺寸为 $\phi25_{+0.020}^{+0.053}$ mm，精度为 8 级（F8），表面粗糙度为 Ra1.6 μm，对基准孔的偏心距 $e=(3\pm0.05)$ mm。

（3）右端面对基准孔轴线的垂直度公差为 0.03 mm；两孔轴线的平行度公差为 0.05 mm。

（4）为保证外圆与基准孔同轴，外圆表面光整无接刀，应设置工艺凸台使外圆与基准孔在一次装夹（用三爪自定心卡盘）中加工完成。

（5）偏心孔加工采用四爪单动卡盘装夹，由于偏心距精度要求较高，可采用百分表校正。

【加工步骤】

（1）用三爪自定心卡盘夹持毛坯外圆，校正并夹紧；车平端面，车工艺凸台 ϕ45 mm，长 10 mm，表面粗糙度为 Ra6.3 μm。

（2）掉头夹持 ϕ45 mm 外圆，校正并夹紧。

（3）车平端面，粗、精车外圆至尺寸 $\phi55_{-0.074}^{0}$ mm，长 66 mm，表面粗糙度为 Ra3.2 μm，倒角 C2 。

（4）钻孔 ϕ34 mm，深 44 mm。

（5）粗、精车内孔至 $\phi36_{+0.025}^{+0.064}$ mm，深 $45_{0}^{+0.15}$ mm，表面粗糙度为 Ra1.6 μm，孔口倒角 C1 。

（6）工件掉头夹持（垫铜片），校正并夹紧，切去工艺凸台，车端面，保证总长 65 mm，倒角 C2 。

（7）划线，并在偏心圆上打样冲眼。

（8）在工件上垫铜皮，使用四爪单动卡盘夹持工件 $\phi55_{-0.074}^{0}$ 外圆。使用划线盘划针按照端面上所划偏心圆初步校正工件后，再用百分表精确校正，然后夹紧工件。

（9）钻通孔 ϕ23 mm。

（10）粗车和精车内孔至 $\phi25_{+0.020}^{+0.053}$ mm，确保表面粗糙度为 Ra1.6 μm。

（11）孔口倒角 C1（两处）。

3. 用三爪自定心卡盘装夹车削偏心工件

工件为一偏心轴，如图 6-44 所示。其基础外圆为 $\phi35_{-0.050}^{-0.025}$，工件总长为 40 mm，偏心距 e=（5±0.15）mm。

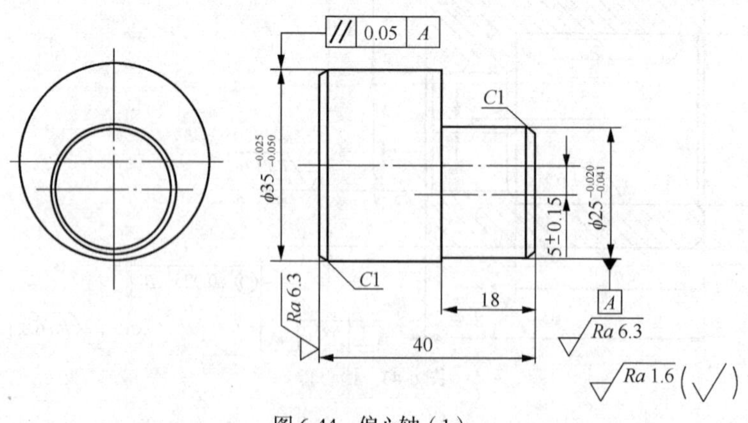

图 6-44 偏心轴（1）

【加工步骤】

（1）在三爪自定心卡盘上夹持毛坯外圆，伸出长度 55 mm 左右，校正并夹紧。

（2）车平端面，粗、精外圆至尺寸 $\phi35_{-0.050}^{-0.025}$ mm，长 45 mm；倒角 $C1$。

（3）车断，保持工件全长 41 mm。

（4）车另一端面，保证总长 40 mm。

（5）工件在三爪自定心卡盘上垫片装夹，垫片厚度为 7.30 mm，校正并夹紧。

（6）粗、精车外圆尺寸至 $\phi25_{-0.041}^{-0.020}$ mm，长度保证 18 mm。

（7）外圆倒角 $C1$。

【操作要领】

（1）应选择具有足够硬度的材料做垫片，以防装夹时发生挤压变形。垫片与卡爪接触的一面应做成与卡爪圆弧相匹配的圆弧面，否则垫片与卡爪之间会产生间隙，造成偏心距误差。

（2）装夹工件时，工件轴线不能歪斜，以免影响加工质量。为保证偏心轴两轴线平行，装夹时应用百分表校正工件外圆，检查外圆侧素线与车床主轴轴线是否平行。

（3）由于工件偏心，在开车前车刀不能靠近工件，以防工件碰撞车刀。

（4）车偏心工件时，建议采用高速钢车刀车削。

重要提示

在三爪自定心卡盘上装夹车削偏心工件适用于加工精度要求不高，偏心距 $e\leqslant6$ mm 的短偏心工件。为了保证偏心零件的工作精度，在车削偏心工件时，应特别注意控制轴线间的平行度和偏心距的精度。

4. 在两顶尖间车削偏心零件

工件为一偏心轴，如图 6-45 所示。其偏心距 e=（10±0.05）mm。由于该偏心轴尺寸较长，故适合于使用两顶尖装夹车削加工，其主要加工步骤如下。

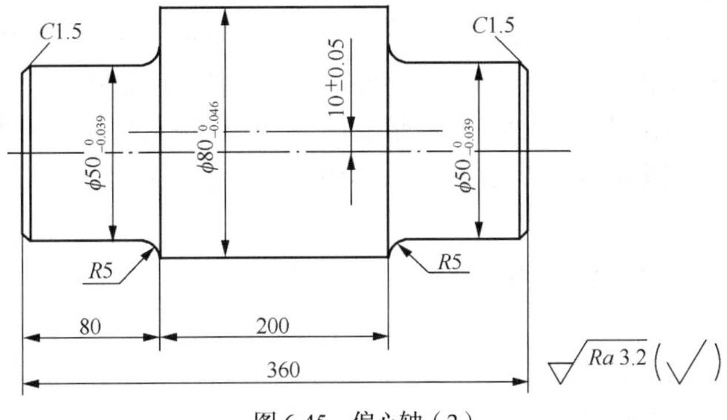

图 6-45　偏心轴（2）

（1）粗车光轴至 $\phi85$ mm，长 360 mm。

（2）在光轴两端面划基准轴线和偏心轴线，并打样冲眼。

（3）在坐标镗床上钻基准圆柱中心孔和偏心圆柱中心孔。

（4）用两顶尖支顶基准圆柱中心孔装夹工件，粗车两端基准圆柱至 $\phi52$ mm，各长 75 mm。

（5）用两顶尖支顶偏心圆柱中心孔装夹工件，粗车偏心圆柱面至 $\phi83$ mm。

（6）支顶基准中心孔装夹工件，精车两端外圆柱面至 $\phi50_{-0.039}^{\ 0}$ mm，表面粗糙度为 $Ra3.2$ μm，保证 $R5$ 过渡圆弧，倒角 $C1.5$。

（7）支顶偏心中心孔装夹工件，精车偏心外圆柱面至 $\phi80_{-0.046}^{\ 0}$ mm，表面粗糙度为 $Ra3.2$ μm。

以上两个 $\phi 50_{-0.039}^{\ 0}$ mm 圆柱的公共轴线为基准轴线，$\phi 80_{-0.046}^{\ 0}$ mm 圆柱轴线为偏心轴线。顶尖与中心孔的接触松紧程度要适当，且在其间经常加注润滑油，以减少彼此磨损。

5. 车偏心轴综合训练

偏心轴的加工要求如图 6-46 所示。

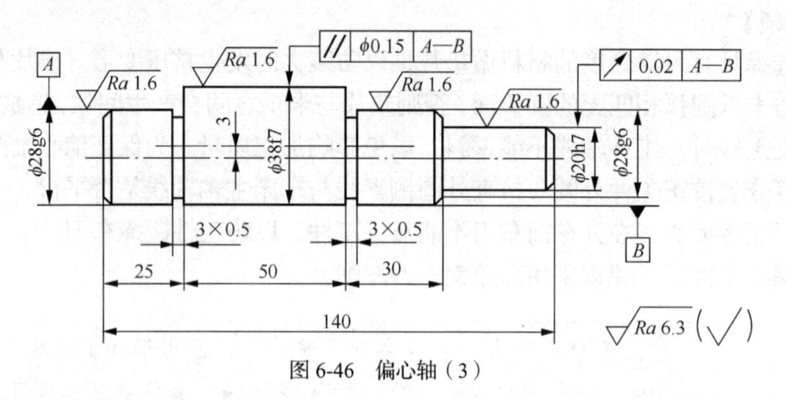

图 6-46　偏心轴（3）

（1）确定偏心轴的车削加工方法。

① 偏心轴的长度较长，应装夹在两顶尖间车削。

② 由于偏心距较小（e=3 mm），偏心中心孔与基准中心孔会相互干涉，所以应把工件加长 12 mm，以便将原中心孔车去。

③ 为保证图样要求，即ϕ20h7 外圆对 2 × ϕ28g6 基准轴线的径向圆跳动公差为 0.02 mm。加工时，首先把工件加工成一个光轴，尺寸为ϕ38f7×152 mm，并车去两端中心孔，然后根据划线钻出中心孔，装夹在两顶尖间车削基准外圆 2 × ϕ28g6 及外圆ϕ20h7。

④ 两端的偏心中心孔可根据划线在钻床上钻出，但图样要求偏心轴线与基准轴线的平行度公差为ϕ 0.15 mm，所以应将工件装夹在 V 形块上将中心孔钻出。

（2）偏心轴的车削加工步骤。

① 用三爪自定心卡盘夹住毛坯外圆（二次装夹）。

- 车两端面。
- 钻两端ϕ3.15 mm 中心孔。

② 将工件装夹在两顶尖间。

- 粗、精车ϕ38f7 外圆至尺寸。
- 改用软卡爪装夹，车去两端中心孔，保持长度尺寸 140 mm。
- 倒角。

③ 划线。

- 在轴的两端面涂上蓝色涂剂，待干燥后放在平板上的 V 形块中。
- 用高度游标尺量出光轴最高点，记录尺寸读数；再把高度划线尺游标下移工件半径尺寸（即 19 mm），在工件的两端面上划出线痕。划好后把工件转过 180°，在端面上再划线，并检查是否与原来的线痕重合，如果重合，说明此线在中心位置。

- 把工件转 90°，用 90° 角尺对齐已划好的端面基准线，再用已调整好的高度划线尺在工件的两端面上划出轴线。
- 把高度划线尺的游标上移（或下移）一个所需要的偏心距（即 3 mm），并在两端面上划线，划出偏心轴线。
- 在偏心轴的中心打样冲眼。

④ 将工件装夹在 V 形块上，根据划线在钻床上钻两端 ϕ2.5 mm 中心孔。

⑤ 将工件装夹在两顶尖间（二次装夹）。

- 粗、精车 2 × ϕ28g6 基准外圆至尺寸。
- 粗、精车 ϕ20h7 外圆至尺寸。
- 倒角。

任务四　车削简单曲轴

一、基础知识

曲轴是一种偏心零件，在压力机以及内燃机中应用广泛。根据曲轴曲柄颈数量多少的不同，曲轴可以分为单拐、双拐、四拐、六拐和八拐等。图 6-47 所示为典型曲轴的结构。

1. 曲轴的结构

曲轴用于将旋转运动变为直线运动，或者将直线运动变为旋转运动。单拐曲轴和双拐曲轴为简单曲轴，其毛坯一般采用锻件或者球墨铸铁制造。双拐曲轴的结构主要包括主轴颈、曲柄颈、曲柄臂以及轴肩等，如图 6-48 所示。

图 6-47　典型曲轴的结构

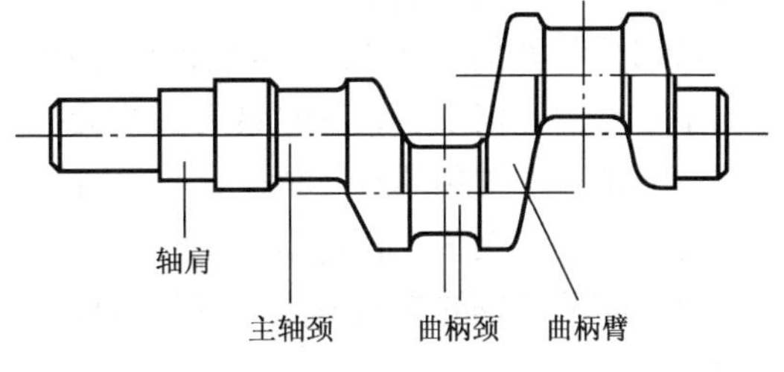

图 6-48　双拐曲轴的结构

曲轴的加工原理与偏心轴和偏心套相似，加工时要确保被加工的曲柄颈轴线与车床主轴轴线重合，其中主轴颈轴线与曲柄颈轴线之间的距离即为偏心距。

2. 曲轴的技术要求

曲轴通常长时间高速运转，在工作时要承受周期性的弯曲力矩的作用，工作条件恶劣。因此曲柄要具有较高的强度和刚度，并具有良好的冲击性能。

对曲轴除了要求较高的尺寸精度、形状和位置精度以及表面质量外，还包括以下要求。

（1）钢质曲轴的毛坯通常采用锻件，以获得致密金属组织和高强度，毛坯还要进行正火或调质等措施，以改善毛坯质量。对于受力不复杂的曲轴可以采用球墨铸铁铸造毛坯，毛坯同时需要进行正火处理。曲轴毛坯要确保没有裂纹、气孔、砂眼、分层和夹渣等铸造和锻造缺陷。

（2）曲柄轴颈与轴肩的连接圆角必须光洁圆滑，曲轴上不应有压痕、凹坑、拉毛和划伤等现象，以防止应力集中，降低产品寿命。

（3）曲柄精加工完毕后，应该使用超声波或磁性探伤并进行动平衡试验。

（4）主轴颈、曲柄颈的直径尺寸公差等级为 IT6；轴颈长度公差等级为 IT9～IT10；圆度和圆柱度公差控制在尺寸公差的一半之内。表面粗糙度为 *Ra*0.63～*Ra*1.25 μm。

（5）主轴颈与曲柄颈的平行度公差为长 100 mm 内不大于 0.02 mm，各曲柄颈的位置度公差不大于 ± 20 mm。

3. 曲轴的生产方法

曲轴的生产方法根据生产规模的不同而有所差异。其加工关键技术是解决定位、装夹问题和增加系统刚性问题。

（1）小批量生产时，通常采用通用机床和通用夹具，配以必要的少量专用夹具。

（2）成批量生产时，仍以通用机床为主，但是较多地使用专用夹具，以提高生产率和保证加工精度。

（3）大批量生产时，广泛采用高效专用机床和专用夹具。

4. 定位基准的选择

正确选择定位基准对保证曲轴的加工精度尤为重要。其主要遵循以下原则。

（1）为保证各段主轴颈的同轴度，粗基准应选择主轴颈轴线，即以两顶尖为定位基准。

（2）为保证主轴颈与曲柄颈的平行度和位置度，应选择主轴颈为精基准。

5. 曲轴的加工工艺

与细长轴和偏心轴相比，曲轴的结构更为复杂，它集中了细长轴和偏心轴两种轴类零件的加工难点，不仅细长，同时具有多个曲拐，刚度低。

曲柄颈和主轴颈的尺寸精度、形状精度要求都较高，彼此之间的位置精度也较高。因此，曲轴的加工难度大，工艺过程复杂。

（1）简单曲轴的车削方法与较长的偏心轴车削方法基本相同，采用中心孔定位，在两顶尖间装夹。

（2）由于曲轴结构较一般偏心轴复杂，车削时还应采用一定的工艺措施。

（3）图 6-47 所示的双拐曲轴上有两个曲柄颈，二者互成 180°，通常要求两曲柄颈的轴线与主轴颈的轴线平行，两曲柄颈之间的角度误差以及曲柄的偏心距符合设计要求。

（4）曲轴两端的主轴颈尺寸一般较小，不能直接在轴端钻出曲柄颈中心孔，同时曲轴刚度较低，在车削过程中应采取措施提高刚度。

6. 使用两顶尖装夹车削曲轴

加工曲轴时，在工件主轴颈处预留工艺轴颈，使两端工艺轴颈端面足够大，能钻出主轴颈中心孔和曲柄颈中心孔，一共 3 组中心孔，如图 6-49 和图 6-50 所示。待零件加工完毕后，再车去工艺轴颈。

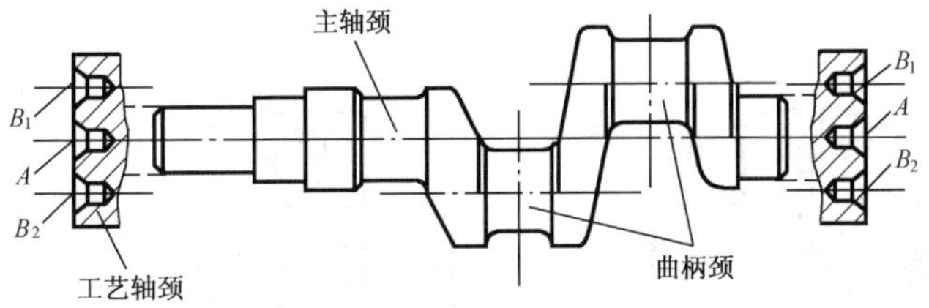

图 6-49　中心孔的应用

A—主轴颈中心孔；B_1、B_2—曲柄颈中心孔

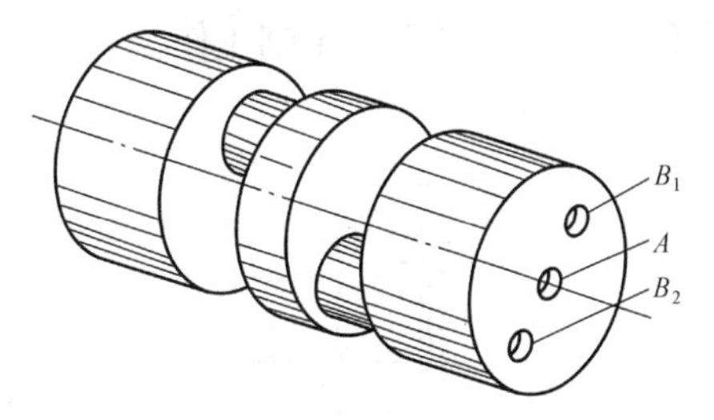

图 6-50　工艺轴颈的使用

（1）当两顶尖顶在中心孔 A 上时，可车削外圆。

（2）当两顶尖顶在中心孔 B_1 和 B_2 上时，可分别车削两个曲柄颈。

（3）再次以中心孔 A 为基准，车削主轴颈，最后车去两端的偏心中心孔 B_1 和 B_2。

7. 使用偏心夹板装夹车削曲轴

对于两端无法钻中心孔的曲轴，可以在其两端装上圆心偏心夹板，用偏心夹板上的中心孔将曲轴装夹在两顶尖间来车削曲柄颈。

装夹偏心夹板时需要仔细找正，以保证各曲柄颈具有足够的加工余量，找正原理如图 6-51 所示。先将工件放在平板上的两块等高 V 形块中，两端套上圆形偏心夹板，用高度游标尺根据偏心夹板上偏心中心找出工件各曲柄颈的中心后再紧固偏心夹板上的锁紧螺钉。

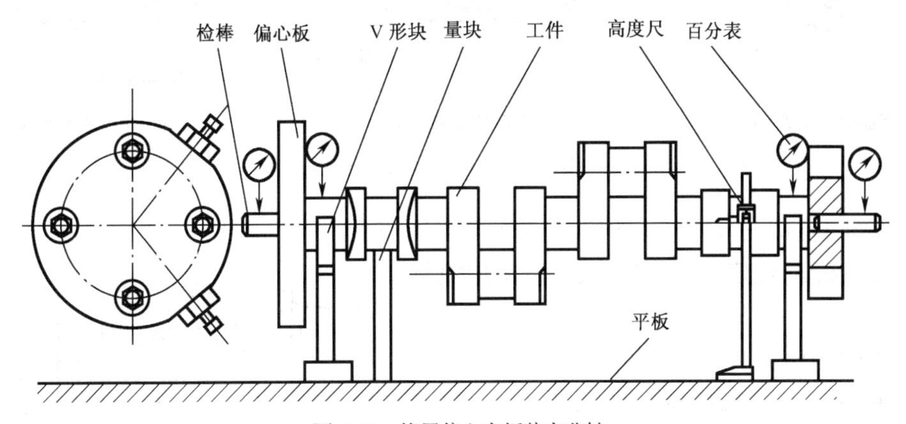

图 6-51　使用偏心夹板装夹曲轴

根据工件偏心距的要求，先在偏心夹板上钻好偏心中心孔，使用时将偏心夹板用螺栓固定在主轴颈上，夹板内孔与主轴颈采用过渡配合，然后用紧定螺钉或定位键防止夹板转动，如图 6-52 所示。将工件用两顶尖支顶在相应的偏心中心孔中，便可车削曲柄颈。

根据曲轴拐数的不同，偏心夹板的形式也不同，如图 6-53 所示。

8. 增加刚性的措施

曲轴刚度低，除了采用粗车、半精车和精车等不同加工阶段以减少因为加工余量大、断续切削引起的冲击、振动对曲轴变形的影响外，为增加加工时的刚度，防止变形，应在曲柄颈对面的空当处用支撑螺钉支撑，如图 6-54 所示。

9. 注意事项

（1）在曲轴加工过程中，通常应安排热处理（调制）工序，调制后，应该仔细修研中心孔，才能进行后续车削工作。

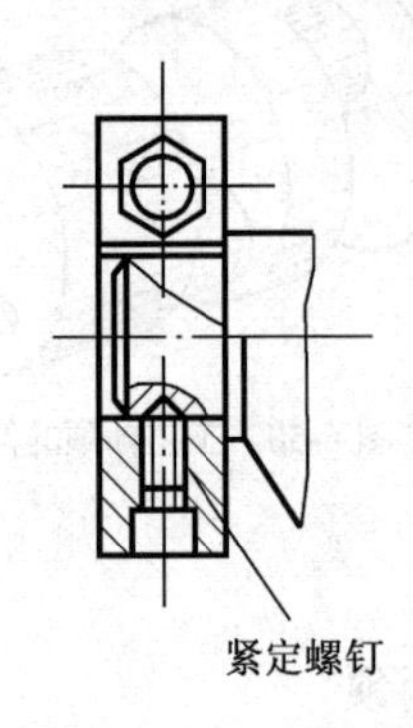

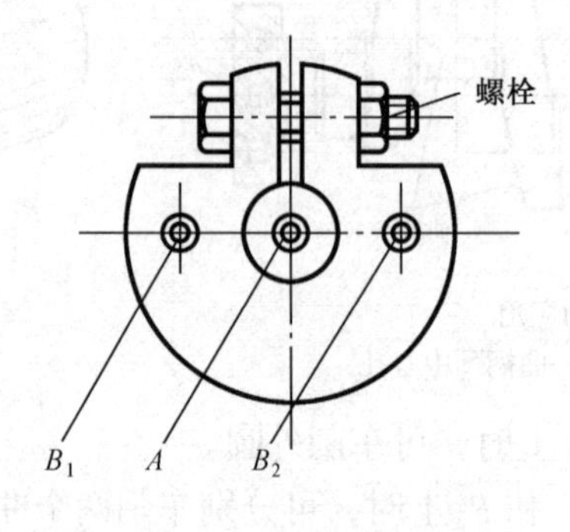

图 6-52　偏心夹板的使用

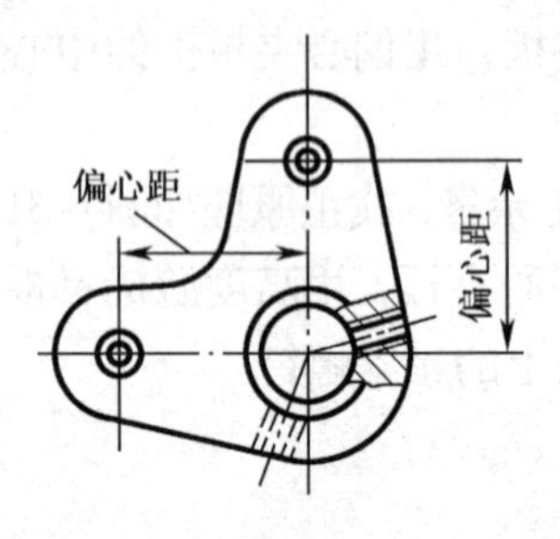

(a) 两曲柄颈互成 90°

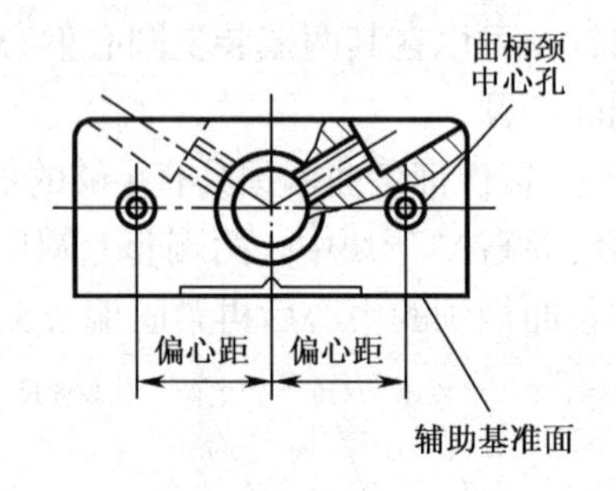

(b) 两曲柄颈互成 180°

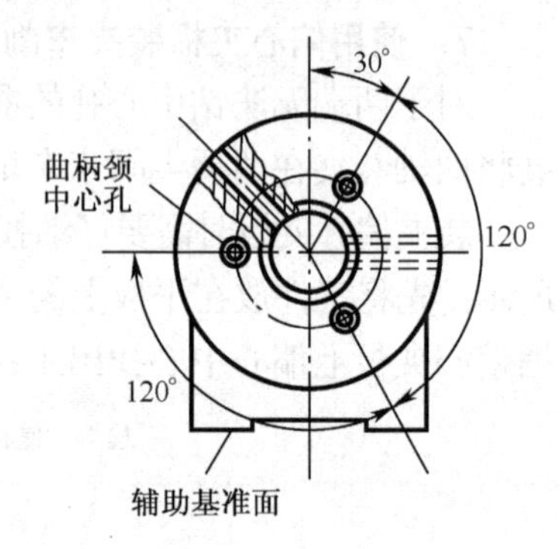

(c) 两曲柄颈互成 120°

图 6-53　偏心夹板的形式

（2）车削偏心距较大的曲轴时，应进行静平衡校正。

（3）为提高加工工艺系统的刚度，宜采用硬质合金固定顶尖。

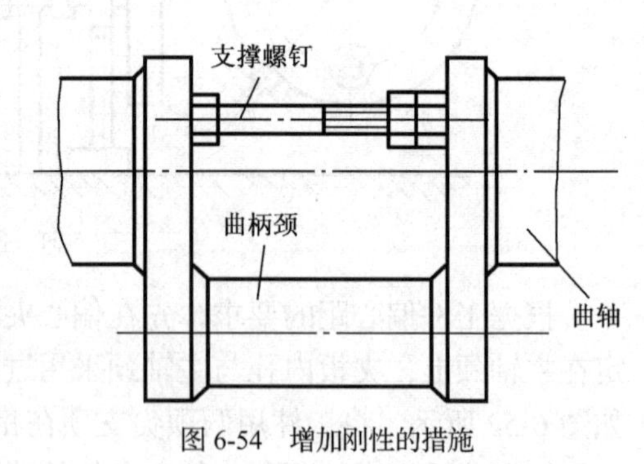

图 6-54　增加刚性的措施

10. 曲轴的检测

曲轴的检测内容主要包括偏心距的检测和轴颈平行度的检测。

（1）偏心距的检测。偏心距的检测原理如图 6-55 所示，把曲轴安放在由两个专用顶尖组成的检测工具上，用百分表或高度尺量出尺寸 H、h、r 和 r_1 后，用下式计算偏心距。

$$e=H-r_1-h+r$$

式中：e——偏心距，mm；

H——曲柄颈表面最高点距离平板表面的距离，mm；

h——主轴颈表面最高点距离平板表面的距离，mm；

r——主轴颈半径，mm；

r_1——曲柄颈半径，mm。

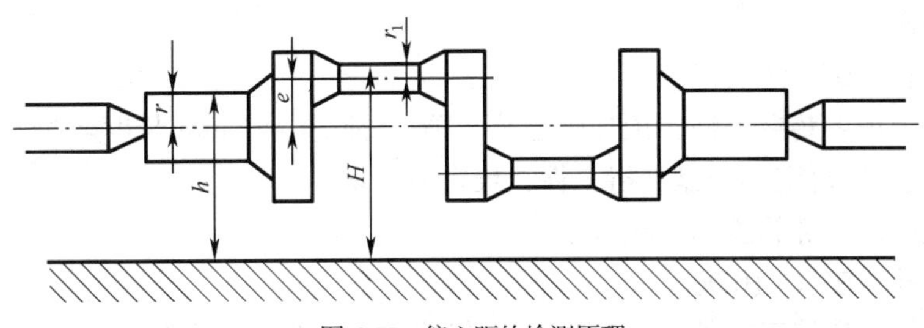

图 6-55　偏心距的检测原理

（2）轴颈平行度的检测。轴颈平行度的检测原理如图 6-56 所示，把工件两端的主轴颈安放在专用检测工具上，用百分表检查两端主轴颈在同一高度上，再把百分表移到曲柄颈上，检测各轴颈的最高点是否相同。

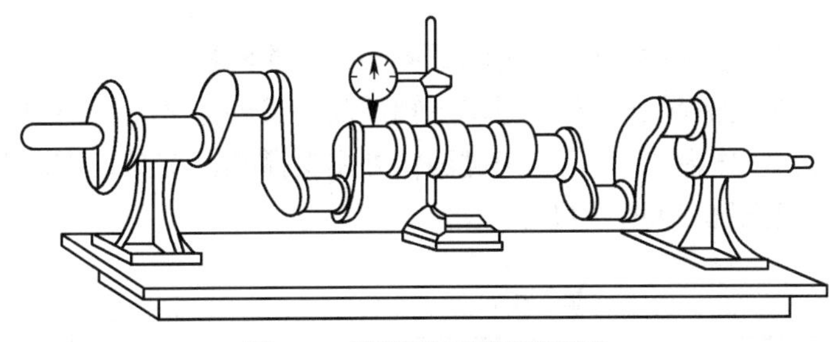

图 6-56　轴颈平行度的检测原理

二、技能训练

加工图 6-57 所示的单拐曲轴。

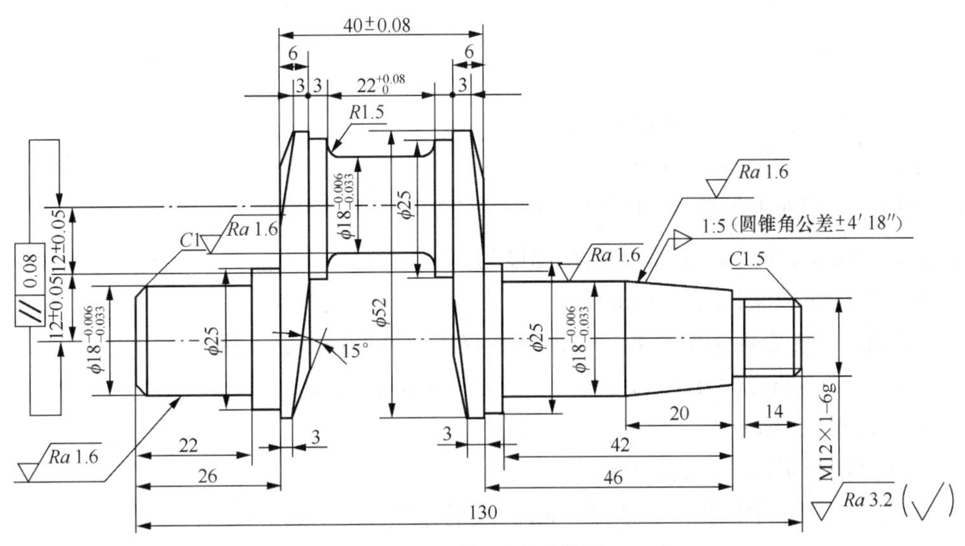

图 6-57　单拐曲轴零件图

（1）用三爪自定心卡盘夹持工件一端，校正后夹紧。

① 车平端面。

② 钻中心孔（B3.15/10.00）。

③ 继续使用顶尖装夹工件，顶住中心孔，精车外圆至ϕ52 mm 长度至接近卡盘。

（2）掉头用三爪自定心卡盘夹持工件，校正后夹紧。

① 车平端面，保证总长 160 mm。

② 钻中心孔（B3.15/10.00）。

③ 采用一夹一顶接刀车外圆至ϕ52 mm，保持整个外圆接头平整。

（3）在工件上划线。

① 划两端面的主轴颈中心线。

② 划两端面的曲柄颈中心线。

③ 划四周圈线。

④ 打样冲眼。

（4）在坐标镗床上钻出两端面上的主轴颈中心孔和曲柄颈中心孔。

（5）用两顶尖支撑主轴颈中心孔，粗车主轴颈及各级外圆至图 6-58 所示尺寸。

（6）用两顶尖支撑曲柄颈中心孔，中键凹槽处用支撑螺钉支撑，支撑力量适中，然后粗车曲柄颈及各级外圆至图 6-59 所示尺寸。

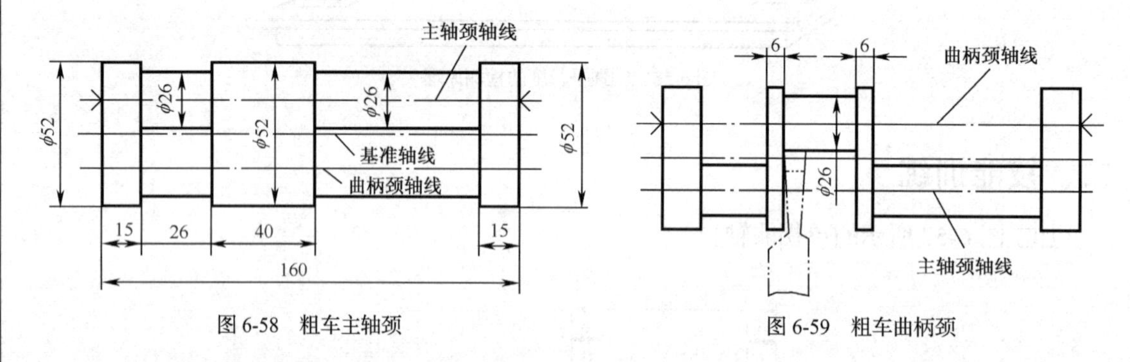

图 6-58　粗车主轴颈　　　图 6-59　粗车曲柄颈

（7）车曲柄颈肩圆、车曲柄颈并倒角。

① 车曲柄颈两肩圆至ϕ25 mm。

② 半精车、精车曲柄颈至 $\phi 18_{-0.033}^{-0.006}$ mm，宽 $22_{0}^{+0.08}$ mm。

③ 倒角两处 R1.5 mm，控制表面粗糙度为 Ra1.6 μm。

④ 车 15° 锥面确保长度为 3 mm。

（8）用两顶尖支撑主轴中心孔，在曲柄颈空当处用支撑螺钉支撑。

① 粗车右端ϕ52 mm 外圆至ϕ18 mm，保持长度为 15 mm。

② 车轴肩至ϕ25 mm。

③ 车 15° 锥面确保长度为 3 mm。

④ 半精车、精车主轴颈至 $\phi 18_{-0.033}^{-0.006}$ mm，表面粗糙度为 Ra1.6 μm。

⑤ 车 1∶5 圆锥至图纸要求。

⑥ 粗、精车螺纹 M12×1−6g。

（9）掉头仍用两顶尖支撑主轴中心孔。

① 粗车左端ϕ52 mm 外圆至ϕ14 mm，全长 15 mm。

② 车轴肩至ϕ25 mm。

③ 车 15° 锥面确保长度为 3 mm。

④ 半精车、精车主轴颈至 $\phi18_{-0.033}^{-0.006}$ mm，表面粗糙度为 Ra1.6 μm。

（10）用软爪夹持左端主轴颈外圆，并以中心架支撑在右端主轴颈处。

① 用百分表校正后，切除工艺轴颈。

② 车右端面、倒角 C1.5。

③ 保证螺纹长 14 mm，螺纹收尾 4 mm，保证总长 18 mm。

（11）掉头用软爪夹持左端主轴颈外圆，并以中心架支撑在右端主轴颈处。

① 校正后，切除工艺轴颈。

② 车左端面、倒角 C1.5。保证主轴颈长 22 mm 和曲轴总长 130 mm。

任务五　车削薄壁工件

一、基础知识

薄壁工件是指壁厚很小的零件，如图 6-60 所示。其主要特点是工件刚度低。

1. 薄壁零件的加工特点

薄壁零件的加工特点如下。

（1）由于薄壁零件的刚度低，在夹紧力作用下容易变形时，待工件变形恢复后将直接影响到尺寸精度和形状精度。

如图 6-61 所示，工件夹紧后，在夹紧力作用下，略微变为弧形三边形，车孔后虽然可以获得圆柱孔，但是松开卡爪后，外圆恢复为圆柱形，而内孔则变为弧边三角形。

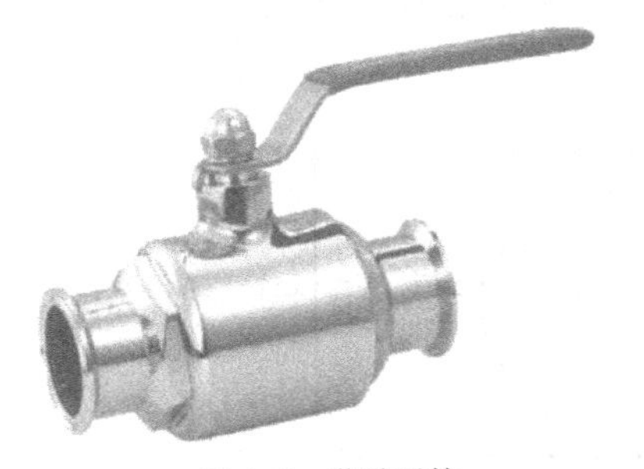

图 6-60　薄壁零件

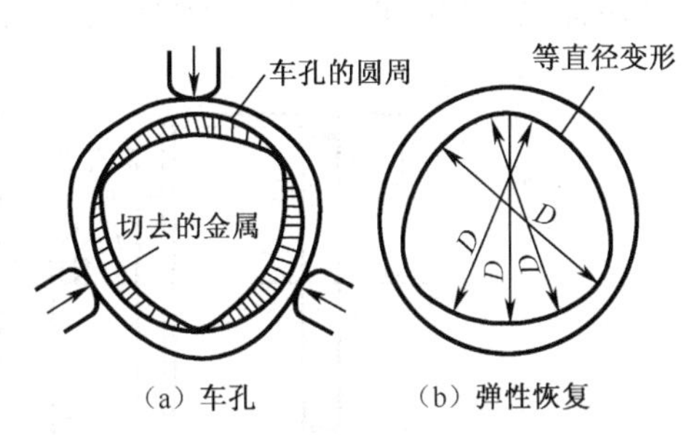

图 6-61　薄壁零件的变形

（2）车削过程中，薄壁工件在切削力的径向分力作用下，容易产生振动和变形，这将对工件的尺寸精度、形状和位置精度以及表面粗糙度产生影响。

（3）因为工件较薄，切削热引起的工件受热严重，加之加工条件的变化，使切削时工件受热膨胀变形规律复杂，尺寸精度难以控制，特别对于线膨胀系数较大的金属薄壁工件，影响更为显著。

（4）对于精密的薄壁工件，在测量时如果测量压力过大也会导致工件变形，从而引起测量误差。

2. 改善薄壁零件刚性的措施

实际生产中，可以使用以下措施改善薄壁零件的刚性。

（1）增大零件的装夹面积。增大零件的装夹面积后，可将工件的局部受力改为均匀受力，夹紧力均匀分布在工件表面，从而减小工件变形量。常用的方法有以下几种。

① 使用开缝套筒。开缝套筒在外力作用下，缝隙变小，可以确保足够大的接触面积，其原理如图6-62所示。

② 使用软卡爪。软卡爪也可以获得较大的接触面积，如图6-63所示。图6-64所示为常用的扇形软卡爪。

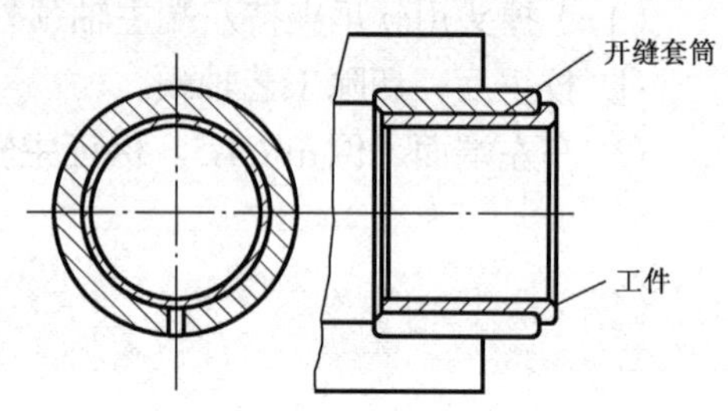

图6-62　使用开缝套筒装夹工件

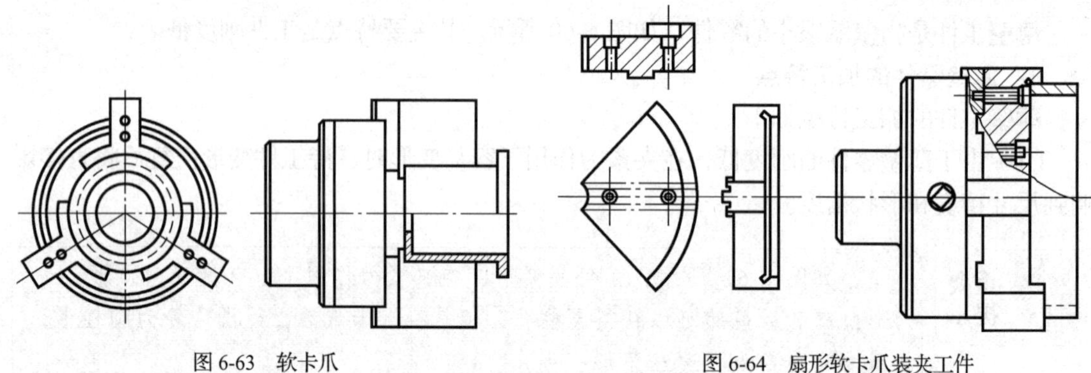

图6-63　软卡爪　　图6-64　扇形软卡爪装夹工件

③ 使用弹性胀力心轴，其应用和结构分别如图6-65和图6-66所示。

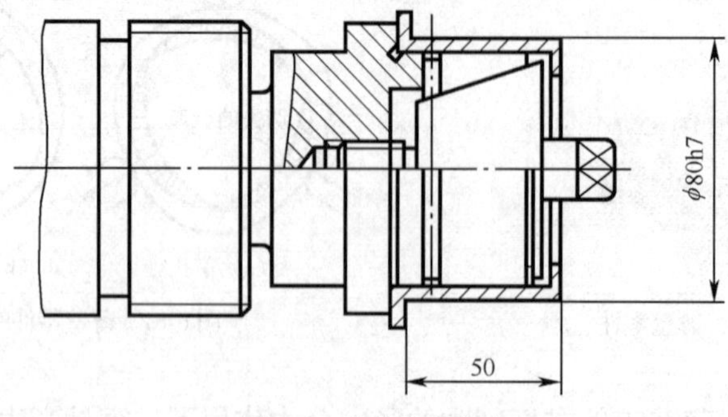

图6-65　弹性胀力心轴

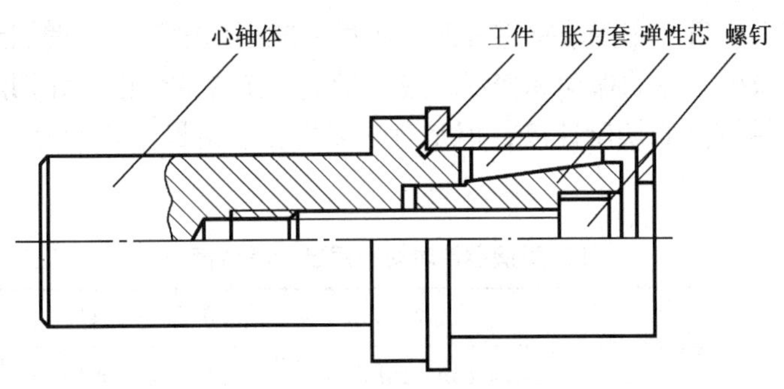

图 6-66　弹性胀力心轴的结构

④ 对于极薄的套类零件，可在坯料上留一定的夹持长度，在工件一次装夹中完成内、外圆的加工后将工件切下。

⑤ 对于极薄的片状工件，可以使用真空吸盘装夹。

（2）使用轴向夹紧方法。采用轴向夹紧方法可以避免径向力对工件的影响，其原理如图 6-67 所示。

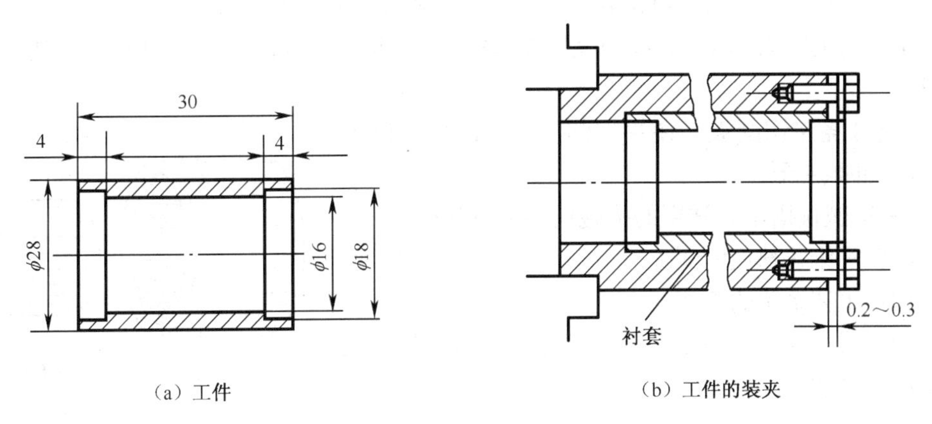

（a）工件　（b）工件的装夹

图 6-67　采用轴向夹紧工件

（3）使用工艺肋。在装夹部位增加特制的工艺肋，可以增加装夹部位的刚度，待加工完毕后，可以切除工艺肋，如图 6-68 所示。

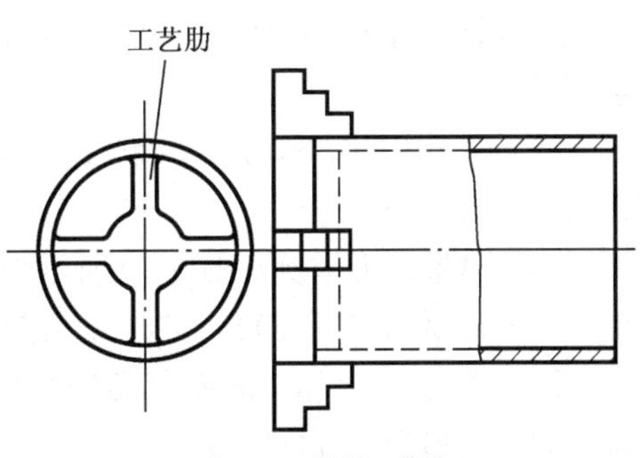

图 6-68　使用工艺肋

（4）确定合理的车刀角度。薄壁工件的车刀具有以下特点。

① 刀柄的刚度要较高，车刀的修光刃不能过长，刃口要锋利。

② 主偏角较大。大的主偏角可减小主切削刃参与工作的长度并减小径向切削分力。

③ 副偏角较大。大的副偏角可以减小刀具与工件之间的摩擦，从而减小切削热。

④ 前角较大。大的前角可以使车刀锋利，切削过程轻快，排屑顺畅，切削力小。

⑤ 刀尖圆弧半径小。

（5）合理的切削用量。车削薄壁零件时，应尽量减小切削深度，增加走刀次数，并适当提高进给量。为了减少工件的振动和变形，应尽量减少工件的切削力和切削热，所以加工薄壁类工件时一般采用较高的切削速度，但是背吃刀量和进给量不宜太大，推荐数值如表 6-2 所示。

表 6-2　　加工薄壁零件时切削用量参考数值

工件材料	刀具材料	切削用量		
		v_c/（m·min^{-1}）	f/（mm·r^{-1}）	a_p/mm
45	YT15	100～130	0.08～0.16	0.05～0.5
铝合金	YA6 YG6X	400～700	0.02～0.03	0.05～0.1

（6）严格遵循粗精分开的原则。

① 粗加工时，切削余量大，夹紧力也较大，切削力和切削热较大，工件温度升高加快，变形也较大。

② 粗加工后工件应有足够的自然冷却时间，不至于使精车时变形加剧。

③ 精车时夹紧力稍小，在减小夹紧变形的同时，进一步消除粗车时因为切削力过大而产生的变形。

（7）充分浇注切削液。使用切削液可以降低切削温度，减少工件热变形。

（8）采取减振措施。常用的措施包括以下几种。

① 调整机床各部位的间隙。

② 加强工艺系统的刚度。

③ 使用吸振材料。例如，将软橡胶片塞入工件的内孔精车外圆，如图 6-69 所示。

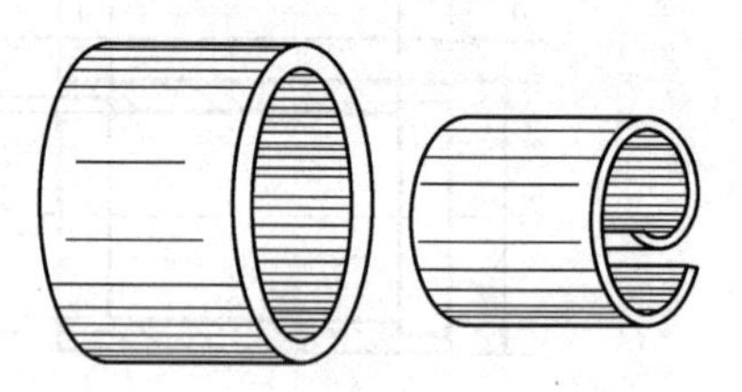

图 6-69　使用软橡胶片增加工件刚性

3. 加工薄壁工件的刀具

加工薄壁工件时，刀刃必须锋利，因此刀具宜采用较大的前角和主偏角，主要角度如下。

（1）对于外圆精车刀，κ_r=90°～93°；$\kappa_r'=15°$；$\alpha_o=14°\sim16°$；$\alpha_{o1}=15°$，g_o适当增大。

（2）对于内圆精车刀，κ_r=60°；$\kappa_r'=30°$；$\alpha_o=14°\sim16°$；$\alpha_{o1}=6°\sim8°$，g_o=35°；$\lambda_s=5°\sim6°$。

薄壁工件加工刀具的特点

（3）典型车刀举例。图 6-70 所示为加工薄壁盘类工件的端面车刀，粗车时，刀片材料选用 YT5、YT15；精车时，刀片材料选用 YT15、YT30。

图 6-71 所示为加工薄壁盘类铸件的端面车刀，粗车时，刀片材料选用 YG6、YG8；精车时，刀片材料选用 YG3、YG6。

重要提示

精车时，通常采用宽刃车刀，它具有圆弧型和平刃型两种刃口形式。

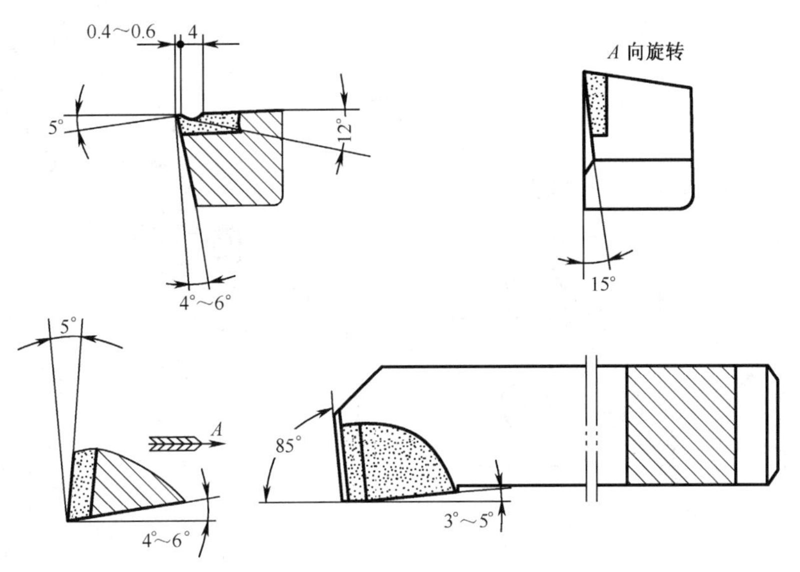

图 6-70　加工薄壁盘类工件的端面车刀

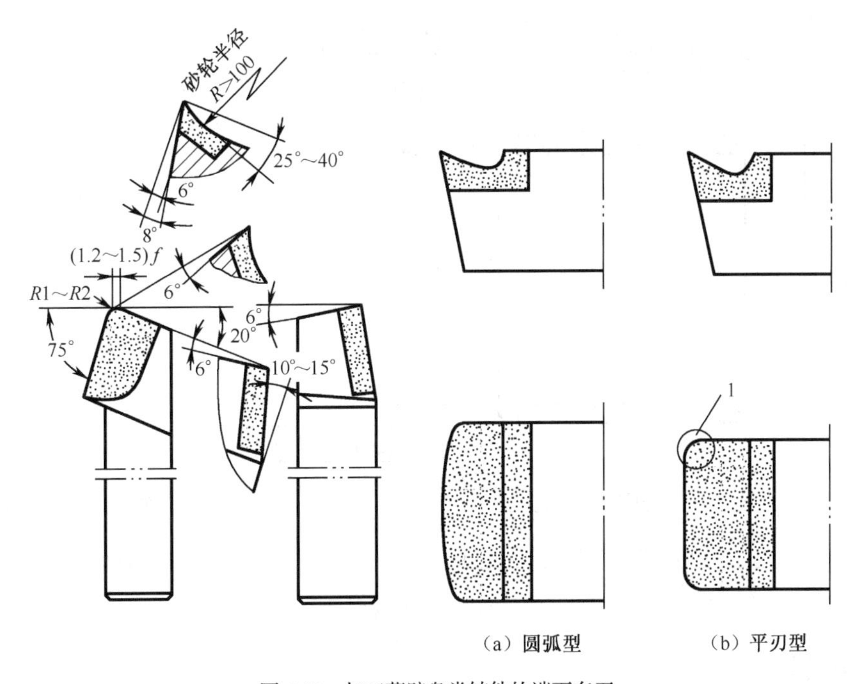

图 6-71　加工薄壁盘类铸件的端面车刀

图 6-72 所示为车薄壁零件的外圆精车刀；图 6-73 所示为车薄壁零件的内孔精车刀。

二、技能训练

加工图 6-74 所示的薄壁套零件。

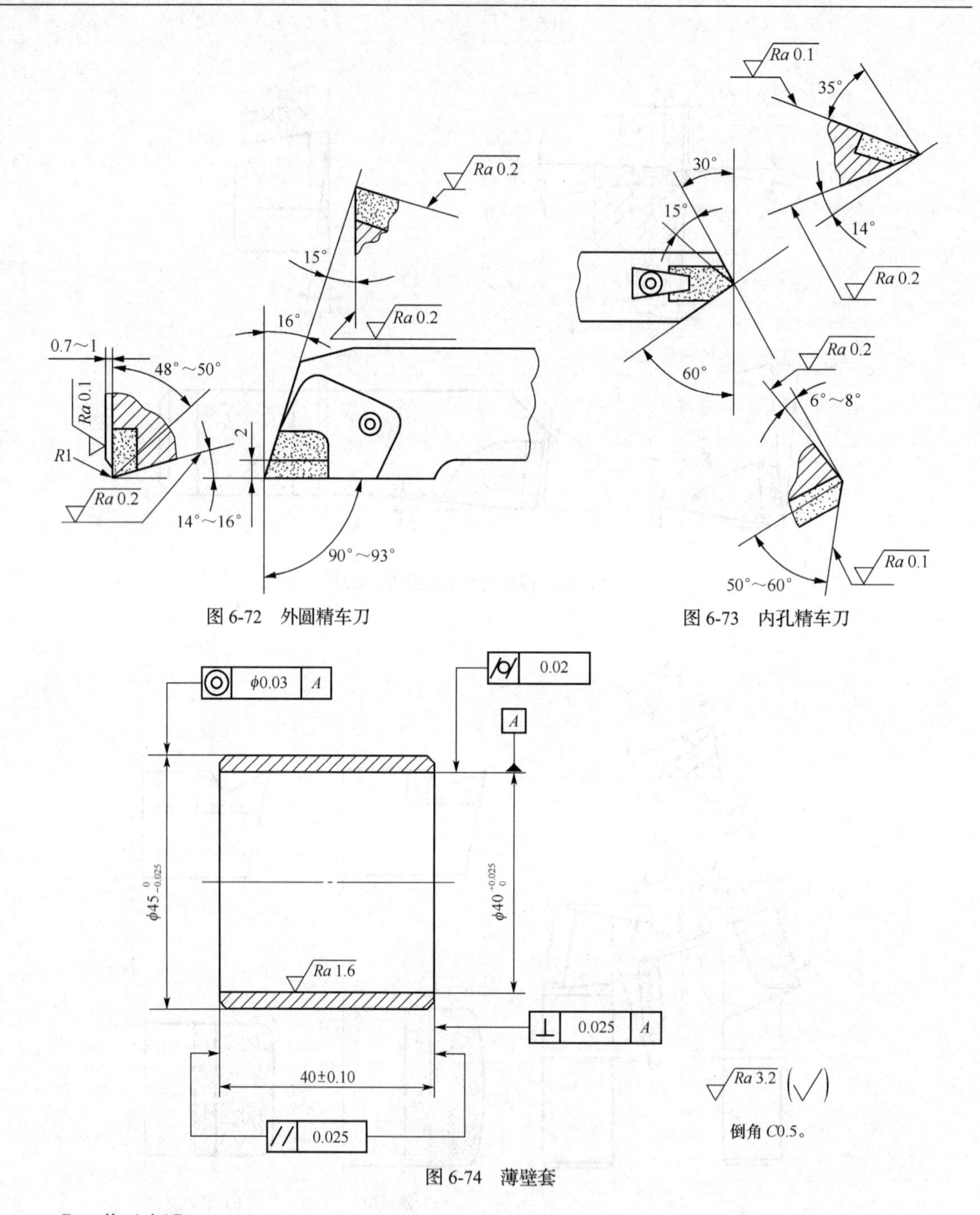

图 6-72　外圆精车刀

图 6-73　内孔精车刀

图 6-74　薄壁套

【工艺分析】

（1）该薄壁套的径向和轴向尺寸均较小，壁厚也较小，外圆和内孔的尺寸精度要求较高。

（2）外圆和内孔的同轴度误差为ϕ0.03 mm，内孔表面粗糙度为Ra1.6 μm。

（3）为了保证零件的同轴度要求，尽量采用一次装夹来车削零件。

【加工步骤】

（1）用三爪自定心卡盘夹持棒料，棒料伸出长度为50～55 mm，校正后夹紧。

（2）车平右端面。

（3）钻孔、扩孔至ϕ30mm，深 45～50 mm。

（4）粗车内孔和外圆，各留精车余量 0.5 mm，内孔深度 42～43 mm 即可。粗车时应充分浇注切削液，以降低切削温度。

（5）半精车内、外圆，各留精车余量 0.2 mm。

（6）精车内、外圆至图样要求，倒角 *C*0.5。

（7）车断。

（8）使用弹性胀力心轴或开缝套筒装夹工件，车另一端面，保证总长尺寸符合图纸要求，然后倒角 *C*0.5。

实　训

1. 车削加工图 6-75 所示的细长轴零件

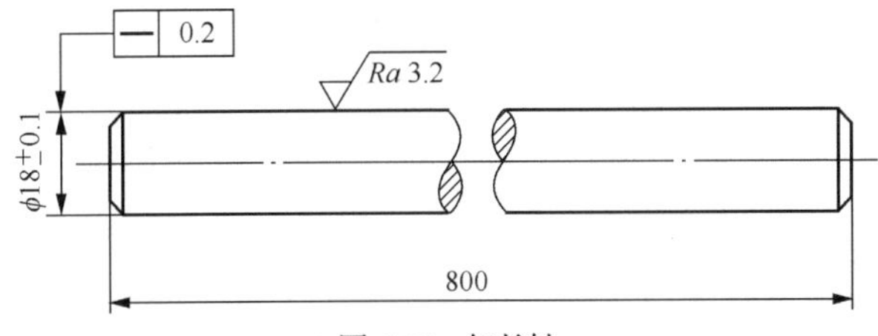

图 6-75　细长轴

【操作提示】

请结合任务二中技能训练的操作内容对照练习。

2. 车削加工图 6-76 所示的偏心轴零件

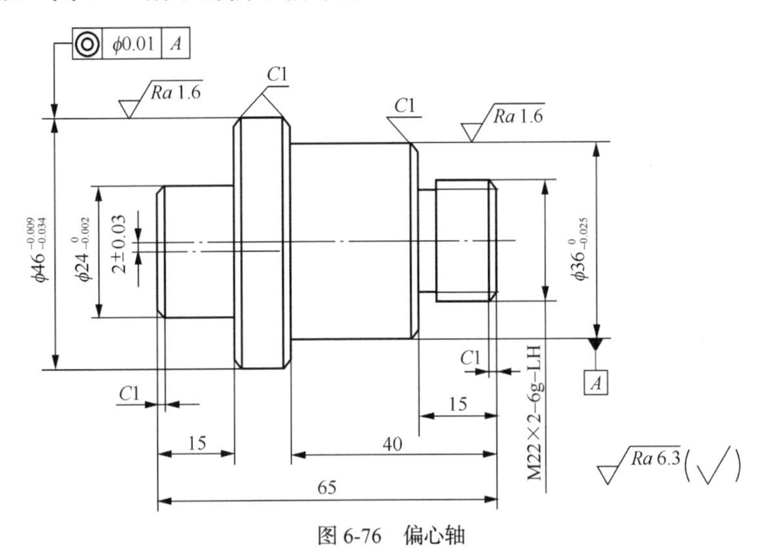

图 6-76　偏心轴

【操作提示】

请结合任务三中技能训练的操作内容对照练习。